职业教育与技能训练一体化教材

数控铣床（加工中心）编程与操作 第二版

CNC Milling Programming and Operation

刘蔡保　主编

化学工业出版社
·北京·

本书以突出编程为主导，在分析加工工艺的基础上应用多种实例，重点讲述了对企业生产中常见产品类型进行数控加工的操作方法和编程思路，详细讲解每一例题，以指令＋图例＋实例＋练习的学习方式逐步深入地学习编程指令，通过精心挑选的典型案例，对数控加工工艺的编程和流程做了详细的阐述。为方便学习，对于数控铣床（加工中心）编程部分配套了教学视频，读者可通过扫描书中二维码观看。另外，书中练习部分有练习指导供参考。

本书内容包括数控铣床（加工中心）概述，数控机床编程基础知识，FANUC铣床（加工中心）程序编制，SIMENS铣床（加工中心）程序编制，典型零件数控铣床（加工中心）加工工艺分析与编程操作，数控系统操作等。

本书适合作为高职或中职层次数控加工专业的教材，也适合作为成人教育、企业培训用书，同时还可作为技术人员自学参考用书。

图书在版编目（CIP）数据

数控铣床（加工中心）编程与操作/刘蔡保主编．—2版．—北京：化学工业出版社，2020.5（2025.1重印）
职业教育与技能训练一体化教材
ISBN 978-7-122-36510-1

Ⅰ.①数…　Ⅱ.①刘…　Ⅲ.①数控机床-铣床-程序设计-职业教育-教材②数控机床-铣床-操作-职业教育-教材　Ⅳ.①TG547

中国版本图书馆CIP数据核字（2020）第055747号

责任编辑：韩庆利　　装帧设计：张　辉
责任校对：张雨彤

出版发行：化学工业出版社（北京市东城区青年湖南街13号　邮政编码100011）
印　　装：三河市双峰印刷装订有限公司
787mm×1092mm　1/16　印张19½　字数519千字　2025年1月北京第2版第7次印刷

购书咨询：010-64518888　　售后服务：010-64518899
网　　址：http://www.cip.com.cn
凡购买本书，如有缺损质量问题，本社销售中心负责调换。

定　　价：49.80元

前　　言

本书自第一版出版以来，深受广大读者的青睐。但随着数控加工技术不断发展，书稿中内容需要进一步优化和完善。为此，编者潜心校对、审核，认真总结了近些年的工作经验和读者的反馈意见，在保持第一版的特点基础上，进行了如下修改。

1. 对第一版书稿中不足之处进行了补充修改，使书稿的质量得到进一步提高。

2. 对陈旧技术和内容进行更新，对新的技术进行知识点梳理。

3. 将 FANUC 系统与 SIMENS 系统进行了重新整合，更适合读者学习。

4. 增加了编程实例。

为便于学习，本书对数控铣床（加工中心）编程部分配套了对应的视频讲解，读者可扫描书中的二维码学习。另外，对于书中的练习配套了练习指导，可登录化学工业出版社教学资源网 www. cipedu. com. cn 或加入 QQ 群 753180967 下载。

编者根据多年的学习和工作经验，在这里总结了三个学习数控编程的步骤，希望能给读者以帮助。

首先，作为刚开始的学习者，建议摒弃原有的观念，先严格照教材进行编程学习，再进行下一步。

其次，在掌握教材内容并可以独立操作以后，在保证完成加工质量的情况下逐步优化刀路，提高加工速度，此步为学习的关键点。

最后，编制的程序最终是要用机床加工的，要让机床在合理、安全和速度上达到最完美的契合，所以，编程中和编程完成后需要对程序进行反复核对、调试，步骤多一些不要紧，加工合理才是最重要的。

希望读者通过本书的学习，能提高自己的编程水平。

编　者

第一版前言

数控机床集计算机技术、电子技术、自动控制、传感测量、机械制造、网络通信技术于一体，是典型的机电一体化产品。它的运用和发展，开创了制造业的新时代，改变了制造业的生产方式、产业结构、管理方法，对加工制造业已经产生了深远的影响。

数控机床的广泛应用给传统的机电类专业人才的培养带来新的挑战。本书以突出编程为主导，在分析加工工艺的基础上应用多种实例，重点讲述了对生产中常见产品类型进行数控加工的操作方法和编程思路，详细讲解每一个指令、每一个例题。本书编写力求理论表述简洁易懂，步骤清晰明了，便于掌握应用。

本书结构紧凑、特点鲜明。

◆ 环环相扣的学习过程

针对数控编程的特点，本书提出了“1＋1＋1＋1”的学习方式，即“指令＋图例＋实例＋练习”的过程，逐步深入学习编程加工指令，简明扼要、图文并茂、通俗易懂，用简单的语言、灵活的例题、丰富的习题去轻松学习，变枯燥的过程为有趣的探索。

◆ 简明扼要的知识提炼

本书以数控铣床（加工中心）编程为主，简明直观地讲解了数控加工中的重要知识点，有针对性地描述了数控机床、加工中心的基本结构、工作性能和加工特点，分析了刀具的种类、使用范围，切削液生产注意事项，并结合实例对数控加工工艺的编制和流程、方法作了详细的阐述。

◆ 循序渐进的课程讲解

数控编程的学习不是一蹴而就的，也不是按照指令生搬硬套的。编者结合多年的教学和实践，推荐本书的学习顺序是：按照数控机床编程学习的领会方式，由浅入深、逐层进化，从简单的直线命令到复杂的循环指令，对每一个指令详细讲解其功能、特点、注意事项，并有专门的实例分析和练习题目。相信只要按照书中的编写顺序进行编程的学习，定可事半功倍地达到学习的目的。

◆详细深入的实例分析

在学习编程的过程中，每一个指令都有详细的实例分析和编程，需要好好掌握与领会。书中有专门的章节讲解加工实例，通过 10 个应用实例的讲解，详细了解零件的工艺分析、流程设计、工序安排及编程方法，更好地将学习的内容巩固吸收，对实际加工的过程有一个质的认识和提高。

◆ 完整系统的跟踪复习

复习是对学习内容的强化与升华，本书讲解的每一个指令，无论是简单的直线、圆弧指令，还是复杂的固定循环、钻孔循环，都有丰富的、针对性的练习题进行跟踪复习。学习和复习是紧密联系的，只有在认真学习和深入复习的基础上，才能使学为所用。

◆ 紧密实践的操作指导

书中讲解的实例紧密联系实际加工，并详细讲解了 FANUC 和 SIEMENS 系统的操作方法，程序的输入、对刀、校验、图形检测、零件加工的具体步骤和过程，使所学知识直接应用到实际的加工中，达到迅速掌握机床操作的效果。

本书精选了大量的典型案例，取材适当，内容丰富，理论联系实际。所有实训项目都经过实践检验，所给程序的代码都进行了详细、清晰的注释说明。本书的讲解由浅入深、图文并茂，通俗易懂。

本书编写中注重引入本学科前沿的最新知识，体现了数控加工编程技术的先进性。本书参考了国内外相关领域的书籍和资料，也融汇了编者长期的教学实践和研究心得，尤其是在数控技术专业教学改革中的经验与教训。全书按照学习的顺序，一共分为七个章节。

第一章数控铣床（加工中心）概述和第二章数控编程基础知识介绍了数控铣床（加工中心），从中了解数控加工的特点、原理、数控铣床的结构、铣刀的特性、刀具路径的选择等。

第三章 FANUC 铣床、加工中心程序编制，具体介绍 FANUC 系统编程指令。每讲述一个指令，便有相应的实例编程分析、讲解，并有练习题让学习者跟踪复习，达到边学习边巩固的作用。

第四章 SIEMENS 802S 程序编制，着重介绍最常用 SIEMENS 802S 系统编程指令。通过每一个指令的详细讲解，配合实例编程分析、讲解，让学习者跟踪复习，达到深入理解，举一反三的作用。

第五章 SIEMENS 802D 程序编制，此章对与 SIEMENS 802S 系统相同的指令不再讲解，重点说明新增指令和变更指令，通过图文并茂的讲述、丰富的实例说明，达到融会贯通、学以致用的目的。

第六章典型零件加工中心加工工艺分析及编程操作，为本书的重点。详细讲解了 10 个典型案例，包括基本零件、阶台零件、压板零件、模块零件、折板零件、箱体零件等数控加工零件，涵盖了实际生产中的典型的加工类型。例题的安排基本遵循循序渐进的原则，每一个例题均有详细的加工工艺流程，包括零件分析、装夹、走刀路线、刀具卡、加工工序卡和程序的编制，做到有序、明了、直观地说明。本章涉及内容大都为本书讲解的内容，部分内容涉及普通机床和加工工艺的知识，需要大家在学习本书内容的时候广泛涉猎，多多充实自己的知识点。

第七章介绍了 FANUC 0i、SIEMENS 802S、SIEMENS 802D 加工中心的基本操作，同时详细讲解了程序的输入、对刀、图形检测、零件加工的具体步骤和过程。让大家通过本章学习达到迅速掌握机床基本操作的效果。

本书由刘蔡保任主编，安玉明任副主编，参加编写的还有徐小红和何佳帆，石伟对全稿进行了审读并提出了许多宝贵建议，在此一并表示感谢。

希望大家通过对本书的学习，能使自己的数控编程水平达到一个新的层次。由于编者水平有限，书中难免存在不足之处，敬请读者批评指正。

编　者

2011.1

目　　录

上篇　数控基本知识

中篇　数控铣床（加工中心）编程

上篇　数控基本知识

第一章 数控铣床（加工中心）概述

普通机床已经有两百多年的历史。随着电子技术、计算机技术及自动化，精密机械与测量等技术的发展与综合应用，产生了机电一体化的新型机床——数控机床。数控机床一经使用就显示出了它独特的优越性和强大生命力，使原来不能解决的许多问题，找到了科学解决的途径。

数控机床是一种通过数字信息，控制机床按给定的运动轨迹，进行自动加工的机电一体化的加工装备。经过半个世纪的发展，数控机床已是现代制造业的重要标志之一，在我国制造业中，数控机床的应用也越来越广泛，是一个企业综合实力的体现。

数控是数字控制的一种方法的简称，用数字化信号进行自动控制的一门技术称为数控技术。数控技术是与机床的自动控制技术密切结合而发展起来的技术，已广泛地应用于各个领域控制及其他方面。半个世纪以来，随着自动控制技术、微电子技术、计算机技术、精密测量技术及机械制造技术的迅速发展，数控机床也得到了快速发展，产品不断更新换代，品种不断增多。

数控铣床是主要采用铣削方式加工零件的数控机床，它能够进行外形轮廓铣削、平面或曲面型腔铣削及三维复杂型面的铣削，如凸轮、模具、箱体等。另外，数控铣床还具有孔加工的功能，通过特定的功能指令可进行一系列孔的加工，如钻孔、扩孔、铰孔、镗孔和攻螺纹等，如图 1-1 所示。

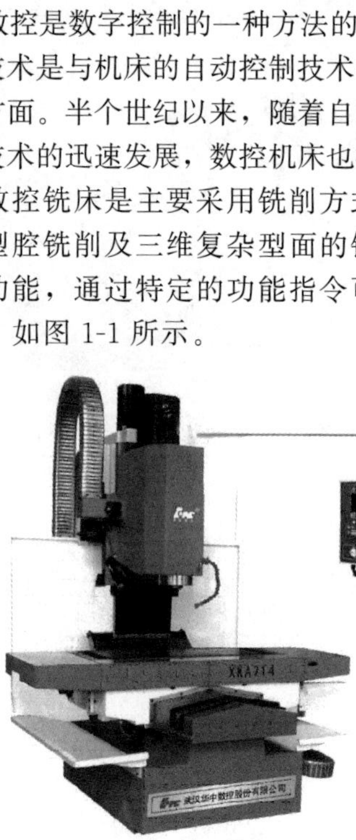

图 1-1 数控铣床

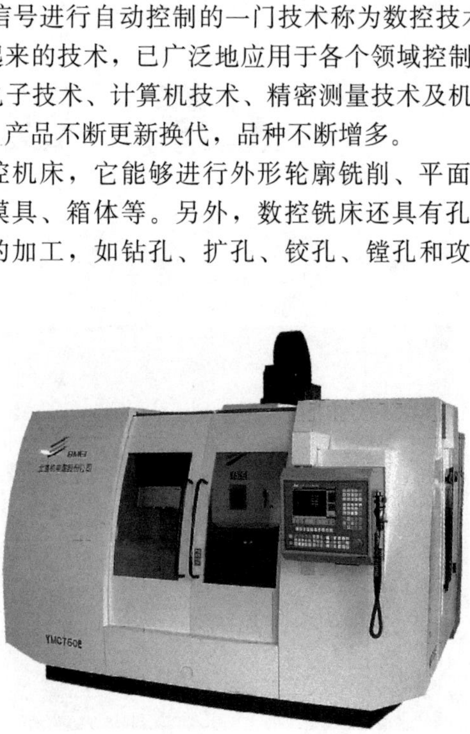

图 1-2 加工中心

加工中心是一种备有刀库并能自动更换刀具对工件进行多工序加工的数控机床，是具备两种机床功能的组合机床，如图 1-2 所示。它的最大特点是工序集中和自动化程度高，可减少工件装夹次数，避免工件多次定位所产生的累积误差，节省辅助时间，实现高质、高效加工。加工中心可完成镗、铣、钻、攻螺纹等工作，它与普通数控镗床和数控铣床的区别之处，主要在于它附有刀库和自动换刀装置。衡量加工中心刀库和自动换刀装置的指标有刀具存储量、刀具（加刀柄和刀杆等）最大尺寸与重量、换刀重复定位精度、安全性、可靠性、可扩展性、选刀方法和换刀时间等。

一、数控铣床（加工中心）的结构

数控铣床和加工中心的结构如图 1-3 和图 1-4 所示。

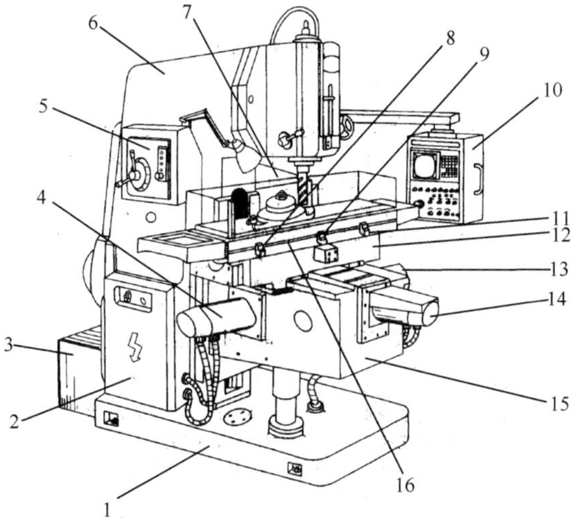

图 1-3　数控铣床

1—底座；2—强电柜；3—变压器箱；4—伺服电机；5—主轴变速手柄和按钮板；6—床身；7—数控柜；8—保护开关；9—挡铁；10—操纵台；11—保护开关；12—纵向溜板；13—纵向进给伺服电机；14—横向进给伺服电机；15—升降台；16—总项工作台

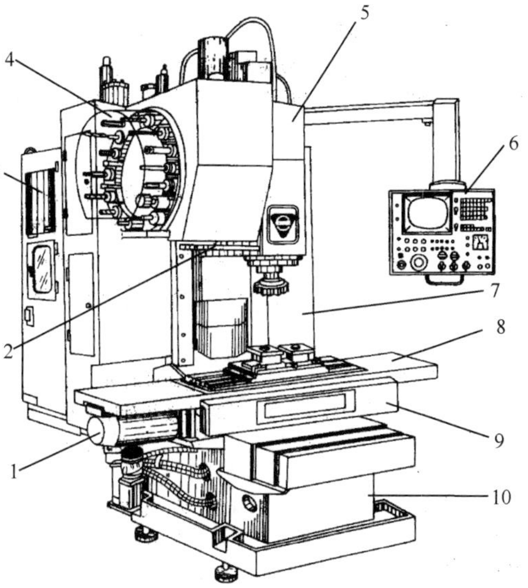

图 1-4　加工中心

1—*X* 轴进给伺服电机；2—换刀机械手；3—数控柜；4—刀库；5—主轴箱；6—操纵台；7—驱动电源箱；8—纵向工作台；9—滑座；10—床身

二、数控铣床（加工中心）的组成

数控铣床（加工中心）大体由输入装置、数控装置、伺服系统、检测及其辅助装置和机床本体等组成。如图 1-5 所示。

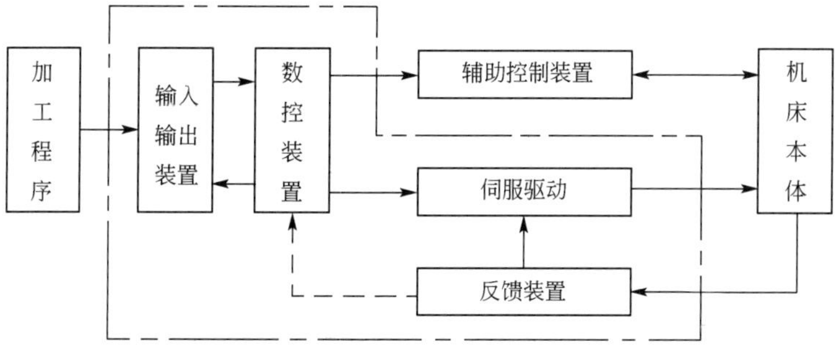

图 1-5　数控铣床（加工中心）系统组成

1. 输入/输出装置

输入/输出装置进行数控加工或运动控制程序，加工与控制数据，机床参数等以及坐标轴位置，检测开关的状态等数据的输入输出。

数控程序的产生由计算机编程软件或手工输入到计算机中，可以采用通信方式来传递数控程序到数控系统中，通常使用数控装置的 RS-232C 串行口或 RJ45 口等来完成。

2. 数控装置

数控装置，由输入/输出接口线路、控制器、运算器和存储器等部件组成。将输入装置输入的数据，通过内部逻辑电路和控制软件进行编译运算和处理，并输出各种信息和指令，以控制机床的各部分进行规定的动作。

3. 伺服驱动

伺服驱动，又叫伺服控制器，由伺服放大器（伺服单元）和执行机构等部分组成。采用交流伺服电动机作为执行机构。

4. 反馈装置

反馈装置（测量装置）的作用是检测数控机床坐标轴的实际位置和移动速度，检测信号被反馈输入到机床的数控装置或伺服驱动中，数控装置或伺服驱动对反馈的实际位置和速度与给定值进行比较，并向机床输出新的位移、速度指令。检测装置的安装、检测信号反馈的位置，决定于数控系统的结构形式。由于先进的伺服都采用了数字化伺服驱动技术（称为数字伺服），伺服驱动和数控装置间一般都采用总线进行连接，反馈信号在大多数场合都是与伺服驱动进行连接，并通过总线传送到数控装置。只有在少数场合或采用模拟量控制的伺服驱动（称为模拟伺服）时，反馈装置才需要直接和数控装置进行连接。

数控装置发出的一个进给脉冲所相应的机床坐标轴的位移量，称为机床的最小移动量，亦称脉冲当量。根据机床精度的不同，常用的脉冲当量有 0.01mm、0.005mm、0.001mm 等，在高精度数控机床上，可以达到 0.0005mm、0.0001mm 甚至更小。测量装置的位置检测精度也必须与之相适应。

5. 辅助控制装置

辅助控制装置的主要作用是根据数控装置输出主轴的转速、转向和启停指令、刀具的选择和交换指令、冷却、润滑装置的启停指令。工件和机床部件的松开、夹紧工作台转位等辅助指令所提供的信号，以及机床上检测开关的状态等信号，经过必要的编译和逻辑运算，经放大后驱动相应执行的元件，带动机床机械部件、液压气动等辅助装置完成指令规定的动作。

6. 机床本体

机床本体与传统的机床基本相同，它也是由主传动系统、进给传动系统、床身、工作台以及辅助运动装置、液压气动系统、润滑系统、冷却装置等部分组成。但为了满足数控的要求，充分发挥机床性能，它在总体布局、外观造型、传动系统结构、刀具系统以及操作性能方面都已发生了很大的变化。

三、数控铣床（加工中心）的特点

1. 数控铣床的特点

数控铣床一般都能完成铣平面、铣斜面、铣槽、铣曲面、钻孔、镗孔、攻螺纹等加工，一般情况下，可以在一次装夹中完成所需的加工工序。

（1）精度高　数控装置的脉冲当量一般为 0.001mm，高精度的数控系统可达 0.0001mm，能保证工件精度。另外，数控加工还可避免工人的操作误差，一批加工零件的尺寸同一性特别好，大大提高了产品质量，定位精度比较高，所以数控铣床具有高精度，在加工各种复杂模具中显示较好的优越性。

（2）高柔性　数控铣床的最大特点是高柔性，所谓“柔性”即灵活、通用、万能，可以适用加工不同形状的工件。数控铣床的高效率主要是数控铣床高柔性带来的，一般不需要使用专用夹具工艺装备，在更换工件时，只需调用存储于计算机中的加工程序，装夹工件和调整刀具数据即可，能大大缩短生产周期。如一般的数控铣床都具有铣床、镗床和钻床的功能，使工序高度集中，大大提高了生产效率并减少了工件的装夹误差。

（3）无级变速　数控铣床的主轴转速和进给量都是无级变速的，因此，有利于选择最佳切削用量，具有快进、快退、快速定位功能，可大大减少辅助时间。采用数控铣床比普通铣床可提高生产率 3～5 倍。对于复杂的成形面加工，生产率可提高十几倍，甚至几十倍。

（4）减轻操作者的劳动强度　数控机床加工前经调整好后，输入程序并启动，机床就能自动连续地进行加工，直至加工结束。操作者主要是程序的输入、编辑、装卸零件、刀具准备、加工形态的观测、零件的检验等工作，这样可极大地降低劳动强度。机床操作者的劳动趋于智力型。

2. 加工中心的特点

加工中心作为一种高效多功能的数控机床，在现代生产中扮演着重要角色。它可以自动连续地完成铣、钻、扩、铰、锪、攻螺纹等多工序加工，适合于小型板类、盘类、壳体类、模具等零件的多品种小批量加工。它除了具有数控机床的共同特点外，还具有其独特的特点。

（1）工序集中　加工中心的制造工艺与传统工艺及普通数控加工有很大不同。由于加工中心备有刀库并能自动更换刀具，对工件进行多工序加工，使得工件在一次装夹后，数控系统能控制机床按不同工序自动选择和更换刀具，自动改变机床主轴转速、进给量和刀具相对工件的运动轨迹及其他辅助机能，现代加工中心更大程度的使工件在一次装夹后实现多表面、多特征、多工位的连续、高效、高精度加工，即工序集中。这是加工中心最突出的特点。

（2）强力切削　主轴电动机的运动经一对齿形带轮传到主轴，主轴转速的恒功率范围宽，低转速的转矩大，机床的主要构件刚度高，故可以进行强力切削。因为主轴箱内无齿轮传动，所以主轴运转时噪声低、振动小、热变形小。

（3）对加工对象的实用性强　四轴联动、五轴联动加工中心的应用以及 CAD/CAM 技术的成熟、发展，使复杂零件的自动加工成为易事，加工中心生产的柔性不仅体现在对特殊要求的快速反应上，而且可以快速实现批量生产，提高了市场竞争能力。

（4）加工生产率高　零件加工所需要的时间包括机动时间与辅助时间两部分。加工中心带有刀库和自动换刀装置，在一台机床上能集中完成多种工序，因而可减少工件装夹、测量和机床的调整时间，减少工件半成品的周转、搬运和存放时间，使机床的切削利用率高于普通机床 3～4 倍，达 80%以上，因此，加工中心生产率高。

（5）高速定位　进给伺服电动机的运动经联轴节和滚珠丝杠副，使 X 轴、Y 轴和 Z 轴获得高速的快速移动，机床基础件刚度高，使机床在高速移动时振动小，低速移动时无爬行，并且有高的精度稳定性。

（6）减轻操作者的劳动强度　加工中心对零件的加工是按事先编好的程序自动完成的，操作者除了操作键盘、装卸零件、关键工序的中间测量以及观察机床的运动之外，不需要进行繁重的重复性手工操作，劳动强度和紧张程度均可大为减轻，劳动条件也得到很大的改善。

（7）随机换刀　驱动刀库的伺服电动机经蜗轮副使刀库回转，机械手的回转、取刀、装刀机构均由液压系统驱动，自动换刀装置结构简单，换刀可靠，由于它安装在立柱上，故不影响主轴箱移动精度。采用记忆式的任选换刀方式，每次选刀运动，刀库正转或反转均不超过 180°。

(8) 经济效益高 使用加工中心加工零件时，分摊在每个零件上的设备费用是较昂贵的，但在单件、小批生产的情况下，可以节省许多其他方面的费用，因此能获得良好的经济效益。加工中心加工稳定，减少了废品率，使生产成本进一步下降。

(9) 有利于生产管理的现代化 用加工中心加工零件，能够准确地计算零件的加工工时，并有效地简化了检验和工夹具、半成品的管理工作。这些特点有利于使生产管理现代化。当前有许多大型 CAD/CAM 集成软件已经开发了生产管理模块，实现了计算机辅助生产管理。

四、数控铣床（加工中心）的刀具

1. 数控铣床（加工中心）对刀具的要求

(1) 铣刀刚性强 一是为提高生产效率而采用大切削用量的需要；二是为适应数控铣床加工过程中难以调整切削用量的特点。当工件各处的加工余量相差悬殊时，通用铣床遇到这种情况很容易采取分层铣削方法加以解决，而数控铣削就必须按程序规定的走刀路线前进，遇到余量大时无法像通用铣床那样“随机应变”，除非在编程时能够预先考虑到，否则铣刀必须返回原点，用改变切削面高度或加大刀具半径补偿值的方法从头开始加工，多走几刀。但这样势必造成余量少的地方经常走空刀，降低了生产效率，如刀具刚性较好就不必这么办。

(2) 铣刀耐用度要高 尤其是当一把铣刀加工的内容很多时，如刀具不耐用而磨损较快，就会影响工件的表面质量与加工精度，而且会增加换刀引起的调刀与对刀次数，也会使工作表面留下因对刀误差而形成的接刀台阶，降低了工件的表面质量。

除上述两点之外，铣刀切削刃的几何角度参数的选择及排屑性能等也非常重要，切屑粘刀形成积屑瘤在数控铣削中是十分忌讳的。总之，根据被加工工件材料的热处理状态、切削性能及加工余量，选择刚性好，耐用度高的铣刀，是充分发挥数控铣床的生产效率和获得满意的加工质量的前提。

2. 铣刀的种类

(1) 盘铣刀 一般采用在盘状刀体上机夹刀片或刀头组成，常用于端铣较大的平面。如图 1-6 所示。

(a) 硬质合金盘铣刀 (b) 可转位盘铣刀

图 1-6 盘铣刀

(2) 端铣刀 端铣刀是数控铣加工中最常用的一种铣刀，广泛用于加工平面类零件，是两种最常见的端铣刀。如图 1-7 所示。端铣刀除用其端刃铣削外，也常用其侧刃铣削，有时

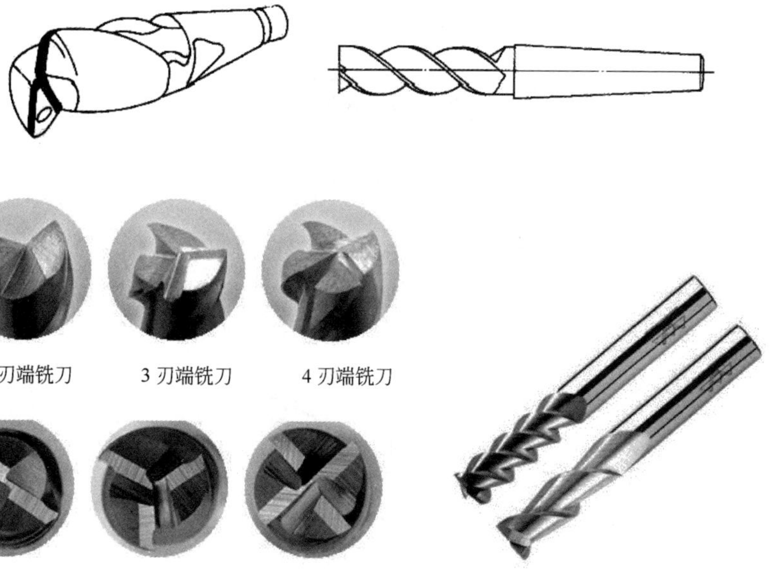

图 1-7 端铣刀

端刃、侧刃同时进行铣削，端铣刀也可称为圆柱铣刀。

（3）成形铣刀 成形铣刀一般都是为特定的工件或加工内容专门设计制造的，适用于加工平面类零件的特定形状（如角度面、凹槽面等），也适用于特形孔或台。图 1-8 所示为几种常用的成型铣刀。

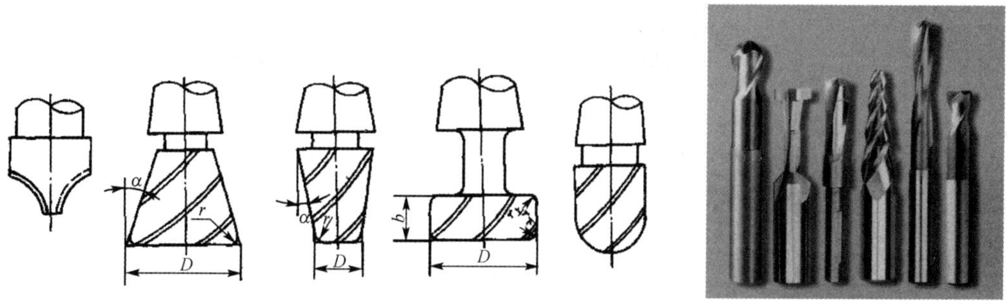

图 1-8 成形铣刀

（4）球头铣刀 适用于加工空间曲面零件，有时也用于平面类零件较大的转接凹圆弧的补加工。图 1-9 所示为一种常见的球头铣刀。

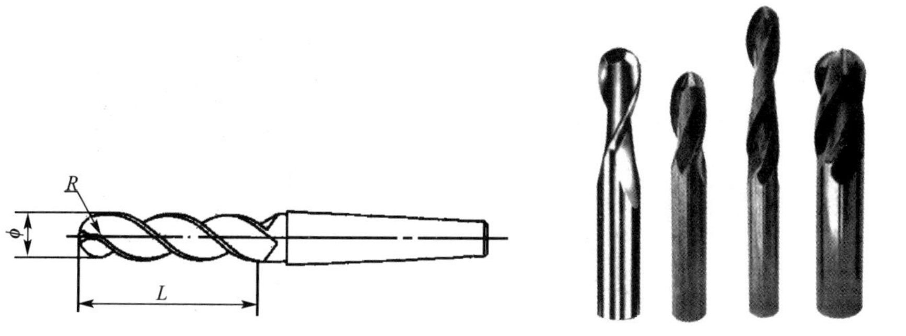

图 1-9 球头铣刀

（5）螺纹铣刀 图 1-10 所示为一种典型的螺纹铣刀，主要用于工件中螺纹的攻牙、攻丝的操作。

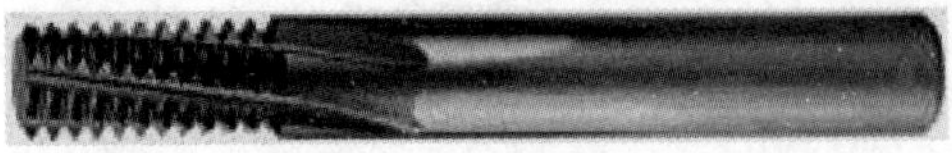

图 1-10 螺纹铣刀

除上述几种类型的铣刀外，数控铣床也可使用各种通用铣刀。但因不少数控铣床的主轴内有特殊的拉刀装置，或因主轴内孔锥度有别，需配制过渡套和拉杆。

图 1-11 所示为一典型模具零件的多种刀具加工范围的演示。

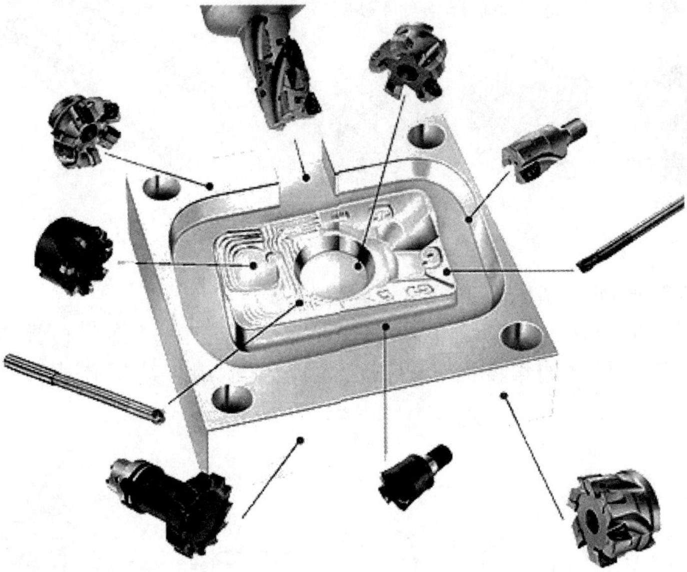

图 1-11 典型模具零件的多种刀具加工范围演示

3. 可转位铣刀刀具

刀具将预先加好并带有若干个切削刃的多边形刀片，用机械夹固的方法夹紧在刀体上的一种刀具，如图 1-12 所示。当在使用过程中一个切削刃磨钝了后，只要将刀片的夹紧松开，转位或更换刀片，使新的切削刃进入工作位置，再经夹紧就可以继续使用。如图 1-13 所示的刀具就是可转位立铣刀换刀片的过程。

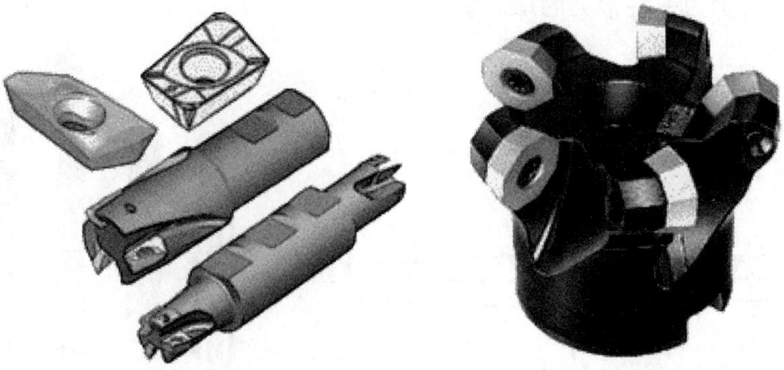

图 1-12 可转位铣刀刀具

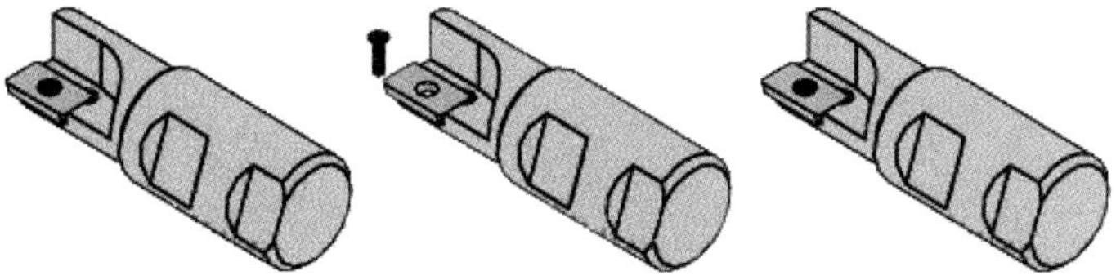

放置刀片　　安放固定螺钉　　拧紧螺钉

图 1-13　可转位立铣刀的换刀过程

可转位刀具与整体式刀具相比有两个特征：其一是刀体上安装的刀片，至少有两个预先加工好的切削刃供使用；其二是刀片转位后的切削刃在刀体上位置不变，并具有相同的几何数，充分地发挥了其切削性能，从而提高了切削效率；切削刃空间位置相对刀体固定不变，节省了换刀、对刀等所需的辅助时间，提高了机床的利用率。

由于可转位刀具切削效率高，辅助时间少，所以提高了工效，而且可转位刀具的刀体可重复使用，节约了钢材和制造费用，因此其经济性好。可转位刀具的发展极大促进了刀具技术的进步，同时可转位刀体的专业化、标准化生产又促进了刀体制造工艺的发展。

可转位铣刀刀具名称及用途见表 1-1。

表 1-1　可转位铣刀刀具名称及用途

刀具名称		用途
可转位面铣刀	普通形式面铣刀	适于铣削大的平面，用于不同深度的粗加工、半精加工
	可转位精密面铣刀	适用于表面质量要求高的场合，用于精铣
	可转位立装面铣刀	适于钢、铸钢、铸铁的粗加工，能承受较大的切削力，适于重切削
	可转位圆刀片面铣刀	适于加工平面或根部有圆角肩台、筋条以及难加工材料，小规模的还可用于加工曲面
	可转位密齿面铣刀	适于铣削短切削材料内的较大平面和较小余量的钢件，切削效率高
可转位三面刃面铣刀	可转位三面刃面铣刀	适用于铣削较深的台阶面和沟槽
可转位两面刃铣刀	可转位两面刃铣刀	适用于铣削深的台阶面，可组合起来用于多组台阶面的铣削
可转位立铣刀	可转位立铣刀	适于铣削浅槽、台阶面和盲孔的镗孔加工
可转位螺旋立铣刀	平装形式螺旋立铣刀	适于直槽、台阶、特殊形状及圆弧插补的铣削，适于高效率的粗加工或半精加工
	立装形式螺旋立铣刀	适于重切削，机床刚性好
可转位浅孔钻	可转位浅孔钻	适于高效率的加工铸铁、碳钢、合金钢等，可进行钻孔、铣切等
可转位自夹紧切断刀	可转位自夹紧切断刀	适于对工件的切断、切槽

中篇　数控铣床（加工中心）编程

第二章　数控编程基础知识

数控机床是一种根据加工程序，进行高效、自动化加工的设备。因此，加工程序不仅关系到能否加工出合格的零件，而且还影响到加工精度、加工效率，甚至还会影响到设备、操作者的安全。理想的加工程序，不仅要保证加工出符合图样要求的合格零件，而且还应该使数控机床的功能得到合理的应用和充分的发挥，并保证设备能安全、高效地工作。因此，作为编程人员，不仅要熟悉数控系统的功能和程序指令，而且要熟悉数控加工工艺；掌握所使用的数控机床以及数控系统的特点和性能；懂得刀、辅具和工件的装、夹方法；能熟练进行程序的编辑、输入等操作。本章节主要讲解数控铣床（加工中心）基本概念、知识要点和基本通用指令的编程方法。

第一节　数控编程的内容和方法

从零件图样到编制零件加工程序和制作控制介质的全过程，称之为加工程序编制。

一、数控编程的内容

编程者（程序员或数控机床操作者）根据零件图样和工艺文件的要求，编制出可在数控机床上运行以完成规定加工任务的一系列指令的过程。具体来说，数控编程是由分析零件图样和工艺要求开始到程序检验合格为止的全部过程。

如图 2-1 所示，一般数控编程步骤如下。

1. 分析零件图样和工艺要求

分析零件图样和工艺要求的目的，是为了确定加工方法，制订加工计划，以及确认与生产组织有关的问题，此步骤的内容包括：

① 确定该零件应安排在哪类或哪台机床上进行加工。

② 采用何种装夹具或何种装卡位方法。

③ 确定采用何种刀具或采用多少把刀进行加工。

④ 确定加工路线，即选择对刀点、程序起点（又称加工起点）、走刀路线、程序终点。

⑤ 确定吃刀量、进给速度、主轴转速等切削参数。

⑥ 确定加工过程中是否需要提供切削液、是否需要换刀、何时换刀等。

2. 数值计算

根据零件图样几何尺寸，计算零件轮廓数据，或根据零件图样和走刀路线，计算刀具中心运行轨迹数据。数值计算的最终目的是为了获得编程所需要的所有相关位置坐标数据。

3. 编写加工程序单

在完成上述两个步骤之后，即可根据已确定的加工方案及数值计算获得的数据，按照数控系统要求的程序格式和代码格式编写加工程序等。

4. 制作控制介质，输入程序信息

程序单完成后，编程者或机床操作者可以通过数控机床的操作面板，在 EDIT 方式下直接将程序信息键入数控系统程序存储器中；也可以把程序单的程序存放在计算机或其他介质上，再根据需要传输到数控系统中。

5. 程序检验

编制好的程序，在正式用于生产加工前，必须进行程序运行检查，有时还需做零件试加工检查。根据检查结果，对程序进行修改和调整—检查—修改—再检查—再修改……这样往往要经过多次反复，直到获得完全满足加工要求的程序为止。

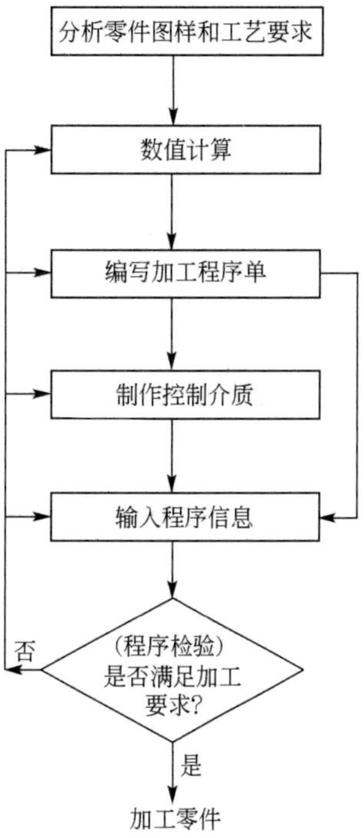

图 2-1　数控编程步骤

二、数控编程的方法

数控机床常见的编程方法有手工编程和自动编程两种。

所谓手工编程，是指编制加工程序的全过程，即图样分析、工艺处理、坐标计算、编制程序单、输入程序直至程序的校验等全部工作都通过人工完成。

手工编程的优点是不需要专门的编程设备，只要有合格的编程人员即可完成。同时，它从客观上要求编程员去熟悉工艺、了解机床、掌握编程知识，因此有利于人员素质的提高。其缺点是效率较低，特别是对于轮廓复杂的工件，计算十分困难、费时。因此，手工编程较适合于零件加工批量大、轮廓较简单的场合。

所谓自动编程，是指程序编制大部分或全过程都是由计算机完成，即由计算机自动地进行坐标计算、编制程序清单、输入程序的过程。

自动编程的优点是效率高，程序正确性好。自动编程由计算机代替人完成了复杂的坐标计算和书写程序单的工作，它可以解决许多手工编制无法完成的复杂零件编程难题。其缺点是必须具备自动编程系统或编程软件，因此较适合于形状复杂零件的加工程序编制，如模具加工、多轴联动加工等场合。

实现自动编程的方法主要有语言式自动编程和图形交互式自动编程两种。前者是通过高级语言的形式，表示出全部加工内容，计算机采用批处理方式，一次性处理、输出加工程序。后者是采用人机对话的处理方式，利用 CAD/CAM 功能生成加工程序。

值得一提的是，目前越来越多的数控系统，其本身都具备了人机对话式编程、蓝图（轮廓）编程等功能，提高了编程效率和可靠性。

第二节 程序的结构与格式

一、程序的结构

一个完整的程序由程序号、程序内容和程序结束三部分组成。

例如：

O0001	程序号
N010 M3 S1000	程序内容
N020 T0101	程序内容
N030 G01 X-8 Y10 F250	程序内容
N040 X0 Y0	程序内容
N050 X30 Y20	程序内容
N060 G00 X40	程序内容
N070 M02	程序结束

从上面的程序中可以看出：程序以 O0001 开头，以 M02 结束。在数控机床上，将 O0001 称为程序号，M02 称为程序结束标记。程序中的每一行（可以用“;”作为分行标记）称为一个程序段。程序号、程序结束标记、加工程序段是任何加工程序都必须具备的三要素。

1. 程序号

程序号必须位于程序的开头，它一般由字母 O 后缀若干位数字组成。根据采用的标准和数控系统的不同，有时也可以由字符%（如：SIEMENS 数控系统）或字母 P 后缀若干位数字组成。程序号是零件加工程序的代号，它是加工程序的识别标记，不同程序号对应着不同的零件加工程序。程序号编写时应注意以下几点：

① 程序号必须写在程序的最前面，并占一单独的程序段；

② 在同一数控机床中，程序号不可以重复使用；

③ 程序号 O9999、O. 9999（特殊用途指令）、O0000 在数控系统中通常有特殊的含义，在普通加工程序中应尽量避免使用；

④ 在某些系统（如：SIEMENS 系统）中，程序号除可以用字符%代替 O 外，有的还可以直接用多字符程序名（如 ABC 等）代替程序号。

2. 程序结束标记

程序的结束标记用 M 代码表示，它必须写在程序的最后，代表着一个加工程序的结束。可以作为程序结束标记的 M 代码有 M02 和 M30，它们代表零件加工主程序的结束。为了保证最后程序段的正常执行，通常要求 M02（M30）也必须单独占一程序段。此外，M99、M17（SIEMENS 常用）也可以用做程序结束标记，但它们代表的是子程序的结束。有关主程序、子程序的概念详见后述。

3. 程序段（程序内容）

加工程序段处在程序号和程序结束标记之间，是加工程序最主要的组成部分，程序段由程序字构成（如：G00、M03 S800）。加工程序段的长度和程序段数量，一般仅受数控系统的功能与存储器容量的限制。

加工程序段作为程序最主要的组成部分，通常由 N 及后缀的数字（称顺序号或程序段号）开头；以程序段结束标记 CR（或 LF）结束，实际使用时，常用符号“;”表示 CR（或 LF），作为结束标记。

二、程序字

程序段由程序字构成，M03 S800、F250、G98 等都是程序字。程序字可以包括“地址”和“数字”。通常来说，每一个程序字都对应机床内部的一个地址，每一个不同的地址都代表着一类指令代码，而同类指令则通过后缀的数字加以区别。

如 M03 S800：M 和 S 是地址指令，规定了机床该执行什么操作；03 和 800 则是对这种操作的具体要求。程序字是组成数控加工程序的最基本单位，使用时应注意以下几点：

① 程序字是组成数控加工程序的最基本单位，一般来说，单独的地址或数字都不允许在程序中使用。如 X100、G01、M03、Z-58.685…… 都是正确的程序字；而 G、F、M、300……是不正确的程序字。

② 程序字必须是字母（或字符）后缀数字，先后次序不可以颠倒。如：02M、100X……是不正确的程序字。

③ 对于不同的数控系统，或同一系统的不同地址，程序字都有规定的格式和要求，这一程序字的格式称为数控系统的输入格式。数控系统无法识别不符合输入格式要求的代码。输入格式的详细规定，可以查阅数控系统生产厂家提供的编程说明书。

作为参考，表 2-1 列出了最常用的 FANUC 系统输入格式，这一格式对于大部分系统都是适用的。

表 2-1 数控系统输入格式

地址	允许输入	意义
O	1～9999	程序号
N	1～9999	程序段号
G	00～99	准备机能代码
X、Y、Z、A、B、C、U、V、W	－99999.99～＋99999.99	坐标值
I、J、K	－9999.999～＋9999.999	插补参数
F	1～100000mm/min	进给速度
S	0～20000	主轴转速
T	0～9999	刀具功能
M	0～999	辅助功能
X、P、U	0～99999.99	暂停时间
P	1～9999999	循环次数、子程序号

使用时应注意：在数控系统说明书中给出的（表 2-1）输入格式只是数控系统允许输入的范围，它不能代表机床的实际参数，实际上几乎不能用到表中的极限值。对于不同的机床，在编程时必须根据机床的具体规格（如：工作台的移动范围，刀具数，最高主轴转速，快进速度等）来确定机床编程的允许输入范围。

三、指令类型（代码类型）

1. 模态代码、单段有效代码

编程时所使用的指令（代码）按照其特性可以分为模态代码、单段有效代码。

根据加工程序段的基本要求，为了保证动作的正确执行，每一程序段都必须完整。这样，在实际编程中，必将出现大量的重复指令，使程序显得十分复杂和冗长。为了避免出现以上情况，在数控系统中规定了这样一些代码指令：它们在某一程序段中输入指令之后，可以一直保持有效状态，直到撤销这些指令（一次书写、一直有效。如：进给速度 F)，这些代码指令，称为“模态代码”或“模态指令”。而仅在编入的程序段生效的代码指令，称为“单段有效代码”或“单段有效指令”。

“模态代码”和“单段有效代码”的具体规定，可以查阅数控系统生产厂家提供的编程说明书。一般来说，绝大多数常用的G代码、全部S、F、T代码均为“模态代码”，M代码的情况决定于机床生产厂家的设计。

2. 代码分组、开机默认代码

利用模态代码可以大大简化加工程序，但是，由于它的“连续有效”性，使得其撤销必须由相应的指令进行，“代码分组”的主要作用就是为了撤销“模态代码”。

所谓“代码分组”，就是将系统不可能同时执行的代码指令归为一组，并予以编号区别（如：M03、M05表示主轴正转和主轴停止；M07、M09表示切削液的开和关）。同一组的代码有相互取代的作用，由此来撤销“模态代码”。

此外，为了避免编程人员在程序编制中出现的指令代码遗漏，像计算机一样，数控系统中也对每一组的代码指令，都取其中的一个作为开机默认代码，此代码在开机或系统复位时可以自动生效。

对于分组代码的使用应注意以下两点：

① 同一组的代码在一个程序段中只能有一个生效，当编入两个以上时，一般以最后输入的代码为准；但不同组的代码可以在同一程序段中编入多个。

② 对于开机默认的模态代码，若机床在开机或复位状态下执行该程序，程序中允许不进行编写。

有关模态代码、单程序段有效代码、开机默认的模态代码、代码分组详见本书编程部分“G代码一览表”。

第三节　数控机床的三大机能（F、S、M）

一、进给机能（F）

在数控机床上，把刀具以规定的速度的移动称为进给。控制刀具进给速度的机能称为进给机能，也称F机能。进给速度机能用地址F及后缀的数字来指令，对于直线运动的坐标轴，常用的单位为mm/min或mm/r。

铣床、加工中心指令G94确定加工是进给速度按照mm/min进行（需要在程序开始部分指定）；G95确定加工按照mm/r执行。F后缀的数字直接代表了编程的进给速度值，即：F100代表进给速度100mm/min。F后缀的数字位可以是4～5位，它可以实现任意进给速度的选择，且指令值和进给速度直接对应，目前绝大多数系统都使用该方法。

进给机能的编程应注意以下几点：

① F指令是模态的，对于一把刀具通常只需要指定一次。

② 在程序中指令的进给速度，对于直线插补为机床各坐标轴的合成速度；对于圆弧插补，为圆弧在切线方向的速度，如图2-2所示。

③ 编程的F指令值还可以根据实际加工的需要，通过操作面板上的“进给倍率”开关进行修正，因此，实际刀具进给的速度可以和编程速度有所不同（螺纹加工除外，详见后述）。

④ 机床在进给运动时，加减速过程是数控系统自动实现的，编程时无需对此进行考虑。

⑤ F不允许使用负值；通常也不允许通过指令F0控制进给的停止，在数控系统中，进给暂停动作由专用的指令（G04）实现。但是通过进给倍率开关可以控制进给速度为0。

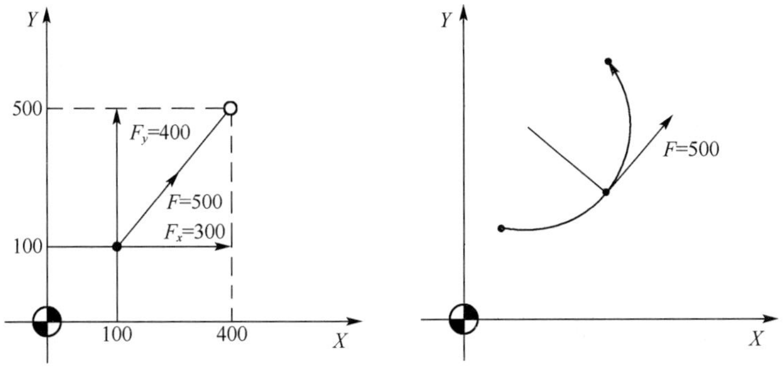

(a) 直线插补的速度　　(b) 圆弧在切线方向的速度

图 2-2 程序中指令的进给速度的含义

二、主轴机能（S）

在数控机床上，把控制主轴转速的机能称为主轴机能，亦称 S 机能。主轴机能用地址 S 及后缀的数字来指定，单位为 r/mm（转/分钟）。

主轴转速的指定方法有位数法、直接指令法等。其作用和意义与 F 机能相同。目前绝大多数系统都使用直接指令方法，即：S100 代表主轴转速为 100r/min。

主轴机能的编程应注意以下几点：

① S 指令是模态的，对于一把刀具通常只需要指令一次。

② 编程的 S 指令值可以通过操作面板上的“主轴倍率”开关进行修正，实际主轴转速可以和编程转速有所不同。

③ S 不允许使用负值，主轴的正、反转由辅助机能指令 M03/M04 进行控制。主轴启动、停止的控制方法有两种：通过指令 S0 使主轴转速为“0”；通过 M05 指令控制主轴的停止，M03/M04 启动。通过“主轴倍率”开关，一般只能在 50%～150%的范围对主轴转速进行调整。

④ 在有些数控铣、镗床，加工中心上，刀具的切削速度一般不可以进行直接指定，它需要通过指令主轴（刀具）的转速进行。其换算关系为：

$$v=\frac{2\pi Dn}{1000}$$

式中 v——切削速度，m/nin；

n——主轴转速，r/min；

D——刀具直径，mm。

在上述程序段中，S 代码指令的值即为主轴转速 n 的值。

三、辅助机能（M）

在数控机床上，把控制机床辅助动作的机能称为辅助机能，亦称 M 机能。辅助机能用地址 M 及后缀的数字来指定，常用的有 M00～M99。其中，部分 M 代码为数控机床标准规定的通用代码，在所有数控机床上都具有相同的意义，表 2-2 列出部分 M 通用代码，具体代码将在 FANUC 和 SIEMENS 编程中详细说明。其余的 M 代码指令的意义，一般由机床生产厂家定义，编程时必须参照机床生产厂家提供的使用说明书。

表 2-2 常用 M 代码表

代码	功能	代码	功能
M01	程序暂停	M06	自动换刀
M02	程序结束	M07	内切削液开
M03	主轴正转	M08	外切削液开
M04	主轴反转	M09	切削液关
M05	主轴停	M30	程序结束并复位

第四节 数控铣床（加工中心）的坐标系

为便于编程时描述机床的运动，简化程序的编制方法及保证记录数据的互换性，数控机床的坐标和运动方向都已标准化，此处仅作介绍和说明。

一、坐标系的确定原则

① 刀具相对于静止的工件而运动的原则，即总是把工件看成是静止的，刀具作加工所需的运动。

② 标准坐标系（机床坐标系）的规定。在数控机床上，机床的运动是受数控装置来控制的，为了确定机床上的成形运动和辅助运动，必须先确定机床上运动的方向和运动的距离，这就需要一个坐标系才能实现，这个坐标系就称为机床坐标系。

标准的机床坐标系是一个右手笛卡尔直角坐标系。它用右手的大拇指表示 X 轴，食指表示 Y 轴，中指表示 Z 轴，三个坐标轴相互垂直，即规定了它们间的位置关系，如图 2-3 所示。

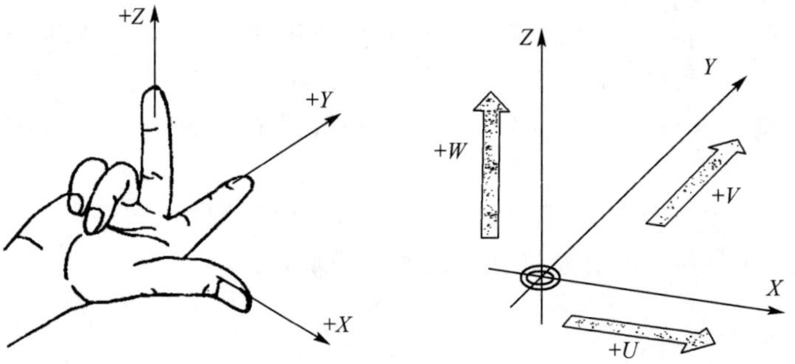

图 2-3 右手笛卡尔直角坐标系

③ 运动的方向。数控机床的某一部件运动的正方向，是增大工件与刀具之间距离的方向。

二、坐标轴的确定方法

① Z 坐标的确定：Z 坐标是由传递切削力的主轴所规定的，其坐标轴平行于机床的主轴。

② X 坐标的确定：X 坐标一般是水平的，平行于工件的装夹平面，是刀具或工件定位平面内运动的主要坐标。

③ Y 坐标的确定：确定了 X、Z 坐标后，Y 坐标可以通过右手笛卡尔直角坐标系来确定。

三、数控铣床的坐标系

数控铣床坐标系统分为机床坐标系和工件坐标系（编程坐标系）。

1. 机床坐标系

（1）机床坐标系　以机床原点为坐标系原点建立起来的 X、Y、Z 轴直角坐标系，称为机床坐标系。机床坐标系是机床本身固有的坐标系，它是制造和调整机床的基础，也是设置工件坐标系的基础，一般不允许随意变动。

数控铣床坐标系符合 ISO 规定，仍按右手笛卡尔规则建立。三个坐标轴互相垂直，机床主轴轴线方向为 Z 轴，刀具远离工件的方向为 Z 轴正方向。X 轴是位于与工件安装面相平行的水平面内，对于立式铣床，人站在工作台前，面对机床主轴，右侧方向为 X 轴正方向，对于卧式铣床，人面对机床主轴，左侧方向为 X 轴正方向。Y 轴垂直于 X、Z 坐标轴，其方向根据右手直角笛卡尔坐标系来确定，如图 2-4 所示。

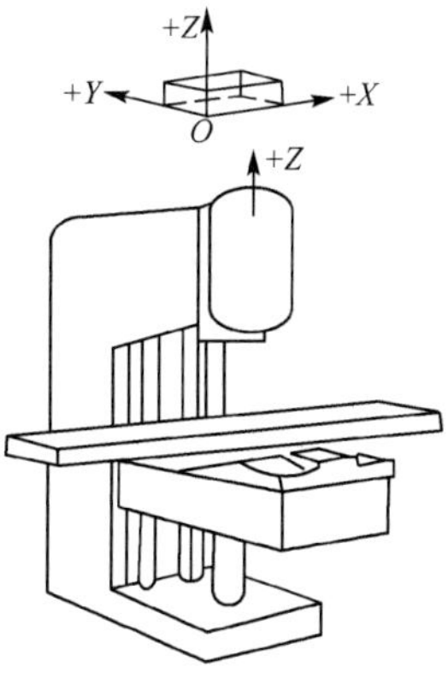

图 2-4　数控铣床坐标系的确定

（2）机床原点　机床坐标系的原点，简称机床原点（机床零点）。它是一个固定的点，由生产厂家在设计机床时确定。机床原点一般设在机床加工范围下平面的左前角。

（3）参考点　参考点是机床上另一个固定点，该点是刀具退离到一个固定不变的极限点，其位置由机械挡块或行程开关来确定。数控铣床的型号不同，其参考点的位置也不同。通常立式铣床指定 X 轴正向、Y 轴正向和 Z 轴正向的极限点为参考点。

一般在机床启动后，首先要执行手动返回参考点的操作，这样数控系统才能通过参考点间接确认出机床零点的位置，从而在数控系统内部建立一个以机床零点为坐标原点的机床坐标系。这样在执行加工程序时，才能有正确的工件坐标系。

2. 工件坐标系

（1）工件坐标系（编程坐标系）工件坐标系是编程时使用的坐标系，是为了确定零件加工时在机床中的位置而设置的。在编程时，应首先设定工件坐标系。工件坐标系采用与机床运动坐标系一致的坐标方向。

（2）工件原点（编程原点）工件坐标系的原点简称工件原点，也是编程的程序原点即编程原点。工件原点的位置是任意的，由编程人员在编制程序时根据零件的特点选定。程序中的坐标值均以工件坐标系为依据，将编程原点作为计算坐标值时的起点。编程人员在编制程序时，不用考虑工件在机床上的安装位置，只要根据零件的特点及尺寸来编程。工件原点一般选择在便于测量或对刀的基准位置，同时要便于编程计算。选择工件原点的位置时应注意以下几点：

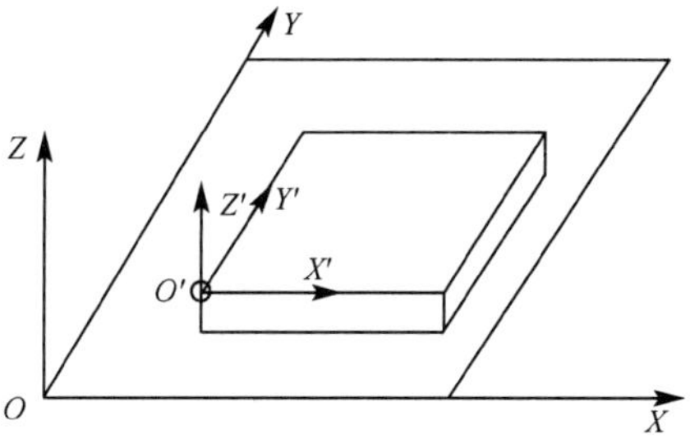

图 2-5　机床坐标系与工件坐标系的关系

① 工件原点应选在零件图的尺寸基准上，以便于坐标值的计算，使编程简单；

② 尽量选在精度较高的加工表面上，以提高被加工零件的加工精度；

③ 对于对称的零件，一般工件原点设在对称中心上；

④ 对于一般零件，通常设在工件外轮廓的某一角上；

⑤ 工件原点在 Z 轴方向，一般设在工件表面上。

机床坐标系与工件坐标系的关系如图 2-5 所示。图中的 X、Y、Z 坐标系为机床坐标系，X'、Y'、Z'

坐标系为工件坐标系。

第五节 工件坐标系和工作平面的设定

一、工件坐标系的设定（零点偏置）

在数控加工过程中如果使用机床坐标系编程，则太过麻烦，一是工件装夹不确定，二是行程太长，容易产生超程，因此必须用指令指定工件（毛坯）的某个点为加工的原点，即我们常说的工件原点，以这个原点为中心构成的坐标系就是工件坐标系。整个的这个过程，我们称作零点偏置，就是将机械原点移动到工件原点的过程。

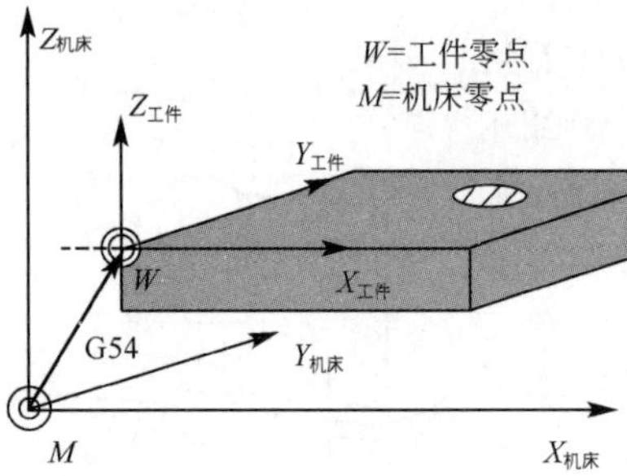

图 2-6 工件坐标系设定

可设定的零点偏置给出工件零点在机床坐标系中的位置（工件零点以机床零点为基准偏移）。当工件装夹到机床上后通过对刀求出偏移量，并通过操作面板输入到规定的数据区存储在机床内部。程序可以通过选择相应的 G 功能 G54～G59 激活此值，如图 2-6 所示。在不同的数控机床中均有零点偏置（坐标系）设置，图 2-7 为 FANUC 和 SIEMENS 不同系统中零点偏置界面。

格式：G54 第一可设定零点偏置

G55 第二可设定零点偏置

G56 第三可设定零点偏置

G57 第四可设定零点偏置

G500 取消可设定零点偏置，模态有效

G53 取消可设定零点偏置，程序段方式有效，可编程的零点偏置也一起取消。

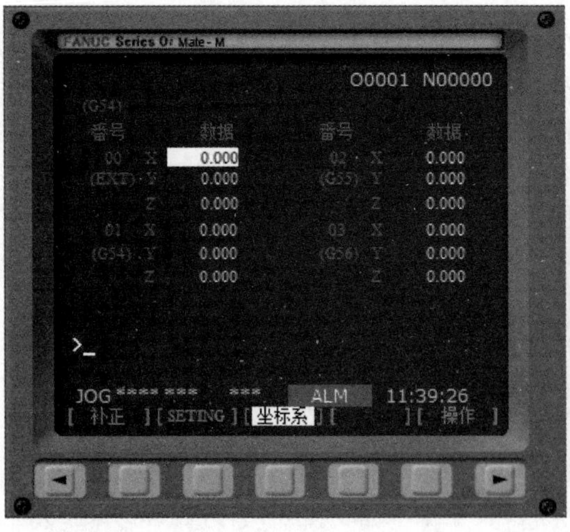

(a) FANUC 0i的零点偏移(坐标系)界面

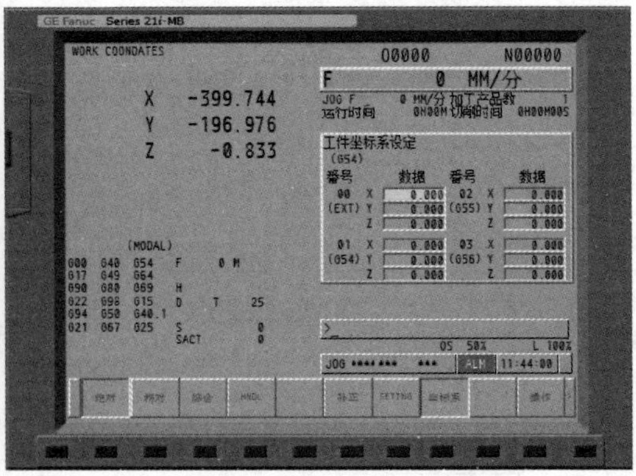

(b) FANUC 21i的零点偏移(坐标系)界面

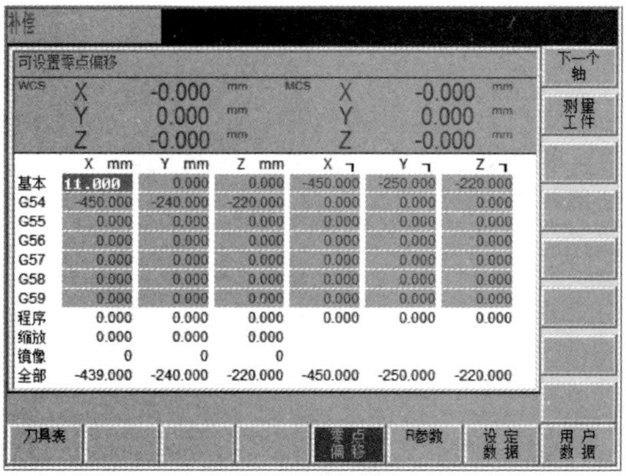

(c) SIEMENS 802D零点偏移界面

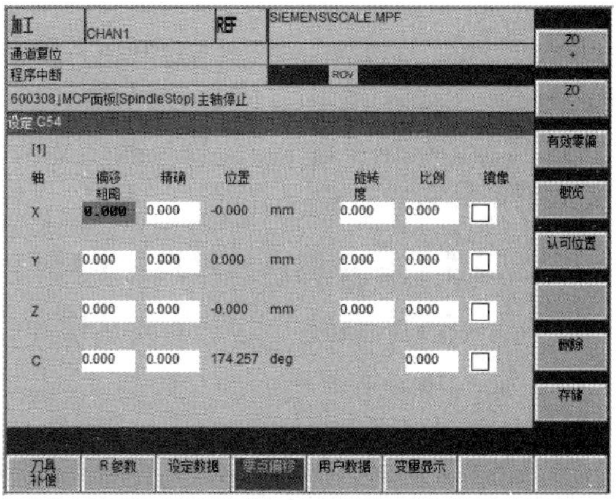

(d) SIEMENS 840D零点偏移界面

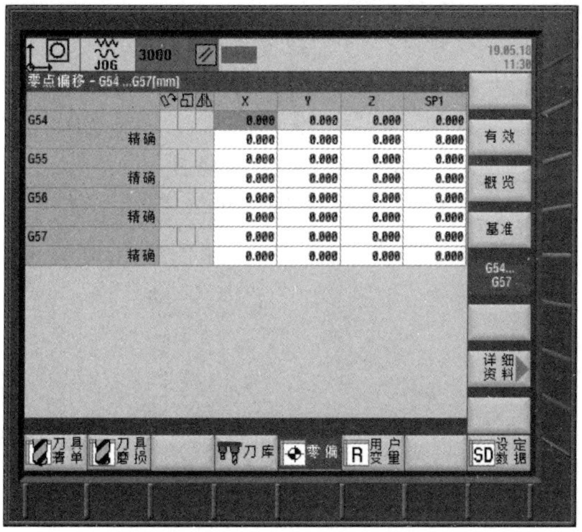

(e) SIEMENS 828D零点偏移界面

图 2-7　FANAC 和 SIEMENS 不同系统中零点偏置界面

① 在编写程序时，需在程序的开头写出 G54（或其他零点偏置指令）即可，可以理解为：零点偏置指令是编程开始部分的固定格式，必须给定。

如：N010 G54 M03 S1500……

② 在同一个程序中允许出现多个零点偏置，如图 2-8 所示。

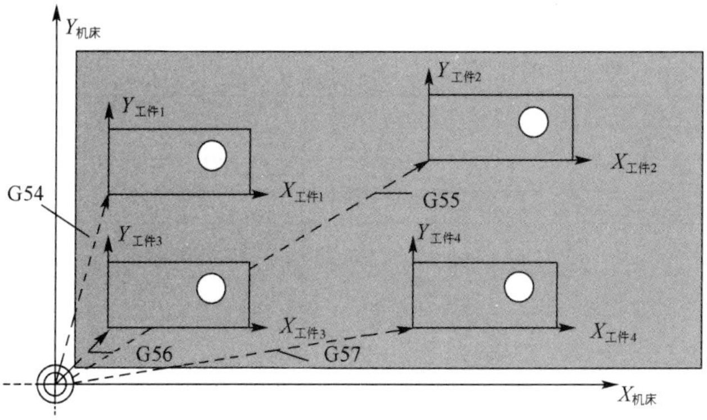

N10 G54	设定工件原点为工件 1 的角上
……	加工工件 1 的程序
N30 G55	设定工件原点为工件 2 的角上
……	加工工件 2 的程序
N50 G56	设定工件原点为工件 3 的角上
……	加工工件 3 的程序
N70 G57	设定工件原点为工件 4 的角上
……	加工工件 4 的程序
N90 G500	取消可设定零点偏置

图 2-8　同一个程序中多个零点偏置

③ G54～G59 工件坐标系原点是固定不变的，它在机床坐标系建立后即生效，在程序中可以直接选用，不需要进行手动对基准点操作，原点精度高；且在机床关机后亦能记忆，适用于批量加工时使用。

④ 在新的机床系统中，工件坐标系可以设定 256 个，甚至无限多，而 G54～G57 的坐标系为机床最基本配置。

二、工件坐标系原点设定指令 G92

根据不同的代码体系，设定机床坐标系原点可以通过 G92 指令进行，可以适用于大部分机床。指令格式如下：

G92 X_Y_Z_

① 利用 G92 设定的工件坐标系原点是随时可变的，即：它设定的是“浮动零点”，在程序中可以多次使用、不断改变，使用比较灵活。但其缺点是：每次设定都需要进行手动对基准点操作，操作步骤较多，并影响到基准点的精度。

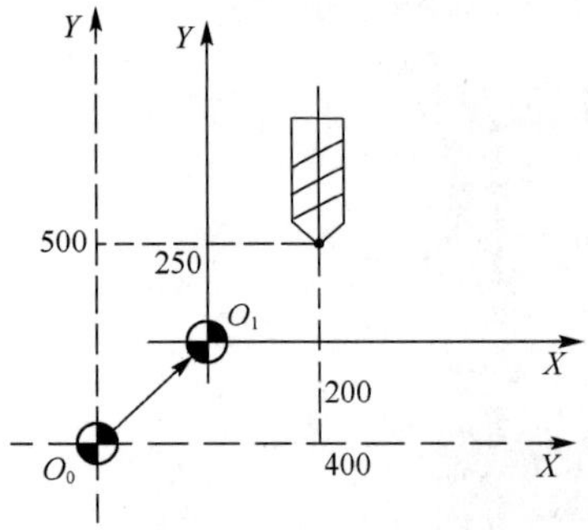

图 2-9 执行 G92 命令的效果

② 由 G92 设定的零点，在机床关机后不能记忆。

③ 注意：指令中编程的 *X*、*Y*、*Z* 值是指定刀具现在位置（基准点）在所设定的工件坐标系中的新坐标值。G92 指令所设定的工件坐标系原点，要通过刀具现在位置（基准点）、新坐标值这两个参数倒过来推出。执行本指令，机床并不产生运动。

例如：假设执行 G92 指令前，刀具所处的位置为（400，500），现将这一点作为工件坐标系的设定基准，执行指令 G92 X200 Y250，其结果是：机床不产生运动，但工件坐标系的原点被设定到点 O1，原来的原点 O0 被撤销。刀具定位点的坐标值自动变成为（200，250），如图 2-9 所示。一般不采用 G92 设置工件坐标系。

三、工作平面的设定

由于三维加工，存在 *X*/*Y*、*Z*/*X*、*Y*/*Z* 三个平面，在进行加工、编程时必须首先确定一个平面，即确定一个两坐标轴的坐标平面，在此平面中可以进行刀具的进给运动、钻孔、攻丝等操作。

平面选择的不同，影响走圆弧时圆弧方向的定义：顺时针和逆时针。在圆弧插补的平面中规定横坐标和纵坐标，由此也就确定了顺时针和逆时针旋转方向。也可以在非当前平面 G17 至 G19 的平面中运行圆弧插补，见表 2-3。

表 2-3 工作平面的设定

G 功能	平面(横坐标/纵坐标)	垂直坐标轴
G17	*X*/*Y*	*Z*
G18	*Z*/*X*	*Y*
G19	*Y*/*Z*	*X*

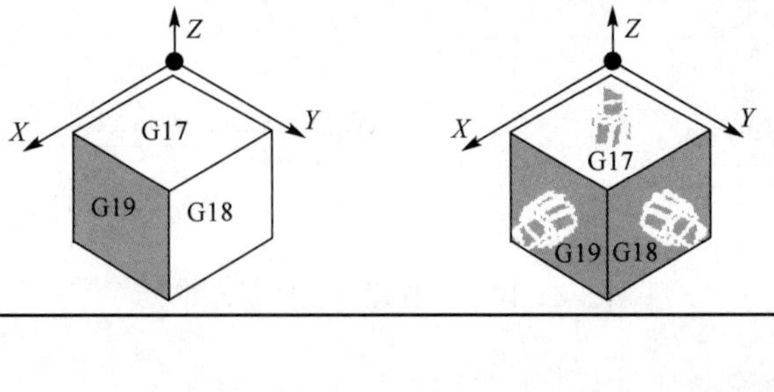

格式：N010 G17　　选择 X/Y 平面

一般情况系统默认 X/Y 平面，故也可省略平面选择指令。

第六节　程序编制中的工艺分析

一、数控加工工艺的主要内容

编程是实现数控加工的重要工作之一。除了编程之外，数控加工还包括编程前必须要做的一系列工艺及编程后的后置处理工作。一般来讲，数控机床加工工艺主要包括以下几个方面：

① 分析被加工零件图样，明确加工内容及技术要求，确定零件的加工方案，制定数控加工工艺路线；

② 设计数控加工工序；

③ 调整数控加工工序的程序；

④ 处理数控机床上部分工艺指令。

二、工序划分原则

在数控机床上加工零件常见的工序划分的方法有下面几种。

（1）按粗、精加工划分工序　根据零件的形状、尺寸精度以及刚度和变形等因素，按粗、精加工分开原则划分工序，即先粗加工，后精加工。粗加工安排在精度较低、功率较大的数控机床上，精加工安排在精度较高的数控机床上。这可保证零件的加工精度、加工速度和表面粗糙度。

（2）按先面后孔原则划分工序　当零件上既有面加工，又有孔加工时，可先加工面，后加工孔，这样可以提高孔的加工精度。

（3）按所用刀具划分工序　按所用刀具划分工序是指使用一把刀加工完相应各部位，再换另一把刀加工相应的其他部位，以减少空行程时间和换刀次数，消除不必要的定位误差。

总之，安排加工工序时，要充分考虑数控机床的特点，尽量采用一次装夹实现多工序集中加工的方式。

三、零件装夹

为了充分发挥数控机床的特点，在数控机床上安装零件时，应尽量做到以下几点：

① 尽量采用可调式、组合式等标准化、通用化和自动化夹具，必要时才设计专用夹具；

② 便于迅速装卸零件，以减少数控机床停机时间；

③ 减少装夹次数，尽量做到一次装夹便能把零件上的加工表面都加工出来；

④ 零件的定位基准应与设计基准保持一致，以减少定位误差对尺寸精度的影响；

⑤ 由于通常要求一次装夹便能完成零件的全部加工工序，因此应防止零件夹紧引起的变形对零件加工产生不良影响，施力点应靠近主要支撑点或切削部位。

四、加工路线的确定

加工路线是指加工过程中刀具刀位点相对于被加工零件的运动轨迹。确定加工路线就是确定刀具移动的路线，包括刀具切削加工的路线及刀具切入、切出等。编程时，加工路线的确定原则是：

① 保证被加工零件的加工精度和表面粗糙度；

② 尽量使数值计算简单，以减少编程工作量；

③ 尽量缩短加工路线，减少刀具空行程时间和换刀次数，以提高生产率。

下面结合具体实例来分析加工路线。

1. 孔系加工

孔系加工在保证尺寸要求的前提下，选择最短的加工路线。

加工如图 2-10 所示零件上的四个孔，加工路线可采用两种方案，方案 1［图 2-10（a）］按照孔 1、孔 2、孔 3、孔 4 顺序完成，由于孔 4 与孔 1、孔 2、孔 3 的定位方向相反，X 轴的反向间隙会使定位误差增加，而影响孔 4 与其他孔的位置精度。方案 2［图 2-10（b）］，加工完孔 2 后，刀具向 X 轴反方向移动一段距离，超过孔 4 后，再折回来加工孔 4，由于定位方向一致，提高了孔 4 与其他孔的位置精度。

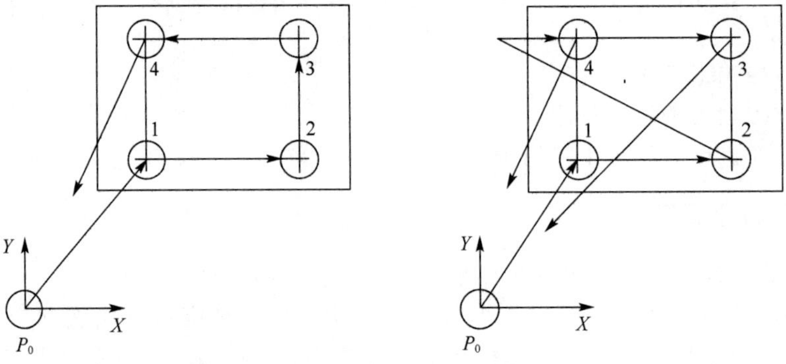

(a) 按顺序加工　(b) 按方向加工

图 2-10　孔系加工路线

2. 凹槽加工

铣削凹槽一般有三种加工路线，如图 2-11 所示。

图 2-11（a）为行切法加工路线，走刀路线最短，加工表面质量最差；图 2-11（b）为环切法加工路线，走刀路线最长，加工表面质量最好；图 2-11（c）先用行切法最后用环切法光整轮廓表面，既缩短了加工路线，又能提高加工表面质量，为最佳方案。

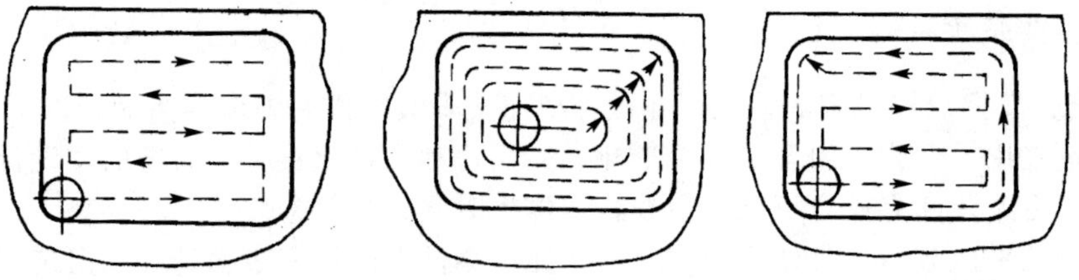

（a）行切法　（b）环切法　（c）综合法

图 2-11　铣削凹槽的加工路线

3. 连续轮廓切入和切出的确定

对于连续铣削轮廓，要注意安排好刀具的切入和切出，要尽量避免交接处重复加工，否则会出现明显的界限痕迹。如图 2-12（a）所示，铣削外表面轮廓时，铣刀切入点和切出点应沿零件轮廓曲线的延长线上切向切入和切出零件表面，以保证零件轮廓光滑。铣削内表面轮廓时，铣刀也应遵循切线方向切入和切出的原则。如图 2-12（b）所示，切出时，可多走

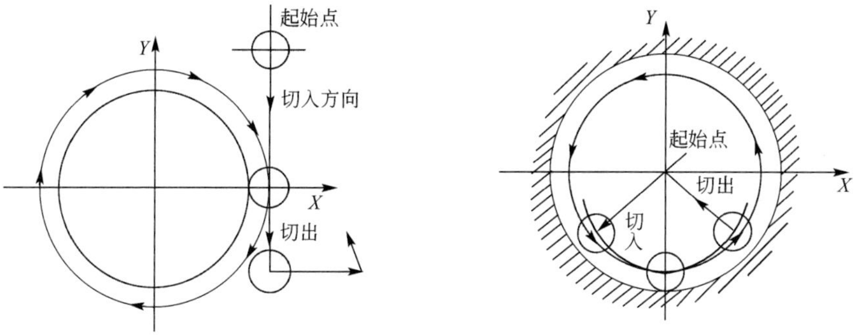

(a) 铣削外表面轮廓的切入与切出　　(b) 铣削内表面轮廓的切入与切出

图 2-12　切入与切出方式

一段圆弧，再退到起始点，这样可以降低接刀痕迹，提高孔内精度。

五、选择刀具和切削用量

1. 铣削用刀具的选择

① 铣削平面时，应选硬质合金片铣刀。

② 铣削凸台和凹槽时，选高速钢立铣刀。

③ 加工余量小，并且要求表面粗糙度较低时，多采用镶立方氮化硼刀片或镶陶瓷刀片的端铣刀。

④ 铣削毛坯表面或孔的粗加工，可选镶硬质合金的玉米铣刀进行强力切削。

2. 切削用量选择

切削用量包括主轴转速（切削速度）、切削深度、进给速度。切削用量选择的原则是：粗加工为了提高生产率，首先选择一个尽可能大的切削深度，其次选择一个较大的进给速度，最后确定一个合适的主轴转速；精加工时为了保证加工精度和表面粗糙度要求，选用较小的切削深度、进给速度和较大的主轴转速。具体数值应根据机床说明书中规定的要求以及刀具耐用度，并结合实际经验采用类比法来确定。

(1) 切削深度　在机床、夹具、刀具、零件等刚度允许条件下，尽可能选较大的切削深度，以减少走刀次数，提高生产率。对于表面粗糙度和精度要求高的零件，要留有足够的精加工余量，一般取 0.1～0.5mm。

(2) 主轴转速度（r/min）根据允许的切削速度来选择。

(3) 进给速度　进给速度是切削用量中的一个重要参数，通常根据零件加工精度及表面粗糙度要求来选择，要求较高时，进给速度应选取得小一些。

六、工艺文件编制

数控加工工艺文件既是数控加工、产品验收的依据，也是操作者要遵守、执行的规范，同时也是产品零件重复生产在技术上的工艺资料积累和储备。加工工艺是否先进、合理，将在很大程度上决定加工质量的优劣。数控加工工艺文件主要有工序卡、刀具调整单、机床调整单、零件的加工程序单等。

1. 工序卡

工序卡主要用于自动换刀数控机床。它是操作人员进行数控加工的主要指导性工艺资料。工序卡应按已确定的工步顺序填写。不同的数控机床其工序卡的格式也不相同。表 2-4 为自动换刀铣床、加工中心、工序卡。

表 2-4 自动换刀铣床、加工中心工序卡

<table>
<tr><td colspan="2">零件号</td><td colspan="3"></td><td colspan="2">零件名称</td><td colspan="4"></td><td>材料</td><td></td></tr>
<tr><td colspan="2">程序编号</td><td colspan="3"></td><td colspan="2">日　期</td><td colspan="4">年　月　日</td><td>制表</td><td>审核</td></tr>
<tr><td rowspan="2">工步号</td><td rowspan="2">加工面</td><td colspan="3">刀具</td><td colspan="2">主轴转速</td><td colspan="2">进给速度</td><td rowspan="2">刀具补偿</td><td rowspan="2">工作台到加工面的距离</td><td rowspan="2">加工深度</td><td rowspan="2">备注</td></tr>
<tr><td>号</td><td>种类规格</td><td>长度</td><td>指令</td><td>转速</td><td>指令</td><td>mm/min</td></tr>
<tr><td></td><td></td><td></td><td></td><td></td><td></td><td></td><td></td><td></td><td></td><td></td><td></td><td></td></tr>
</table>

2. 刀具调整单

数控机床上所用刀具一般要在对刀仪上预先调整好直径和长度。将调整好的刀具及其编号、型号、参数等填入刀具调整单中，作为调整刀具的依据。刀具调整单见表 2-5。

表 2-5 刀具调整单

<table>
<tr><td colspan="2">零件号</td><td colspan="2"></td><td colspan="2">零 件 名 称</td><td colspan="2"></td><td>工序号</td><td></td></tr>
<tr><td rowspan="2">工步号</td><td rowspan="2">刀具码</td><td rowspan="2">刀具号</td><td rowspan="2">刀具种类</td><td colspan="2">直径</td><td colspan="2">长度</td><td colspan="2" rowspan="2">备注</td></tr>
<tr><td>设定值</td><td>实测值</td><td>设定值</td><td>实测值</td></tr>
<tr><td></td><td></td><td></td><td></td><td></td><td></td><td></td><td></td><td></td><td></td></tr>
<tr><td></td><td></td><td></td><td></td><td></td><td></td><td></td><td></td><td></td><td></td></tr>
<tr><td colspan="5"></td><td>制表</td><td>日期</td><td>测量员</td><td>日期</td><td></td></tr>
</table>

3. 机床调整单

机床调整单是操作人员在加工零件之前调整机床的依据。机床调整单应记录机床控制面板上的“开关”的位置、零件安装、定位和夹紧方法及键盘应键入的数据等。表 2-6 为自动换刀数控镗铣床的机床调整单。

表 2-6 机床调整单

<table>
<tr><td>零　件　号</td><td></td><td>零 件 名 称</td><td></td><td>工　序　号</td><td></td><td>制　　表</td><td></td></tr>
<tr><td colspan="8">位码调整旋钮</td></tr>
<tr><td>F1</td><td></td><td>F2</td><td></td><td>F3</td><td></td><td>F4</td><td></td><td>F5</td><td></td></tr>
<tr><td>F6</td><td></td><td>F7</td><td></td><td>F8</td><td></td><td>F9</td><td></td><td>F10</td><td></td></tr>
<tr><td colspan="10">刀具补偿拨盘</td></tr>
<tr><td>1</td><td></td><td></td><td></td><td></td><td>6</td><td></td><td></td><td></td><td></td></tr>
<tr><td>2</td><td></td><td></td><td></td><td></td><td>7</td><td></td><td></td><td></td><td></td></tr>
<tr><td>3</td><td></td><td></td><td></td><td></td><td>8</td><td></td><td></td><td></td><td></td></tr>
<tr><td>4</td><td></td><td></td><td></td><td></td><td>9</td><td></td><td></td><td></td><td></td></tr>
<tr><td>5</td><td></td><td></td><td></td><td></td><td>10</td><td></td><td></td><td></td><td></td></tr>
<tr><td colspan="12">对称切削开关位置</td></tr>
<tr><td rowspan="3">X</td><td>N010～N080</td><td>0</td><td rowspan="3">Y</td><td></td><td>0</td><td rowspan="3">Z</td><td></td><td>0</td><td rowspan="3">B</td><td>N010～N080</td><td>0</td></tr>
<tr><td>N081～N110</td><td>1</td><td></td><td>0</td><td></td><td>0</td><td>N081～N110</td><td>1</td></tr>
<tr><td></td><td></td><td></td><td></td><td></td><td></td><td></td><td></td></tr>
<tr><td colspan="6">垂直校验开关</td><td colspan="6">0</td></tr>
<tr><td colspan="6">零件冷却</td><td colspan="6">1</td></tr>
</table>

4. 加工程序单

零件加工程序单是记录加工工艺过程、工艺参数和位移数据的表格，也是手动数据输入和置备纸带、实现数控加工的主要依据。表 2-7 为字地址可变程序段格式的加工程序单。加工程序单样式可根据实际加工的需求而有所变化。

表 2-7 加工程序单

N	G	X	Y	Z	I	J	R	F	S	T	M

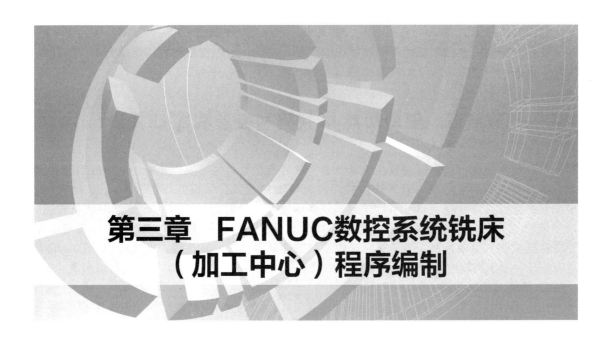

第三章　FANUC数控系统铣床（加工中心）程序编制

FANUC 数控系统功能强大，图 3-1 为不同 FANUC 数控系统的操作面板。

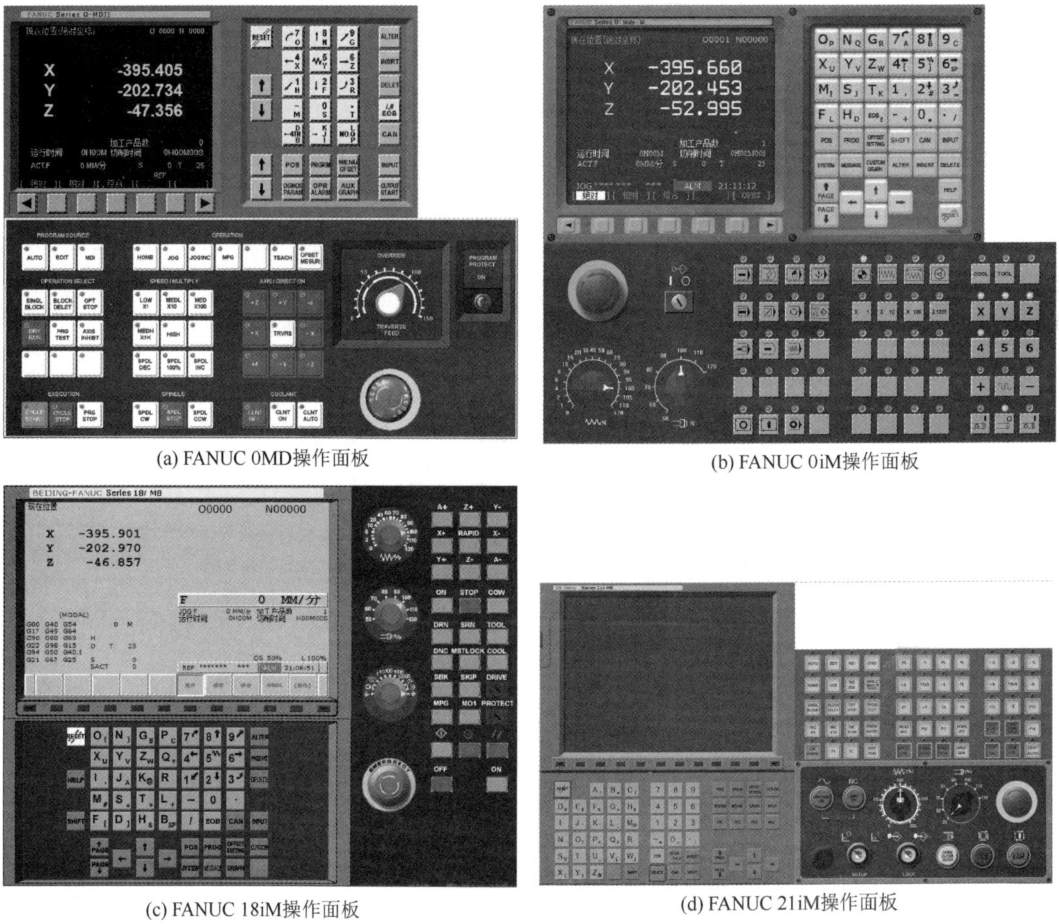

(a) FANUC 0MD操作面板

(b) FANUC 0iM操作面板

(c) FANUC 18iM操作面板

(d) FANUC 21iM操作面板

图 3-1　不同 FANUC 数控系统的操作面板

FANUC公司的0i系列数控系统，是具有一定存储传输能力的高档CNC，利用最多可达8轴联动控制，利用丰富的控制功能和编程指令功能，可以简单地构造起适合机床的最佳系统。下面我们详细讲解FANUC 0i铣床（加工中心）的程序编制。

第一节 辅助功能M代码和准备功能G代码

通过编程并运行程序而使数控机床能够实现的功能称之为可编程功能。一般可编程功能分为两类：一类用来实现刀具轨迹控制即各进给轴的运动，如直线/圆弧插补、进给控制、坐标系原点偏置及变换、尺寸单位设定、刀具偏置及补偿等，这一类功能被称为准备功能，以字母G以及两位数字组成，也被称为G代码。另一类功能被称为辅助功能，用来完成程序的执行控制、主轴控制、刀具控制、辅助设备控制等功能。在这些辅助功能中，T__用于选刀，S__用于控制主轴转速。其他功能由以字母M与两位数字组成的M代码来实现。

1. 辅助功能M代码

机床用S代码来对主轴转速进行编程，用T代码来进行选刀编程，其他可编程辅助功能由M代码来实现，辅助功能包括各种支持机床操作的功能，像主轴的启停、程序停止和切削液开关等等。机床可供用户使用的M代码见表3-1。

表3-1 常用M代码及说明

代码	说明	代码	说明
M00	程序停	M30	程序结束(复位)并回到开头
M01	选择停止	M48	主轴过载取消 不起作用
M02	程序结束(复位)	M49	主轴过载取消 起作用
M03	主轴正转（CW）	M60	APC循环开始
M04	主轴反转（CCW）	M80	分度台正转(CW)
M05	主轴停	M81	分度台反转（CCW）
M06	换刀	M94	待定
M08	切削液开	M95	待定
M09	切削液关	M96	Y坐标镜像
M19	主轴定向停止	M98	子程序调用
M28	返回原点	M99	子程序结束

2. 准备功能G代码（见表3-2）

表3-2 常用G代码及功能

代码	分组	功能	代码	分组	功能
*G00	01	定位(快速移动)	G30	00	返回第二参考点
*G01		直线插补(进给速度)	G31		测量功能
G02		顺时针圆弧插补	G33	01	攻螺纹
G03		逆时针圆弧插补	*G40	07	取消刀具半径补偿
G04	00	暂停，精确停止	G41		左侧刀具半径补偿
G09		精确停止	G42		右侧刀具半径补偿
*G17	02	选择 X/Y 平面	G43	08	刀具长度补偿+
G18		选择 Z/X 平面	G44		刀具长度补偿−
G19		选择 Y/Z 平面	*G49		取消刀具长度补偿
G20	06	英制数据输入	*G50	11	比例缩放撤销
G21		公制数据输入	G51		比例缩放生效
G27	00	返回并检查参考点	G52	00	设置局部坐标系
G28		返回参考点	G53		选择机床坐标系
G29		从参考点返回	*G54	14	选用1号工件坐标系

续表

代　码	分　组	功　能	代　码	分　组	功　能
G55	14	选用 2 号工件坐标系	G82	09	钻削固定循环
G56		选用 3 号工件坐标系	G83		深孔钻削固定循环
G57		选用 4 号工件坐标系	G84		攻丝固定循环
G58		选用 5 号工件坐标系	G85		镗削固定循环
G59		选用 6 号工件坐标系	G86		镗削固定循环
G60	00	单一方向定位	G87		反镗固定循环
G61	15	精确停止方式	G88		镗削固定循环
*G64		切削方式	G89		镗削固定循环
G65	12	宏程序调用	*G90	03	绝对值指令方式
G66		模态宏程序调用	G91		增量值指令方式
*G67		模态宏程序调用取消	G92	00	工件零点设定
G68	16	图形旋转生效	G94	05	每分钟进给
*G69		图形旋转撤销	*G95		每转进给
G73	09	深孔钻削固定循环	G96	13	线速度恒定控制生效
G74		反螺纹攻丝固定循环	*G97		线速度恒定控制取消
G76		精镗固定循环	*G98	10	固定循环返回初始点
*G80		取消固定循环	G99		固定循环返回 R 点
G81		钻削固定循环			

注：带*的 G 代码为通常情况下的系统开机默认 G 代码。

在 G 代码组 00 中，G 代码均为单段有效 G 代码；其余各组 G 代码均为模态 G 代码。在同一程序段中，可以指令多个不同组 G 代码；当指令了两个以上同一组 G 代码时，通常情况下，只有最后输入的 G 代码生效。

第二节　快速定位 G00

G00 快速定位

1. 格式

数控机床的快速定位动作用 G00 指令指定，执行 G00 指令，刀具按照机床的快进速度移动到终点。实现快速定位（见图 3-2），其指令格式如下：

G00 X＿Y＿Z＿

G00 为模态指令，在绝对值编程方式中，*X*、*Y*、*Z* 代表刀具的运动终点坐标。程序中 G00 亦可以用 G0 表示。

2. 轨迹

执行 G00 指令刀具的移动轨迹可以是以下两种，它决定于系统或机床参数的设置，如图 3-2 所示。

（1）直线型定位　移动轨迹是连接起点和终点的直线。其中，移动距离最短的坐标轴按快进速度运动，其余的坐标轴按移动距离的大小相应减小，保证各坐标轴同时到达终点。

（2）非直线型定位　移动轨迹是一条各坐标轴都以快速运动而形成的折线。

例如，当刀具起点为（100，100）时，执行：

```
G00 X200 Y300;
```

其移动轨迹如图 3-3 所示。

快速定位的运动速度不能通过 F 代码进行编程，它仅决定于机床参数的设置。运动开始阶段和接近终点的过程，各坐标轴都能自动进行加减速。

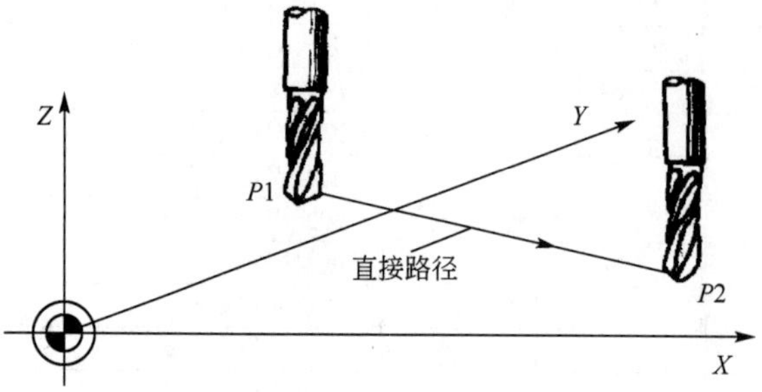

图 3-2 刀具快速定位

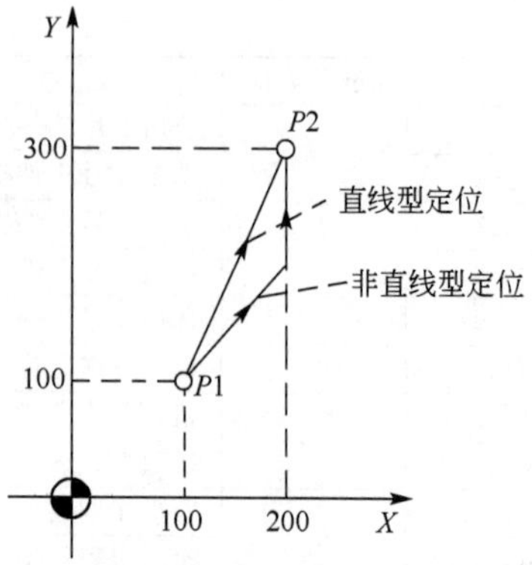

图 3-3 刀具移动轨迹

第三节 直线 G01

G01 直线指令

1. 格式

执行 G01 指令，刀具按照规定的进给速度沿直线移动到终点，移动过程中可以进行切削加工（见图 3-4）。其指令格式如下：

G01 X＿Y＿Z＿F＿

G01 为模态指令。与 G00 相同，在绝对值编程方式中，*X*、*Y*、*Z* 代表刀具的运动终点坐标。程序中 G01 亦可以用 G1 表示。

2. 轨迹

执行 G01 指令刀具的移动轨迹是连接起点和终点的直线。运动速度通过 F 代码进行编程。在程序中指令的进给速度，对于直线插补为机床各坐标的合成速度；对于圆弧插补，为圆弧在切线方向的速度。F 指令决定的进给速度亦是模态的，它在指令新的 F 值以前，一直保持有效。

G01 指令运动的开始阶段和接近终点的过程，各坐标轴都能自动进行加减速。

G01 直线指令实例 1

【实例】

① 试编制在立式数控铣床上，实现图 3-5 所示零件从 *P*1 到 *P*2 的槽加工程序。工件坐标系为 G54，安装位置如图；加工时主轴转速为 1500r/min；进给速度为 100mm/min。

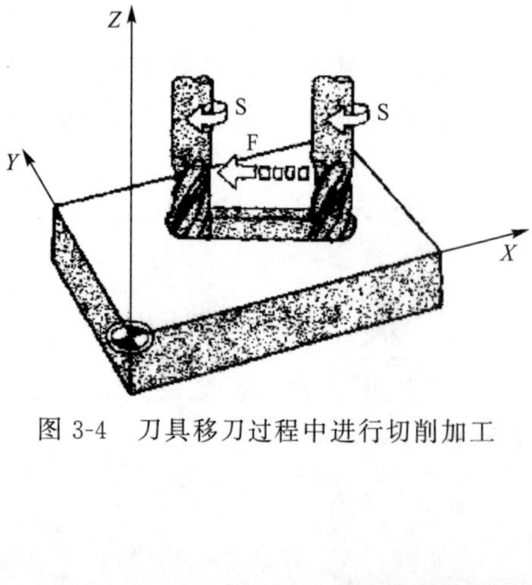

图 3-4 刀具移刀过程中进行切削加工

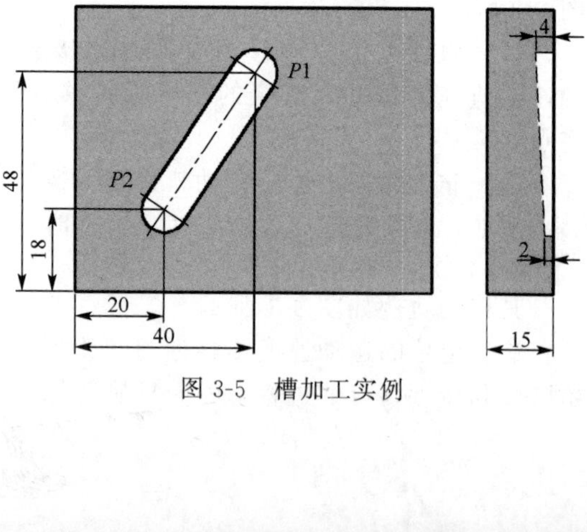

图 3-5 槽加工实例

加工程序如下：

段号	程　　序	作　　用
	O0001	程序号
N10	G54 G94 G90 G21；	选择工件坐标系、分钟进给绝对式编程、公制尺寸(由于绝对式编程、公制尺寸开机默认,可省)
N20	M03 S1500；	主轴正转,1500r/min
N30	G00 X40 Y48；	刀具在 P1 上方定位
N40	G00 Z2；	Z 向接近工件表面
N50	G01 Z－4 F20；	在 P1 点进行 Z 向进刀
N60	G01 X20 Y18 Z－2 F100；	三轴联动加工 P1 到 P2 的空间直线
N70	G00 Z100；	Z 向在 P2 点退刀
N80	M05；	主轴停止
N90	M02；	程序结束

② 试编制在立式数控铣床上，实现图 3-6 所示零件孔 1、孔 2（通孔）加工的程序。工件坐标系为 G54，安装位置如图；零件在 Z 方向的厚度为 15mm；加工时选择主轴转速为 1500r/min；进给速度为 20mm/min。

G01 直线实例 2

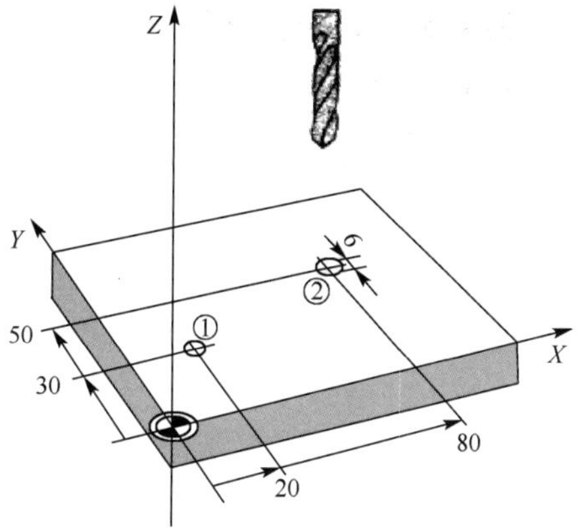

图 3-6　孔加工实例

加工程序如下：

段号	程　　序	作　　用
	O0002	程序号
N10	G54 G94；	选择工件坐标系、分钟进给
N20	M03 S1500；	主轴正转,1500r/min
N30	G00 X20 Y30；	定位在孔 1 上方
N40	G00 Z2；	Z 向接近工件表面
N50	G01 Z－18 F20	加工孔 1
N60	G00 Z2；	抬刀
N70	G00 X80 Y50；	定位在孔 2 上方
N80	C01 Z－18 F20；	加工孔 2
N90	G00 Z50	抬刀
N100	M05；	主轴停止
N110	M02；	程序结束

注意：加工时，程序中的刀具 Z 向尺寸都是相对于刀尖给出，程序段 N50 和 N80 中的

Z18 是为了保证通孔加工而增加的行程。当开机默认代码为 G90、G21（绝对式编程、公制尺寸）时，在本题中已省略。

【综合练习—直线】

① 用 ϕ6 刀具铣出图 3-7 所示环形形状，深度 2mm，试编程。

② 用 ϕ6 刀具铣出图 3-8 所示“X、Y、Z”形状，深度 2mm，试编程。

③ 用 ϕ10 刀具铣出图 3-9 所示左右对称形状，槽宽 10mm、深 3mm，试编程。

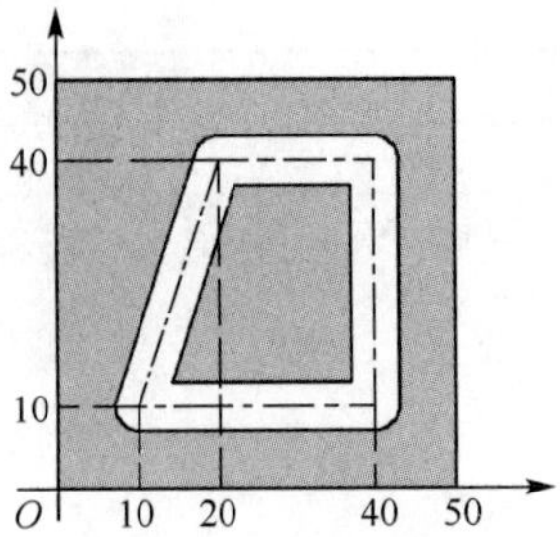

图 3-7 练习①

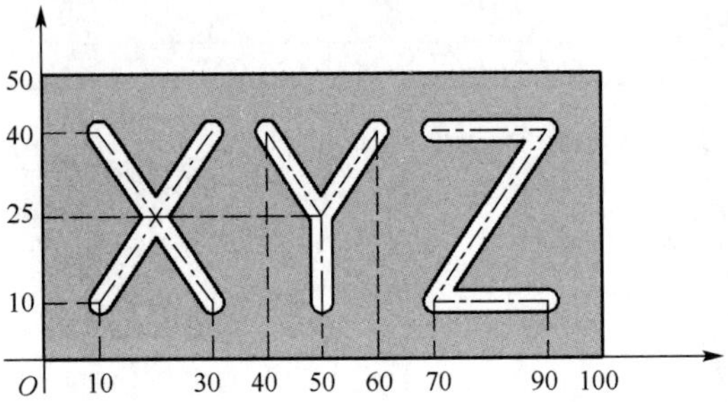

图 3-8 练习②

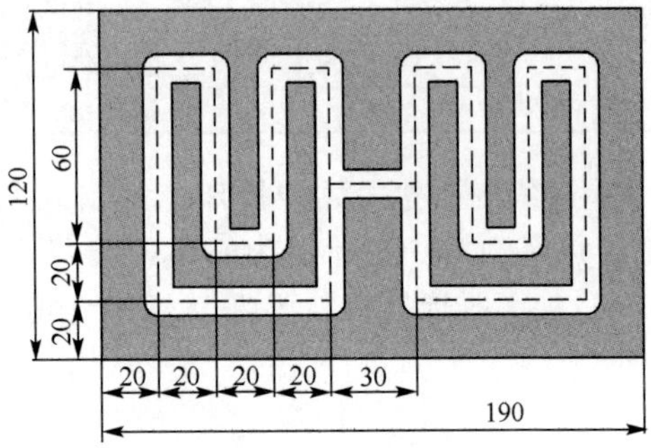

图 3-9 练习③

第四节 圆弧 G02、G03

G02（G03）圆弧指令

1. 基本格式

圆弧插补加工用 G02、G03 指令编程，G02 指定顺时针插补，G03 指定逆时针插补。执行 G02、G03 指令，可以使刀具按照规定的进给速度沿圆弧移动到终点，移动过程中可以进行切削加工。常用的圆弧插补编程的指令有：通过指定半径的编程（格式 1）和指定圆心的编程（格式 2）两种格式，如图 3-10 和图 3-11 所示。

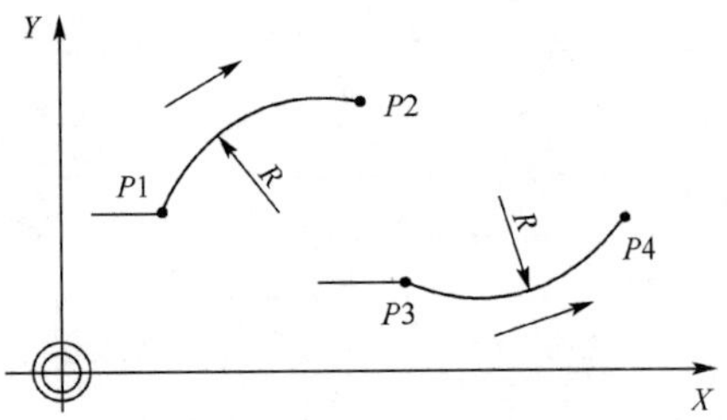

图 3-10 指定半径编程的圆弧

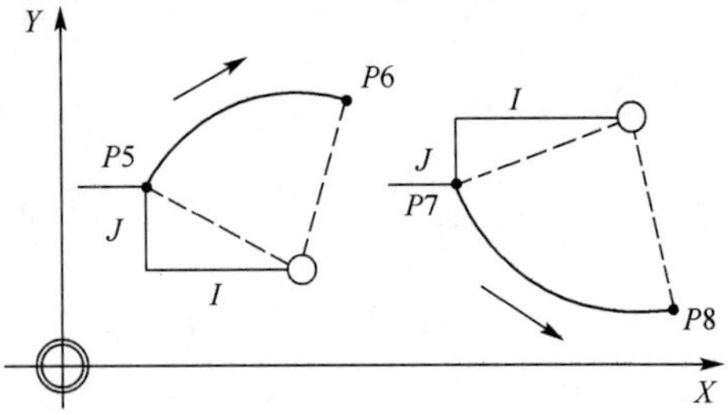

图 3-11 指定圆心编程的圆弧

（1）格式 1

P1→P2：

G02 X__Y__Z__R__F__ 顺时针

P3→P4：

G03 X__Y__Z__R__F__ 逆时针

X、Y、Z 为加工圆弧的终点；

R 为圆弧半径；

F 为进给速度。

（2）格式 2

***P*5→*P*6**：

G02 X＿Y＿Z＿I＿J＿K＿F＿　顺时针

***P*7→*P*8**：

G03 X＿Y＿Z＿I＿J＿K＿F＿　逆时针

X、Y、Z 为加工圆弧的终点；

I 为圆心 X 坐标与圆弧起点 X 坐标距离；

J 为圆心 Y 坐标与圆弧起点 Y 坐标距离；

K 为圆心 Z 坐标与圆弧起点 Z 坐标距离。

注意：此处 I、J、K 值为矢量值，由圆心坐标减起点坐标得出，可为负。

【举例】

如图 3-12 所示，左图为已知 R 圆弧，右图为已知圆心坐标圆弧。

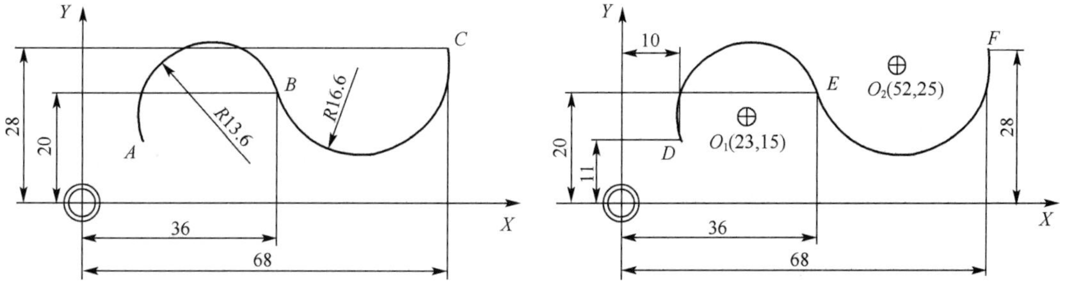

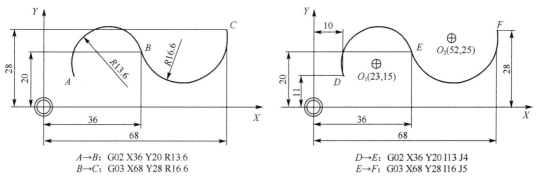

A→*B*：G02 X36 Y20 R13.6　　*D*→*E*：G02 X36 Y20 I13 J4

B→*C*：G03 X68 Y28 R16.6　　*E*→*F*：G03 X68 Y28 I16 J5

图 3-12　圆弧编程举例

G02（G03）圆弧指令实例

【实例】

试编制在数控铣床上，实现图 3-13 所示圆弧形凹槽加工。工件坐标系为 G54，安装位置如图；ϕ6mm 铣刀，零件在 Z 方向的凹槽深度为 2.5mm；加

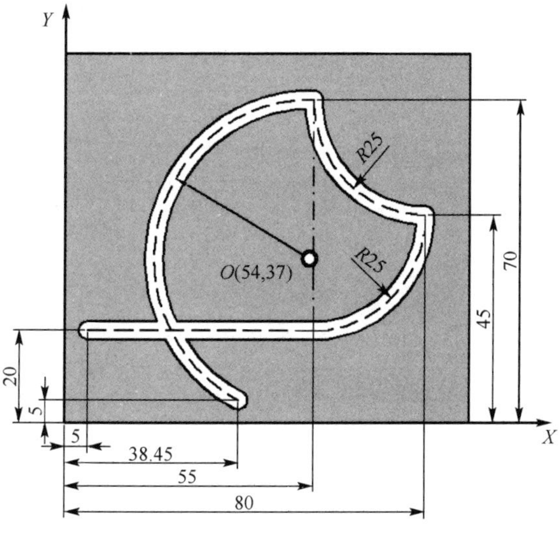

图 3-13　圆弧形凹槽加工实例

工时选择主轴转速为1000r/min；进给速度为95mm/min。

加工程序如下：

段号	程　序	作　用
	O0003	程序号
N10	G54 G94;	选择工件坐标系、分钟进给
N20	M03 S1000;	主轴正转，1000r/min
N30	G00 X5 Y20;	定位在孔1上方
N40	G00 Z2;	Z向接近工件表面
N50	G01 Z-2.5 F20;	Z向进刀
N60	G01 X55 F95;	铣直线，走刀速度95mm/min
N70	G03 X80 Y45 R25;	加工R25逆时针圆弧
N80	G02 X55 Y70 R25;	加工R25顺时针圆弧
N90	G03 X38.45 Y5 I-1 J-33	加工圆心为O(54,37)逆时针圆弧
N100	G00 Z50;	抬刀
N110	M05;	主轴停止
N120	M02;	程序结束

【练习】

① 试编制在数控铣床上，实现图3-14所示圆弧形凹槽加工。工件坐标系为G54，安装位置如图。零件在Z方向的凹槽深度为2mm；加工时选择主轴转速为1000r/min；进给速度为100mm/min，刀具为ϕ6mm铣刀。

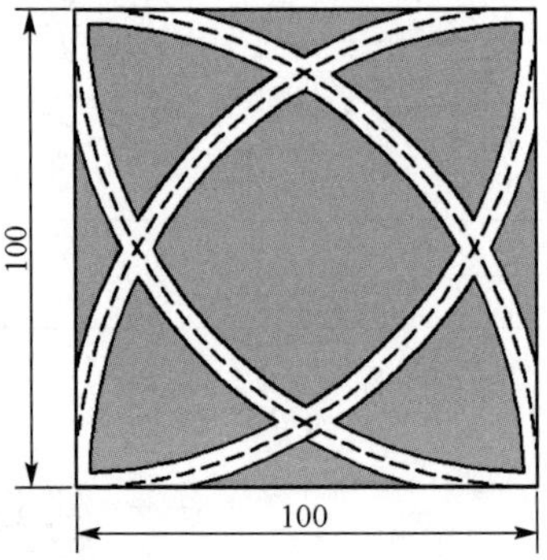

图3-14　练习①

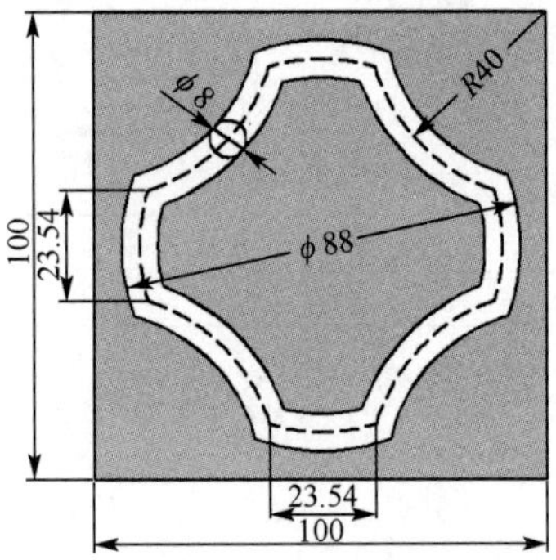

图3-15　练习②

② 试编制在数控铣床上，实现图3-15所示圆弧形凹槽加工。坐标系为G54，零件在Z方向的凹槽深度为2.75mm；加工时选择主轴转速为1500r/min；进给速度为125mm/min。

③ 试编制图3-16所示圆弧形凹槽加工。工件坐标系为G54，安装位置如图。零件在Z

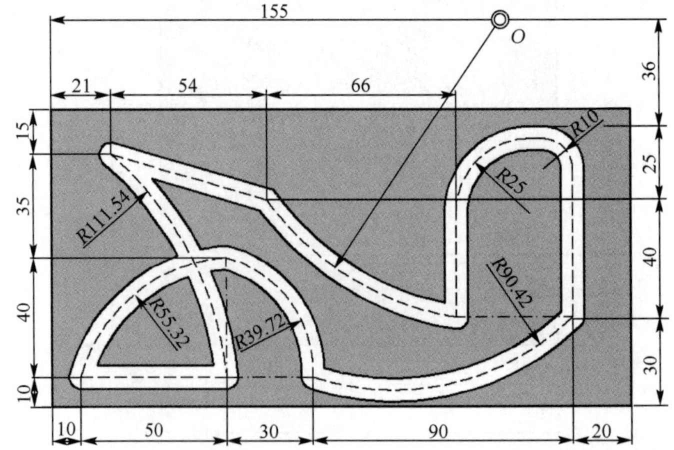

图3-16　练习③

方向的凹槽深度为 2mm；加工时选择主轴转速为 12500r/min；进给速度为 110mm/min，刀具为 ϕ8mm 铣刀。

2. 整圆

加工整圆（全圆），圆弧起点和终点坐标值相同，必须用格式 2，带有圆心（I、J、K）坐标的圆弧编程格式，如图 3-17 所示。

G02 X＿Y＿Z＿I＿J＿ 顺时针铣整圆

G03 X＿Y＿Z＿I＿J＿ 逆时针铣整圆

G02（G03）整圆

注意：半径 R 无法判断圆弧走向，故不用。

【举例】

分别写出图 3-18 所示左右两个整圆的程序段。

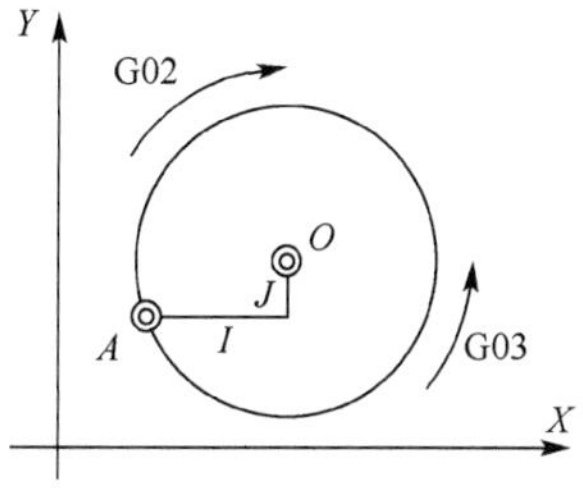

图 3-17 指定圆心编程的整圆

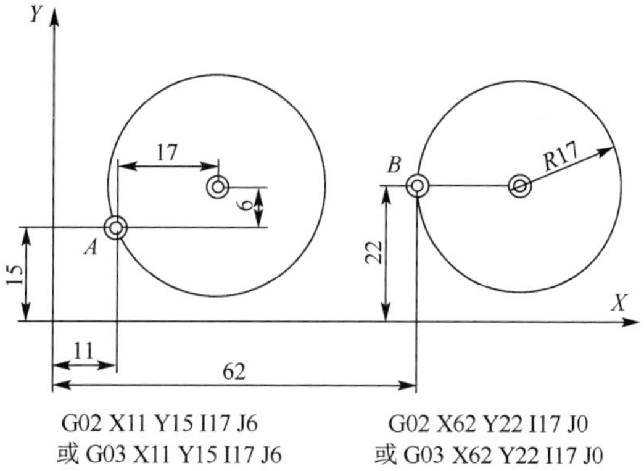

图 3-18 整圆编程举例

【实例】

试编制图 3-19 所示 3 个连续整圆。工件坐标系为 G54，安装位置如图；零件在 Z 方向的凹槽深度为 2.5mm；加工时选择主轴转速为 1500r/min；进给速度为 95mm/min。

G02（G03）整圆实例

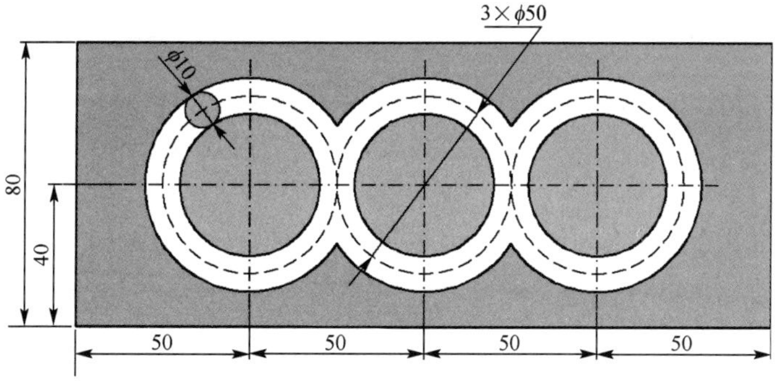

图 3-19 整圆凹槽加工实例

加工程序如下：

段号	程序	作用
	O0004	程序号
N10	G54 G94；	选择工件坐标系、分钟进给
N20	M03 S1500；	主轴正转，1500r/min
N30	G00 X25 Y40；	定位在第一个圆上方

续表

段　号	程　序	作　用
N40	Z2；	Z 向接近工件表面
N50	G01 Z－2.5 F20；	Z 向进刀
N60	G02 X25 Y40 I25 J0 F95；	加工第 1 个圆
N70	G00 Z2；	抬刀
N80	G00 X75 Y40；	定位在第 2 个圆上方
N90	G01 Z－2.5 F20；	Z 向进刀
N100	G02 X75 Y40 I25 J0 F95；	加工第 2 个圆
N110	G00 Z2；	抬刀
N120	G00 X125 Y40；	定位在第 3 个圆上方
N130	G01 Z－2.5 F20；	Z 向进刀
N140	G02 X125 Y40 I25 J0 F95；	加工第 3 个圆
N150	G00 Z50；	抬刀
N160	M05；	主轴停止
N170	M02；	程序结束

【练习】

① 试编制在数控铣床上，实现图 3-20 所示环状整圆。工件坐标系为 G54，零件在 *Z* 方向的凹槽深度为 2mm；加工时选择主轴转速为 1000r/min；进给速度为 100mm/min。

② 试编制在数控铣床上，实现图 3-21 所示连续 6 个相切整圆。工件坐标系为 G54，安装位置如图。零件在 *Z* 方向的凹槽深度为 2mm；加工时选择主轴转速为 950r/min；进给速度为 95mm/min，刀具为 ϕ4mm 铣刀。

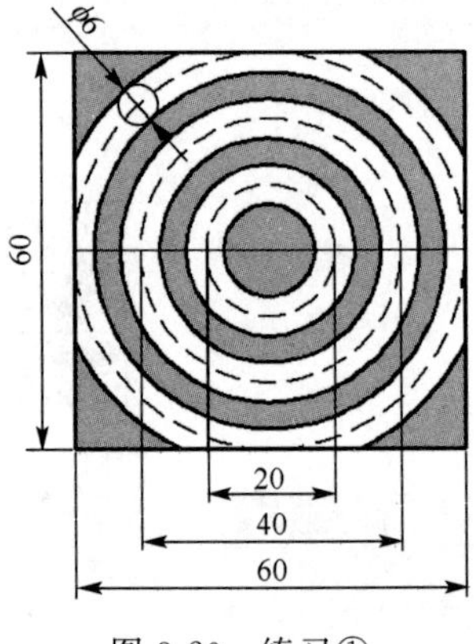

图 3-20　练习①

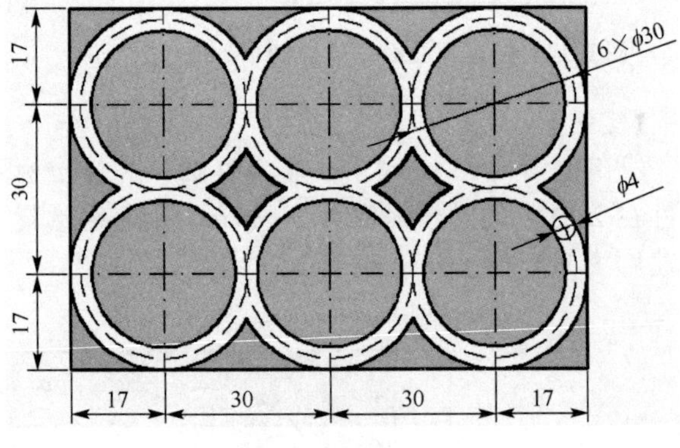

图 3-21　练习②

3. 大角度圆弧

G02（G03）大角度圆弧

格式 1 中的 *R* 用于指定圆弧半径。为了区分不同的圆弧，规定：对于小于等于 180°的圆弧，*R* 为正；大于 180°的圆弧，*R* 为负。

如图 3-22 所示，左图同样是 *A* 点到 *B* 点，由于圆弧角度不同，*R* 值的正负也不一样，*R* 为“＋”时，符号省略；右图是从 *A* 点到 *B* 点的逆时针的两种情况。

【举例】

分别写出图 3-23 所示两点之间的四个圆弧程序段。

四段圆弧，按照从上到下的顺序写，分别是：

A→*B*（＞180°）：G02 X28 Y26 R-11

A→*B*（＜180°）：G02 X28 Y26 R11

B→*A*（＜180°）：G02 X13 Y17 R11

B→*A*（＞180°）：G02 X13 Y17 R-11

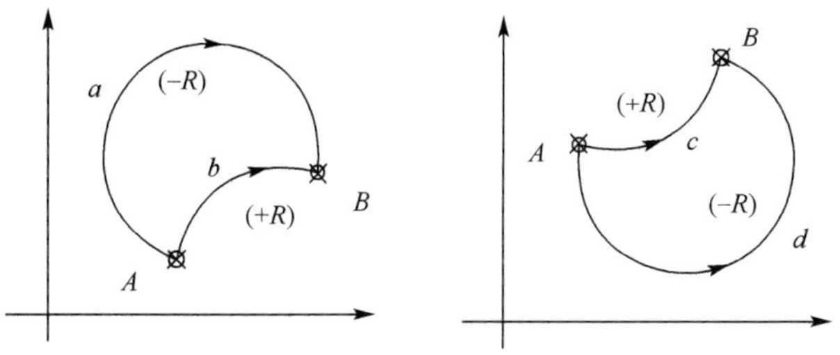

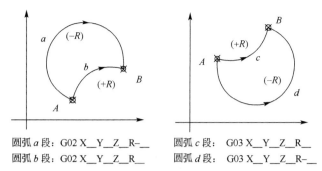

圆弧 *a* 段：G02 X__Y__Z__R-__　　圆弧 *c* 段：　G03 X__Y__Z__R__

圆弧 *b* 段：G02 X__Y__Z__R__　　圆弧 *d* 段：　G03 X__Y__Z__R-__

图 3-22　指定半径编程的大角度圆弧

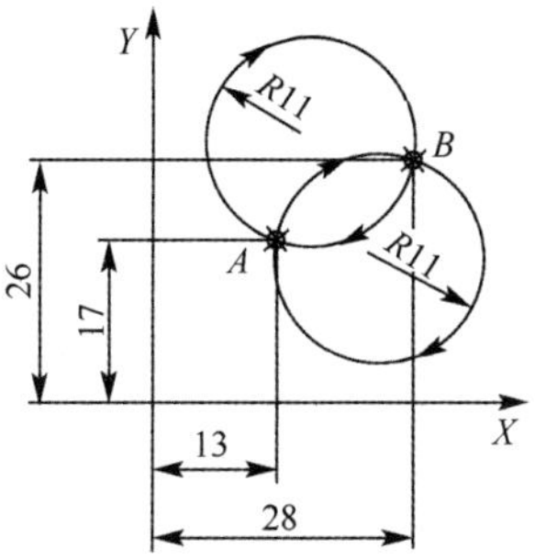

图 3-23　大角度圆弧编程举例

【实例】

试编制图 3-24 所示左右对称形状。工件坐标系为 G54，安装位置如图；零件在 *Z* 方向的凹槽深度为 2mm；加工时选择主轴转速为 1500r/min；进给速度为 120mm/min。

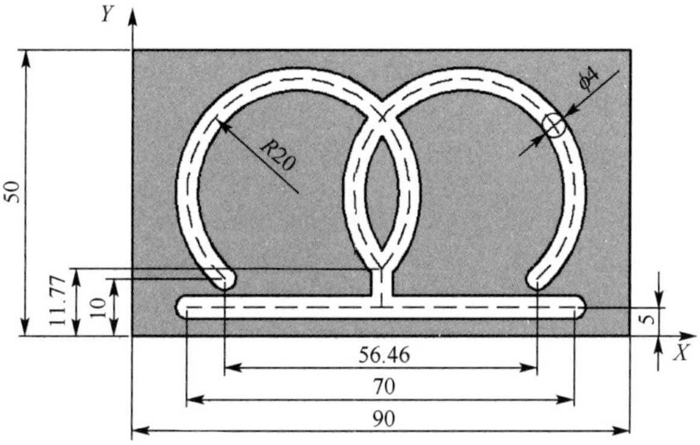

图 3-24　大角度圆弧凹槽加工实例

G02（G03）大角度圆弧实例

加工程序如下：

段　号	程　序	作　用
	O0005	程序号
N10	G54 G94;	选择工件坐标系、分钟进给
N20	M03 S1500;	主轴正转,1500r/min
N30	G00 X10 Y5;	定位在底部直线左端
N40	Z2;	*Z* 向接近工件表面
N50	G01 Z−2 F20;	*Z* 向进刀
N60	G01 X80 F120;	加工底部直线
N70	G00 Z2;	抬刀
N80	G00 X16.77 Y10;	定位在左侧圆起点上方
N90	G01 Z−2 F20;	*Z* 向进刀
N100	G02 X45 Y11.77 R−20 F120;	加工左侧 *R*20 的圆
N110	G02 X73.23 Y10 R−20;	加工右侧 *R*20 的圆
N120	G00 Z2;	抬刀
N130	G00 X45 Y11.77;	定位在中间未加工直线上方
N140	G01 Z−2 F10;	*Z* 向进刀
N150	G01 Y5 F120;	加工小直线
N160	G00 Z50;	抬刀
N170	M05;	主轴停止
N180	M02;	程序结束

【练习】

① 试编制在数控铣床上，实现图 3-25 所示环状整圆。工件坐标系为 G54，零件在 *Z* 方

向的凹槽深度为 2mm；加工时选择主轴转速为 1000r/min；进给速度为 100mm/min。

② 试编制在数控铣床上，实现图 3-26 所示连续 4 个连续整圆。工件坐标系为 G54，安装位置如图。零件在 Z 方向的凹槽深度为 2mm；加工时选择主轴转速为 1050r/min；进给速度为 120mm/min，刀具为 ϕ6mm 铣刀。

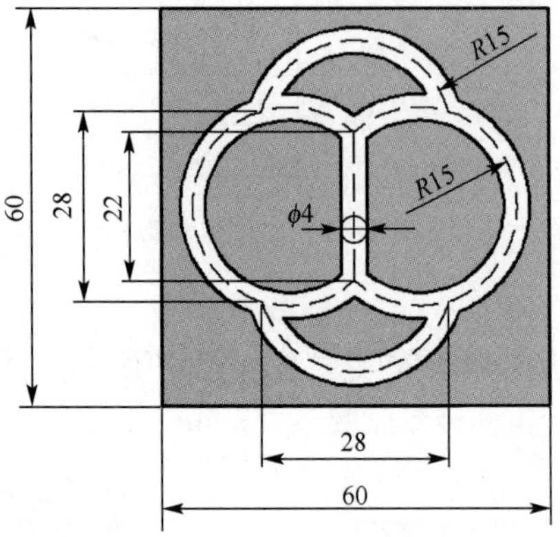

图 3-25 练习①

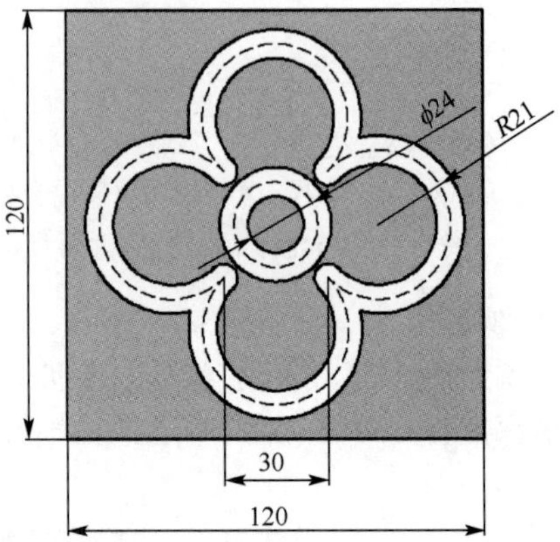

图 3-26 练习②

【综合练习—圆弧】

① 试编制在数控铣床上，实现图 3-27 和图 3-28 所示标志。工件坐标系为 G54，零件在 Z 方向的凹槽深度为 2mm；加工时选择主轴转速为 1000r/min，进给速度为 100mm/min。

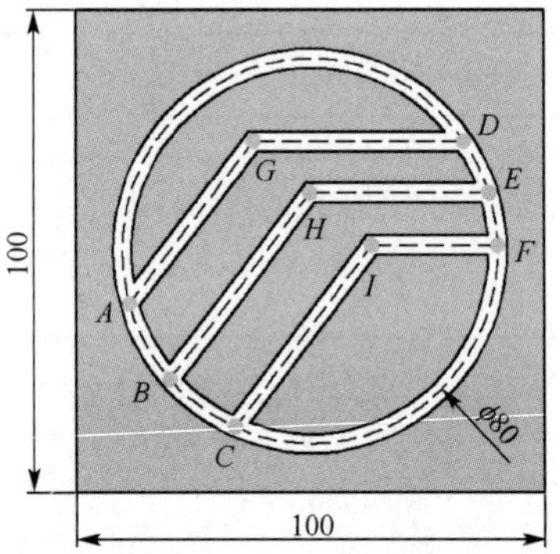

A（11.503，39.137）

B（20.031，23.508）

C（33.722，23.293）

D（82.821，72.865）

E（88.135，62.072）

F（89.982，51.188）

G（37.671，72.865）

H（49.950，62.072）

I （62.991，51.188）

图 3-27 综合练习①

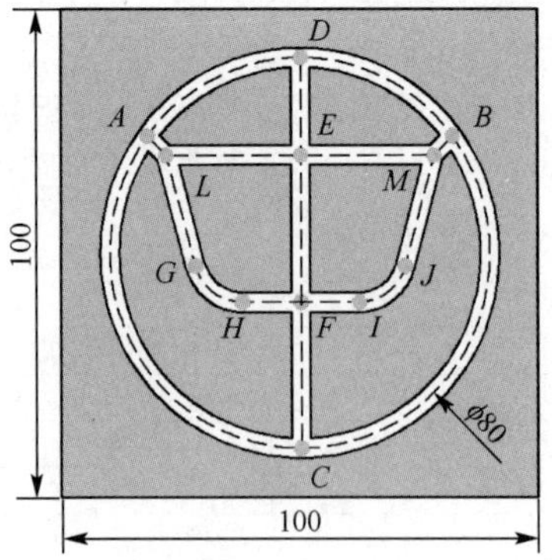

A（17.984，73.978）

B（82.016，73.978）

C（49.892，10）

D（49.892，90）

E（49.892，70）

F（49.892，40）

G（28.014，47.412）

H（37.673，40）

I （62.327，40）

J （71.986，47.412）

L （21.962，70）

M（78.038，70）

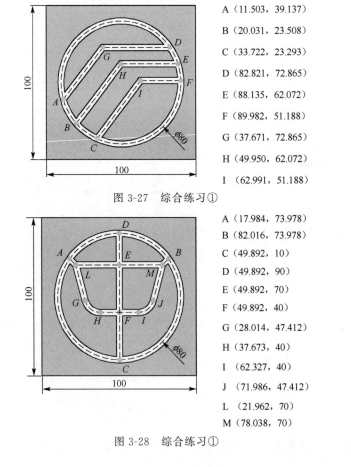

图 3-28 综合练习①

② 试编制在数控铣床上，实现图 3-29 所示“CHINA”字样的图形。工件坐标系为 G54，零件在 Z 方向的凹槽深度为 2.5mm，ϕ6mm 铣刀加工时选择主轴转速为 1500r/min，进给速度为 100mm/min。

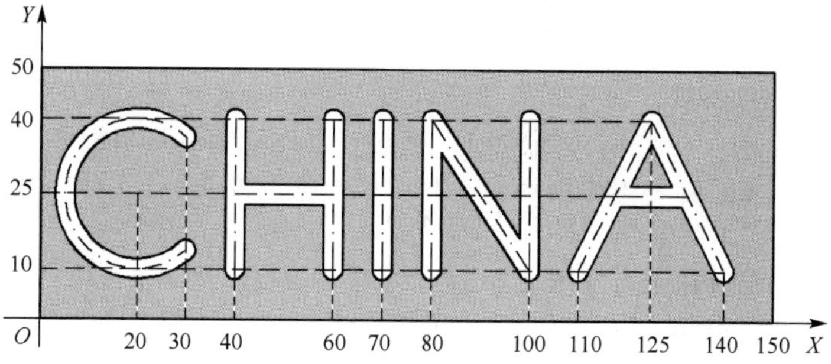

图 3-29 综合练习②

第五节 刀具补偿

为了方便编程以及增加程序的通用性，数控机床编程时，一般都不考虑实际使用的刀具长度和半径，即程序中的轨迹（程编轨迹）都是针对刀尖位置与刀具中心点运动进行编制的。实际加工时，必须通过刀具补偿指令，使数控机床根据实际使用的刀具尺寸，自动调整各坐标轴的移动量，确保实际加工轮廓和编程轨迹完全一致。这一功能，称为刀具补偿功能。

一般来说，在数控铣床、加工中心上通常需要对刀具长度和刀具半径进行补偿。数控铣床、加工中心的长度补偿需要利用指令 G43、G44、G49 进行。对于刀具的半径补偿，必须利用编程指令 G40、G41、G42 才能实现。

“刀具偏置值”输入“刀具偏置值”存储器的方法，一般通过机床的操作面板通过手动数据输入的方法进行。“刀具偏置值”存储器的内容在系统断电后仍然可以保持不变。

1. 刀具长度补偿（G43、G44、G49）

在数控铣床、加工中心上，刀具长度补偿是用来补偿实际刀具长度的功能，当实际刀具长度和编程长度不一致时，通过本功能可以自动补偿长度差额，确保 Z 向的刀尖位置和编程位置相一致。

G43 刀具长度补偿——入门及实例

实际刀具长度和编程时设置的刀具长度（为了方便，通常将这一长度定为“0”）之差称为“刀具长度偏置值”。“刀具偏置值”可以通过操作面板事先输入数控系统的“刀具偏置值”存储器中，编程时根据不同的数控系统，可以在执行刀具长度补偿指令（G43、G44）前，通过指定“刀具偏置值”存储器号（H 代码）予以选择。执行刀具长度补偿指令，系统可以自动将“刀具偏置值”存储器中的值与程序中要求的 Z 轴移动距离进行加/减处理，以保证 Z 向的刀尖位置和编程位置相一致。

通常的刀具长度补偿指令格式如下：

G43 Z__ H__;

G44 Z__ H__;

格式中的 G43 是选择 Z 向移动距离与“刀具偏置值”相加，即：机床实际 Z 轴移动距离等于编程移动距离加上“刀具偏置值”；G44 是选择 Z 向移动距离与“刀具偏置值”相减，即：机床实际 Z 轴移动距离等于编程移动距离减去“刀具偏置值”。图 3-30 所示为刀具偏置值示意图。

G43、G44为模态指令，可以在程序中保持连续有效。G43、G44的撤销可以使用G49指令。如图3-30所示，“刀具偏置值”存储器中的值可以是正值，也可以是负值，在实际使用时必须根据机床的 Z 轴运动方向与编程时选用的刀具长度，选择正确的刀具长度补偿指令。

一般来说，当机床 Z 轴方向按标准规定设置，即：刀具远离工件为 Z 正向；并且在编程时选用的刀具长度值为“0”时，通常使用正的“刀具偏置值”和采用G43指令编程。

注意：长度补偿在实际之中应用不多，此处仅作举例说明。

【实例】

试编制在立式数控铣床上，实现图3-31所示零件孔1、孔2（通孔）加工的程序。工件坐标系为G54，安装位置如图；零件在 Z 方向的厚度为15mm；加工时选择主轴转速为1500r/min，钻孔速度为10mm/min。

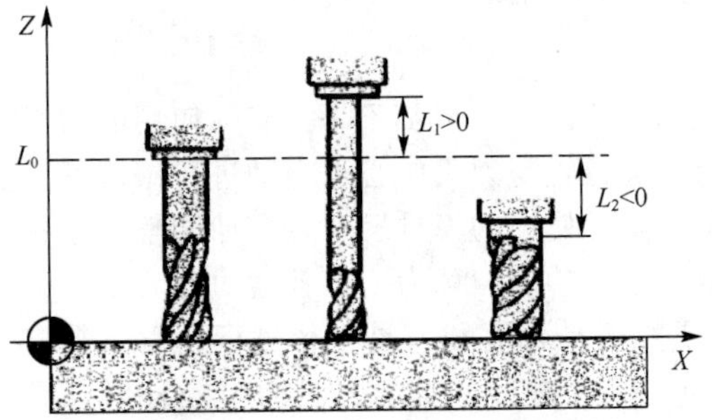

图3-30　刀具偏置值

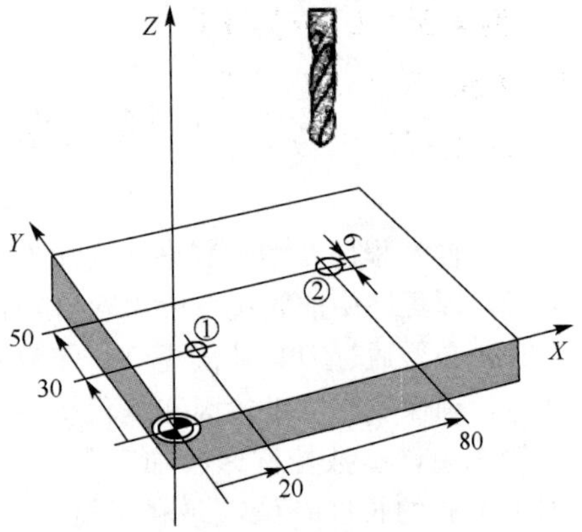

图3-31　刀具长度补偿应用实例

加工程序如下：

段　号	程　序	作　用
	O0006	程序号
N10	G17 G54 G94；	选择平面、坐标系、分钟进给
N20	M03 S1500；	主轴正转，1500r/min
N30	G00 X20 Y30；	孔1定位
N40	G43 H01 Z2；	Z向接近工件2mm，进行Z向刀具长度补偿
N50	G01 Z－18 F20；	孔1加工
N60	G00 Z2；	抬刀
N70	G00 X80 Y50；	孔2定位
N80	G01 Z－18 F20；	孔2加工
N90	G00 Z50；	抬刀
N100	G49；	取消刀具长度补偿
N110	M05；	主轴停止
N120	M02；	程序结束

2. 刀具半径补偿（G40、G41、G42）

刀具半径补偿功能用于铣刀半径的自动补偿。如前所述，在数控机床编程时，加工轮廓都是按刀具中心轨迹进行编程的，但实际加工时，由于刀具半径的存在，机床必须根据不同的进给方向，使刀具中心沿编程的轮廓偏置一个半径，才能使实际加工轮廓和编程的轨迹相一致。这种根据刀具半径和编程轮廓，数控系统自动计算刀具中心点移动轨迹的功能，称为刀具半径补偿功能。

和刀具长度补偿一样，刀具半径值可以通过操作面板事先输入数控系统的“刀具偏置值”存储器中，编程时通过指定半径补偿号进行选择。指定半径补偿号的方法有两种：①通过指定补偿号（D代码）选择“刀具偏置值”存储器，这一方式适用于全部数控铣床与加工中心；②通过换刀T代码指令的附加位予以选择，在刀具半径补偿时，无需再选择“刀具偏置值”存储器，这一方式适用于数控车床。通过执行刀具半径补偿指令，系统可以自动对“刀具偏置值”存储器中的半径值和编程轮廓进行运算、处理，并生成刀具中心点移动轨迹，使实际加工轮廓和编程的轨迹相一致。

G41（G42）刀具半径补偿——入门

刀具半径补偿指令格式如下：

G41 G00　X＿ Y＿　　在快速移动时进行刀具半径左补偿的格式
G42 G00　X＿ Y＿　　在快速移动时进行刀具半径右补偿的格式
G41 G01　X＿ Y＿　　在进给移动时进行刀具半径左补偿的格式
G42 G01　X＿ Y＿　　在进给移动时进行刀具半径右补偿的格式
G40　　　　　　　　　撤销刀具补偿，一般单独使用程序段

G41与G42用于选择刀具半径偏置方向。无论加工外轮廓还是内轮廓，沿刀具移动方向，当刀具在工件左侧时，指令G41；刀具在工件右侧时，指令G42。如图3-32所示。

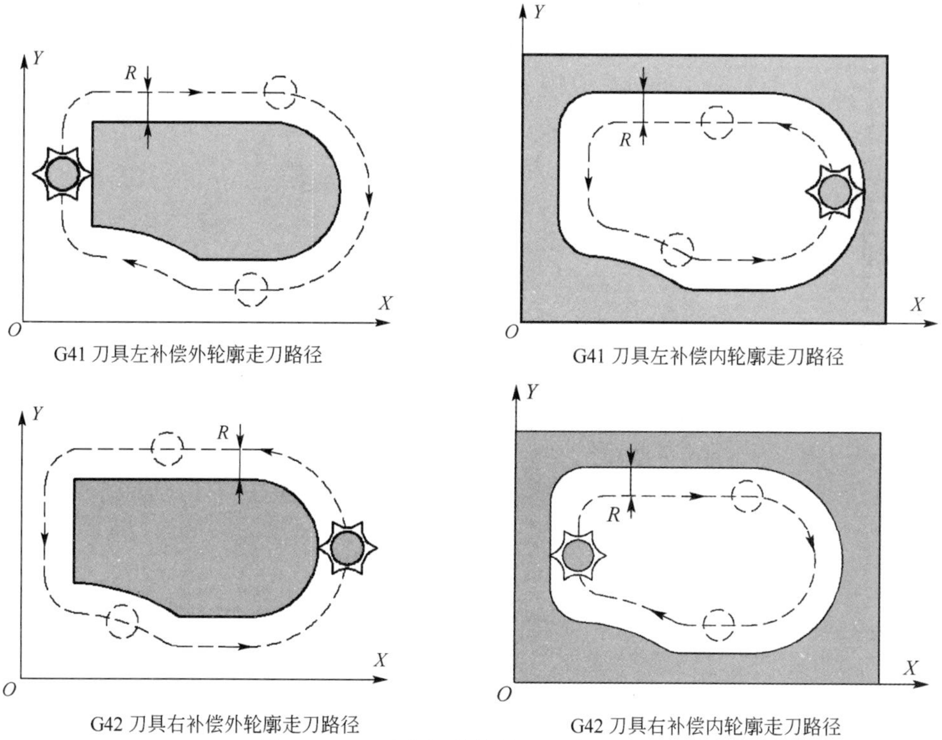

图3-32　刀具半径补偿的左补偿和右补偿

刀具半径补偿功能可以大大简化编程的坐标点计算工作量，使程序简单、明了，但如果使用不当，也很容易引起刀具的干涉、过切、碰撞。为了防止发生以上问题，一般来说，使用刀具半径补偿时，应注意以下几点：

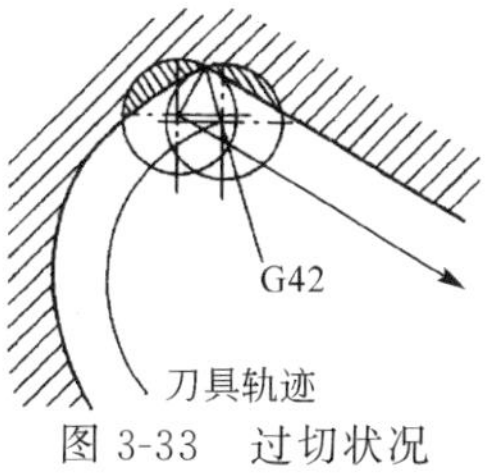

图3-33　过切状况

① 铣内轮廓，内拐角或内圆角半径小于铣刀直径，容易产生过切状况（见图3-33），因此，用刀具补偿铣内轮廓，最小的半径

必须大于或等于铣刀半径；

② 半径补偿生成、撤销程序段中只能与基本移动指令的 G00、G01 同时编程，当编入其他移动指令时，系统将产生报警。

【举例】

① 写出图 3-34 所示图形的程序段，深 2mm。

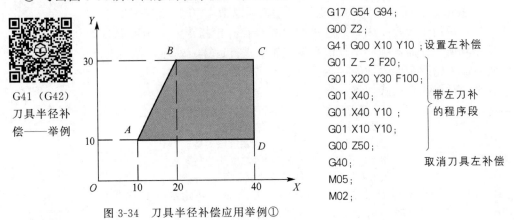

G41（G42）刀具半径补偿——举例

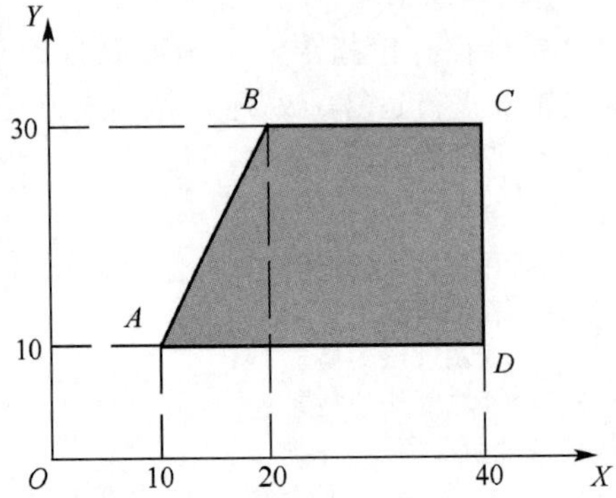

图 3-34 刀具半径补偿应用举例①

```
G17 G54 G94;
G00 Z2;
G41 G00 X10 Y10 ;设置左补偿
G01 Z-2 F20;            ┐
G01 X20 Y30 F100;       │
G01 X40;                │ 带左刀补
G01 X40 Y10 ;           │ 的程序段
G01 X10 Y10;            │
G00 Z50;                ┘
G40;                      取消刀具左补偿
M05;
M02;
```

② 写出图 3-35 所示内轮廓的走刀程序段，深 2mm，ϕ5mm 铣刀。

分析：此题用 R5mm 铣刀不能一次性将内轮廓铣净。在走完内轮廓边缘后，在内部形状再走一刀。

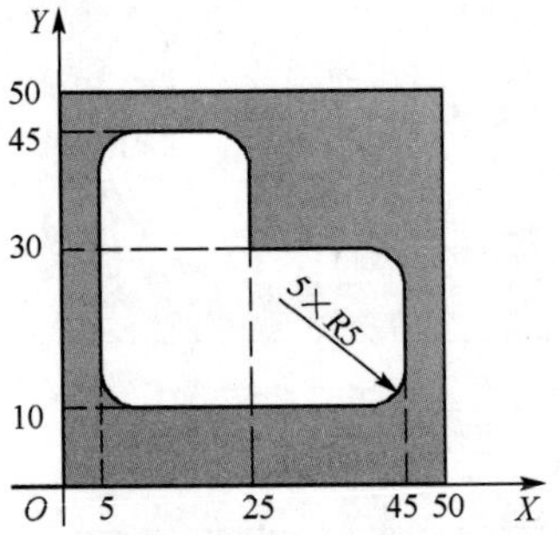

图 3-35 刀具半径补偿应用举例②

```
G17 G54 G94;
G42 G00 X5 Y15;  设置刀具右补偿
G00 Z2;              ┐
G01 Z-2 F20;         │
G01 X5 Y40 F100;     │
G02 X10 Y45 R5;      │
G01 X20;             │
G02 X25 Y40 R5;      │
G01 Y30;             │ 带右刀补的程序段
G01 X40;             │
G02 X45 Y25 R5;      │
G01 Y15;             │
G02 X40 Y10 R5;      │
G01 X10;             │
G02X5 Y15 R5;        │
G00 Z2;              ┘
G40;                   取消刀具右补偿
G00 X15 Y40;         ┐
G01 Z-2 F20;         │
G01 Y20;             │ 内部形状
G01 X40;             │
G00 Z50;             ┘
M05;
```

【练习】

写出如图 3-36 所示轮廓的程序段（外圆角矩形，内圆形）。深 2mm，ϕ10mm 铣刀。

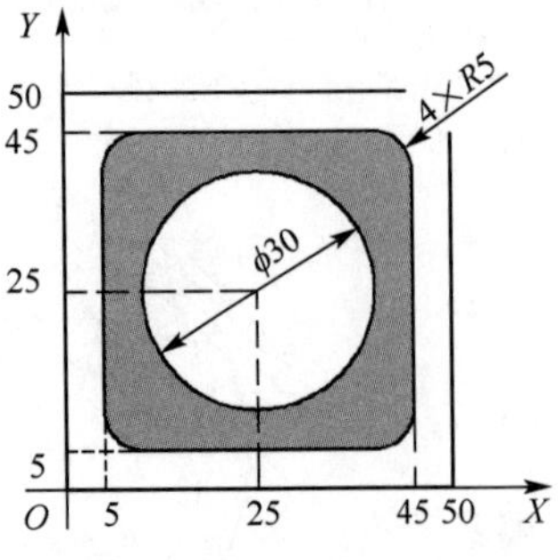

图 3-36 练习

【实例】

如图 3-37 所示形状。工件坐标系为 G54，位置如图。零件在 Z 方向的凹槽深度为 2mm；加工时选择主轴转速为 1050r/min；进给速度为 120mm/min，刀具为 ϕ10mm 铣刀。

G41（G42）刀具半径补偿——实例

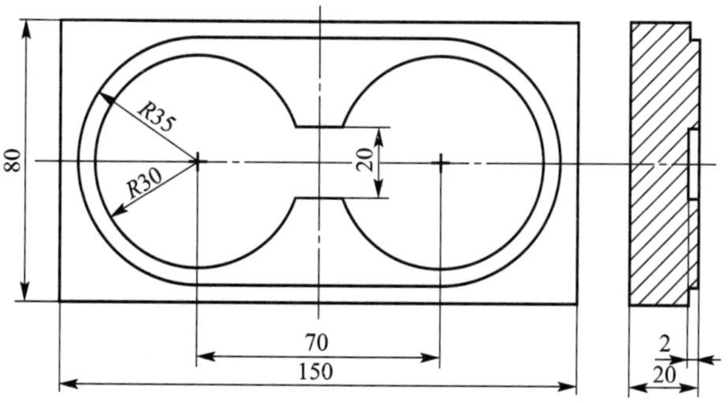

图 3-37 刀具半径补偿应用实例

分析：此题的走刀路线设计如图 3-38 所示。

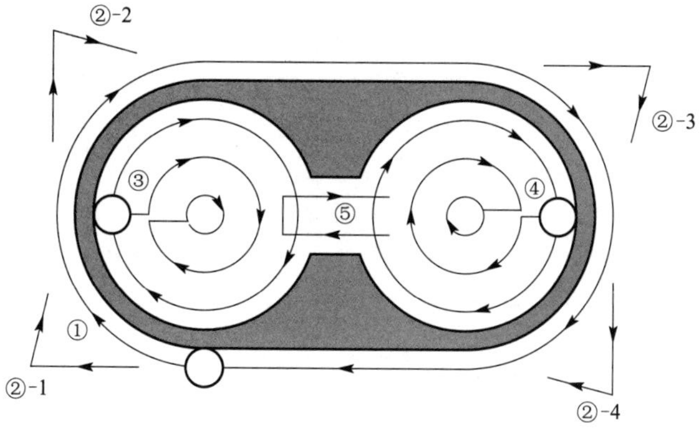

图 3-38 实例分析

注意：

① 四个角的清角采用斜线走刀，如图 3-39 所示。不采用有残留的直线直角走刀方法，如图 3-40 所示。

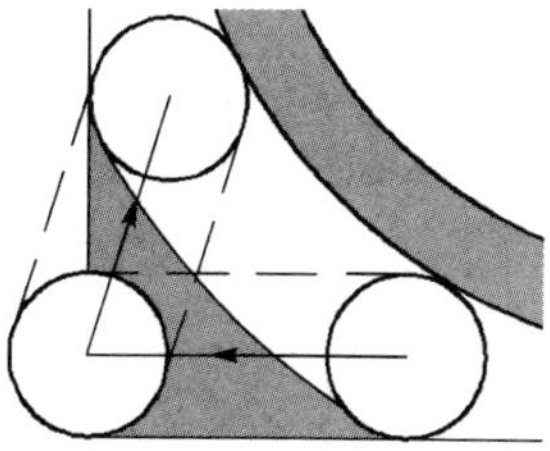

图 3-39 斜线走刀

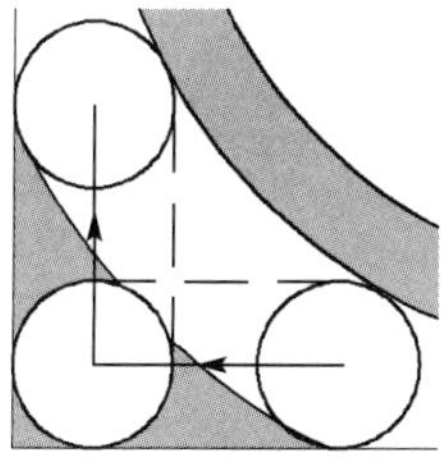

图 3-40 直线直角走刀

具体的清角方式根据不同零件的加工要求设计。

② 内部圆弧，由于形状单一、简单，故不采用刀具补偿指令，直接手动让出刀宽做整圆的加工。

加工程序如下：

路径	段号	程　序	说　明
开始		O0007	程序号
	N10	G17 G54 G94;	选择平面、坐标系、分钟进给
	N20	M03 S1050;	主轴正转，1050r/min
外轮廓①	N30	G41 G00 X40 Y5;	设置左补偿，定位在 *R*35 圆弧上方
	N40	G00 Z2 ;	*Z* 向接近工件表面
	N50	G01 Z－2 F20;	*Z* 向进刀，20mm/min
	N60	G02 X40 Y75 R35 F120;	铣左侧 *R*35 的顺时针圆弧，120mm/min
	N70	G01 X110;	上边缘
	N80	G02 X110 Y5 R35;	铣右侧 *R*35 的顺时针圆弧
	N90	G01 X40;	下边缘
	N100	G00 Z2;	抬刀
	N110	G40;	取消刀补
清角②-1	N120	G00 X20 Y5;	定位，准备清角
	N130	G01 Z－2 F20;	*Z* 向进刀，20mm/min
	N140	G01 X0 F120;	清角路径，120mm/min
	N150	G01 X5 Y20;	
	N160	G00 Z2;	抬刀
清角②-2	N170	G00 X5 Y60;	定位，准备清角
	N180	G01 Z－2 F20;	*Z* 向进刀，20mm/min
	N190	G01　Y80 F120;	清角路径，120mm/min
	N200	G01 X20 Y75;	
	N210	G00 Z2;	抬刀
清角②-3	N220	G00 X130 Y75;	定位，准备清角
	N230	G01 Z－2 F20;	*Z* 向进刀，20mm/min
	N240	G01 X150 F120;	清角路径，120mm/min
	N250	G01 X145 Y60;	
	N260	G00 X2;	抬刀
清角②-4	N270	G00 X145 Y20;	定位，准备清角
	N280	G01 Z－2 F20;	*Z* 向进刀，10mm/min
	N290	G01　　Y0 F120;	清角路径，120mm/min
	N300	G01 X130 Y5;	
	N310	G00 Z2;	抬刀
左侧圆③	N320	G00 X15 Y40;	让出刀宽，定位在圆内侧
	N330	G01 Z－2 F20;	*Z* 向进刀，20mm/min
	N340	G02 X15 Y40 I25 J0 F120;	铣削第一圈整圆，120mm/min
	N350	G01 X25 Y40;	走到第二圈圆的起点
	N360	G02 X25 Y40 I15 J0;	铣削第二圈整圆
	N370	G01 X35 Y40;	走到第三圈圆的起点
	N380	G02 X35 Y40 I5 J0;	铣削第三圈整圆
	N390	G00 Z2;	抬刀
右侧圆④	N400	G00 X135 Y40;	让出刀宽，定位在圆内侧
	N410	G00 Z－2 F20;	*Z* 向进刀，20mm/min
	N420	G02 X135 Y40 I－25 J0 F120;	铣削第一圈整圆，120mm/min
	N430	G01 X125 Y40;	走到第二圈圆的起点
	N440	G02 X125 Y40 I－15 J0;	铣削第二圈整圆

续表

路径	段号	程　　序	说　　明
右侧圆④	N450	G01 X115 Y40；	走到第三圈圆的起点
	N460	G02 X115 Y40 I－5 J0；	铣削第三圈整圆
	N470	G00 Z2；	抬刀
圆连接处⑤	N480	G00 X85 Y35；	定位起点
	N490	G01 Z－2 F20；	Z 向进刀，20mm/min
	N500	G01 X65 F120；	向左铣刀，120mm/min
	N510	G01　　Y45；	向上走刀
	N520	G01 X85；	向右走刀
	N530	G00 Z100；	抬刀
结束	N540	M05；	主轴停止
	N550	M02；	程序结束

【综合练习—刀具补偿】

① 试编制在数控铣床上，实现图 3-41 和图 3-42 所示工件，主轴转速、走刀速度自定。

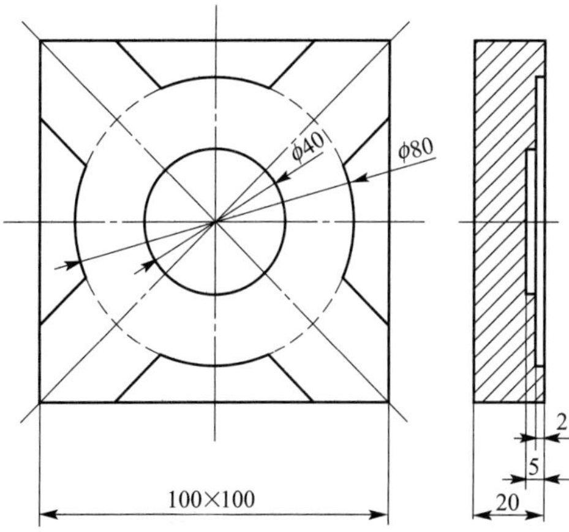

图 3-41　综合练习①

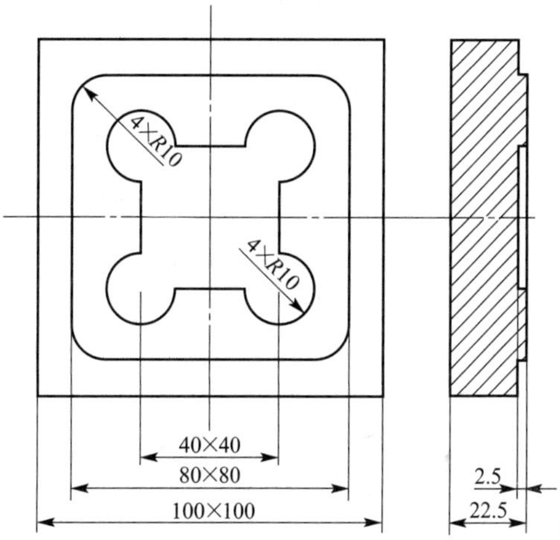

图 3-42　综合练习①

② 试编制在数控铣床上，实现图 3-43 所示的台阶零件，注意走刀路径的优化设置。

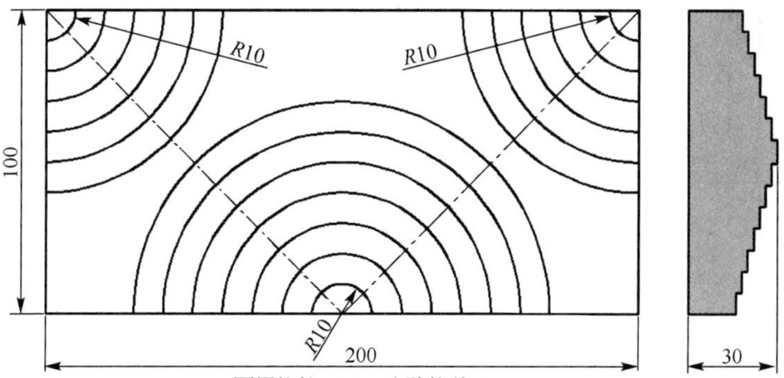

圆周均扩10mm; 台阶均差2mm

图 3-43　综合练习②

③ 试编制在数控铣床上，实现如图 3-44 和图 3-45 所示形状。刀具为 ϕ10mm 铣刀。

④ 试编制在数控铣床上，实现如图 3-46 所示圆形槽及台阶形状。刀具为 ϕ10mm 铣刀。

⑤ 试编制在数控铣床上，实现如图 3-47 和图 3-48 所示形状。刀具为 ϕ10mm 铣刀。

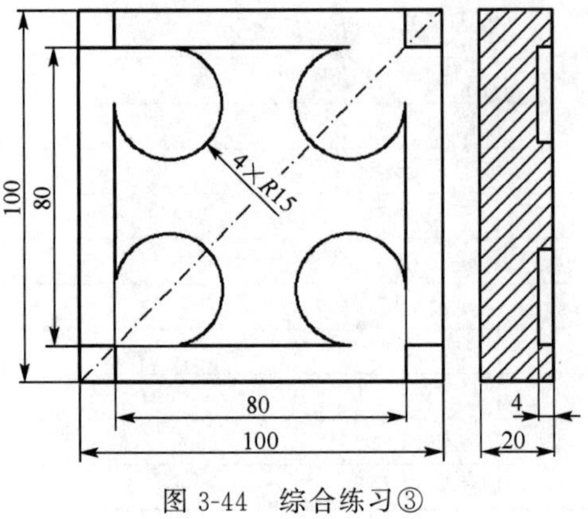

图 3-44 综合练习③

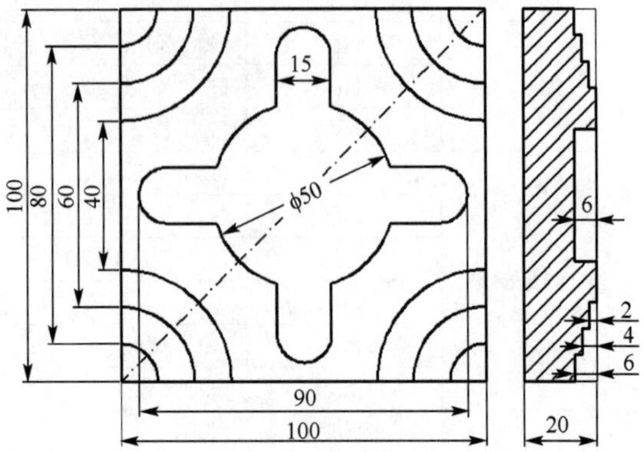

图 3-45 综合练习③

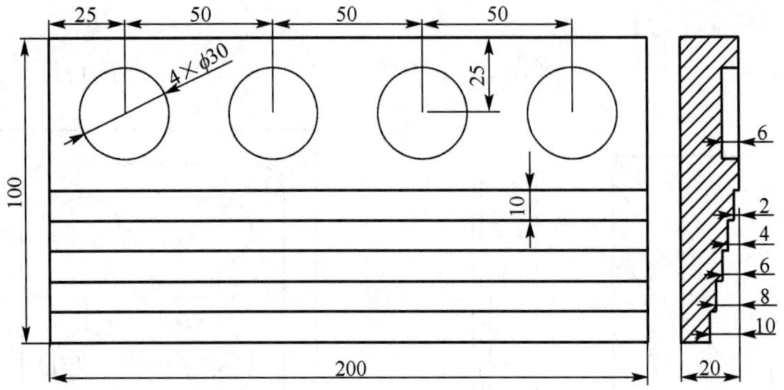

图 3-46 综合练习④

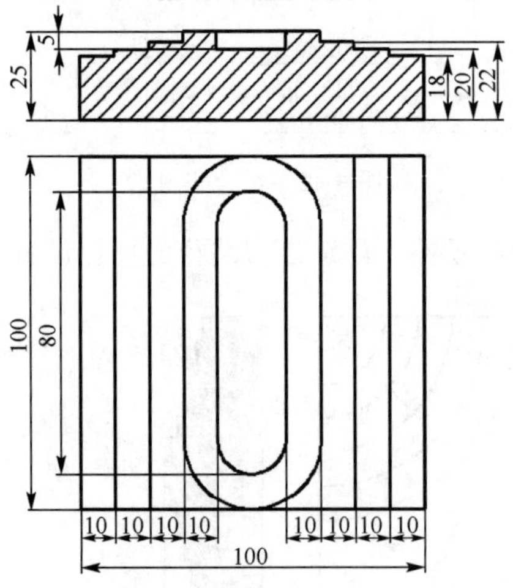

图 3-47 综合练习⑤

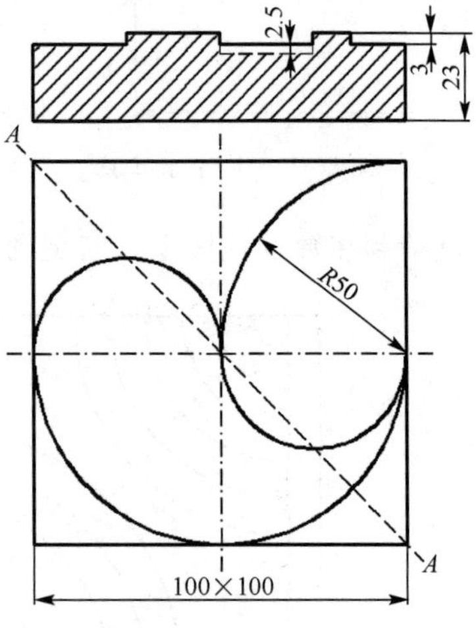

图 3-48 综合练习⑤

G04 暂停指令

第六节 程序暂停 G04

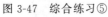

执行 G04 指令，可以使程序进入暂停状态，机床进给运动暂停，其余工

第七节 增量（相对）坐标系

绝对坐标系编程是通过坐标值指定位置的编程方法，它是以坐标原点作为基准，给出的绝对位置值。增量坐标系编程是直接指定刀具移动量的编程方法，它是以刀具现在位置作为基准，给出的相对位置值，刀具（或机床）运动位置的坐标值是相对前一位置（或起点）来计算的，称为增量（相对）坐标。

增量（相对）

坐标系

增量（相对）坐标有两种表示方式：地址方式和指令方式。

1. 地址方式：U、V、W

增量（相对）坐标常用 U、V、W 代码表示。*U*、*V*、*W* 分别与 *X*、*Y*、*Z* 轴平行且同向。如图 3-54 右图所示，*A*、*B* 点的相对坐标值分别为 $U_A=0$，$V_A=0$；$U_B=20$，$V_B=25$，*U*—*V* 坐标系称为增量坐标系。简单来说，*U*、*V*、*W* 坐标值即是当前点坐标与前一点坐标的差值。

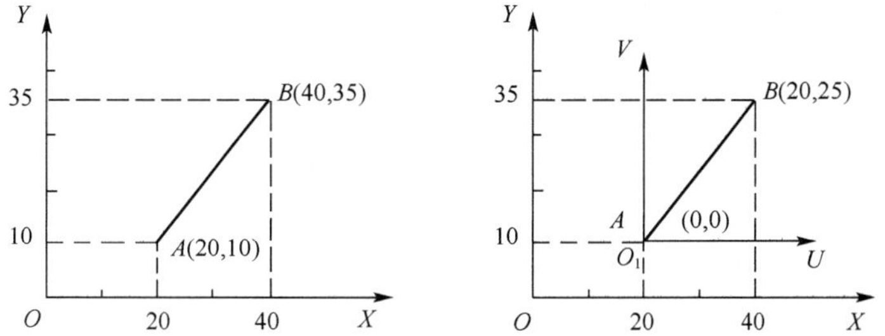

图 3-54 增量坐标示意

【举例】

分别用绝对坐标和相对坐标方式写出如图 3-55 所示 *P*1→*P*3 的走刀方式。

绝对方式：

*P*1→*P*2：G01 X400 Y500

*P*2→*P*3：G01 X520 Y280

相对方式：

*P*1→*P*2：G01 U250 V340

*P*2→*P*3：G01 U120 V-220

【练习】

试分别用绝对坐标方式和相对坐标方式写出如图 3-56 所示的走刀路线。

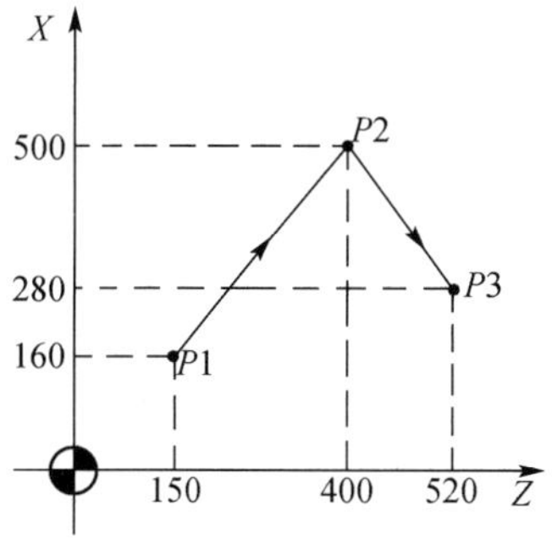

图 3-55 地址方式表达相对坐标应用举例

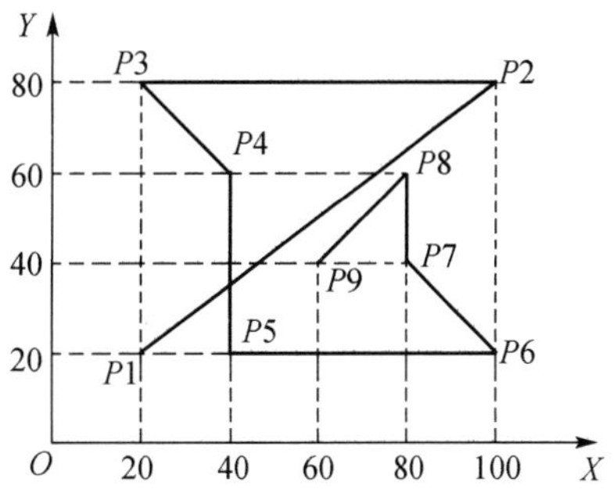

图 3-56 练习

2. 指令方式：G90 和 G91

绝对命令/增量命令（G90/G91），此命令设定指令中的 X、Y 和 Z 坐标是绝对值还是相对值，不论它们原来是绝对命令还是增量命令。含有 G90 命令的程序块和在它以后的程序块都由绝对命令赋值；而带 G91 命令及其后的程序块都用增量命令赋值。

G91 指令效果与 U、V、W 地址效果完全相同，不同点在于使用了 G91 后，程序中的坐标值仍然用 X、Y、Z 表示。

【举例】

分别用绝对坐标和相对坐标方式写出如图 3-57 所示 $P1 \rightarrow P3$ 的走刀方式。

绝对方式：

$P1 \rightarrow P2$：G90 G01 X400 Y500

$P2 \rightarrow P3$：　　G01 X520 Y280

相对方式：

$P1 \rightarrow P2$：G91 G01 X250 Y340

$P2 \rightarrow P3$：　　G01 X120 Y-220

注意：系统开机默认 G90 绝对方式，故用绝对方式编程时 G90 可省略。

【练习】

试分别用绝对坐标方式和相对坐标方式写出如图 3-58 所示的走刀路线。

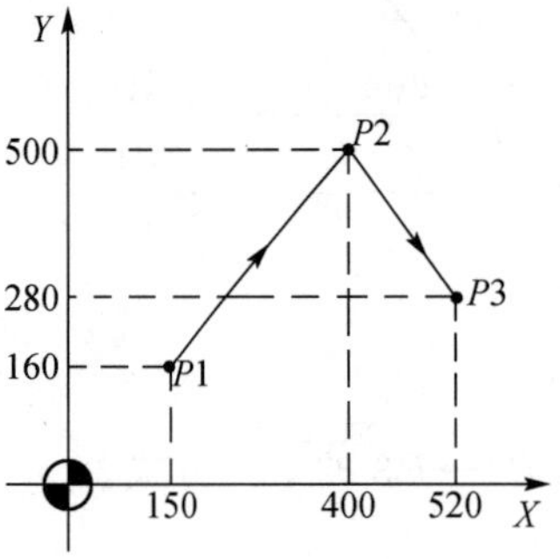

图 3-57　指令方式表达相对坐标应用举例

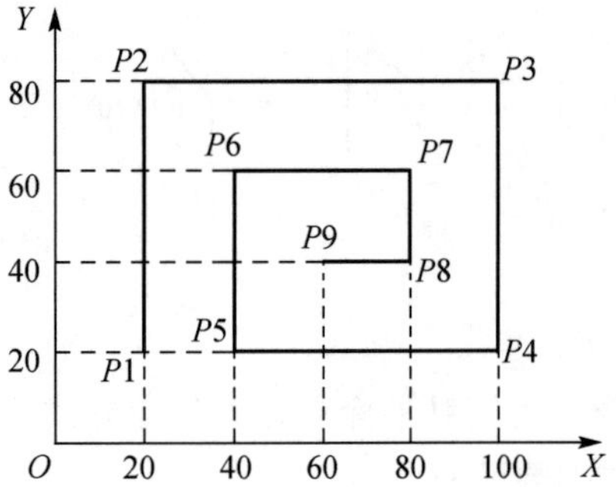

图 3-58　练习

增量（相对）坐标系——实例

【实例】

试编制在数控铣床上，实现图 3-59 所示形状。工件坐标系为 G54。加工时选择主轴转速为 1000r/min；进给速度为 120mm/min，刀具为 ϕ20mm 铣刀。

分析：此题的走刀路线设计如图 3-60 所示。

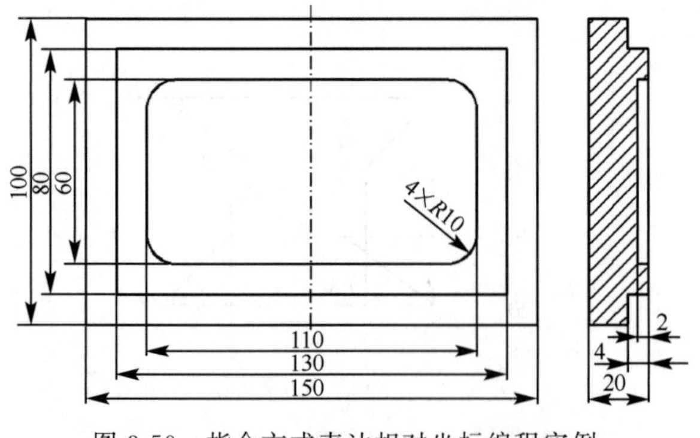

图 3-59　指令方式表达相对坐标编程实例

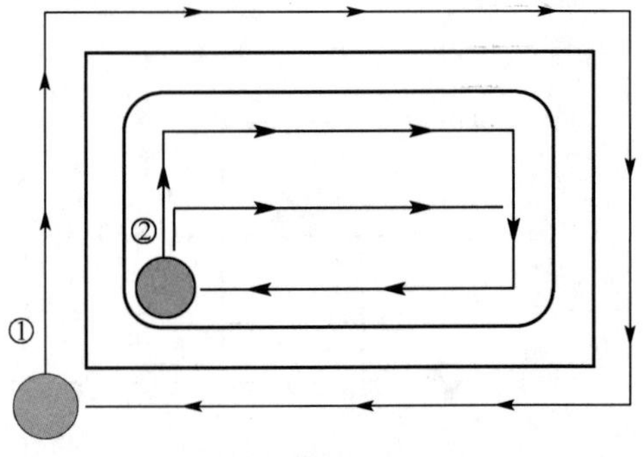

图 3-60　实例分析

注意：工件外轮廓部分铣深为 4mm，分 2 次加工，每次铣深 2mm。

加工程序如下：

路径	段号	程　　序	说　　明
开始		O0007	程序号
	N10	G17 G54 G94;	选择平面、坐标系、分钟进给
	N20	M03 S1000;	主轴正转,1000r/min
分 2 层铣外侧边缘①	N30	G00 X0 Y0;	定位在工件原点上方
	N40	G00 Z2;	Z 向接近工件表面
	N50	G01 Z－2 F20;	Z 向进刀 2mm,第一层,20mm/min
	N60	G01 X0 Y100 F120;	铣左侧边缘
	N70	G01 X150 Y100;	铣上侧边缘
	N80	G01 X150 Y0;	铣右侧边缘
	N90	G01 X0 Y0;	铣下侧边缘
	N100	G01 Z－4 F20;	Z 向进刀 2mm,第二层,20mm/min
	N110	G01 X0 Y100 F120;	铣左侧边缘
	N120	G01 X150 Y100;	铣上侧边缘
	N130	G01 X150 Y0;	铣右侧边缘
	N140	G01 X0 Y0;	铣下侧边缘
	N150	G00 Z2;	抬刀
凹槽②	N160	G00 X30 Y30;	定位在内部凹槽左下角上方
	N170	G01 Z－2 F20;	Z 向进刀 2mm,20mm/min
	N180	G91 G01 X0 Y40 F120;	增量方式,铣凹槽左边缘
	N190	G01 X90 Y0;	铣凹槽上边缘
	N200	G01 X0 Y－40;	铣凹槽右边缘
	N210	G01 X－90 Y0;	铣凹槽下边缘
	N220	G01 X0 Y20;	定位,准备清中间未加工部分
	N230	G01 X90 Y0;	清凹槽内部
	N240	G90 G00 Z50;	返回绝对方式,抬刀
结束	N250	M05;	主轴停
	N260	M02;	程序结束

【综合练习—刀具补偿】

① 试编制在数控铣床上，实现如图 3-61 所示形状。工件坐标系为 G54。加工时选择主轴转速为 1000r/min；进给速度为 120mm/min，刀具为 ϕ10mm 铣刀。

② 试编制在数控铣床上，实现如图 3-62 所示台阶和孔组合形状，刀具为 ϕ10mm 铣刀。

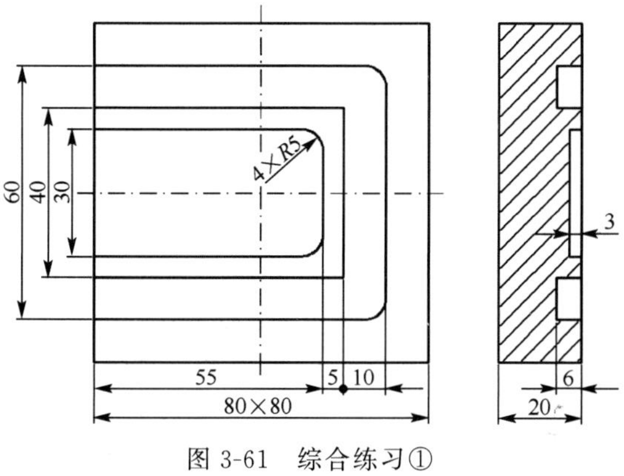

图 3-61　综合练习①

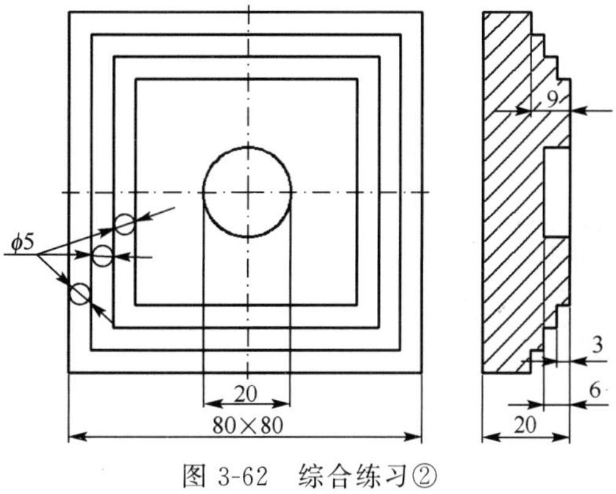

图 3-62　综合练习②

③ 试编制在数控铣床上，实现如图 3-63 所示形状。刀具为 ϕ10mm 铣刀。

④ 试编制在数控铣床上，实现如图 3-64 所示形状。刀具为 ϕ10mm 铣刀。

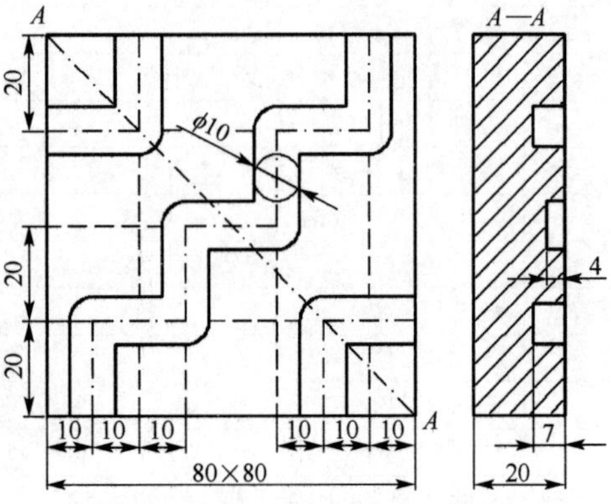

图 3-63 综合练习③

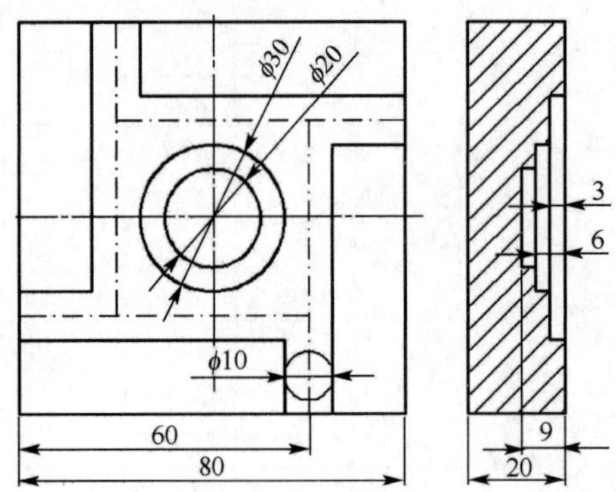

图 3-64 综合练习④

⑤ 试编制在数控铣床上，实现如图 3-65 所示形状。刀具为 ϕ10mm 铣刀。

⑥ 试编制在数控铣床上，实现如图 3-66 所示形状。刀具为 ϕ10mm 铣刀，工件坐标系为 G54。加工时选择主轴转速为 1000r/min；进给速度为 120mm/min。

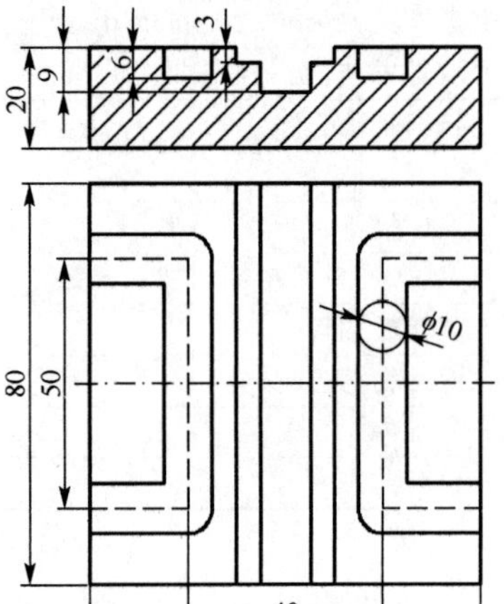

图 3-65 综合练习⑤

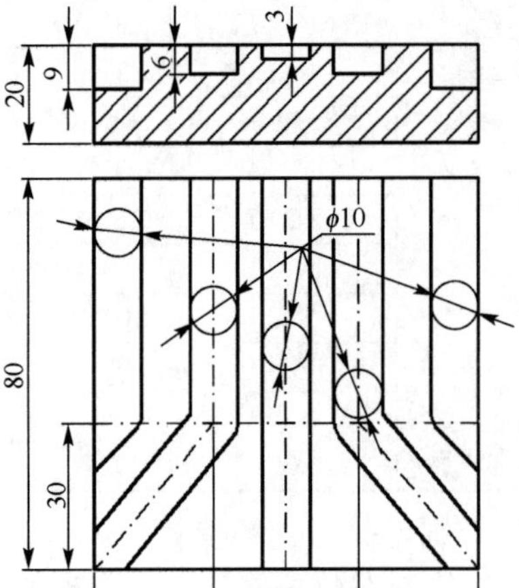

图 3-66 综合练习⑥

第八节 主程序、子程序

主程序、子程序

机床的加工程序可以分为主程序和子程序两种。主程序是零件加工程序的主体部分，它是一个完整的零件加工程序。主程序和被加工零件及加工要求一一对应，不同的零件或不同的加工要求，都有唯一的主程序。

为了简化编程，有时可以将一个程序或多个程序中的重复的动作，编写为单独的程序，并通过程序调用的形式来执行这些程序，这样的程序称为子程序。就程序结构和组成而言，子程序和主程序并无本质区别，但在使用上，子程序具有以下特点：

① 子程序可以被任何主程序或其他子程序所调用，并且可以多次循环执行；

② 被主程序调用的子程序，还可以调用其他子程序，这一切能称为子程序的嵌套；

③ 子程序执行结束，能自动返回到调用的程序中；

④ 子程序一般都不可以作为独立的加工程序使用，它只能通过调用来实现加工中的局部动作。

在 FANUC 数控系统中，子程序的程序号和主程序号的格式相同，即：也用 O 后缀数字组成。但其结束标记必须使用 M99，才能实现程序的自动返回功能。

对于采用 M99 作为结束标记的子程序，其调用可以通过辅助机能中的 M98 代码指令进行。但在调用指令中子程序的程序号由地址 P 规定，常用的子程序调用指令有以下三种格式。

① 格式一：M98 P□□□□

作用：调用子程序 O□□□□一次。如 N15 M98 P0100，为调用子程序 O0100 一次，程序号的前 0 可以省略，即可以写成 N15 M98 P100 的形式。

② 格式二：M98 P□□□□　L××××

作用：连续调用子程序 O□□□□多次，地址 L 后缀的××××代表调用次数。如 N15M98 P0200 L2；为调用子程序 O0200 两次。同样，子程序号、循环次数的前 0 均可以省略。

③ 格式三：M98 P××××□□□□

作用：调用子程序 O□□□□多次，地址 P 后缀的数字中，前四位××××代表调用次数，后四位□□□□代表子程序号。注意：利用这种格式时，调用次数的前 0 可以省略，即 0002 可以省略成 2；但子程序号□□□□的前 0 不可以省略，即 0200 不可以省略成 200。如 N15 M98 P20200；为调用子程序 O0200 两次，但 N15 M98 P2200 则表示调用子程序 O2200 一次。

子程序用 M99 结束，调用格式的方法如下：

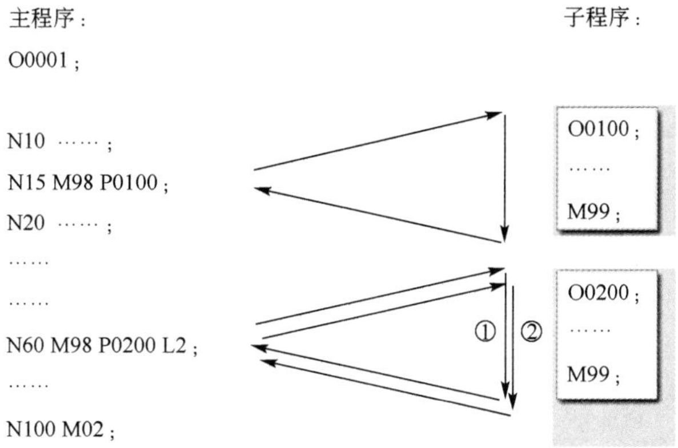

在上述主程序中当采用格式三编程时，N60 程序段可以用 M98 P20200 代替，其动作相同。

注意：由于子程序的调用目前尚未有完全统一的格式规定，以上子程序的调用只是大多数数控系统的常用格式，对于不同的系统，还有不同的调用格式和规定，使用时必须参照有关系统的编程说明。

主程序、子程序——实例

【实例】

试编制在数控铣床上，实现如图 3-67 所示形状。工件坐标系为 G54。加工时选择主轴转速为 1200r/min；进给速度为 80mm/min，刀具为 ϕ10mm 铣刀。

分析：本题中凹槽为完全一样的形状，故采用子程序编程，编程坐标使用增量坐标方式。编程时，只需在主程序中定位槽的起点，调入子程序即可。

加工孔的顺序如图 3-68 所示。

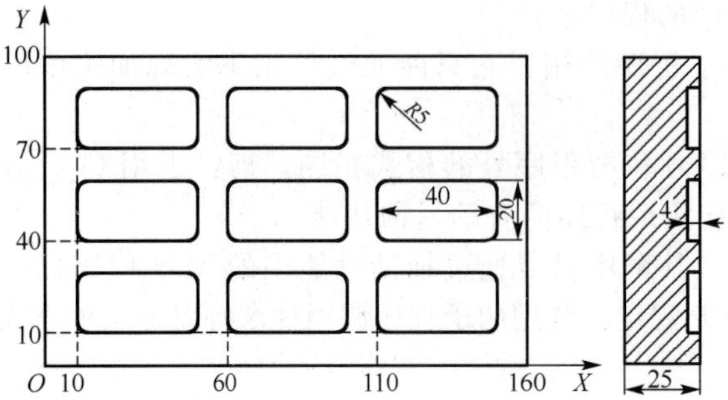

图 3-67　子程序使用实例

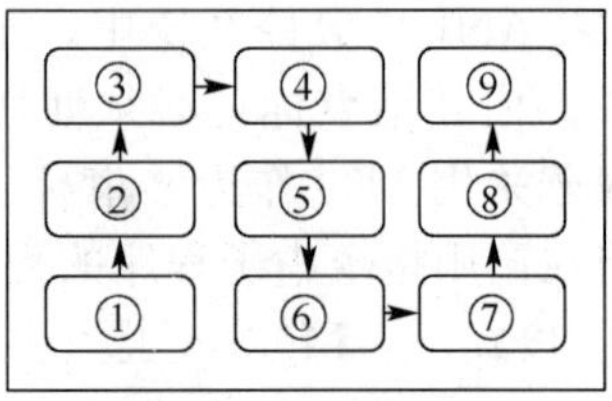

图 3-68　实例分析

加工程序如下：

路径	段号	子　程　序	说　　明
凹槽加工		O0081	子程序号
	N10	G01 Z－4 F10；	Z 向进刀 4mm，10mm/min
	N20	G91 G01 X0 Y10 F80；	增量方式，铣凹槽左边缘
	N30	G01 X30 Y0；	铣凹槽上边缘
	N40	G01 X0 Y－10；	铣凹槽右边缘
	N50	G01 X－30 Y0；	铣凹槽下边缘
	N60	G90 G00 Z2；	返回绝对方式，抬刀
	N70	M99；	子程序结束
路径	段号	主　程　序	说　　明
开始		O0008	
	N10	G17 G54 G94；	选择平面、坐标系、分钟进给
	N20	M03 S1200；	主轴正转，1200r/min
凹槽 1	N30	G00 X15 Y15；	定位在凹槽 1 上方
	N40	G00 Z2；	Z 向接近工件表面
	N50	M98 P0081；	调用子程序，加工凹槽 1
凹槽 2	N60	G00 X15 Y45；	定位在凹槽 2 上方
	N70	M98 P0081；	调用子程序，加工凹槽 2
凹槽 3	N80	G00 X15 Y75；	定位在凹槽 3 上方
	N90	M98 P0081；	调用子程序，加工凹槽 3
凹槽 4	N100	G00 X65 Y75；	定位在凹槽 4 上方
	N110	M98 P0081；	调用子程序，加工凹槽 4
凹槽 5	N120	G00 X65 Y45；	定位在凹槽 5 上方
	N130	M98 P0081；	调用子程序，加工凹槽 5
凹槽 6	N140	G00 X65 Y15；	定位在凹槽 6 上方
	N150	M98 P0081；	调用子程序，加工凹槽 6
凹槽 7	N160	G00 X115 Y15；	定位在凹槽 7 上方
	N170	M98 P0081；	调用子程序，加工凹槽 7
凹槽 8	N180	G00 X115 Y45；	定位在凹槽 8 上方
	N190	M98 P0081；	调用子程序，加工凹槽 8
凹槽 9	N200	G00 X115 Y75；	定位在凹槽 9 上方
	N210	M98 P0081；	调用子程序，加工凹槽 9

续表

路径	段号	子　程　序	说　　明
结束	N220	G00 Z50;	抬刀
	N230	M05;	主轴停
	N240	M02;	程序结束

【综合练习—增量坐标系】

① 试编制在数控铣床上，实现如图 3-69 所示形状。工件坐标系为 G54。加工时选择主轴转速为 600r/min；Z 向下刀速度为 20mm/min，刀具为 ϕ7.5mm 铣刀。

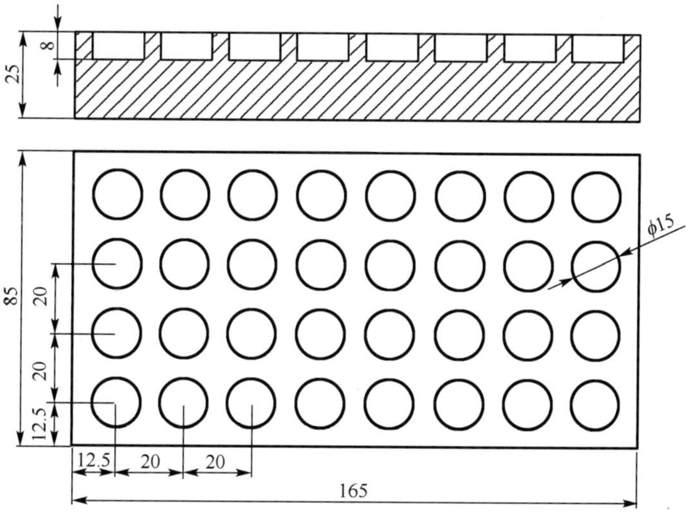

图 3-69　综合练习①

② 试编制在数控铣床上，实现如图 3-70 所示形状。工件坐标系为 G54。加工时选择主轴转速为 850r/min；进给速度为 100mm/min，刀具为 ϕ10mm 铣刀。

③ 试编制在数控铣床上，实现如图 3-71 所示形状。工件坐标系为 G54。加工时选择主轴转速为 1100r/min；进给速度为 105mm/min，刀具为 ϕ20mm 铣刀。

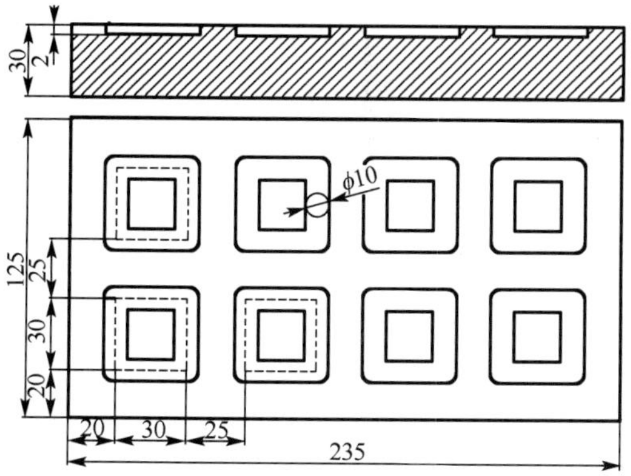

图 3-70　综合练习②

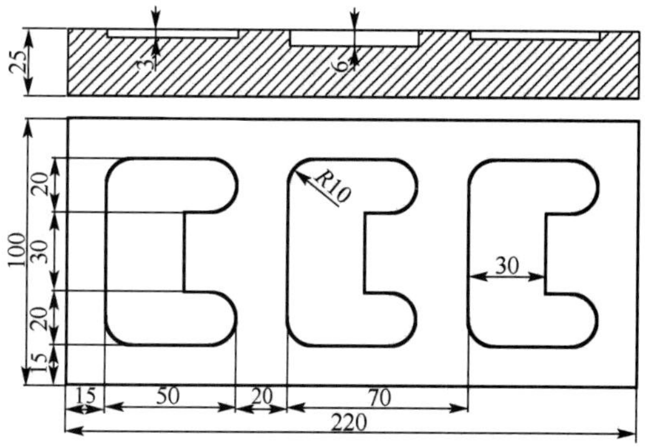

图 3-71　综合练习③

第九节　极坐标编程（G15、G16）

在圆周分布孔加工（如法兰类零件）与圆周镗铣加工时，图样尺寸通常都是以半径（直

G15（G16）
极坐标编程

径）与角度的形式给出。对于此类零件，如果采用极坐标编程，直接利用极坐标半径与角度指定坐标位置，既可以大大减少编程时的计算工作量，又可以提高程序的可靠性。

极坐标编程通常使用指令 G15、G16 进行，其指令的意义如下：

```
G15;            撤销极坐标编程；
G16;            极坐标编程生效；
G52 X__ Y__;    局部坐标系建立极坐标原点；
G52 X0 Y0;      局部坐标系撤销极坐标原点；
```

极坐标编程时，编程指令的格式、代表的意义与所选择的加工平面有关，加工平面的选择仍然利用 G17、G18、G19 进行（由于系统默认 G17，故一般情况下可省略）。加工平面选定后，所选择平面的第一坐标轴地址用来指令极坐标半径；第二坐标轴地址用来指令极坐标角度，极坐标的 0°方向为第一坐标轴的正方向。如在极坐标中，选择 *X*/*Y* 平面为加工平面，*X* 表示半径，*Y* 则表示角度。图 3-72 表示了极坐标中 *X*、*Y* 和 G52 的设定方法。

极坐标原点指定方式，在不同的数控系统中有所不同，有的将工件坐标系原点直接作为极坐标原点；有的系统可以利用局部坐标系指令 G52 建立极坐标原点。

在极坐标编程时，通过 G90、G91 指令也可以改变尺寸的编程方式，选择 G90 时，半径、角度都以绝对尺寸的形式给定；选择 G91 时，半径、角度都以增量尺寸的形式给定。

【举例】

用极坐标方式指出图 3-73 中孔的坐标位置。

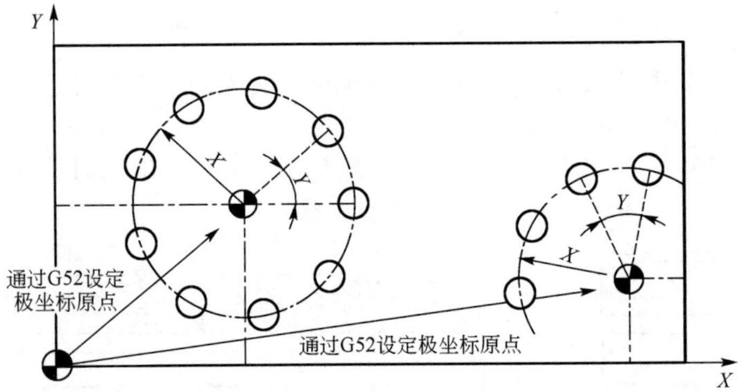

图 3-72 极坐标的设定方法

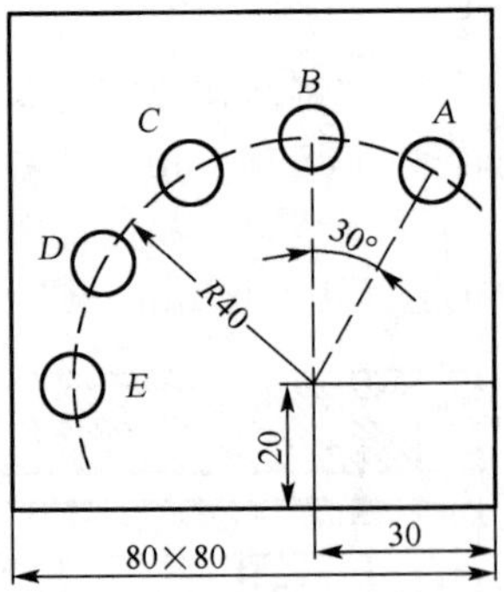

图 3-73 极坐标应用举例

```
G52 X50 Y20;      建立极坐标坐标系
G90 G17 G16;      绝对方式,X/Y 平面,极坐标生效
G00 X40 Y60;      孔 A 极坐标位置
G00 X40 Y90;      孔 B 极坐标位置
G00 X40 Y120;     孔 C 极坐标位置
G00 X40 Y150;     孔 D 极坐标位置
G00 X40 Y180;     孔 E 极坐标位置
```

G15(G16)
极坐标编
程——实例

【实例】

试编制在数控铣床上，实现如图 3-74 所示形状。工件坐标系为 G54。加工时选择主轴转速为 1200r/min；下刀进给速度为 20mm/min，刀具为 ϕ10mm 铣刀。

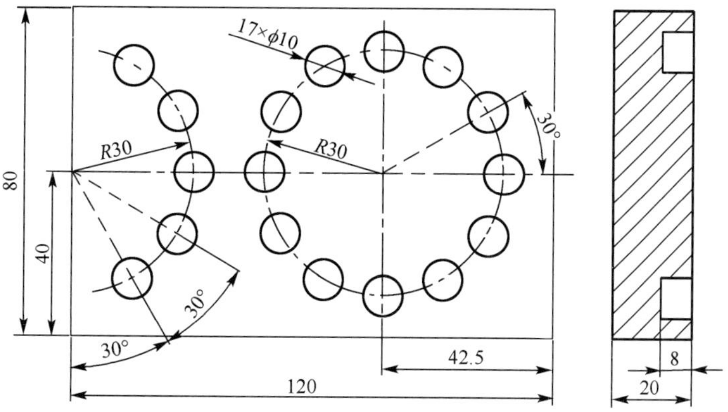

图 3-74 极坐标编程实例

加工程序如下：

路径	段号	子　程　序	说　　明
孔加工		O0082	子程序号
	N10	G01 Z－8 F20；	Z 向进刀 2mm，20mm/min
	N20	G04 P1000；	暂停 1s，清（平）孔底
	N30	G00 Z2；	抬刀
	N40	M99；	子程序结束

路径	段号	主　程　序	说　　明
开始		O0009	
	N10	G17 G54 G94；	选择平面、坐标系、分钟进给
	N20	M03 S1200；	主轴正转，1200r/min
极坐标系 1	N30	G52 X0 Y40	建立极坐标坐标系
	N40	G90 G16	绝对方式，极坐标生效
左侧－60°孔	N50	G00 X30 Y－60；	定位在左侧－60°孔上方
	N60	G00 Z2 ；	Z 向接近工件表面
	N70	M98 P0082；	调用子程序，加工左侧－60°孔
左侧－30°孔	N80	G00 X30 Y－30；	定位在左侧－30°孔上方
	N90	M98 P0082；	调用子程序，加工左侧－30°孔
左侧 0°孔	N100	G00 X30 Y0；	定位在左侧 0°孔上方
	N110	M98 P0082；	调用子程序，加工左侧 0°孔
左侧 30°孔	N120	G00 X30 Y30	定位在左侧 30°孔上方
	N130	M98 P0082；	调用子程序，加工左侧 30°孔
左侧 60°孔	N140	G00 X30 Y60；	定位在左侧 60°孔上方
	N150	M98 P0082；	调用子程序，加工左侧 60°孔
	N160	G15	撤销极坐标
极坐标系 2	N170	G52 X77.5 Y40	建立极坐标坐标系
	N180	G90 G16	绝对方式，极坐标生效
右侧 0°孔	N190	G00 X30 Y0；	定位在右侧 0°孔上方
	N200	M98 P0082；	调用子程序，加工右侧 0°孔
右侧 30°孔	N210	G00 X30 Y30；	定位在右侧 30°孔上方
	N220	M98 P0082；	调用子程序，加工右侧 30°孔
右侧 60°孔	N230	G00 X30 Y60	定位在右侧 60°孔上方
	N240	M98 P0082；	调用子程序，加工右侧 60°孔

续表

路径	段号	主 程 序	说 明
右侧 90°孔	N250	G00 X30 Y90;	定位在右侧 90°孔上方
	N260	M98 P0082;	调用子程序,加工右侧 90°孔
右侧 120°孔	N270	G00 X30 Y120;	定位在右侧 120°孔上方
	N280	M98 P0082;	调用子程序,加工右侧 120°孔
右侧 150°孔	N290	G00 X30 Y150;	定位在右侧 150°孔上方
	N300	M98 P0082;	调用子程序,加工右侧 150°孔
右侧 180°孔	N310	G00 X30 Y180	定位在右侧 180°孔上方
	N320	M98 P0082;	调用子程序,加工右侧 180°孔
右侧 210°孔	N330	G00 X30 Y210;	定位在右侧 210°孔上方
	N340	M98 P0082;	调用子程序,加工右侧 210°孔
右侧 240°孔	N350	G00 X30 Y240;	定位在右侧 240°孔上方
	N360	M98 P0082;	调用子程序,加工右侧 240°孔
右侧 270°孔	N370	G00 X30 Y270;	定位在右侧 270°孔上方
	N380	M98 P0082;	调用子程序,加工右侧 270°孔
右侧 300°孔	N390	G00 X30 Y300	定位在右侧 300°孔上方
	N400	M98 P0082;	调用子程序,加工右侧 300°孔
右侧 330°孔	N410	G00 X30 Y330;	定位在右侧 330°孔上方
	N420	M98 P0082;	调用子程序,加工右侧 330°孔
结束	N430	G15	撤销极坐标
	N440	G00 Z50;	抬刀
	N450	M05;	主轴停
	N460	M02;	程序结束

【综合练习—极坐标】

① 试编制在数控铣床上，实现如图 3-75 所示形状。工件坐标系为 G54。加工时选择主轴转速为 1200r/min；进给速度为 120mm/min，刀具为 ϕ10mm 铣刀。

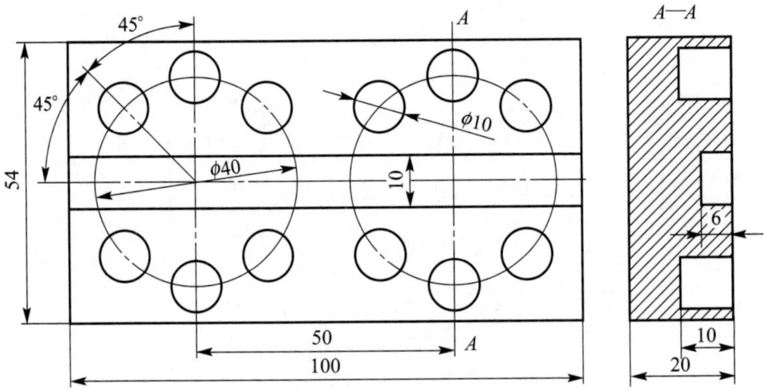

图 3-75 综合练习①

② 试编制在数控铣床上，实现如图 3-76 所示形状。工件坐标系为 G54。加工时选择主轴转速为 1200r/min；进给速度为 120mm/min，刀具为 ϕ10mm 铣刀。

③ 试编制在数控铣床上，实现如图 3-77 所示形状。工件坐标系为 G54。加工时选择主轴转速为 1200r/min；进给速度为 120mm/min，刀具为 ϕ20mm 铣刀。

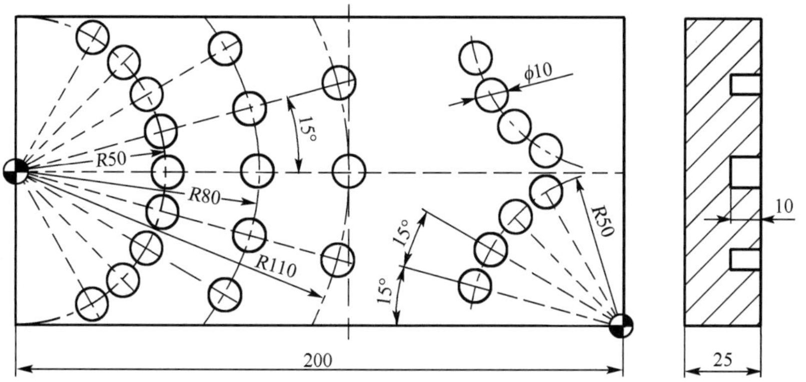

图 3-76　综合练习②

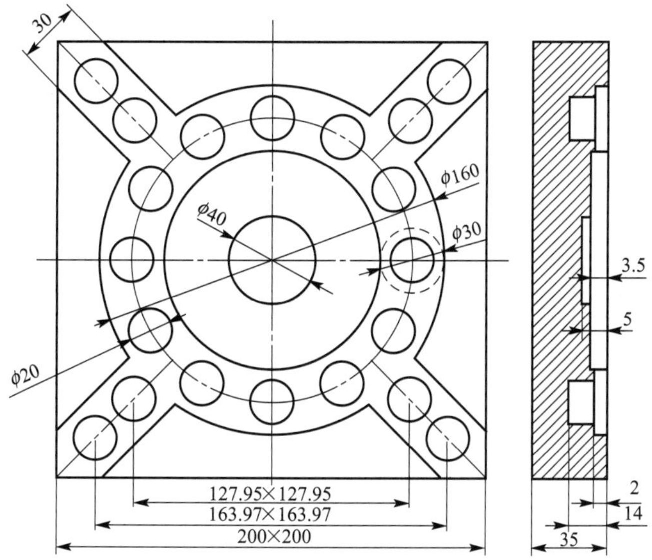

图 3-77　综合练习③

第十节　镜像加工指令（G24、G25）

G24（G25）镜像加工指令

镜像加工亦称对称加工，它是数控镗铣床常见的加工之一。镜像加工功能要通过系统的“镜像”控制信号进行，当该信号生效时，需要“镜像加工”的坐标轴将自动改变坐标值的正、负符号，实现坐标轴对称图形的加工，如图 3-78 所示。

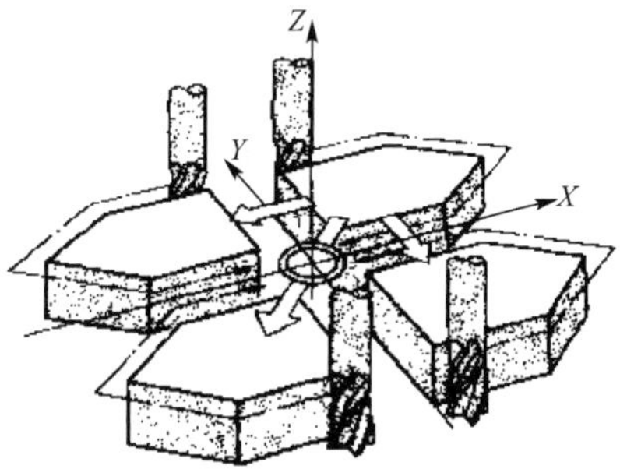

图 3-78　镜像加工

为了进行镜像加工，在系统上通常的选择方式：① 通过数控系统操作面板上的“镜像加工”选择菜单，选择“镜像加工”坐标轴，“镜像加工”控制生效。② 编程系统中，可以通过特殊的编程指令（如 FANUC 的 G24、G25，SIEMENS 的 Mirror、AMirror 指令）实现。

镜像加工格式如下（见图 3-79）：

G24 X __；　　沿指定的 *X* 值，按 *Y* 轴镜像

G24 Y __； 沿指定的 *Y* 值，按 *X* 轴镜像
G24 X __ Y __；沿指定的坐标点镜像
G25 ； 取消镜像

注意：因数控镗铣床的 *Z* 轴一般安装有刀具，因此，*Z* 轴一般都不能进行镜像加工。

【举例】

用镜像指令对如图 3-80 所示图形编程，假设形状 A 的子程序已经编辑完成，名称 O0083。

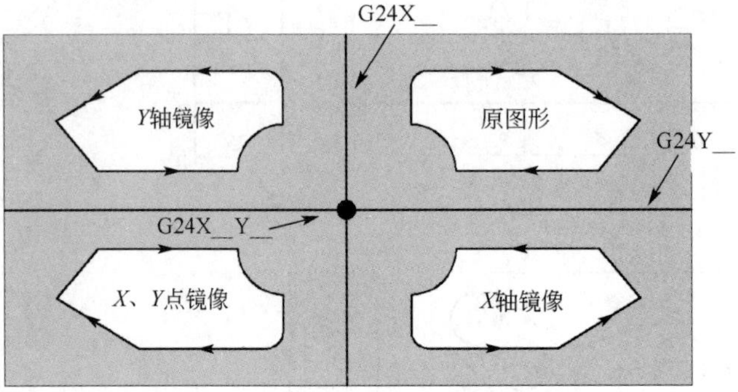

图 3-79 FANUC 系统的镜像加工命令

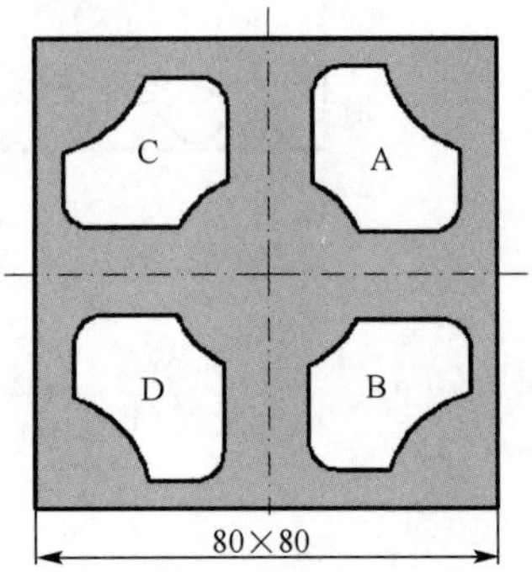

图 3-80 镜像指令应用举例

……

```
M98 P0083;    调用子程序,加工形状 A
G24 Y40;      镜像加工:沿 Y40 轴
M98 P0083;    调用子程序,加工形状 B
G25;          取消镜像加工
G24 X40;      镜像加工:沿 X40 轴
M98 P0083;    调用子程序,加工形状 C
G25;          取消镜像加工
G24 X40 Y40;  镜像加工:沿 X40、Y40 点
M98 P0083;    调用子程序,加工形状 D
G25;          取消镜像加工
```

G24（G25）镜像加工指令——实例

【实例】

试编制在数控铣床上，实现如图 3-81 所示形状。工件坐标系为 G54。加

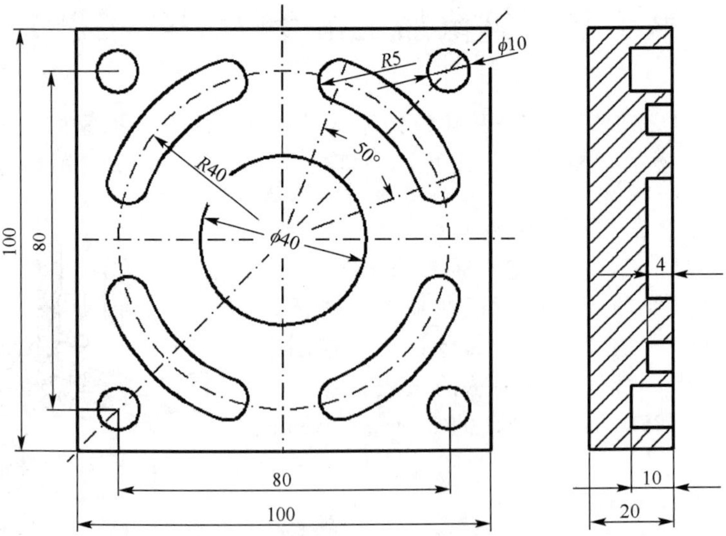

图 3-81 镜像指令编程应用实例

工时选择主轴转速为 800r/min；进给速度为 120mm/min，刀具为 ϕ10mm 铣刀。

分析：

① 此题中 50°圆弧和 ϕ10 孔用镜像指令编程，先创建子程序 O0084；

② 中间 ϕ40 的圆形槽采用子程序编程，名称 O0085；

③ 50°圆弧的起点和终点坐标，由数学方法计算，此处不再赘述，关键点信息见图 3-82。

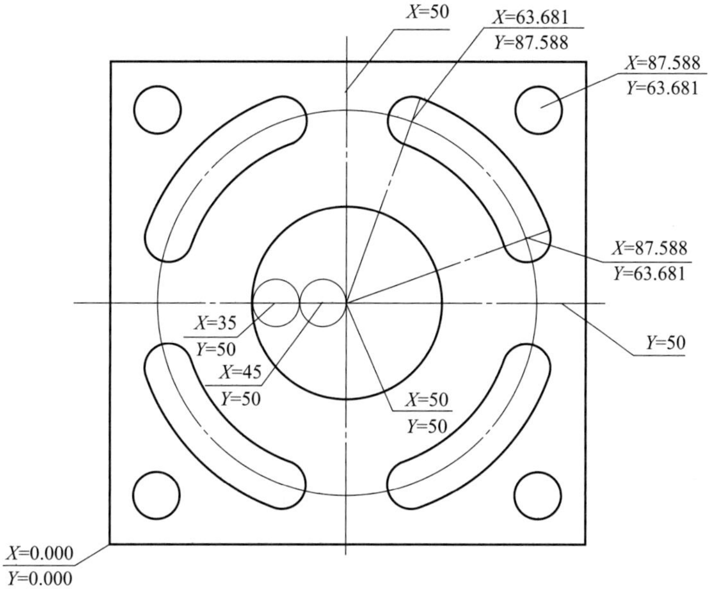

图 3-82 关键点信息

加工程序如下：

路径	段号	子　程　序	说　　明
右上角镜像图形		O0084	子程序号
	N10	G00 X63.681 Y87.588;	定位在圆弧起点上方
	N20	G00 Z2;	Z 向接近工件表面
	N30	G01 Z-2 F10;	Z 向进刀 2mm,10mm/min
	N40	G02 X87.588 Y63.681 R40 F120;	铣 R50 顺时针圆弧
	N50	G01 Z-4 F10;	Z 向再次进刀 2mm,10mm/min
	N60	G03 X63.681 Y87.588 R40 F120;	反向铣 R50 逆时针圆弧
	N70	G00 Z2;	抬刀
	N80	G00 X90 Y90;	定位在孔上方
	N90	G01 Z-10 F15;	孔加工
	N100	G04 P1000;	暂停 1s,清(平)孔底
	N110	G00 Z2;	抬刀
	N120	M99;	子程序结束

路径	段号	子　程　序	说　　明
中间圆形槽		O0085	
	N10	G02 X35 Y50 I15 J0 F120;	铣第一圈整圆
	N20	G01 X45 Y50;	横向进刀
	N30	G02 X45 Y50 I5 J0;	铣第二圈整圆

续表

路径	段号	子　程　序	说　　明
中间圆形槽	N40	G00 Z2；	抬刀
	N50	G00 X35 Y50；	返回加工时的起点
	N60	M99；	子程序结束

路径	段号	主　程　序	说　　明
开始		O0010	
	N10	G17 G54 G94；	选择平面、坐标系、分钟进给
	N20	M03 S800；	主轴正转、800r/min
镜像形状	N30	M98 P0084；	调用子程序，加工右上形状
	N40	G24 X50；	镜像加工：沿 X50 轴
	N50	M98 P0084；	调用子程序，加工左上形状
	N60	G25；	取消镜像加工
	N70	G24 Y50；	镜像加工：沿 Y50 轴
	N80	M98 P0084；	调用子程序，加工右下形状
	N90	G25；	取消镜像加工
	N100	G24 X50 Y50；	镜像加工：沿 X50、Y50 点
	N110	M98 P0084；	调用子程序，加工左下形状
	N120	G25；	取消镜像加工
圆形凹槽	N130	G00 X35 Y50；	定位在圆形凹槽上方，让刀半径
	N140	G01 Z－2 F15；	*Z* 向进刀 2mm，15mm/min
	N150	M98 P0085；	调用子程序，加工第一层凹槽
	N160	G01 Z－4 F15；	*Z* 向再次进刀 2mm，15mm/min
	N170	M98 P0085；	调用子程序，加工第二层凹槽
结束	N180	G00 Z50；	抬刀
	N190	M05；	主轴停
	N200	M02；	程序结束

【综合练习—极坐标】

① 试编制在数控铣床上，实现如图 3-83 所示形状。工件坐标系为 G54。加工时选择主轴转速为 950r/min；进给速度为 100mm/min，刀具为 ϕ10mm 铣刀。

② 试编制在数控铣床上，实现如图 3-84 所示形状。工件坐标系为 G54。加工时选择主轴转速为 800r/min；进给速度为 95mm/min，刀具为 ϕ10mm 铣刀。

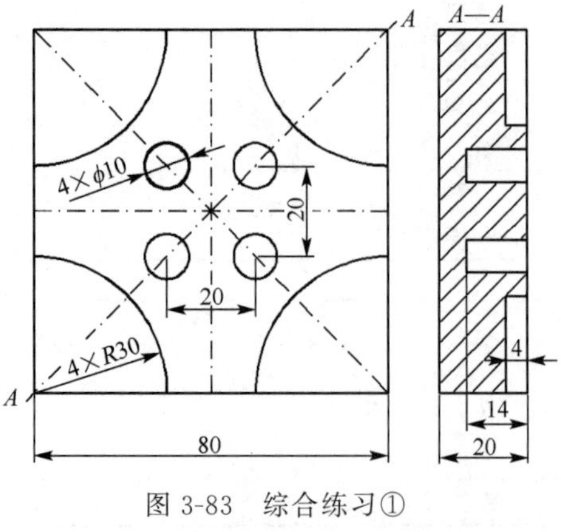

图 3-83　综合练习①

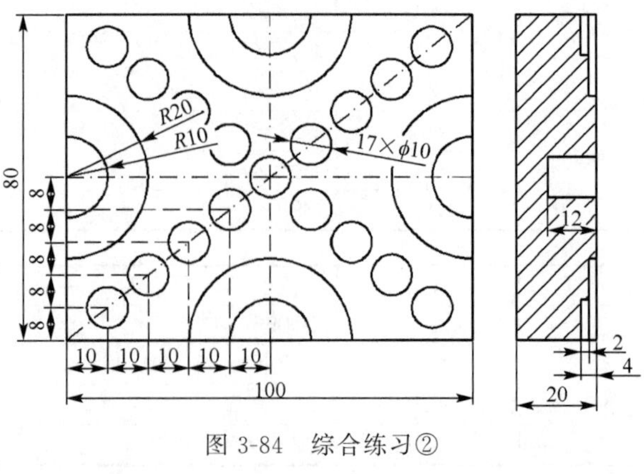

图 3-84　综合练习②

③ 试编制在数控铣床上，实现如图 3-85 所示形状。工件坐标系为 G54。加工时选择主轴转速为 800r/min；进给速度为 95mm/min，刀具为 ϕ10mm 铣刀。

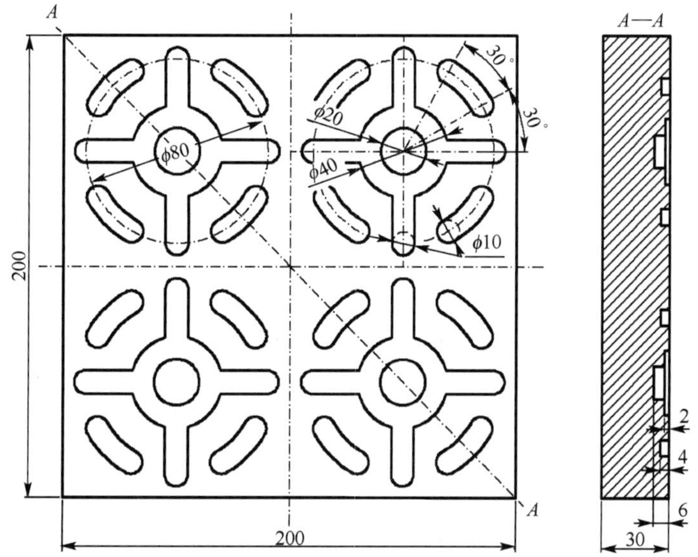

图 3-85　综合练习③

④ 试编制在数控铣床上，实现如图 3-86 所示形状。工件坐标系为 G54。加工时选择主轴转速为 800r/min；进给速度为 95mm/min，刀具为 ϕ10mm 铣刀。

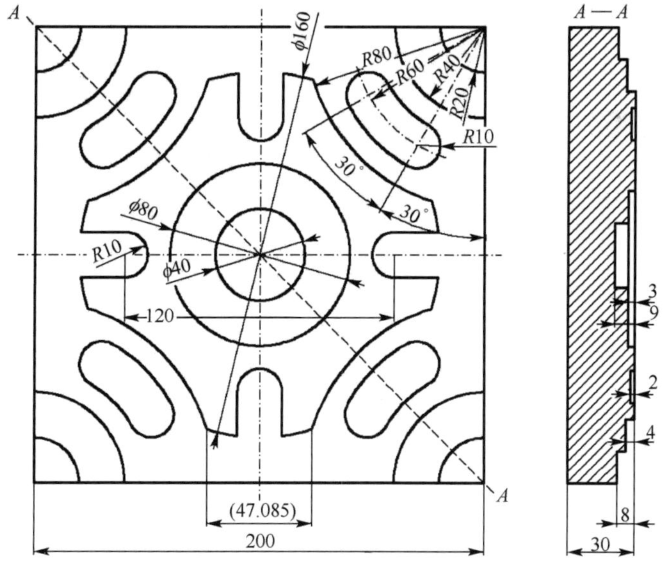

图 3-86　综合练习④

第十一节　图形旋转指令（G68、G69）

G68（G69）
圆弧旋转

对于某些围绕中心旋转得到的特殊的轮廓加工，如果根据旋转后的实际

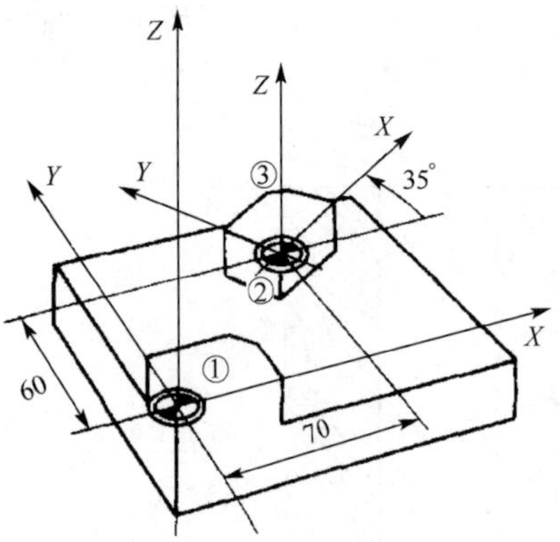

图 3-87 图形旋转

加工轨迹进行编程，就可能使坐标计算的工作量大大增加。而通过图形旋转功能，可以大大简化编程的工作量。

用于图形旋转的指令一般为 G68、G69。G68 为图形旋转功能生效，G69 为图形旋转功能撤销。编程的格式在不同的系统中，可能有所不同。如图 3-87 所示旋转示意图。

旋转指令格式如下（见图 3-88）

G68 X __ Y __ R __； 图形旋转功能生效

G69 ； 图形旋转功能撤销

说明：① 指定图形旋转中心，在现行生效坐标系中的 *X*、*Y* 坐标值。*R* 为图形旋转的角度，通常允许输入范围为 0～360。② 同镜像指令一样，一般采用子程序配合编程。

图形旋转一般在 *X*、*Y* 平面进行。在部分数控系统中，图形旋转功能也可以通过数控系统操作面板上的“图形旋转”选择菜单，选择“图形旋转”坐标轴与旋转的角度，使“图形旋转”控制生效。

【举例】

用镜像指令对如图 3-89 所示图形编程，假设形状 A 的子程序已经编辑完成，名称 O0086。

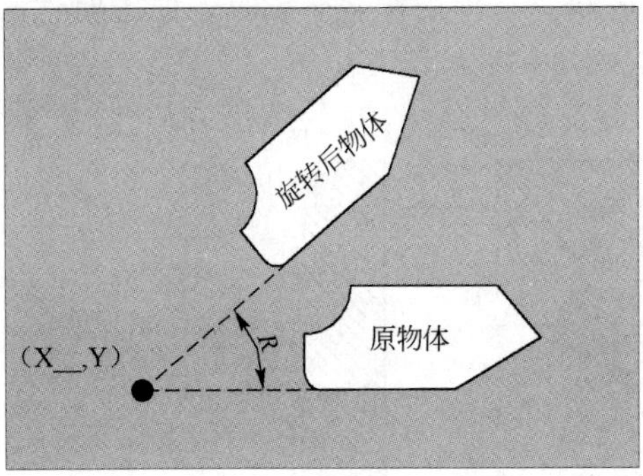

图 3-88 图形旋转加工命令

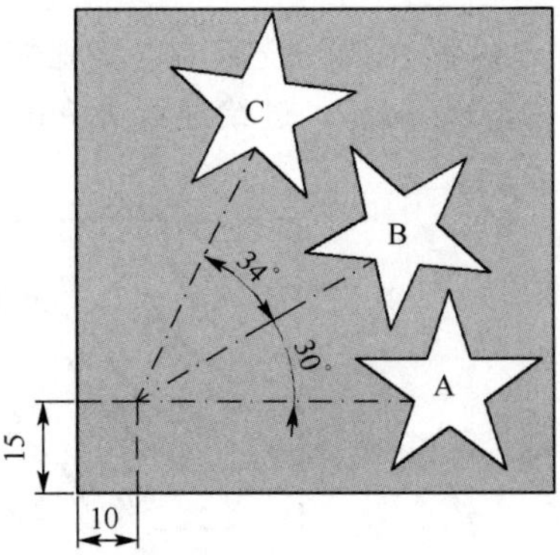

图 3-89 图形旋转指令应用举例

```
……
M98 P0086;          调用子程序,加工形状 A
G68 X10 Y15 R30;    图形旋转,沿 X10Y15 旋转 30°
M98 P0086;          调用子程序,加工形状 B
G69;                图形旋转撤销
G68 X10 Y15 R64     图形旋转,沿 X10Y15 旋转 64°
M98 P0086;          调用子程序,加工形状 C
G69;                图形旋转撤销
```

G68（G69）圆形旋转——实例

【实例】

试编制在数控铣床上，实现如图 3-90 所示形状。工件坐标系为 G54。加工时选择主轴转速为 800r/min；进给速度为 120mm/min，刀具分别为 ϕ20mm 和 ϕ10mm 铣刀。

分析：

① 此题中圆形键槽用两把铣刀加工，分别创建子程序 O0087（ϕ20mm 铣刀）和 O0088（ϕ10mm 铣刀）；

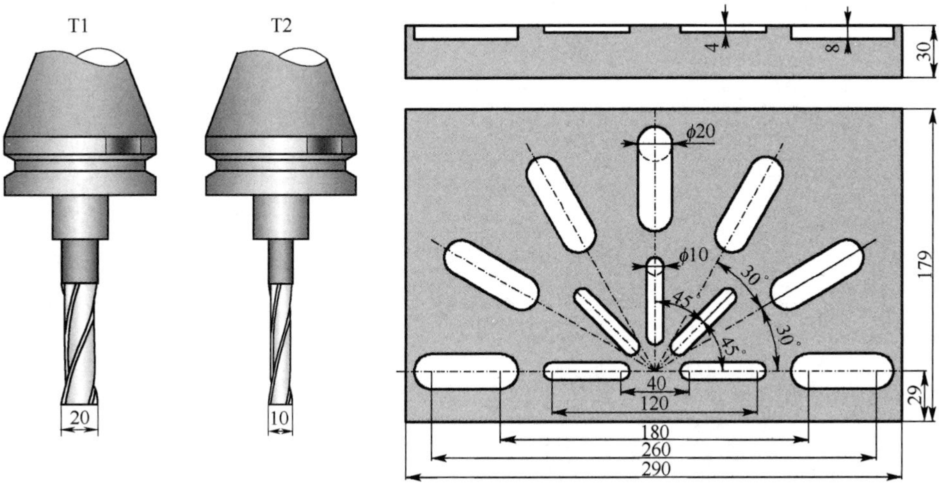

图 3-90 图形旋转编程实例

② 换刀指令 M06，如换 2 号刀：T02 M06；

③ 关键点信息可由数学方法计算，如图 3-91 所示。

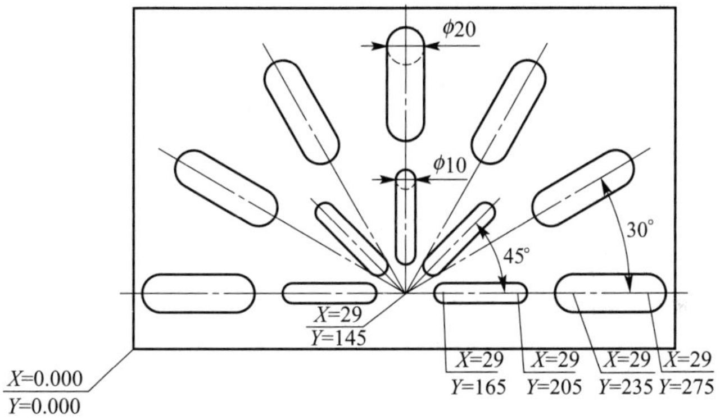

图 3-91 关键点坐标信息

加工程序如下：

路径	段号	子 程 序	说 明
φ20mm 键槽		O0087	子程序号
	N10	G00 X235 Y29;	定位在键槽槽起点上方
	N20	G00 Z2;	Z 向接近工件表面
	N30	G01 Z-2 F10;	Z 向进刀至 -2mm，10mm/min
	N40	G01 X275 Y29 F120;	铣第一层圆形键槽
	N50	G01 Z-4 F10;	Z 向进刀至 -4mm，10mm/min
	N60	G01 X235 Y29 F120;	铣第二层圆形键槽
	N70	G01 Z-6 F10;	Z 向进刀至 -6mm，10mm/min
	N80	G01 X275 Y29 F120;	铣第三层圆形键槽
	N90	G01 Z-8 F10;	Z 向进刀至 -8mm，10mm/min
	N100	G01 X235 Y29 F120;	铣第四层圆形键槽
	N110	G00 Z2;	抬刀
	N120	M99;	子程序结束

路径	段号	子 程 序	说 明
ϕ10mm键槽		O0088	
	N10	G00 X165 Y29;	铣第一圈整圆
	N20	G00 Z2;	Z 向接近工件表面
	N30	G01 Z－2 F10;	Z 向进刀至－2mm,10mm/min
	N40	G01 X205 Y29 F120;	铣第一层圆形键槽
	N50	G00 Z－4 F10;	Z 向进刀至－4mm,10mm/min
	N60	G01 X165 Y29 F120	铣第二层圆形键槽
	N70	G00 Z2;	抬刀
	N80	M99;	子程序结束
开始换 01 刀		O0011	
	N10	G17 G54 G94;	选择平面、坐标系、分钟进给
	N20	T01 M06	换 01 号刀
	N30	M03 S800;	主轴正转,800r/min
ϕ20mm键槽	N40	M98 P0087;	调用子程序,加工 ϕ20mm 键槽
	N50	G68 X145 Y29 R30;	图形旋转,沿 X145Y29 旋转 30°
	N60	M98 P0087;	调用子程序,加工 30°键槽
	N70	G69;	图形旋转撤销
	N80	G68 X145 Y29 R60;	图形旋转,沿 X145Y29 旋转 60°
	N90	M98 P0087;	调用子程序,加工 60°键槽
	N100	G69;	图形旋转撤销
	N110	G68 X145 Y29 R90;	图形旋转,沿 X145Y29 旋转 90°
	N120	M98 P0087;	调用子程序,加工 90°键槽
	N130	G69;	图形旋转撤销
	N140	G68 X145 Y29 R120;	图形旋转,沿 X145Y29 旋转 120°
	N150	M98 P0087;	调用子程序,加工 120°键槽
	N160	G69;	图形旋转撤销
	N170	G68 X145 Y29 R150;	图形旋转,沿 X145Y29 旋转 150°
	N180	M98 P0087;	调用子程序,加工 150°键槽
	N190	G69	图形旋转撤销
	N200	G68 X145 Y29 R180;	图形旋转,沿 X145Y29 旋转 180°
	N210	M98 P0087;	调用子程序,加工 180°键槽
	N220	G69;	图形旋转撤销
换 02 刀	N230	M05	主轴停
	N240	G00 Z200	抬刀
	N250	T02 M06	换 02 号刀
	N260	M03 S800	主轴正转,800r/min
ϕ10mm键槽	N270	M98 P0088	调用子程序,加工 ϕ20mm 键槽
	N280	G68 X145 Y29 R45;	图形旋转,沿 X145Y29 旋转 45°
	N290	M98 P0088;	调用子程序,加工 45°键槽
	N300	G69	图形旋转撤销
	N310	G68 X145 Y29 R90;	图形旋转,沿 X145Y29 旋转 90°
	N320	M98 P0088;	调用子程序,加工 90°键槽
	N330	G69;	图形旋转撤销
	N340	G68 X145 Y29 R135;	图形旋转,沿 X145Y29 旋转 135°
	N350	M98 P0088;	调用子程序,加工 135°圆形凹槽
	N360	G69	图形旋转撤销
	N370	G68 X145 Y29 R180;	图形旋转,沿 X145Y29 旋转 180°
	N380	M98 P0088;	调用子程序,加工 180°圆形凹槽
	N390	G69	图形旋转撤销
结束	N400	G00 Z50;	抬刀
	N410	M05;	主轴停
	N420	M02;	程序结束

【综合练习—图形旋转】

① 试编制在数控铣床上，实现如图 3-92 所示形状。工件坐标系为 G54。加工时选择主轴转速为 950r/min；进给速度为 100mm/min，刀具为 ϕ20mm 铣刀。

② 试编制在数控铣床上，实现如图 3-93 所示形状。主轴转速为 800r/min；进给速度为 120mm/min，刀具为 ϕ10mm 铣刀。

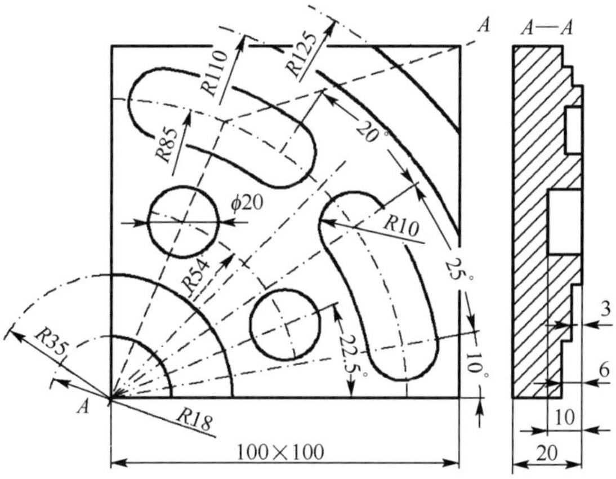

图 3-92 综合练习①

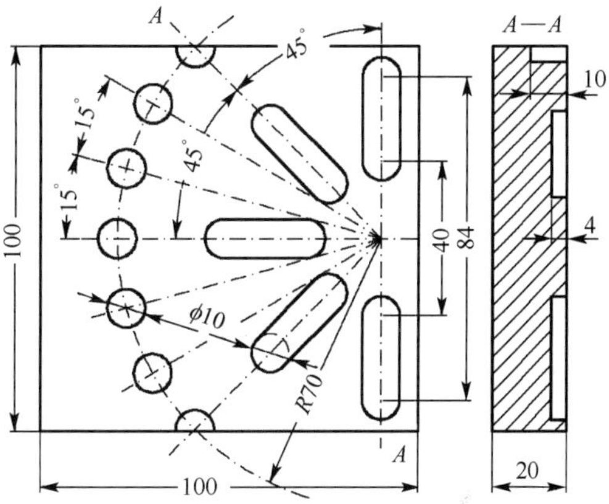

图 3-93 综合练习②

③ 试编制在数控铣床上，实现如图 3-94 所示形状。工件坐标系为 G54。加工时选择主轴转速为 950r/min；进给速度为 100mm/min，刀具为 ϕ20mm 铣刀。

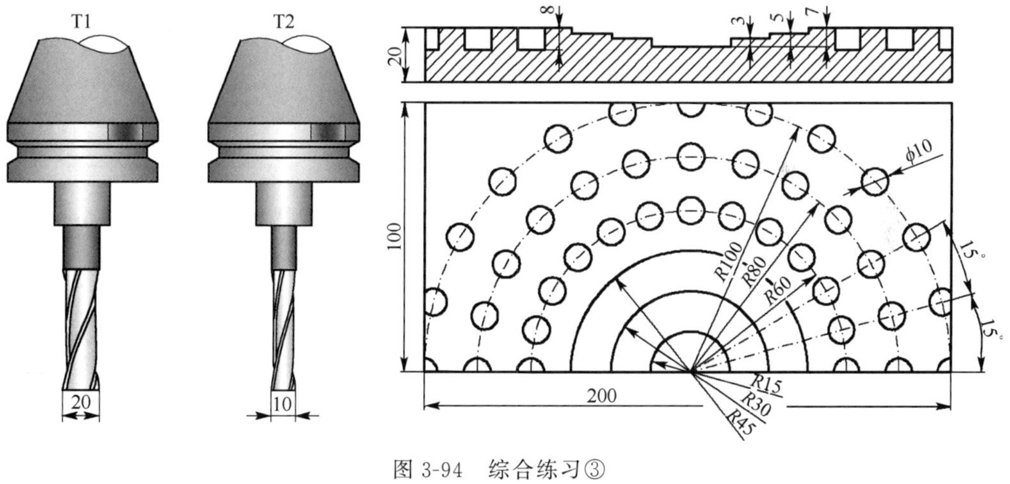

图 3-94 综合练习③

第十二节 比例缩放指令（G50、G51）

比例缩放功能主要用于模具加工，当比例缩放功能生效时，对应轴的坐标值与移动距离将按程序指令固定的比例系数进行放大（或缩小）。这样，就可以将编程的轮廓根据实际加工的需要进行放大和缩小（见图 3-95）。

G50（G51）比例缩放

通常用于比例缩放功能的编程指令为 G50、G51。G51 为比例缩放功能生效，G50 为比例缩放功能撤销。编程的格式在不同的系统中，有所不同，通常有如下两种。

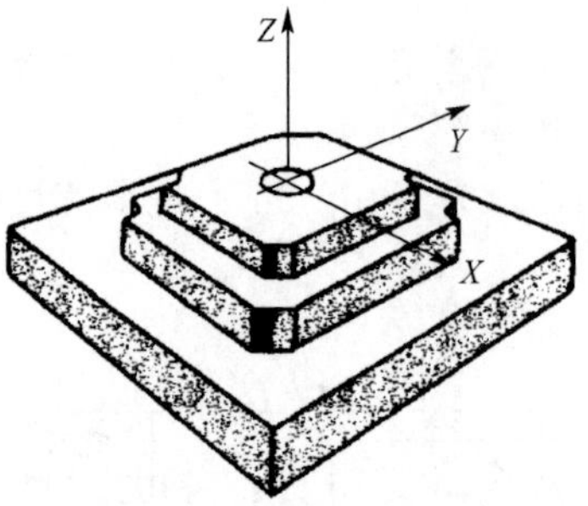

图 3-95 比例缩放

比例缩放指令格式如下：

① **G51 X __ Y __ Z __ P __**；

比例缩放指令指定比例中心 X、Y、Z 在现行生效坐标系中的坐标值。P 为进行缩放的比例系数，通常允许输入范围为：P0.000001～99.999999。比例系数固定为 1。

注意：当某个轴不需要缩放时，只需在格式中省略即可。

例如：G51 X __ Y __ P2；

执行以上指令，比例中心为（X __，Y __）点，比例系数为 2（见图 3-96）。

② **G51 X __ Y __ Z __ I __ J __ K __**；

在部分功能完备的数控系统中，各坐标轴允许取不同的比例系数。比例缩放指令指定比例中心 X、Y、Z 在现行生效坐标系中的坐标值。I、J、K 为进行各轴缩放的比例系数。同上，当某个轴不需要缩放时，只需在格式中省略即可。

例如：G51 X __ Y __ I4 J2；

执行以上指令，比例中心为（X ，Y ）点，比例系数为 X 方向 4，Y 方向 2（见图 3-97）。

【举例】

用缩放指令对如图 3-98 所示图形编程，B 的尺寸大小为 A 的 2 倍。假设形状 A 的子程序已经编辑完成，名称 O0089。

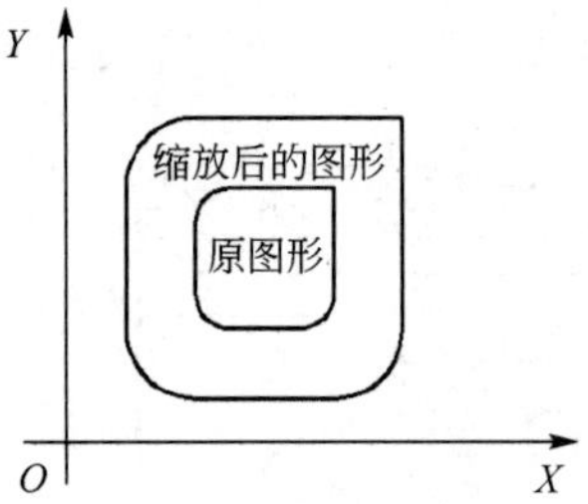

图 3-96 比例缩放格式①

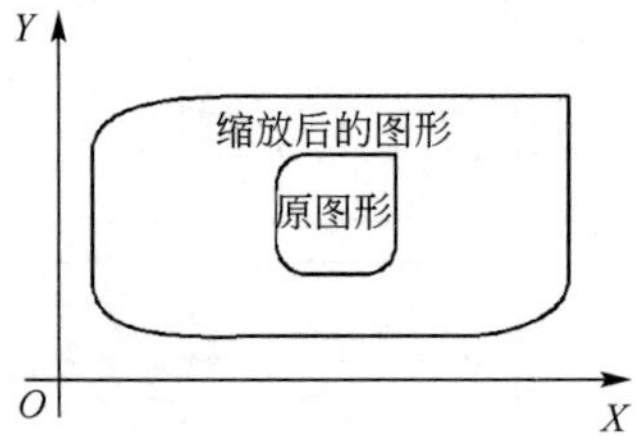

图 3-97 比例缩放格式②

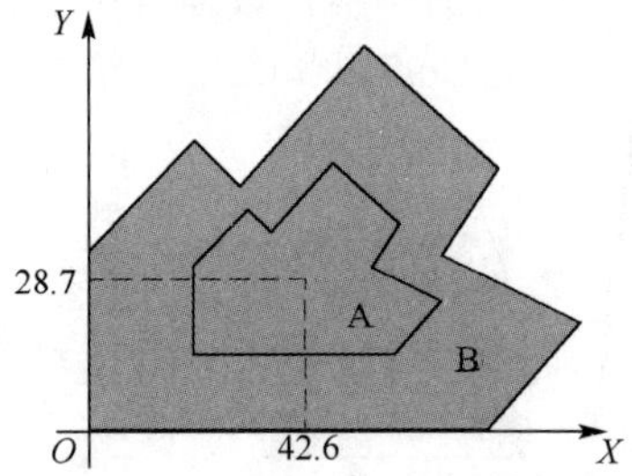

图 3-98 比例缩放指令应用举例

```
……
M98 P0089;              调用子程序,加工形状 A
G51 X42.6 Y28.7 P2;     图形缩放,以 X42.6Y28.7 为中心缩放 2 倍
M98 P0089;              调用子程序,加工形状 B
G50;                    图形缩放撤销
```

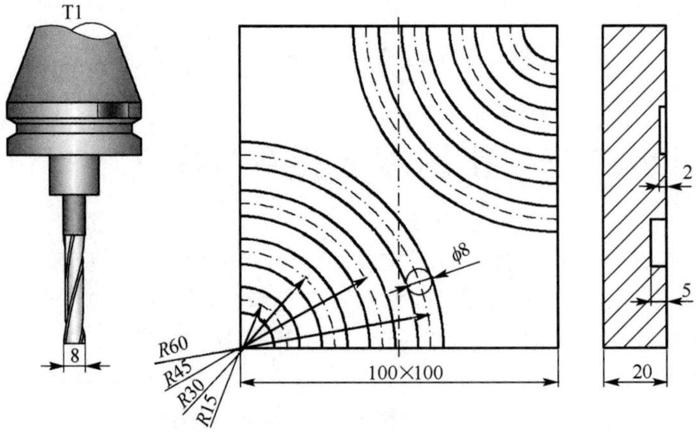

图 3-99 比例缩放编程实例

【实例】

试编制在数控铣床上，实现如图 3-99 所示形状。工件坐标系为 G54。加工时选择主轴转速为 800r/min；进给速度为 120mm/min，刀具分别为 ϕ8mm 铣刀。

G50（G51）比例缩放——实例

分析：此题用 ϕ8mm 铣刀加工，创建子程序 O0090（左下圆弧）和 O0091（右上圆弧）。

加工程序如下：

路径	段号	子　程　序	说　　明
		O0090	子程序号
	N10	G00 X0 Y15;	定位在圆弧起点上方
	N20	G00 Z2;	Z 向接近工件表面
左下	N30	G01 Z－2.5 F10;	Z 向进刀至－2.5mm,10mm/min
R15	N40	G02 X15 Y0 R15 F120;	铣第一层圆弧
圆弧	N50	G01 Z－5 F10;	Z 向进刀至－5mm,10mm/min
	N60	G03 X0 Y15 R15 F120;	铣第二层圆弧
	N70	G00 Z2;	抬刀
	N80	M99;	子程序结束

路径	段号	子　程　序	说　　明
		O0091	
	N10	G00 X100 Y85;	定位在圆弧起点上方
右上	N20	G00 Z2;	Z 向接近工件表面
R15	N30	G01 Z－2 F10;	Z 向进刀至－2mm,10mm/min
圆弧	N40	G02 X85 Y100 R15 F120;	铣圆弧
	N50	G00 Z2;	抬刀
	N60	M99;	子程序结束

路径	段号	子　程　序	说　　明
		O0012	
开始	N10	G17 G54 G94;	选择平面、坐标系、分钟进给
	N20	M03 S800;	主轴正转,800r/min
	N30	M98 P0090;	调用子程序,加工 R15 圆弧
	N40	G51 X0 Y0 P2;	图形缩放,以 X0Y0 为中心放大 2 倍
	N50	M98 P0090;	调用子程序,加工 R30 圆弧
	N60	G50;	图形缩放撤销
左下	N70	G51 X0 Y0 P3;	图形缩放,以 X0Y0 为中心放大 3 倍
圆弧组	N80	M98 P0090;	调用子程序,加工 R45 圆弧
	N90	G50;	图形缩放撤销
	N100	G51 X0 Y0 P4;	图形缩放,以 X0Y0 为中心放大 4 倍
	N110	M98 P0090;	调用子程序,加工 R60 圆弧
	N120	G50;	图形缩放撤销
	N130	M98 P0091;	调用子程序,加工 R15 圆弧
	N140	G51 X100 Y100 P2;	图形缩放,以 X100Y100 为中心放大 2 倍
右上	N150	M98 P0091;	调用子程序,加工 R30 圆弧
圆弧组	N160	G50;	图形缩放撤销
	N170	G51 X100 Y100 P3;	图形缩放,以 X100Y100 为中心放大 3 倍
	N180	M98 P0091;	调用子程序,加工 R45 圆弧
	N190	G50;	图形缩放撤销

续表

路径	段号	子　程　序	说　　明
右上圆弧组	N200	G51 X100 Y100 P4;	图形缩放，以 X100Y100 为中心放大 4 倍
	N210	M98 P0091;	调用子程序，加工 R60 圆弧
	N260	G50;	图形缩放撤销
结束	N270	G00 Z50;	抬刀
	N280	M05;	主轴停
	N290	M02;	程序结束

【综合练习—图形旋转】

试编制在数控铣床上，实现如图 3-100 所示形状。工件坐标系为 G54。加工时选择主轴转速为 950r/min；进给速度为 100mm/min，刀具如图所示。

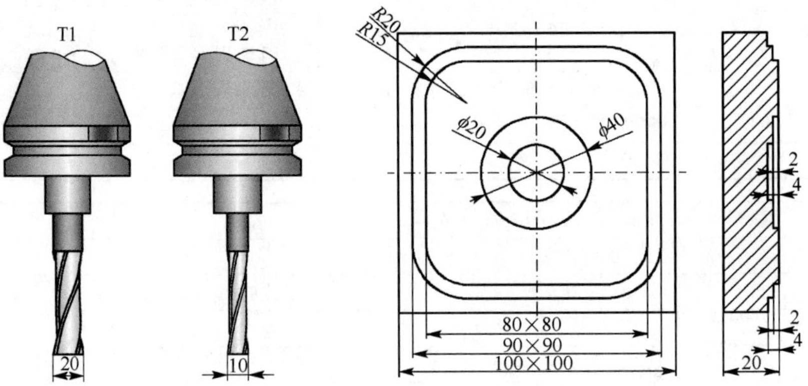

图 3-100　综合练习

第十三节　孔加工固定循环简述

数控镗铣床固定循环通常是针对孔加工动作设计的循环子程序。循环子程序的调用也是通过 G 代码指令进行，常用的循环调用指令有 G73、G74、G76、G80～G89 等。固定循环的本质和作用与数控车床一样，其根本目的是为了简化程序、减少编程工作量。

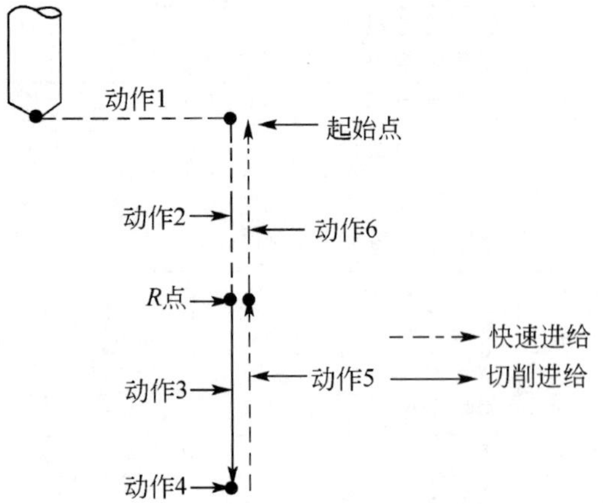

图 3-101　孔加工固定循环动作

1. 固定循环的动作

孔加工固定循环的动作，一般可以分为以下六个动作步骤，如图 3-101 所示。

动作 1：X、Y 平面快速定位。

动作 2：Z 向快速进给到 R 点。

动作 3：Z 轴切削进给，进行孔加工。

动作 4：孔底部的动作。

动作 5：Z 轴退刀。

动作 6：Z 轴快速回到起始位置。

执行孔加工循环，其中心点的定位一般都在 X/Y 平面上进行，Z 轴方向进行孔加工。固定循环动作的选择由 G 代码指定，对于不同的固定循环，以上动作有所不同，常用的 G73、G74、G76、G80～89 孔加工固定循环的动作见表 3-3 所示，G80 用于撤销循环。

表 3-3 孔加工固定循环动作一览表

G 代码	加工动作（$-Z$ 向）	孔底部动作	退刀动作（$+Z$ 向）	用途
G73	间歇进给	—	快速进给	高速深孔加工循环
G74	切削进给	暂停、主轴正转	切削进给	反转攻螺纹循环
G76	切削进给	主轴准停	快速进给	精镗
G80	—	—	—	撤销循环
G81	切削进给	—	快速进给	钻孔
G82	切削进给	暂停	快速进给	钻、镗阶梯孔
G83	间歇进给	—	快速进给	深孔加工循环
G84	切削进给	暂停、主轴反转	切削进给	正转攻螺纹循环
G85	切削进给	—	切削进给	镗孔 1
G86	切削进给	主轴停	快速进给	镗孔 2
G87	切削进给	主轴正传	快速进给	反镗孔
G88	切削进给	暂停主轴停	手动	镗孔 3
G89	切削进给	暂停	切削进给	镗孔 4

2. 固定循环的编程

作为孔加工固定循环的基本要求，必须在固定循环指令中（或执行循环前）定义以下参数：

① 尺寸的基本编程方式。

即：G90 绝对值方式，G91 增量值方式。在不同的方式下，对应的循环参数编程的格式也要与之对应，如图 3-102 所示。

② 固定循环执行完成后 Z 轴返回点（亦称返回平面）的 Z 坐标值。

Z 轴返回点的位置指定在不同的数控系统上有不同的指定方式，在 FANUC 及类似的系统中，它由专门的返回平面选择指令 G98、G99 进行选择。指令 G98，加工完成后返回到 Z 轴循环起始点（亦称起始平面）；指令 G99，返回到 Z 轴孔切削加工开始的尺寸（亦称参考平面），如图 3-103 所示。

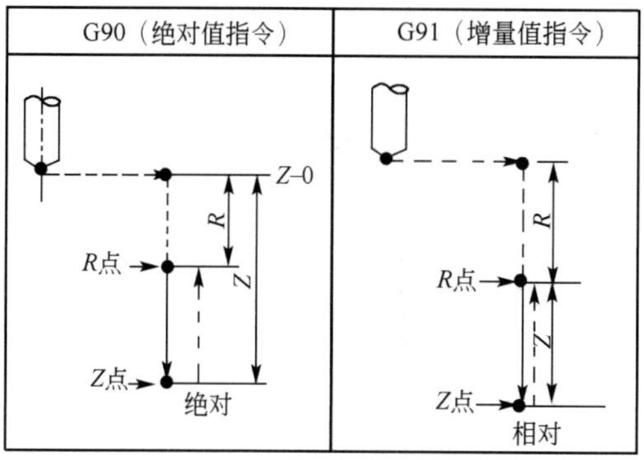

图 3-102 固定循环的绝对值指令和增量值指令

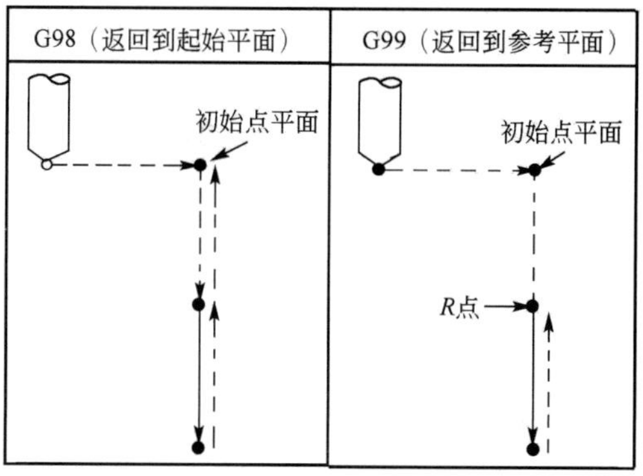

图 3-103 返回初始平面和参考平面

③ G73、G74、G76、G81～G89 固定循环所需要的全部数据（孔位置、孔加工数据）。

固定循环指令、孔加工数据均为模态有效，它们在某一程序段中一经指定，一直到取消固定循环（G80 指令）前都保持有效。因此，在连续进行孔加工时，除第一个固定循环程序段，必须指令全部的孔加工数据外，随后的固定循环中，只需定义需要变更的数据。但如果在固定循环执行中，如果进行了系统的关机或复位操作，则孔加工数据、孔位置数据均被消除。我们将在下面一节按照加工的要求按顺序讲解每种孔加工类型。

固定循环指令的基本格式如下：

G__X__Y__Z__R__P__Q__F__K__；

以上格式中，根据不同的循环要求，有的固定循环指令需要全部参数，有的固定循环只需要部分参数，具体应根据循环动作的要求，予以定义。固定循环常用的参数含义见表 3-4。

表 3-4 固定循环常用的参数含义

指定内容	地址	说明
孔加工方式	G	
空位置数据	X、Y	制定孔在 X、Y 平面上的位置，定位方式与 G00 相同
孔加工数据	Z	孔底部位置（最终孔深），可以用增量或绝对指令编程
	R	孔切削加工开始位置（R 点），可以用增量或绝对指令编程
	Q	指定 G73、G83 深孔加工每次切入量，G76、G87 中偏移量
	P	指定在孔底部的暂停时间
	F	指定切削进给速度
	K	重复次数，根据实际情况指定

3. 固定循环编程的注意事项

① 为了提高加工效率，在指令固定循环前，应事先使主轴旋转。

② 由于固定循环是模态指令，因此，在固定有效期间，如果 X、Y、Z、R 中的任意一个被改变，就要进行一次孔加工。

③ 固定循环程序段中，如在不需要指令的固定循环下指令了孔加工数据 Q、P，它只作为模态数据进行存储，而无实际动作产生。

④ 使用具有主轴自动启动的固定循环（G74、G84、G86）时，如果孔的 X/Y 平面定位距离较短，或从起始点平面到 R 平面的距离较短，且需要连续加工时，为了防止在进入孔加工动作时，主轴不能达到指定的转速，应使用 G04 暂停指令进行延时。

⑤ 在固定循环方式中，刀具半径补偿机能无效。

第十四节 孔加工固定循环编程

1. G81 钻孔循环1

G81 指令用于钻孔加工，其动作循环如图 3-104 所示。钻孔完毕后快速退刀。

指令格式：

G81 X__Y__Z__R__F__K__；

格式说明：

X__Y__：孔位数据

Z__：孔底深度（绝对坐标）

R__：每次下刀点或抬刀点（绝对坐标）

F__：切削进给速度

K__：重复次数（如果需要的话）

【实例】

写出如图 3-105 所示孔类的钻孔加工循环。

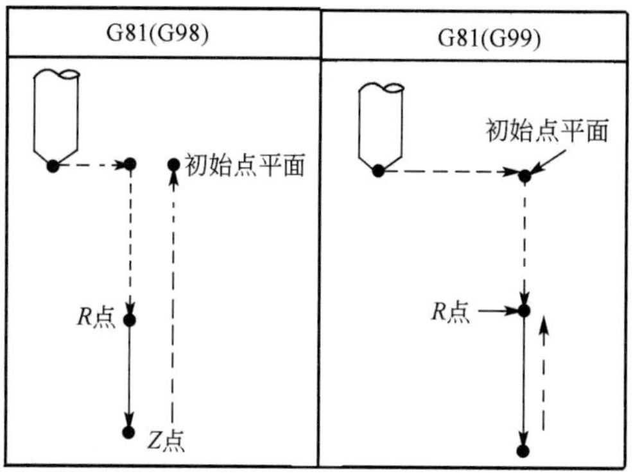

图 3-104　G81 钻孔加工固定循环动作图

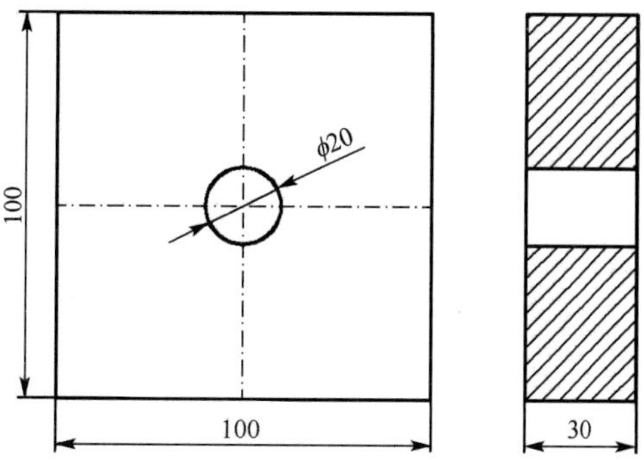

图 3-105　钻孔加工编程实例

加工程序如下：

段号	程　　序	作　　用
	O0013	程序号
N10	G54 G94 G90；	选择工件坐标系、转进给、绝对编程
N20	M03 S1000；	主轴正转，1000r/min
N30	G00 X50 Y50；	定位在孔上，此处指定孔位数据，在固定循环格式中便可省略
N40	G43 H01 Z50；	设定长度补偿，Z 向初始点高度
N50	G98 G81 Z－35 R1 F20；	钻孔循环： 离工件表面 1mm 处开始进给，速度 20mm/min
N60	G80；	取消固定循环
N70	M05；	主轴停止
N80	M02；	程序结束

2. G82 钻孔循环2 （钻、镗阶梯孔）

G82 指令用于钻孔加工，其动作循环如图 3-106 所示。

G82 指令用于阶梯孔钻孔加工，它的动作和 G81 基本相同，只是在孔底增加了进给暂停后动作，由于孔底暂停，使它可以在盲孔的加工中，提高孔深的精度。对于通孔没有效果。

指令格式：

G82 X＿ Y＿ Z＿ R＿ P＿ F＿ K＿；

格式说明：

X＿Y＿：孔位数据

Z＿：孔底深度（绝对坐标）

R＿：每次下刀点或抬刀点（绝对坐标）

P＿：暂停时间（单位：毫秒）

F＿：切削进给速度

K＿：重复次数（如果需要的话）

【实例】

写出如图 3-107 所示孔类的钻孔加工循环。

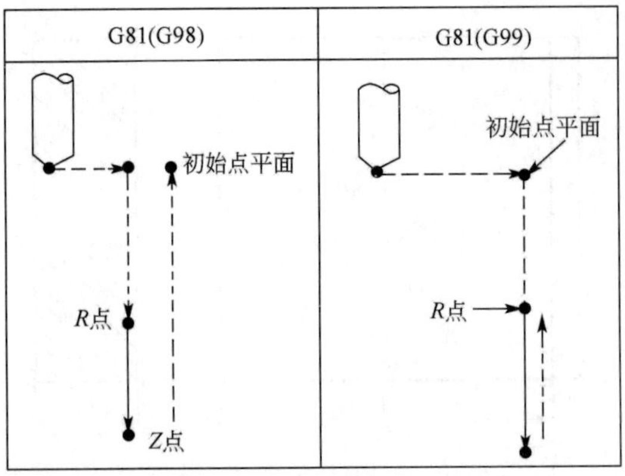

图 3-106 G82 钻孔加工固定循环动作图

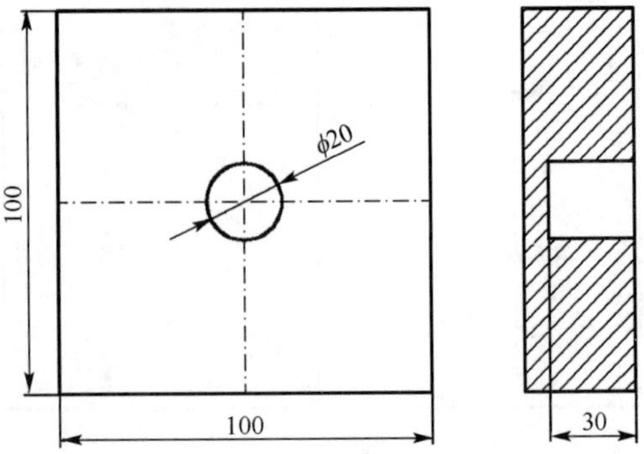

图 3-107 钻孔加工编程实例

加工程序如下：

段号	程序	作用
	O0014	程序号
N10	G54 G94 G90；	选择工件坐标系、分钟进给、绝对编程
N20	M03 S1000；	主轴正转，1000r/min
N30	G00 X50 Y50；	定位在孔上，此处指定孔位数据，在 G81 格式中便可省略
N40	G43 H01 Z50；	设定长度补偿，Z 向初始点高度
N50	G98 G82 Z－30 R1 P1000 F20；	钻孔循环：离工件表面 1mm 处开始进给，孔底暂停 1s，速度 20mm/min
N60	G80；	取消固定循环
N70	M05；	主轴停止
N80	M02；	程序结束

3. G73 高速深孔加工循环

G73 指令用于高速深孔加工，其动作循环如图 3-108 所示。

图中的退刀量 d 由“机床参数”设定，Z 轴方向为分级、间歇进给，使深孔加工容易排屑，由于退刀量一般较小，因此加工效率高。

指令格式：

G73 X __ Y __ Z __ R __ Q __ F __ K __；

格式说明：

X__ Y__：孔位数据

Z__：孔底深度（绝对坐标）

R__：每次下刀点或抬刀点（绝对坐标）

Q__：每次切削进给的切削深度（无符号，增量）

F__：切削进给速度

K__：重复次数（如果需要的话）

【实例】

写出如图 3-109 所示孔类的高速深孔加工循环。

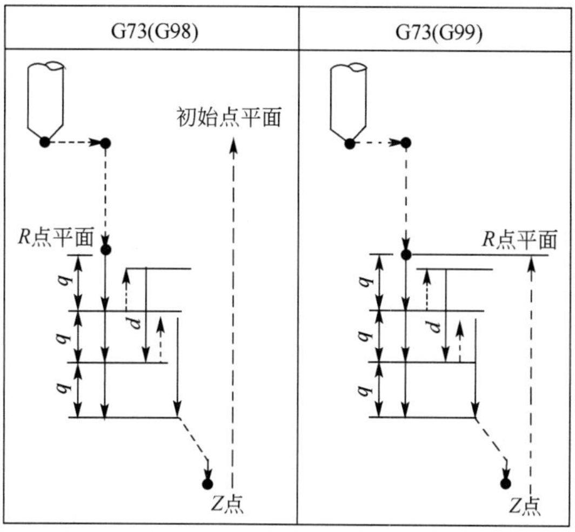

图 3-108 G73 高速深孔加工固定循环动作图

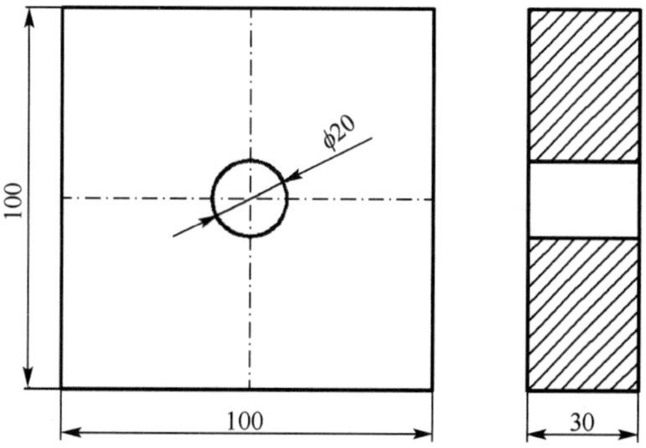

图 3-109 高速深孔加工编程实例

加工程序如下：

段号	程序	作用
	O0015	程序号
N10	G54 G94 G90；	选择工件坐标系、分钟进给、绝对编程
N20	M03 S1000；	主轴正转，1000r/min
N30	G00 X50 Y50；	定位在孔上，此处指定孔位数据，在固定循环格式中便可省略
N40	G43 H01 Z50；	设定长度补偿，Z 向初始点高度
N50	G98 G73 Z－35 R1 Q2 F20；	高速深孔加工循环：离工件表面 1mm 处开始进给，速度 20mm/min，每次切削 2mm
N60	G80；	取消固定循环
N70	M05；	主轴停止
N80	M02；	程序结束

4. G83 深孔加工循环

G83 指令虽然为深孔加工，但也用于高速深孔加工，和 G73 一样，Z 轴方向为分级、间歇进给，而且，每次分级进给都使 Z 轴退到切削加工起始点（参考平面）位置，使深孔加工排屑性能更好，其动作循环如图 3-110 所示。

G83 与 G73 的区别在于：在 G83 指令格式中，Q 为每次的切入量。当第二次以后切入时，先快速进给到距上次加工到达的底部位置 d 处，然后再次变为切削进给。

指令格式：

G83 X__ Y__ Z__ R__ Q__ F__ K__；

格式说明：

X__ Y__：孔位数据

Z__：孔底深度（绝对坐标）

R__：每次下刀点或抬刀点（绝对坐标）

Q__：每次切削进给的切削深度（无符号，增量）

F__：切削进给速度

K__：重复次数（如果需要的话）

【实例】

写出如图 3-111 所示孔类的深孔加工循环。

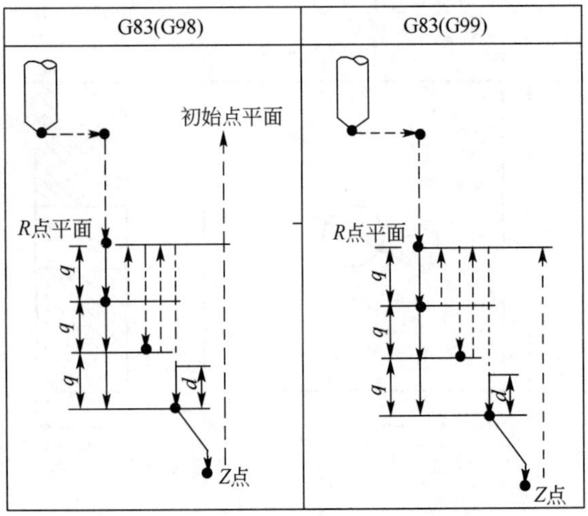

图 3-110 G83 高速深孔加工固定循环动作图

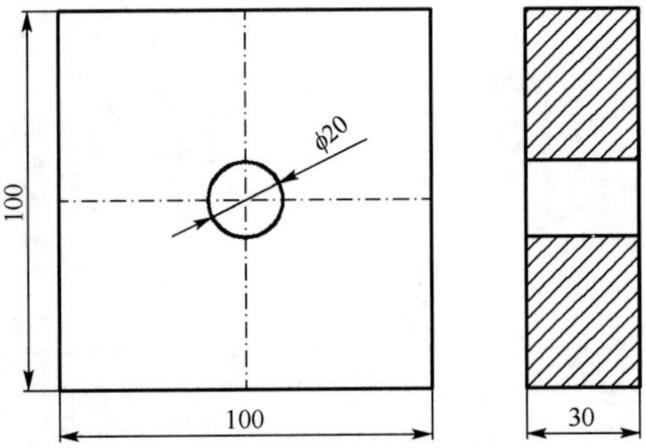

图 3-111 深孔加工编程实例

加工程序如下：

段号	程 序	作 用
	O0016	程序号
N10	G54 G94 G90;	选择工件坐标系、分钟进给、绝对编程
N20	M03 S1000;	主轴正转，1000r/min
N30	G00 X50 Y50;	定位在孔上，此处指定孔位数据，在固定循环格式中便可省略
N40	G43 H01 Z50;	设定长度补偿，Z 向初始点高度
N50	G98 G83 Z-35 R1 Q2 F20;	深孔加工循环：离工件表面 1mm 处开始进给，速度 20mm/min，每次切削 2mm
N60	G80;	取消固定循环
N70	M05;	主轴停止
N80	M02;	程序结束

5. G84 攻螺纹循环

G84 指令用于正转攻螺纹（正螺纹）加工，其动作循环如图 3-112 所示。

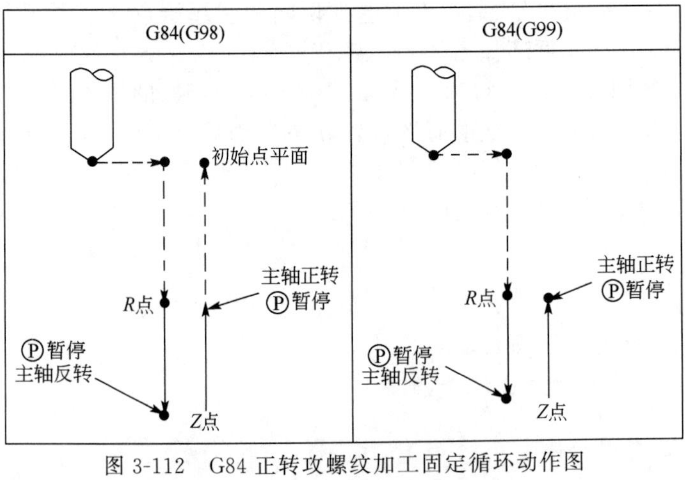

图 3-112 G84 正转攻螺纹加工固定循环动作图

执行循环前应使指令主轴正转，Z 向进给加工正螺纹，加工到达孔底后，主轴自动进行反转，Z 轴同时退出。操作机床时应注意：在 G84 正转攻螺纹循环动作中，“进给速度倍率”开关无效，此外，即使是“进给保持”信号有效，在返回动作结束前，Z 轴也不会停止运动，这样可以有效防止因误操作引起的丝锥不能退出工件的现象，与此类似的固定循环还有 G74 的反转攻螺纹循环。

指令格式：

G84 X _ Y _ Z _ R _ P _ F _ K _;

格式说明：

X _ Y _：孔位数据

Z _：孔底深度（绝对坐标）

R _：每次下刀点或抬刀点（绝对坐标）

P _：暂停时间（单位：毫秒）

F _：螺距

K _：重复次数（如果需要的话）

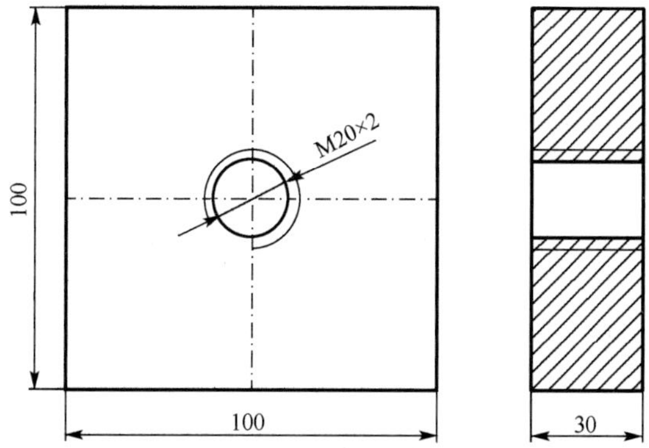

图 3-113 螺纹加工编程实例

【实例】

写出如图 3-113 所示螺纹的加工循环。

加工程序如下：

段号	程序	作用
	O0017	程序号
N10	G54 G94 G90;	选择工件坐标系、分钟进给、绝对编程
N20	M03 S1000;	主轴正转，1000r/min
N30	G00 X50 Y50;	定位在孔上，此处指定孔位数据，在固定循环格式中便可省略
N40	G43 H01 Z50;	设定长度补偿，Z 向初始点高度
N50	G98 G84 Z－35 R5 P2000 F2;	攻螺纹循环：离工件表面 5mm 处开始进给，底部暂停 2s，螺距 2mm
N60	G80;	取消固定循环
N70	M05;	主轴停止
N80	M02;	程序结束

它和 G74 的区别仅在于 G74 用于反转攻螺纹（反螺纹）加工，而 G84 用于正转攻螺纹（正螺纹）加工，因此在孔底，主轴自动进行反转，Z 轴同时退出。

6. G74 反攻螺纹循环

G74 指令用于反转攻螺纹（反螺纹）加工，其动作循环如图 3-114 所示。

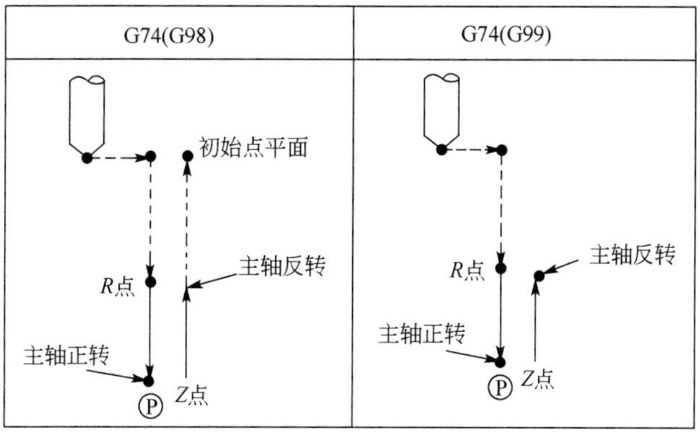

图 3-114 G74 反转攻螺纹加工固定循环动作图

执行循环前应使指令主轴反转，Z 向进给加工反螺纹，加工到达孔底后，主轴自动进行正转，Z 轴同时退出。操作机床时应注意：在 G74 反转攻螺纹循环动作中，“进给速度倍率”开关无效，此外，即使是“进给保持”信号有效，在返回动作结束前，Z 轴也不会停止运动，这样可以有效防止因误操作引起的丝锥不能退出工件的现象，与此类似的固定循环还有 G84 正转攻螺纹循环。

它和 G84 的区别仅在于 G84 用于正转攻螺纹（正螺纹）加工，而 G74 用于反转攻螺纹（反螺纹）加工，因此在孔底，主轴自动进行正转，Z 轴同时退出。

指令格式：

G74 X __ Y __ Z __ R __ P __ F __ K __；

格式说明：

X __ Y __：孔位数据

Z __：孔底深度（绝对坐标）

R __：每次下刀点或抬刀点（绝对坐标）

P __：暂停时间（单位：毫秒）

F __：螺距

K __：重复次数（如果需要的话）

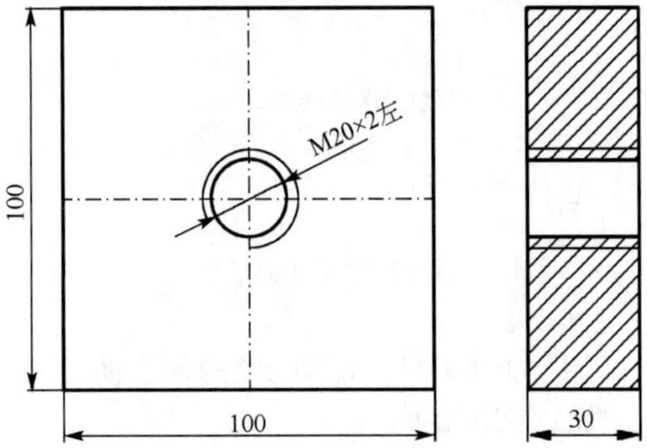

图 3-115 螺纹加工编程实例

【实例】

写出如图 3-115 所示螺纹的加工循环。

加工程序如下：

段号	程序	作用
	O0018	程序号
N10	G54 G94 G90；	选择工件坐标系、分钟进给、绝对编程
N20	M04 S1000；	主轴反转，1000r/min（理论定义 G74 指令无论之前是正转还是反转，都强制反转，但由于机床厂商制造不同，有的机床 G74 指令不执行强制反转功能，因此此处统一为 M04 反转最为安全）
N30	G00 X50 Y50；	定位在孔上，此处指定孔位数据，在固定循环格式中便可省略
N40	G43 H01 Z50；	设定长度补偿，Z 向初始点高度
N50	G98 G74 Z－35 R5 P2000 F2；	攻反螺纹循环：离工件表面 5mm 处开始进给，底部暂停 2s，螺距 2mm
N60	G80；	取消固定循环
N70	M05；	主轴停止
N80	M02；	程序结束

7. G85 镗孔循环1

G85 指令用于镗孔加工，其动作循环如图 3-116 所示。

它与 G81 的区别是 G85 循环的退刀动作是以进给速度退出的，因此可以用于铰孔、扩孔等加工。

指令格式：

G85 X __ Y __ Z __ R __ F __ K __；

格式说明：

X __ Y __：孔位数据

Z __：孔底深度（绝对坐标）

R __：每次下刀点或抬刀点（绝对坐标）

F __：切削进给速度

K __：重复次数（如果需要的话）

【实例】

写出如图 3-117 所示镗孔的加工循环。

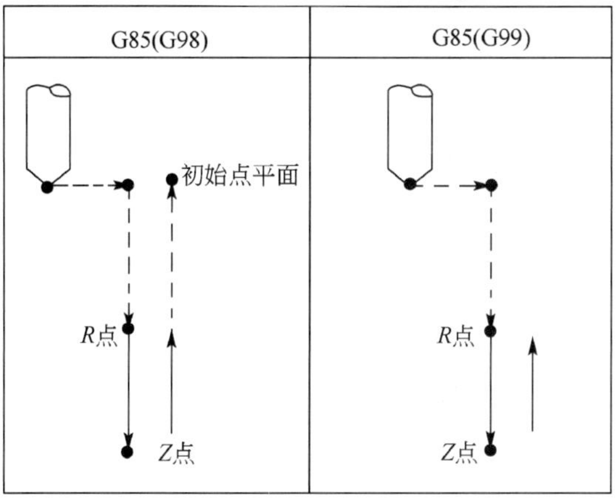

图 3-116　G85 镗孔加工固定循环动作图

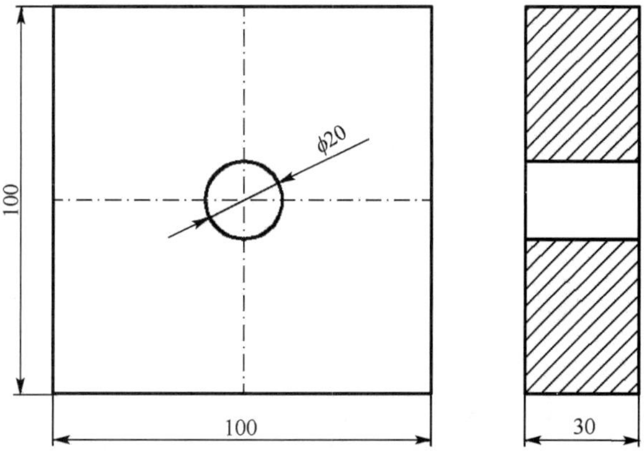

图 3-117　镗孔加工编程实例

加工程序如下：

段号	程　　序	作　　用
	O0019	程序号
N10	G54 G94 G90；	选择工件坐标系、分钟进给、绝对编程
N20	M03 S1000；	主轴正转，1000r/min
N30	G00 X50 Y50；	定位在孔上，此处指定孔位数据，在固定循环格式中便可省略
N40	G43 H01 Z50；	设定长度补偿，Z 向初始点高度
N50	G98 G81 Z－35 R1 F20；	镗孔加工循环：离工件表面 1mm 处开始进给，速度 20mm/min
N60	G80；	取消固定循环
N70	M05；	主轴停止
N80	M02；	程序结束

8. G86 镗孔循环2

G86 指令用于镗孔加工，其动作循环如图 3-118 所示。

它与 G81 的区别是 G86 循环在底部时，主轴自动停止，退刀动作是在主轴停转的情况下进行的，因此可以用于镗孔加工。

指令格式：

G86 X __ Y __ Z __ R __ F __ K __；

格式说明：

X __ Y __：孔位数据

Z __：孔底深度（绝对坐标）

R __：每次下刀点或抬刀点（绝对坐标）

F __：切削进给速度

K __：重复次数（如果需要的话）

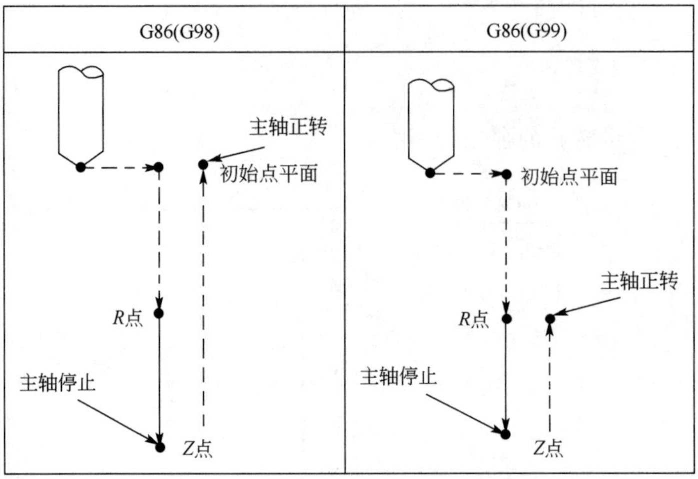

图 3-118 G86 镗孔加工固定循环动作图

【实例】

写出如图 3-119 所示镗孔的加工循环。

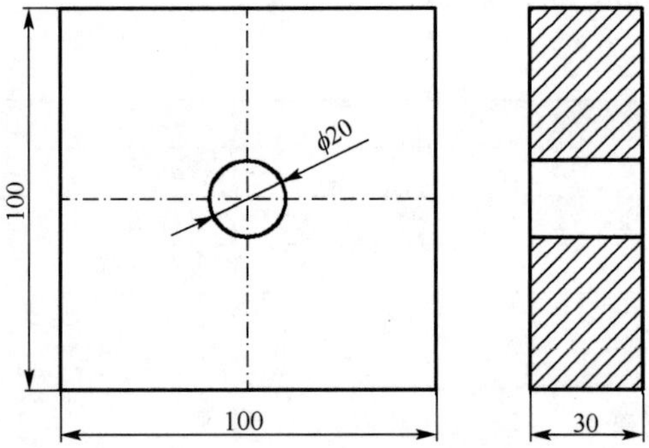

图 3-119 镗孔加工编程实例

加工程序如下：

段号	程序	作用
	O0020	程序号
N10	G54 G94 G90;	选择工件坐标系、分钟进给、绝对编程
N20	M03 S1000;	主轴正转，1000r/min
N30	G00 X50 Y50;	定位在孔上，此处指定孔位数据，在固定循环格式中便可省略
N40	G43 H01 Z50;	设定长度补偿，Z 向初始点高度
N50	G98 G86 Z－35 R1 F20;	镗孔加工循环：离工件表面 1mm 处开始进给，速度 20mm/min
N60	G80;	取消固定循环
N70	M05;	主轴停止
N80	M02;	程序结束

9. G88 镗孔循环3

G88 指令用于镗孔加工，其动作循环如图 3-120 所示。

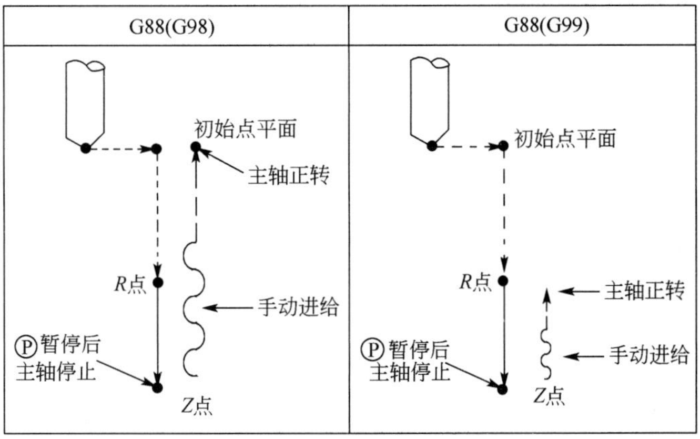

图 3-120　G88 镗孔加工固定循环动作图

G88 的特点是：循环加工到孔底暂停后，主轴停止，进给也自动进入变为停止状态。刀具的退出必须在手动状态下移出刀具。刀具从孔中安全退出后，再开始自动加工，*Z* 轴快速返回 *R* 点或起始平面，主轴恢复正转，G88 执行完毕。

指令格式：

G88 X＿Y＿Z＿R＿P＿F＿K＿;

格式说明：

X＿Y＿：孔位数据

Z＿：孔底深度（绝对坐标）

R＿：每次下刀点或抬刀点（绝对坐标）

P＿：暂停时间（单位：毫秒）

F＿：切削进给速度

K＿：重复次数（如果需要的话）

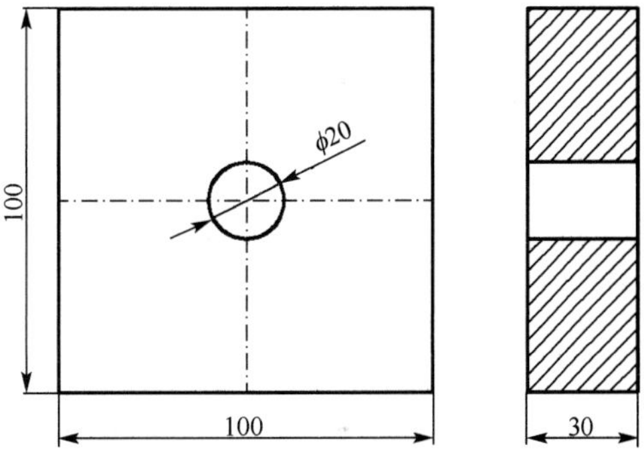

图 3-121　镗孔加工编程实例

【实例】

写出如图 3-121 所示镗孔的加工循环。

加工程序如下：

段号	程　　序	作　　用
	O0021	程序号
N10	G54 G94 G90;	选择工件坐标系、分钟进给、绝对编程
N20	M03 S1000;	主轴正转，1000r/min
N30	G00 X50 Y50;	定位在孔上，此处指定孔位数据，在固定循环格式中便可省略
N40	G43 H01 Z50;	设定长度补偿，Z 向初始点高度
N50	G98 G88 Z－35 R1 P 2000 F20;	镗孔加工循环：离工件表面 1mm 处开始进给，孔底暂停 2s，速度 20mm/min
加工到孔底，主轴和刀具的运动均停止，此时必须手动操作移出刀具。刀具安全退出刀退刀点后，再继续自动加工		
N60	G80;	取消固定循环
N70	M05;	主轴停止
N80	M02;	程序结束

10. G89 镗孔循环4

G89 指令用于镗孔加工，其动作循环如图 3-122 所示。

它与 G85 的区别是：G89 循环在孔底增加了暂停，退刀动作也是以进给速度退出。

指令格式：

G89 X__ Y__ Z__ R__ P__ F__ K__;

格式说明：

X__ Y__：孔位数据
Z__：孔底深度（绝对坐标）
R__：每次下刀点或抬刀点（绝对坐标）
P__：暂停时间（单位：毫秒）
F__：切削进给速度
K__：重复次数（如果需要的话）

【实例】

写出如图 3-123 所示镗孔的加工循环。

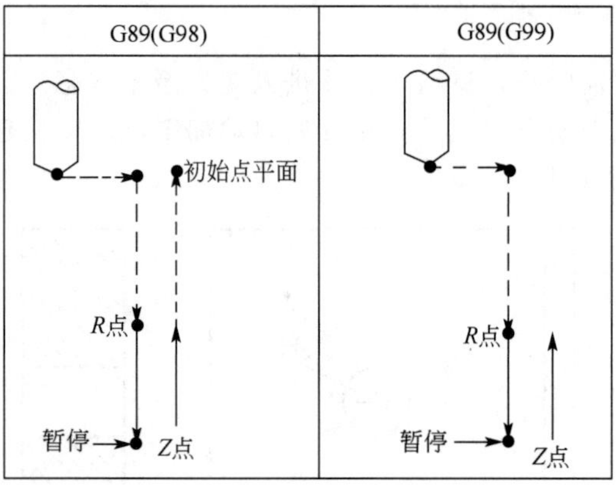

图 3-122 G89 镗孔加工固定循环动作图

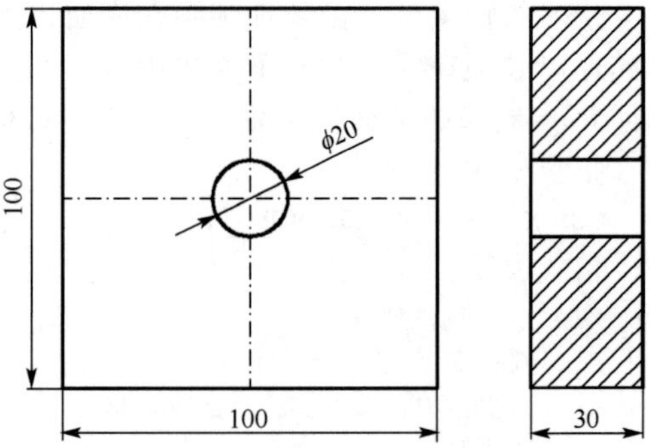

图 3-123 镗孔加工编程实例

加工程序如下：

段 号	程 序	作 用
	O0022	程序号
N10	G54 G94 G90;	选择工件坐标系、分钟进给、绝对编程
N20	M03 S1000;	主轴正转，1000r/min
N30	G00 X50 Y50;	定位在孔上，此处指定孔位数据，在固定循环格式中便可省略
N40	G43 H01 Z50;	设定长度补偿，Z 向初始点高度
N50	G98 G89 Z-35 R1 P2000 F20;	镗孔加工循环：离工件表面 1mm 处开始进给，孔底暂停 2s，速度 20mm/min
N60	G80;	取消固定循环
N70	M05;	主轴停止
N80	M02;	程序结束

11. G76 精镗循环

G76 指令用于精密镗孔加工，它可以通过主轴定向准停动作，进行让刀，从而消除退刀痕。其动作循环如图 3-124 所示。

所谓主轴定向准停，是通过主轴的定位控制机能使主轴在规定的角度上准确停止并保持这一位置，从而使镗刀的刀尖对准某一方向。停止后，机床通过刀尖相反的方向少量后移，如图 3-125 所示，使刀尖脱离工件表面，保证在退刀时不擦伤加工面表面，以进行高精度镗削加工。

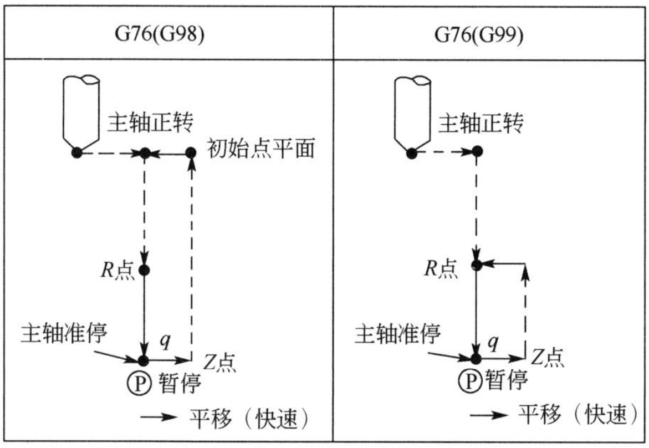

图 3-124 G76 精密镗孔加工固定循环动作图

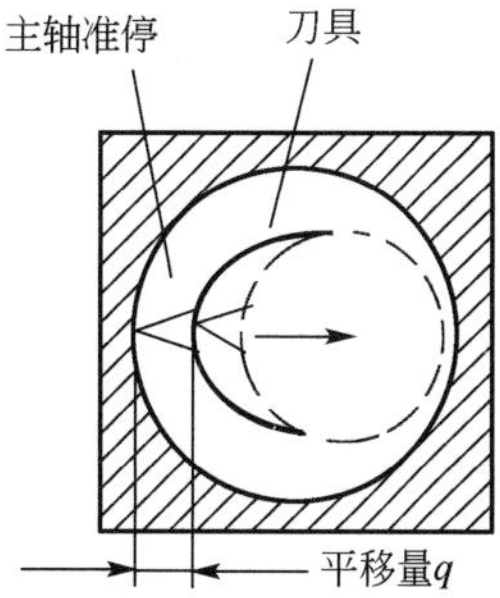

图 3-125 主轴定向准停

指令格式：

G76 X __ Y __ Z __ R __ P __ Q __ F __ K __；

格式说明：

X __ Y __：孔位数据

Z __：孔底深度(绝对坐标)

R __：每次下刀点或抬刀点（绝对坐标）

P __：暂停时间(单位：毫秒)

Q __：退刀位移量。Q 值必须是正值。即使用负值，符号也不起作用。位移的方向是 + X、- X、+ Y、- Y，它可以事先用“机床参数”进行设定。

F __：切削进给速度

K __：重复次数(如果需要的话)

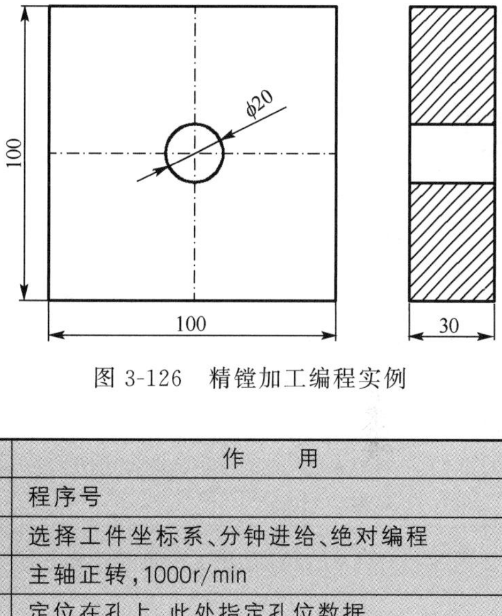

图 3-126 精镗加工编程实例

【实例】

写出如图 3-126 所示镗孔的精密加工循环。

加工程序如下：

段 号	程 序	作 用
	O0023	程序号
N10	G54 G94 G90；	选择工件坐标系、分钟进给、绝对编程
N20	M03 S1000；	主轴正转，1000r/min
N30	G00 X50 Y50；	定位在孔上，此处指定孔位数据，在固定循环格式中便可省略
N40	G43 H01 Z50；	设定长度补偿，Z 向初始点高度
N50	G98 G76 Z－35 R1 Q2 P 2000 F20；	精密镗孔加工循环：离工件表面 1mm 处开始进给，进给完成孔底偏移 2mm，孔底暂停 2s，速度 20mm/min
N60	G80；	取消固定循环
N70	M05；	主轴停止
N80	M02；	程序结束

12. G87 反镗孔循环

G87 指令用于精密镗孔加工，其加工方法如图 3-127 所示。

执行 G87 循环，在 X、Y 轴完成定位后，主轴通过定向准停动作，进行让刀，主轴的定位控制机能使主轴在规定的角度上准确停止并保持这一位置，从而使镗刀的刀尖对准某一方向。停止后，机床通过刀尖相反的方向少量后移，使刀尖让开孔表面，保证在进刀时不碰刀孔表面，然后 Z 轴快速进给在孔底面。在孔底面刀尖恢复让刀量，主轴自动正转，并沿 Z 轴的正方向加工到 Z 点。在此位置，使主轴再次定向准停，再让刀，然后使刀具从孔中退出。返回到起始点后，刀尖再恢复让刀，主轴再次正转，以便进行下步动作。关于让刀量及其方向的定义，与 G76 时完全相同。

指令格式：

G87 X__ Y__ Z__ R__ P__ Q__ F__ K__；

格式说明：

X__ Y__：孔位数据

Z__：孔底深度（绝对坐标）

R__：每次下刀点或抬刀点（绝对坐标）

P__：暂停时间（单位：毫秒）

Q__：退刀位移量。Q 值必须是正值。即使用负值，符号也不起作用。位移的方向是 + X、- X、+ Y、- Y，它可以事先用“机床参数”进行设定。

F__：切削进给速度

K__：重复次数（如果需要的话）

【实例】

写出如图 3-128 所示镗孔的加工循环。

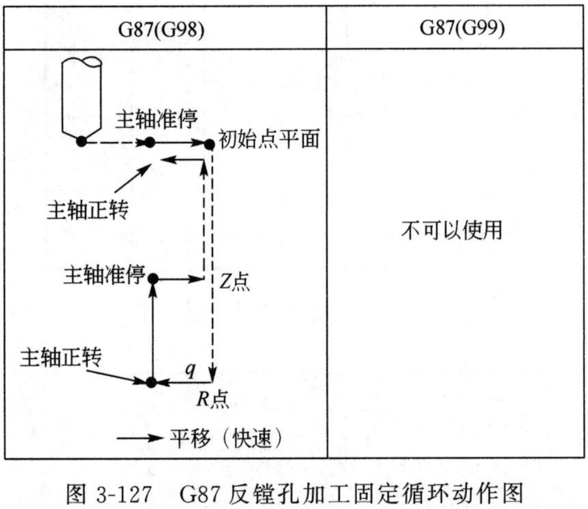

图 3-127 G87 反镗孔加工固定循环动作图

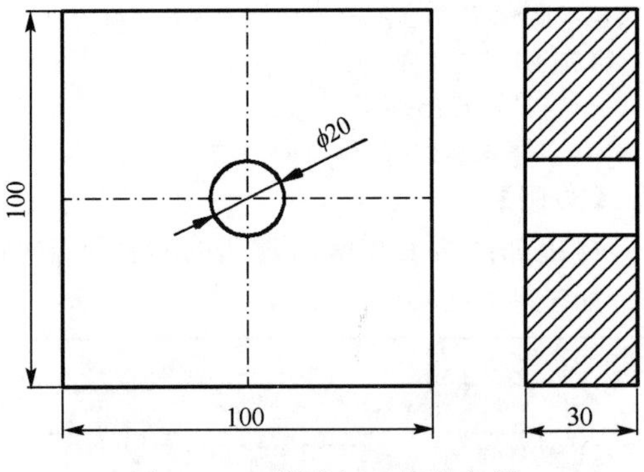

图 3-128 镗孔加工编程实例

加工程序如下：

段号	程序	作用
	O0024	程序号
N10	G54 G94 G90；	选择工件坐标系、分钟进给、绝对编程
N20	M03 S1000；	主轴正转，1000r/min
N30	G00 X50 Y50；	定位在孔上，此处指定孔位数据，在固定循环格式中便可省略
N40	G43 H01 Z50；	设定长度补偿，Z 向初始点高度
N50	G98 G87 Z－35 R1 Q2 P 2000 F20；	反镗孔加工循环：离工件表面 1mm 处开始进给，进给完成后孔底暂停 2s，偏移 2mm，速度 20mm/min
N60	G80；	取消固定循环
N70	M05；	主轴停止
N80	M02；	程序结束

【综合实例—孔加工固定循环】

试用固定循环指令编制图 3-129 所示零件的孔加工程序（注：①毛坯已加工成形；②3 个 ϕ60 孔已用钻头钻好孔）。其中，孔 A～孔 F 直径为 ϕ20，采用钻孔加工；孔 G～孔 J 直径为 ϕ40，采用铣孔加工；孔 K～孔 M 直径为 ϕ60，已钻过孔，剩余区域采用镗孔加工。工件坐标系为 G54。

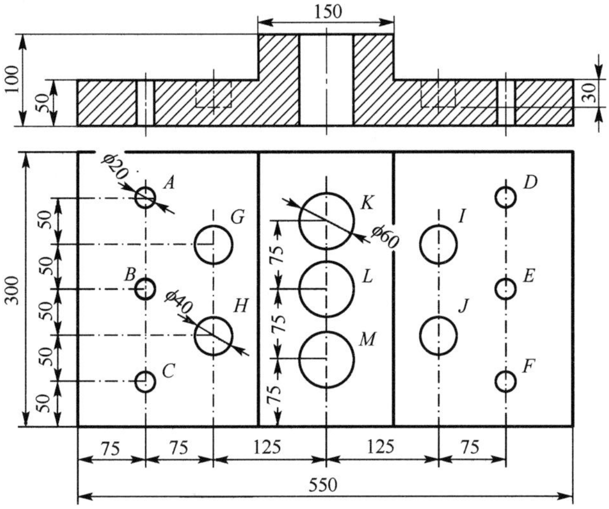

图 3-129 综合实例

分析：根据题目要求，对刀具及加工工艺设计如下。

① 用 ϕ20 钻头，加工孔 A～孔 F：刀具号 T01，刀补号 H01，主轴转速 800r/min，进给速度 F20mm/min；

② 利用 ϕ40 铣刀，加工孔 G～孔 J：刀具号 T02，刀补号 H02，主轴转速 500r/min，进给速度 F20mm/min；

③ 利用 ϕ60 镗刀，加工孔 K～孔 M：刀具号 T03，刀补号 H03，主轴转速 300r/min，进给速度 F20mm/min；

加工程序如下：

路径	段号	程　　序	作　　用
开始		O0024	程序号
	N10	G54 G94 G90;	选择工件坐标系、分钟进给、绝对编程
ϕ20 孔	N20	T01 M06;	换 01 号 ϕ20 钻头
	N30	M03 S800;	主轴正转，1000r/min
	N40	G00 X75 Y250;	定位在孔 A 上方
	N50	G43 H01 G00 Z50;	设定长度补偿，Z 向初始点高度
	N60	G98 G81 Z-105 R-45 F20;	钻孔循环，加工孔 A，钻通，保证尺寸
	N70	G80;	取消孔加工固定循环
	N80	G00 X75 Y150;	定位在孔 B 上方
	N90	G98 G81 Z-105 R-45 F20;	钻孔循环，加工孔 B，钻通，保证尺寸
	N100	G80;	取消孔加工固定循环
	N110	G00 X75 Y50;	定位在孔 C 上方
	N120	G98 G81 Z-105 R-45 F20;	钻孔循环，加工孔 C，钻通，保证尺寸
	N130	G80;	取消孔加工固定循环
	N135	G00 Z2;	抬刀，避开中间高处

续表

路径	段号	程　序	作　用
ϕ20 孔	N140	G00 X475 Y250;	定位在孔 *D* 上方
	N150	G98 G81 Z－105 R－45 F20;	钻孔循环，加工孔 *D*，钻通，保证尺寸
	N160	G80;	取消孔加工固定循环
	N170	G00 X475 Y150;	定位在孔 *E* 上方
	N180	G98 G81 Z－105 R－45 F20;	钻孔循环，加工孔 *E*，钻通，保证尺寸
	N190	G80;	取消孔加工固定循环
	N200	G00 X475 Y50;	定位在孔 *F* 上方
	N210	G98 G81 Z－105 R－45 F20;	钻孔循环，加工孔 *F*，钻通，保证尺寸
	N220	G80;	取消孔加工固定循环
	N230	G00 Z200;	抬刀
	N240	G49;	取消长度补偿
	N250	M05;	主轴停
ϕ40 孔	N260	T02 M06;	换 02 号 ϕ40 铣刀
	N270	M03 S500;	主轴正转，500r/min
	N280	G00 X150 Y200;	定位在孔 *G* 上方
	N290	G43 H02 G00 Z50;	设定长度补偿，Z 向初始点高度
	N300	G98 G81 Z－80 R－45 F20;	钻孔循环，加工孔 *G*
	N310	G80;	取消孔加工固定循环
	N320	G00 X150 Y100;	定位在孔 *H* 上方
	N330	G98 G81 Z－80 R－45 F20;	钻孔循环，加工孔 *H*
	N340	G80;	取消孔加工固定循环
	N345	G00 Z2	抬刀，避开中间高处
	N350	G00 X400 Y200;	定位在孔 *I* 上方
	N360	G98 G81 Z－80 R－45 F20;	钻孔循环，加工孔 *I*
	N370	G80;	取消孔加工固定循环
	N380	G00 X400 Y100;	定位在孔 *J* 上方
	N390	G98 G81 Z－80 R－45 F20;	钻孔循环，加工孔 *J*
	N400	G80;	取消孔加工固定循环
	N410	G00 Z200;	抬刀
	N420	G49;	取消长度补偿
	N430	M05;	主轴停
ϕ60 孔	N440	T03 M06;	换 03 号 ϕ60 镗刀
	N450	M03 S300;	主轴正转，500r/min
	N460	G00 X275 Y225;	定位在孔 *K* 上方
	N470	G43 H03 G00 Z50;	设定长度补偿，*Z* 向初始点高度
	N480	G98 G85 Z－99.5 R5 F20;	镗孔循环，加工孔 *K*，留 0.5mm 余量，避免损伤垫块或工作台
	N490	G80;	取消孔加工固定循环
	N500	G00 X275 Y150;	定位在孔 *L* 上方
	N510	G98 G85 Z－99.5 R5 F20;	镗孔循环，加工孔 *L*，留 0.5mm 余量，避免损伤垫块或工作台
	N520	G80;	取消孔加工固定循环
	N530	G00 X275 Y75;	定位在孔 *M* 上方
	N540	G98 G85 Z－99.5 R5 F20;	镗孔循环，加工孔 *M*，留 0.5mm 余量，避免损伤垫块或工作台
	N550	G80;	取消孔加工固定循环
	N560	G49;	取消长度补偿

续表

路径	段号	程　　序	作　　用
结束	N570	G00 Z200；	抬刀
	N580	M05；	主轴停止
	N590	M02；	程序结束

注：实际加工中尽量少用大直径铣刀加工，如本例所用 ϕ40 铣刀，仅作程序示例。

【综合练习】

试编制在数控铣床上，实现图 3-130～图 3-142 所示工件，主轴、走刀速度自定。

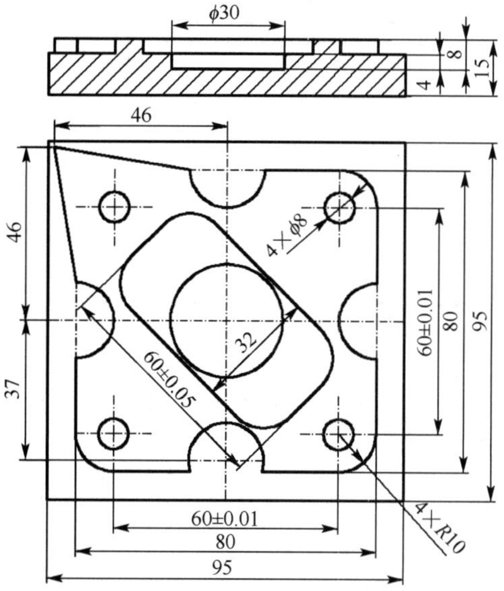

图 3-130 综合练习①

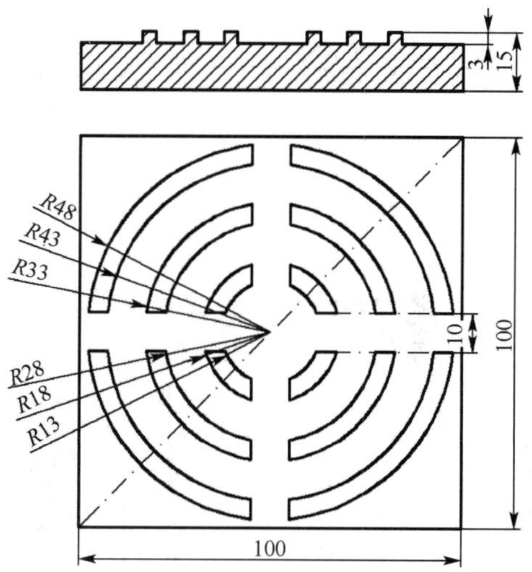

图 3-131 综合练习②

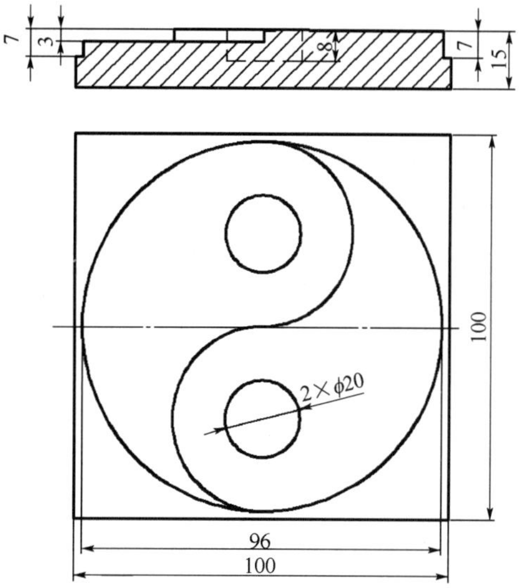

图 3-132 综合练习③

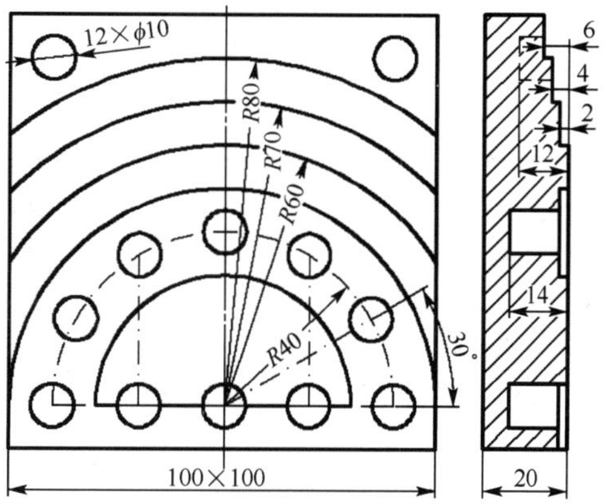

图 3-133 综合练习④

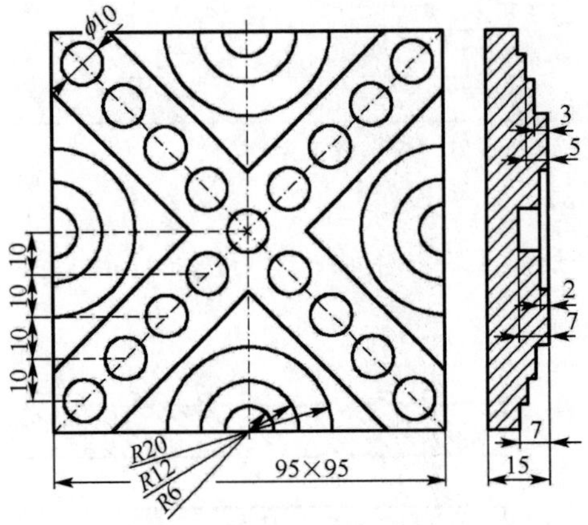

图 3-134 综合练习⑤

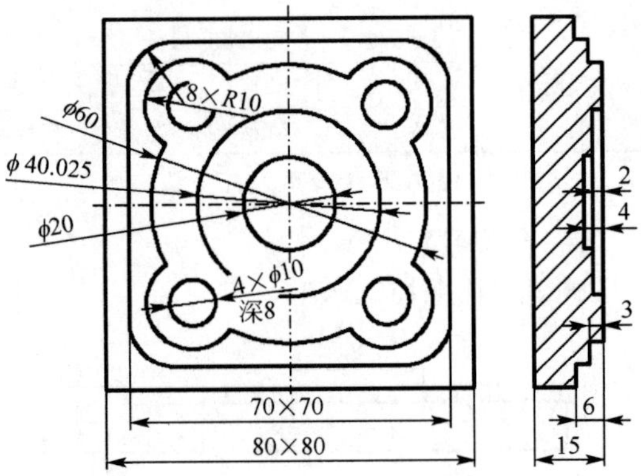

图 3-135 综合练习⑥

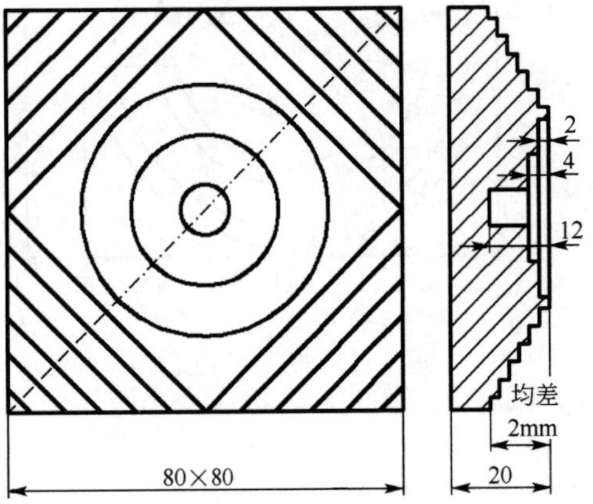

图 3-136 综合练习⑦

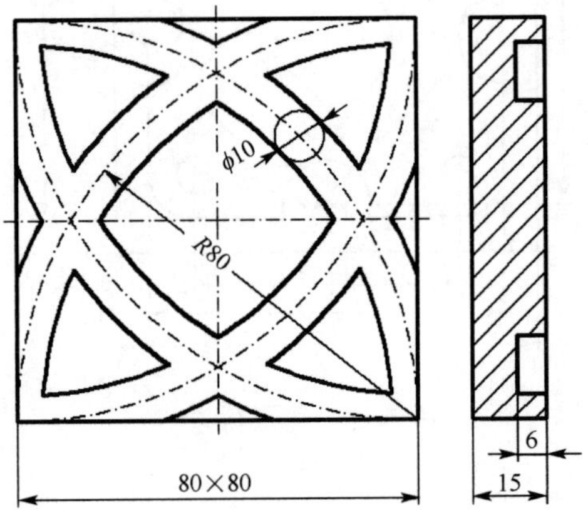

图 3-137 综合练习⑧

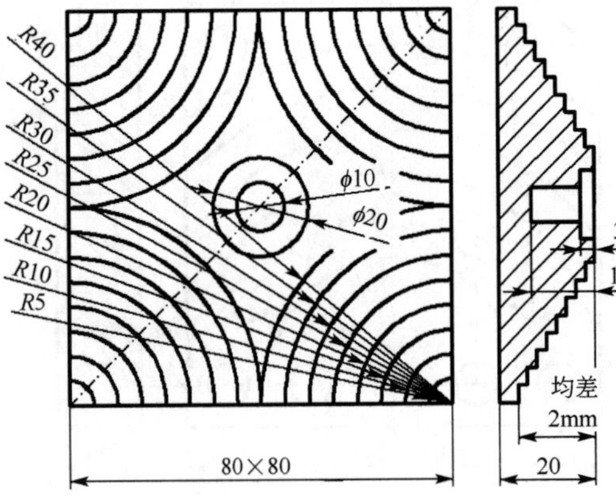

图 3-138 综合练习⑨

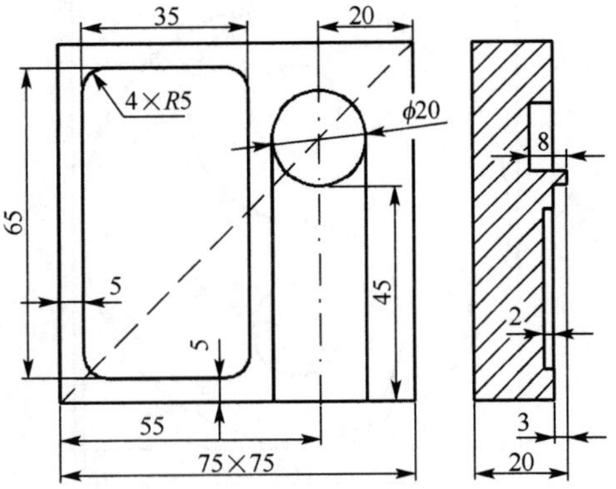

图 3-139 综合练习⑩

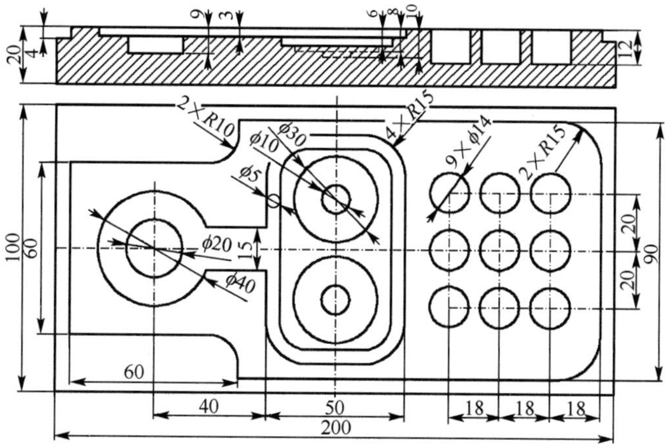

图 3-140　综合练习⑪

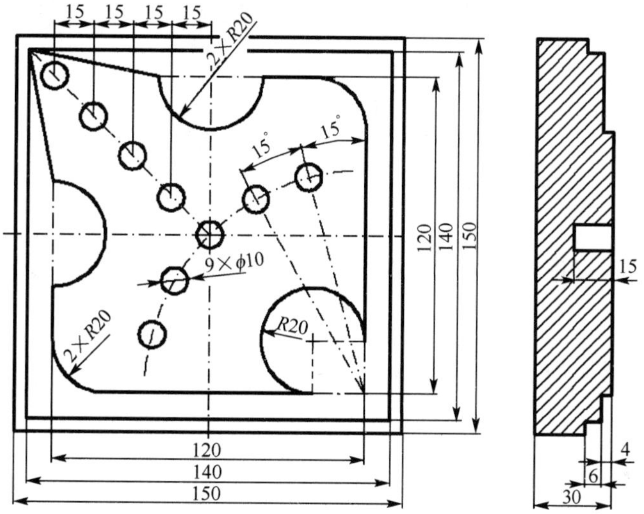

图 3-141　综合练习⑫

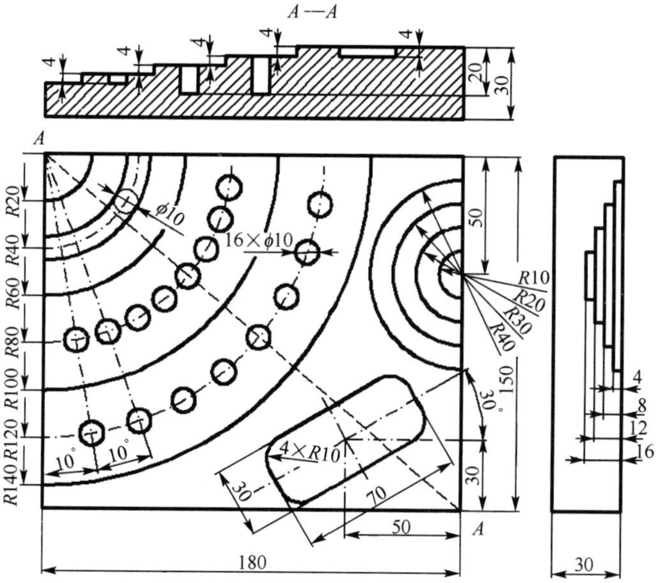

图 3-142　综合练习⑬

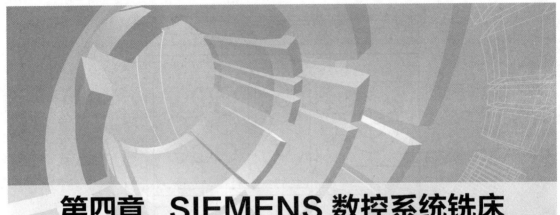

第四章　SIEMENS 数控系统铣床（加工中心）程序编制

第一节　SIEMENS 数控系统系统概述

西门子的产品广泛应用于各个行业，特别是高端领域，这也恰恰是中国机床制造业特别需要的技术。图 4-1 所示为 SIEMENS 不同的数控系统的操作面板。

本章以 SIEMENS 的典型数控系统 802D 系统指令为基础进行讲解，因为 802D 系统指令与之后的 840D、828D 数控系统指令有其通用性，也与之前的系统有兼容性，其基本编程指令几乎一样，而循环指令方面也只是稍有区别，其编程理念也是互融互通。

SIEMENS 802D 是一种具有免维护性能的操作面板控制系统，是西门子公司针对中国市场进行性价比优化的产品，是目前国内应用较为广泛的数控系统，同时也是全国数控大赛指定的比赛用数控系统之一。SIEMENS 802D 是具有新一代机械电机系统的创新性的产

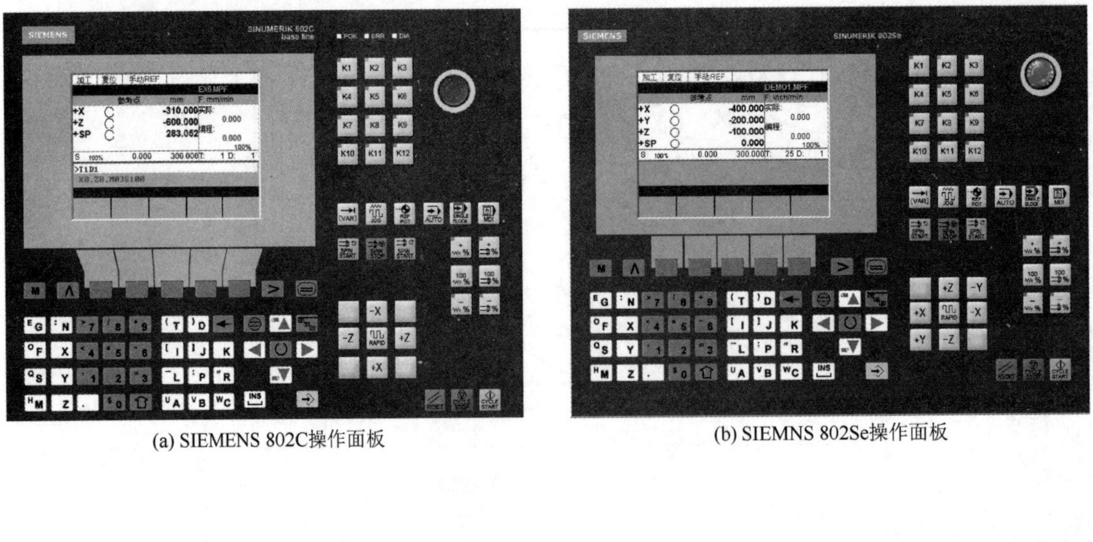

(a) SIEMENS 802C操作面板　　(b) SIEMNS 802Se操作面板

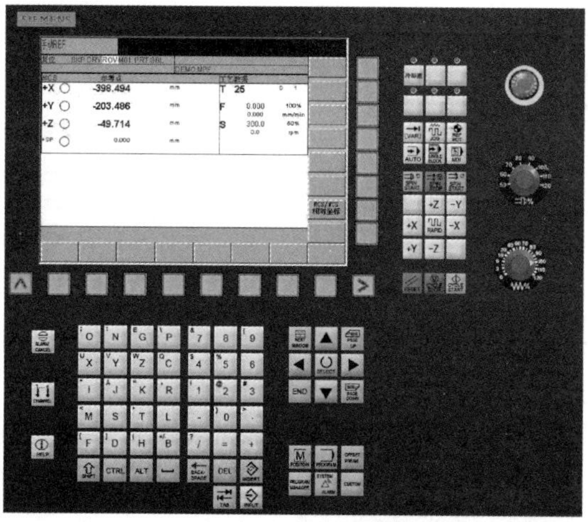

(c) SIEMENS 802D操作面板

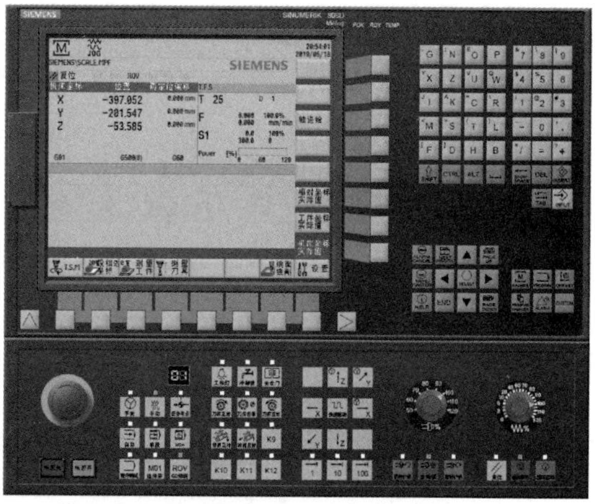

(d) SIEMENS 808D操作面板

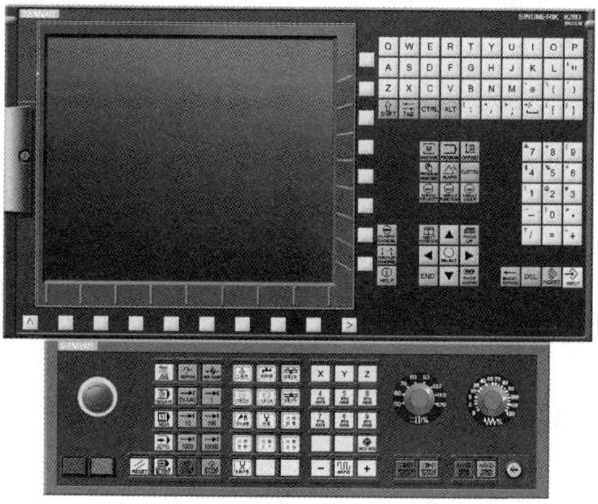

(e) SIEMENS 828D操作面板

图 4-1 SIMENS 不同的数控系统的操作面板

品，拥有更高的精度，更快的速度，更稳定的系统集成与更出色的生产效率。创新性的系统规划与驱动设计，配以智能化接口，使得 SIEMENS 802D 可以连接多达六轴数字驱动，为生产加工提供更高的生产效率和更大的灵活性。

SIEMENS 802D 常用功能代码见表 4-1。

表 4-1 SIEMENS 802D 常用功能代码

地址	含义	编程及说明
	G 代 码 指 令	
G0	快速移动	G0 X __ Y __ Z __
G1	直线插补	G1 X __ Y __ Z __ F __
G2	顺时针圆弧插补	G2 X __ Y __ Z __ I __ K __ F __;圆心和终点 G2 X __ Y __ CR= __ F __;半径和终点
G3	逆时针圆弧插补	G3 __;其它同 G2
G5	中间点圆弧插补	G5 X __ Y __ Z __ IX= __ JY= __ KZ= __ F __;
G33	恒螺距的螺纹切削	M __ S __ ;主轴转速，方向 G33 Z __ K __;在 Z 轴方向上带浮动夹头攻丝.
G4	暂停时间	G4 F __或 G4 S __;
G74	回参考点	G74 X __ Y __ Z __;
G75	回固定点	G75 X __ Y __ Z __;

续表

地址	含义	编程及说明
G17 *	X/Y 平面	G17 __；
G18	Z/X 平面	G18 __；
G19	Y/Z 平面	G19 __；
G40 *	刀具半径补偿方式的取消	
G41	调用刀具半径补偿，刀具在程序左侧移动	
G42	调用刀具半径补偿，刀具在程序右侧移动	
G500	取消可设定零点偏置	
G53	按程序取消可设定零点偏置	
G54	第一工件坐标系偏置	
G55	第二工件坐标系偏置	
G56	第三工件坐标系偏置	
G57	第四工件坐标系偏置	
G64	连续路径方式	
G70	英制尺寸	
G71 *	公制尺寸	
G90 *	绝对坐标	
G91	相对坐标	
G94 *	进给率 F，单位：mm/min	
G95	进给率 F，单位：mm/r	
带 * 的功能在程序启动时生效（如果没有设置新的内容，指用于“铣削”时的系统变量）		
M 代码指令		
M0	程序停止	用 M0 停止程序的执行，按“启动”键加工继续执行
M1	程序有条件停止	仅在“条件停（M1）有效”功能被软键或接口信号触发后才生效
M2	程序结束	在程序的最后一段被写入
M3	主轴正转	
M4	主轴反转	
M5	主轴停	
M6	更换刀具	在机床数据有效时用 M6 更换刀具，其他情况下直接用 T 指令进行

钻孔循环		铣削循环	
CYCLE81	钻孔，中心钻孔	CYCLE71	端面铣削
CYCLE82	中心钻孔	CYCLE72	轮廓铣削
CYCLE83	深度钻孔	CYCLE76	矩形过渡铣削
CYCLE84	刚性攻丝	CYCLE77	圆弧过渡铣削
CYCLE840	带补偿夹具攻丝	LONGHOLE	槽
CYCLE85	铰孔 1（镗孔 1）	SLOT1	圆上切槽
CYCLE86	镗孔（镗孔 2）	SLOT2	圆周切槽
CYCLE87	铰孔 2（镗孔 3）	POCKET3	矩形凹槽
CYCLE88	镗孔时可以停止 1（镗孔 4）	POCKET4	圆形凹槽
CYCLE89	镗孔时可以停止 2（镗孔 5）	CYCLE90	螺纹铣削
钻孔样式循环			
HOLES1	加工一排孔		
HOLES2	加工一圈孔		

G0 快速定位

第二节 快速定位 G0

1. 格式

数控机床的快速定位动作用 G0 指令指定，执行 G0 指令，刀具按照机床的快进速度移动到终点。实现快速定位（见图 4-2），其指令格式如下：

G0 X＿Y＿Z＿

G0 为模态指令，在绝对值编程方式，*X*、*Y*、*Z* 代表刀具的运动终点坐标。程序中 G0 亦可以用 G00 表示。

2. 轨迹

执行 G0 指令刀具的移动轨迹可以是以下两种，它决定于系统或机床参数的设置，如图 4-3 所示。

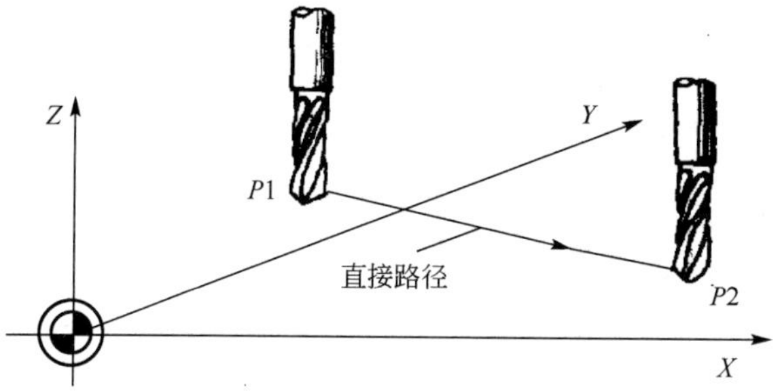

图 4-2　刀具快速定位

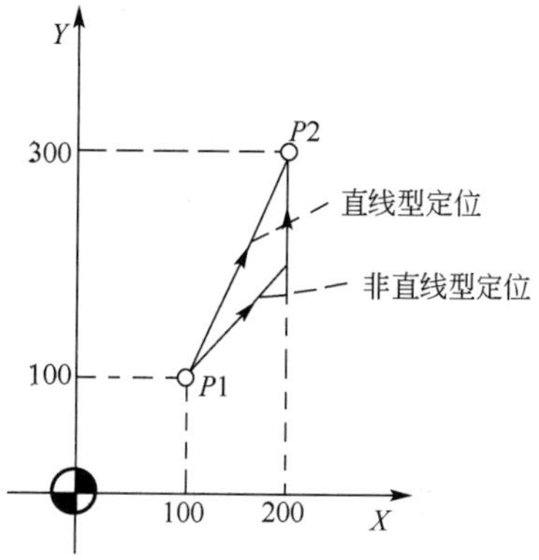

图 4-3　刀具移动轨迹

（1）直线型定位　移动轨迹是连接起点和终点的直线。其中，移动距离最短的坐标轴按快进速度运动，其余的坐标轴按移动距离的大小相应减小，保证各坐标轴同时到达终点。

（2）非直线型定位　移动轨迹是一条各坐标轴都以快速运动而形成的折线。

例如，当刀具起点为（100，100）时，执行：

G0 X200 Y300；

其移动轨迹如图 4-3 所示。

快速定位的运动速度不能通过 F 代码进行编程，它仅决定于机床参数的设置。运动开始阶段和接近终点的过程，各坐标轴都能自动进行加减速。

第三节　直线 G1

G1 直线指令

1. 格式

执行 G1 指令，刀具按照规定的进给速度沿直线移动到终点，移动过程中可以进行切削加工（见图 4-4）。其指令格式如下：

G1 X＿Y＿Z＿F

G1 为模态指令。与 G0 相同，在绝对值编程方式中，*X*、*Y*、*Z* 代表刀具的运动终点坐标。程序中 G1 亦可以用 G01 表示。

2. 轨迹

执行 G1 指令刀具的移动轨迹是连接起点和终点的直线。运动速度通过 F 代码进行编程。在程序中指令的进给速度，对于直线插补为机床各坐标的合成速度；对于圆弧插补，为圆弧在切线方

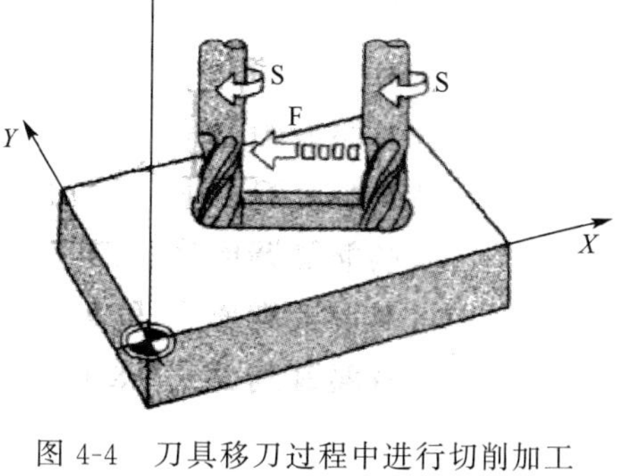

图 4-4　刀具移刀过程中进行切削加工

向的速度。F指令决定的进给速度亦是模态的，它在指定新的F值以前，一直保持有效。

G1指令运动的开始阶段和接近终点的过程，各坐标轴都能自动进行加减速。

G1直线指令——实例1

【实例】

① 试编制在立式数控铣床上，实现图4-5所示零件从 A 到 D 的槽加工程序。工件坐标系为G54，坐标位置如图。加工时主轴转速为1500r/min；进给速度为100mm/min。

加工程序如下：

段号	程序	作用
	AA1	程序号
N10	G54 G94 G90 G21;	选择工件坐标系、分钟进给、绝对编程、公制尺寸（由于绝对编程、公制尺寸开机默认，可省）
N20	M3 S1500;	主轴正转，1500r/min
N30	G0 X10 Y20;	刀具在 A 上方定位
N40	G0 Z2;	Z 向接近工件表面
N50	G1 Z-3 F10;	在 A 点进行 Z 向进刀
N60	G1 X40 Y55 F100	加工到 B 点
N70	G1 X60 Y40	加工到 C 点
N80	G1 X35 Y15	加工到 D 点
N90	G0 Z100;	退刀
N100	M5;	主轴停止
N110	M2;	程序结束

② 试编制在立式数控铣床上，实现图4-6所示零件孔1、孔2（均为通孔）加工的程序。工件坐标系为G54，安装位置如图；零件在 Z 方向的厚度为15mm；加工时选择主轴转速为1500r/min；进给速度为10mm/min。

G1直线指令——实例2

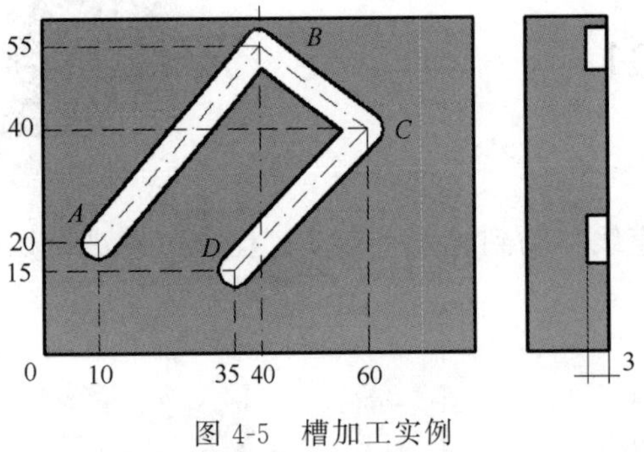

图4-5 槽加工实例

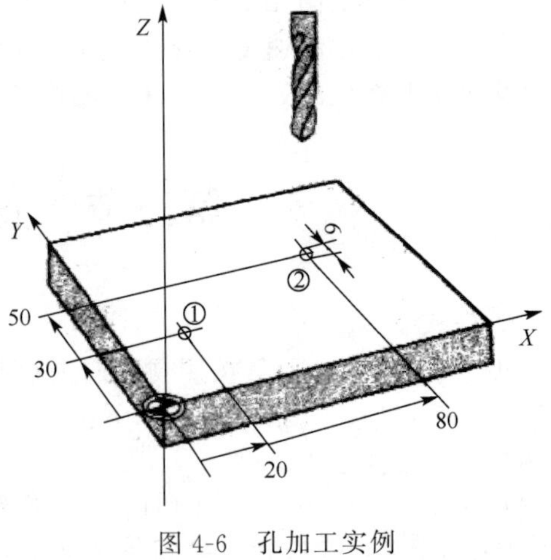

图4-6 孔加工实例

加工程序如下：

段号	程序	作用
	AA2	程序号
N10	G54 G94;	选择工件坐标系、分钟进给
N20	M3 S1500;	主轴正转，1500r/min
N30	G0 X20 Y30;	定位在孔1上方
N40	G0 Z2;	Z 向接近工件表面

续表

段　号	程　　序	作　　用
N50	G1 Z－18 F10	加工孔 1，钻通，保证尺寸
N60	G0 Z2；	抬刀
N70	G0 X80 Y50；	定位在孔 2 上方
N80	G1 Z－18 F10；	加工孔 2，钻通，保证尺寸
N90	G0 Z50	抬刀
N100	M5；	主轴停止
N110	M2；	程序结束

注意：加工时，程序中的刀具 Z 向尺寸都是相对于刀尖给出，程序段 N50 和 N80 中的 Z-18 是为了保证通孔加工而增加的行程。当开机默认代码为 G90、G21、(绝对式编程、公制尺寸）时，在本题中已省略。

【综合练习—直线】

用 ϕ8 刀具铣出图 4-7 所示环形形状，试编程。

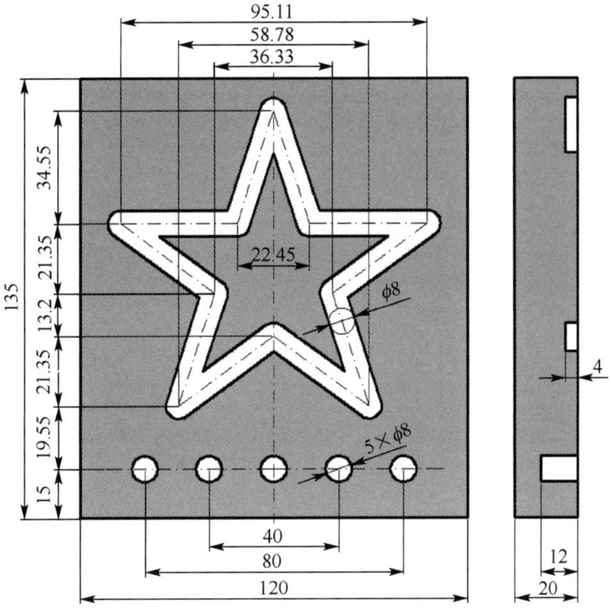

图 4-7　综合练习

第四节　圆弧插补 G2、G3

1. 基本格式

圆弧插补加工用 G2、G3 指令编程，G2 指定顺时针插补，G3 指定逆时针插补。执行 G2、G3 指令，可以使刀具按照规定的进给速度沿圆弧移动到终点，移动过程中可以进行切削加工。基本的圆弧插补编程的指令有：通过指定半径的编程（格式 1）和指定圆心的编程（格式 2）两种格式，如图 4-8 和图 4-9 所示。

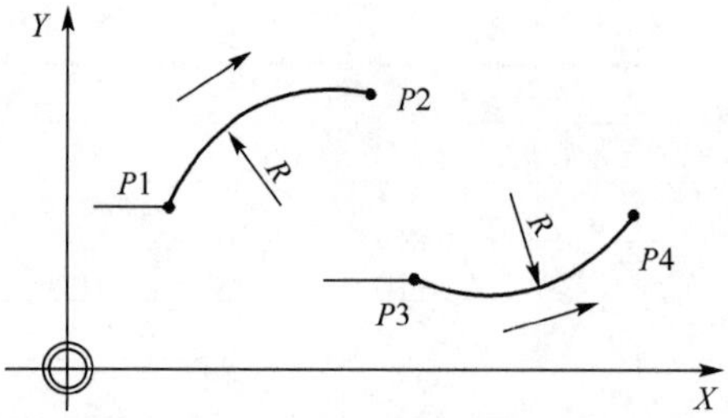

图 4-8 指定半径编程的圆弧

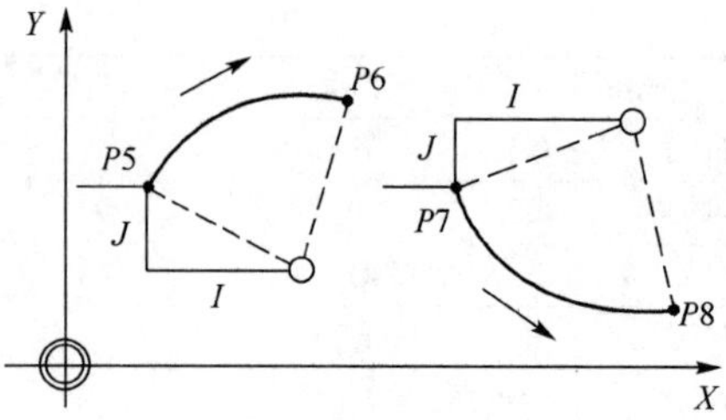

图 4-9 指定圆心编程的圆弧

G02（G03）圆弧指令 1

① 格式 1

$P1 \to P2$：

G2 X __ Y __ Z __ CR= __ F __顺时针

$P3 \to P4$：

G3 X __ Y __ Z __ CR= __ F __逆时针

X、*Y*、*Z* 为加工圆弧的终点；

CR = 为圆弧半径；

F 为进给速度。

G02（G03）圆弧指令 2

② 格式 2

$P5 \to P6$：

G2 X __ Y __ Z __ I __ J __ K __ F __ 顺时针

$P7 \to P8$：

G3 X __ Y __ Z __ I __ J __ K __ F __ 逆时针

X、*Y*、*Z* 为加工圆弧的终点；

I 为圆心 *X* 坐标与圆弧起点 *X* 坐标距离；

J 为圆心 *Y* 坐标与圆弧起点 *Y* 坐标距离；

K 为圆心 *Z* 坐标与圆弧起点 *Z* 坐标距离。

注意：此处 *I*、*J*、*K* 值为矢量值，由圆心坐标减起点坐标得出，可为负。

【举例】

如图 4-10 所示，左图为已知 *R* 圆弧，右图为已知圆心坐标圆弧。

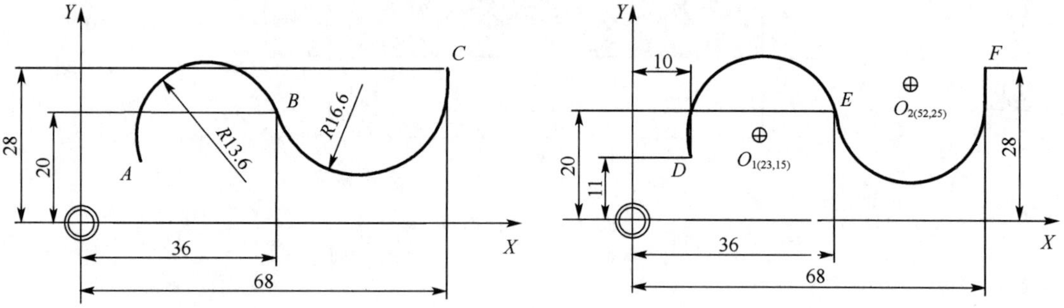

A→*B*：G02 X36 Y20 CR=13.6　　*D*→*E*：G02 X36 Y20 I13 J4

B→*C*：G03 X68 Y28 CR=16.6　　*E*→*F*：G03 X68 Y28 I16 J5

图 4-10 圆弧编程举例

G02（G03）圆弧指令——实例

【实例】

试编制在数控铣床上，实现图 4-11 所示圆弧形凹槽加工。工件坐标系为 G54，安装位置如图；ϕ8mm 铣刀，零件在 *Z* 方向的凹槽深度为 3mm；加工时选择主轴转速为 800r/min；进给速度为 80mm/min。

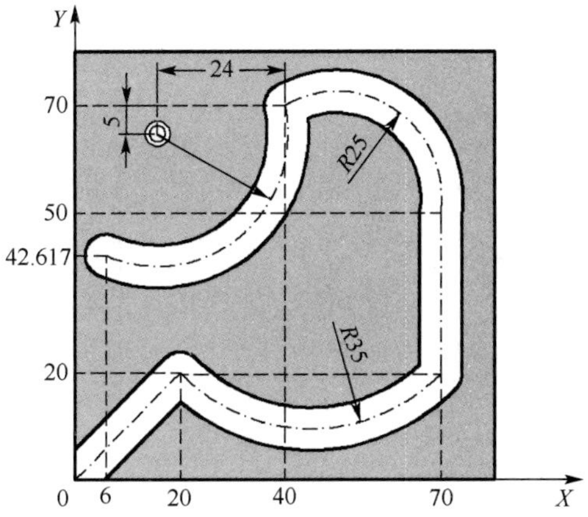

图 4-11 圆弧形凹槽加工实例

加工程序如下：

段 号	程 序	作 用
	AA3	程序号
N10	G54 G94；	选择工件坐标系、分钟进给
N20	M3 S800；	主轴正转，800r/min
N30	G0 X0 Y0；	定位在孔 1 上方
N40	G0 Z2；	*Z* 向接近工件表面
N50	G1 Z－3 F10；	*Z* 向进刀
N60	G1 X20 Y20 F80；	铣斜线，走刀速度 80mm/min
N70	G3 X70 Y20 CR＝35；	加工 *R*35 逆时针圆弧
N80	G1 X70 Y50；	加工直线
N90	G3 X40 Y70 CR＝25；	加工 *R*25 逆时针圆弧
N100	G2 X6 Y42.617 I－24 J－5；	加工已知圆心位置的顺时针圆弧
N110	G0 Z50；	抬刀
N120	M5；	主轴停止
N130	M2；	程序结束

【练习】

① 试编制在数控铣床上，实现图 4-12 所示圆弧形凹槽加工。工件坐标系为 G54。零件在 *Z* 方向的凹槽深度为 2mm；加工时选择主轴转速为 1000r/min；进给速度为 100mm/min，刀具为 ϕ6mm 铣刀。

② 试编制在数控铣床上，实现图 4-13 所示圆弧形凹槽加工。坐标系为 G54，零件在 *Z* 方向的凹槽深度为 2.75mm；加工时选择主轴转速为 1500r/min；进给速度为 125mm/min。

③ 试编制图 4-14 所示圆弧形凹槽加工。工件坐标系为 G54，安装位置如图。零件在 *Z* 方向的凹槽深度为 2mm；加工时选择主轴转速为 1000r/min；进给速度为 110mm/min，刀具为 ϕ8mm 铣刀。

G02（G03）整圆

2. 整圆

加工整圆（全圆），圆弧起点和终点坐标值相同，必须用格式 2，带有圆心（*I*、*J*、*K*）坐标的圆弧编程格式，如图 4-15 所示。

图 4-12 练习①

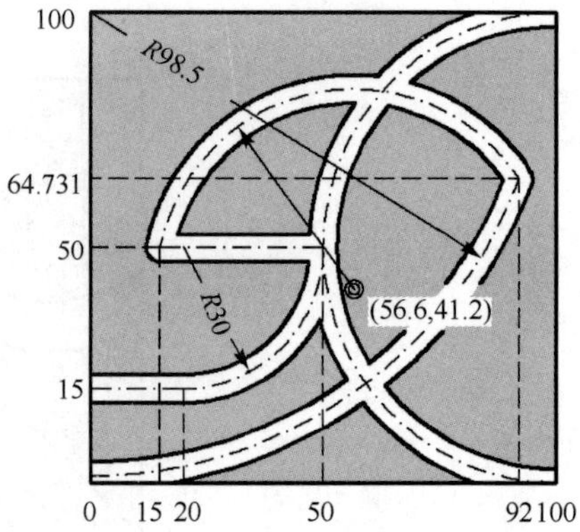

图 4-13 练习②

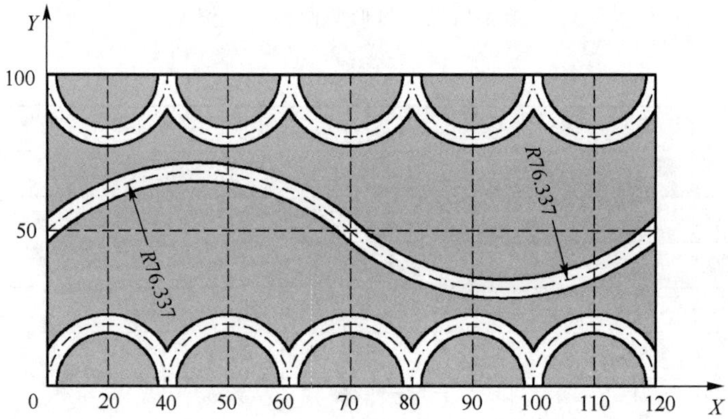

图 4-14 练习③

G2 X __ Y __ Z __ I __ J __顺时针铣整圆

G3 X __ Y __ Z __ I __ J __逆时针铣整圆

注意：半径 *R* 无法判断圆弧走向，故不用。

【举例】

分别写出图 4-16 所示左右两个整圆的程序段。

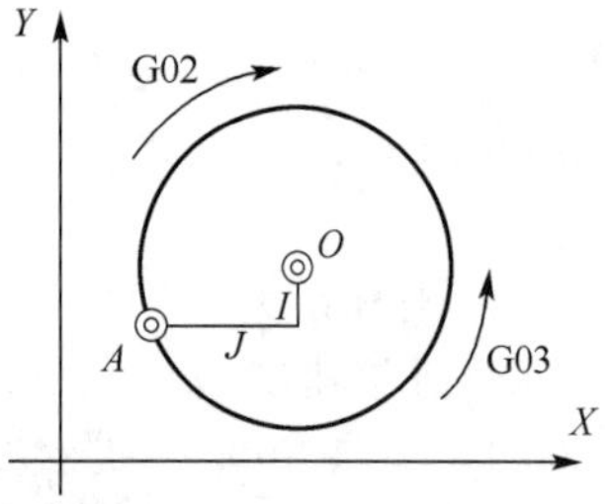

图 4-15 指定圆心编程的整圆

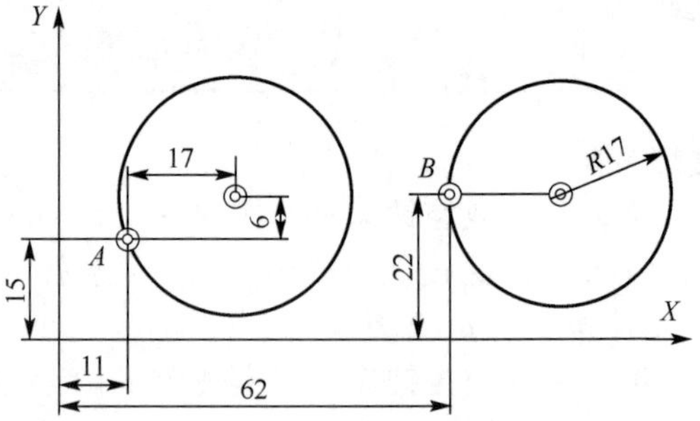

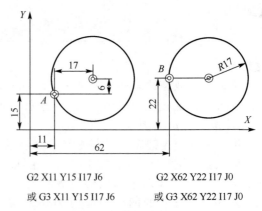

G2 X11 Y15 I17 J6　　　G2 X62 Y22 I17 J0

或 G3 X11 Y15 I17 J6　　或 G3 X62 Y22 I17 J0

图 4-16 整圆编程举例

【实例】

试编制图 4-17 所示 3 个连续圆。工件坐标系为 G54，安装位置如图；零件在 *Z* 方向的凹槽深度为 2.5mm；加工时选择主轴转速为 800r/min；进给速度为 90mm/min。

G02（G03）整圆——实例

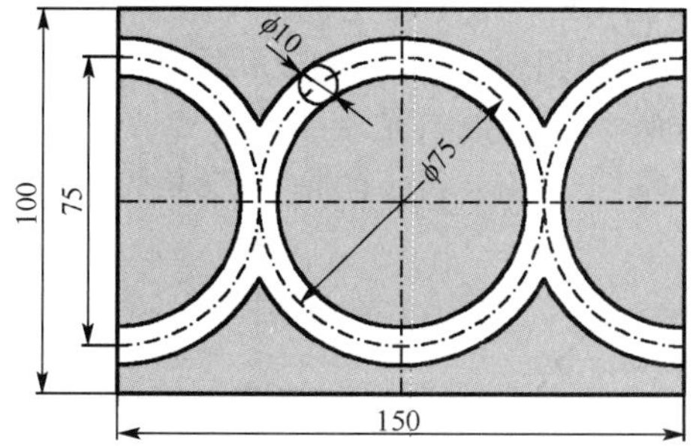

图 4-17 整圆凹槽加工实例

加工程序如下：

段 号	程 序	作 用
	AA4	程序号
N10	G54 G94；	选择工件坐标系、分钟进给
N20	M3 S800；	主轴正转，800r/min
N30	G0 X0 Y87.5；	定位在第一个半圆上方
N40	G0 Z2；	*Z* 向接近工件表面
N50	G1 Z−2.5 F10；	*Z* 向进刀
N60	G2 X0 Y12.5 CR=37.5 F90；	加工第 1 个半圆
N70	G0 Z2；	抬刀
N80	G0 X37.5 Y50；	定位在整圆上方
N90	G1 Z−2.5 F10；	*Z* 向进刀
N100	G2 X37.5 Y50 I37.5 J0 F90；	加工整圆
N110	G0 Z2；	抬刀
N120	G0 X150 Y12.5；	定位在第 2 个半圆上方
N130	G1 Z−2.5 F10；	*Z* 向进刀
N140	G2 X150 Y87.5 CR=37.5 F90；	加工第 2 个半圆
N150	G0 Z50；	抬刀
N160	M5；	主轴停止
N170	M2；	程序结束

【练习】

试编制在数控铣床上，实现图 4-18 所示环状整圆。工件坐标系为 G54，零件在 *Z* 方向的凹槽深度为 2mm；加工时选择主轴转速为 1000r/min；进给速度为 100mm/min。

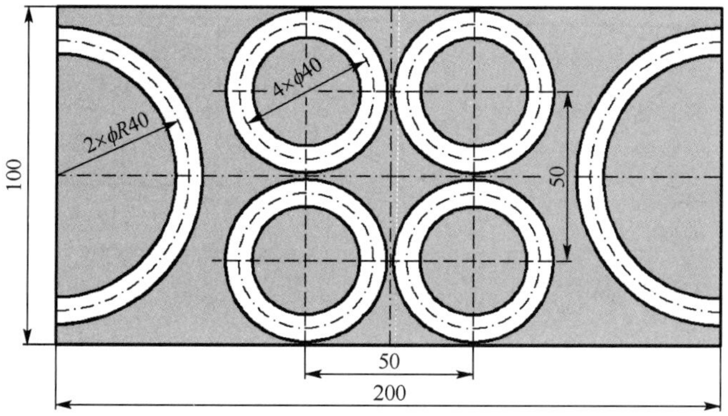

图 4-18 练习

G02（G03）大角度圆弧

3. 大角度圆弧

格式 1 中的 CR＝用于指定圆弧半径。为了区分不同的圆弧，规定：对于小于等于 180°的圆弧，*CR*＝为正；大于 180°的圆弧，*CR*＝为负。

如图 4-19 所示，左图同样是 *A* 点到 *B* 点，由于圆弧角度不同，*CR*＝值的正负也不一样，*CR*＝为“＋”时，符号省略；右图是从 *A* 点到 *B* 点的逆时针的两种情况。

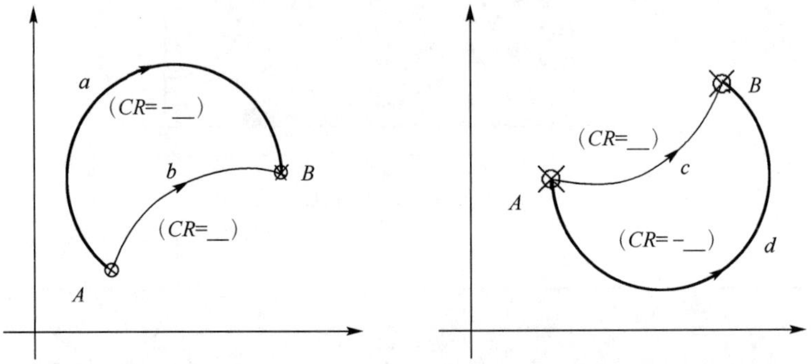

圆弧 *a* 段：**G02 X__Y__Z__CR=-__**　　圆弧 *c* 段：**G03 X__Y__Z__CR= __**

圆弧 *b* 段：**G02 X__Y__Z__CR= __**　　圆弧 *d* 段：**G03 X__Y__Z__CR=-__**

图 4-19 指定半径编程的大角度圆弧

【举例】

分别写出图 4-20 所示两点之间的四个圆弧程序段。

四段圆弧，按照从上到下的顺序写，分别是：

A→*B*（＞180°）：G02 X28 Y26 CR＝－11

A→*B*（＜180°）：G02 X28 Y26 CR＝11

B→*A*（＜180°）：G02 X13 Y17 CR＝11

B→*A*（＞180°）：G02 X13 Y17 CR＝－11

G02（G03）大角度圆弧——实例

【实例】

试编制图 4-21 所示形状。工件坐标系为 G54，安装位置如图；零件在 *Z* 方向的凹槽深度为 2mm；加工时选择主轴转速为 600r/min；进给速度为 100mm/min。

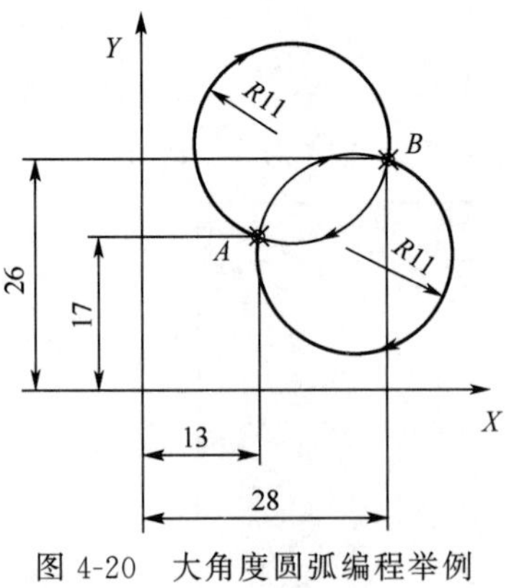

图 4-20 大角度圆弧编程举例

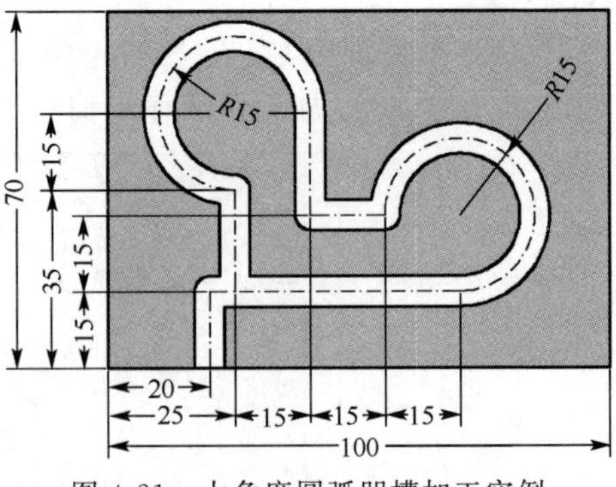

图 4-21 大角度圆弧凹槽加工实例

加工程序如下：

段 号	程 序	作 用
	AA5	程序号
N10	G54 G94;	选择工件坐标系、分钟进给

续表

段 号	程 序	作 用
N20	M3 S600;	主轴正转,600r/min
N30	G0 X20 Y0;	定位在起点上方
N40	Z2;	Z 向接近工件表面
N50	G1 Z-2 F10;	Z 向进刀
N60	G1 X20 Y15 F100;	加工垂直直线
N70	G1 X70 Y15;	加工水平直线
N80	G3 X55 Y30 CR=-15;	铣削 R15 逆时针大圆弧
N90	G1 X40 Y30;	加工水平直线
N100	G1 X40 Y50;	加工垂直直线
N110	G3 X25 Y35 CR=-15;	铣削 R15 逆时针大圆弧
N120	G1 X25 Y15;	加工垂直直线
N130	G0 Z50;	抬刀
N140	M5;	主轴停止
N150	M2;	程序结束

【练习】

试编制在数控铣床上，实现图 4-22 所示形状。工件坐标系为 G54，零件在 Z 方向的凹槽深度为 2mm；加工时选择主轴转速为 800r/min；进给速度为 100mm/min。

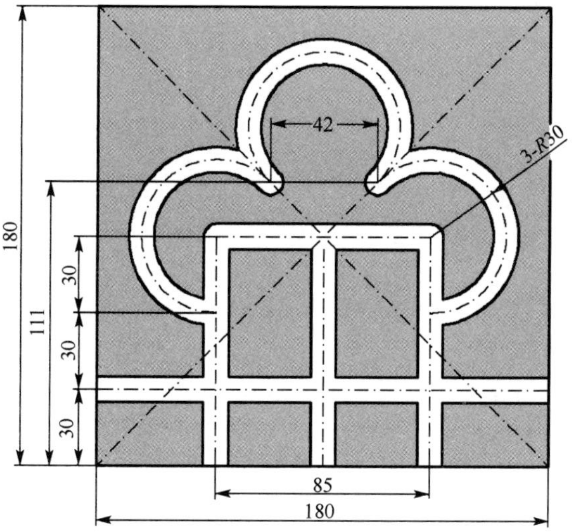

图 4-22 练习

4. 圆弧编程的各种方式（见图4-23）

【格式】

G2/G3 X__Y__CR=__ ; 半径和终点(格式 1)

G2/G3 X__Y__ I__J__ ; 圆心和终点(格式 2)

G2/G3 AR=__ I__J__ ; 张角和圆心

G2/G3 AR=__X__Y__ ; 张角和终点

圆弧编程的各种方式

【举例】

① 终点和半径尺寸（格式 1）（见图 4-24）

② 圆心和终点（格式 2）（见图 4-25）

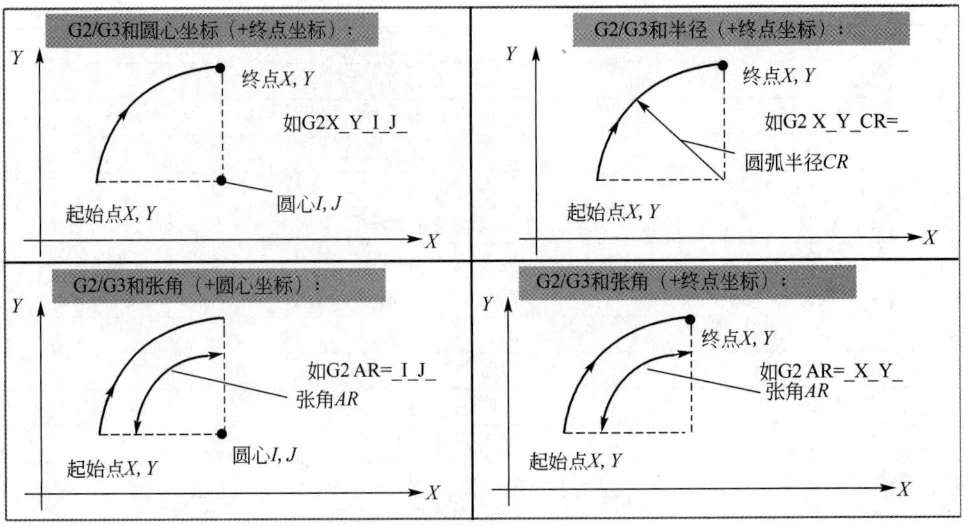

图 4-23 圆弧编程的各种方式

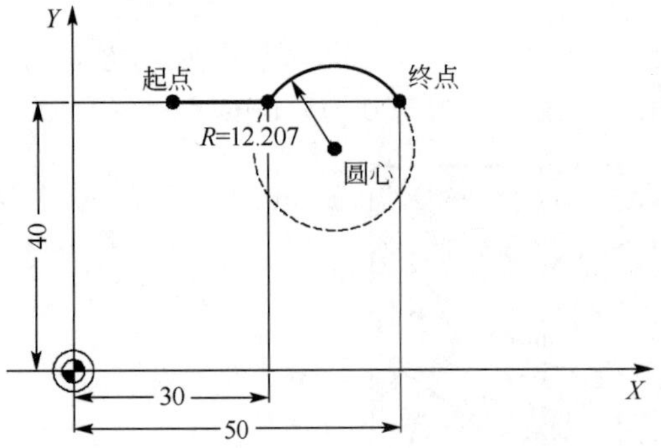

G1 X30 Y40
G2 X50 Y40 CR=12.207

图 4-24 圆弧编程举例①

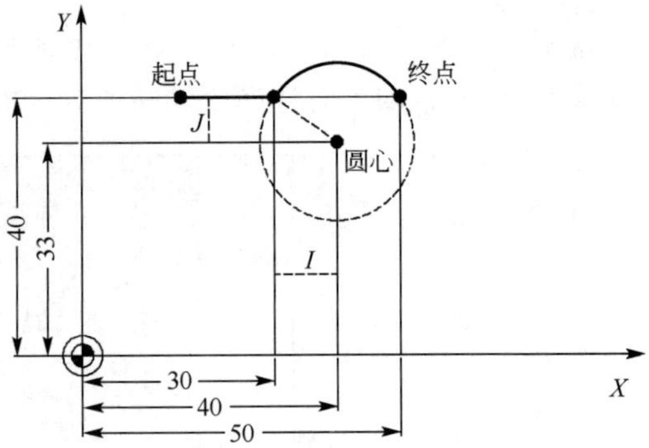

G1 X30 Y40;
G2 X50 Y40 I10 J-7

图 4-25 圆弧编程举例②

③ 终点和张角尺寸（见图 4-26）
④ 圆心和张角尺寸（见图 4-27）

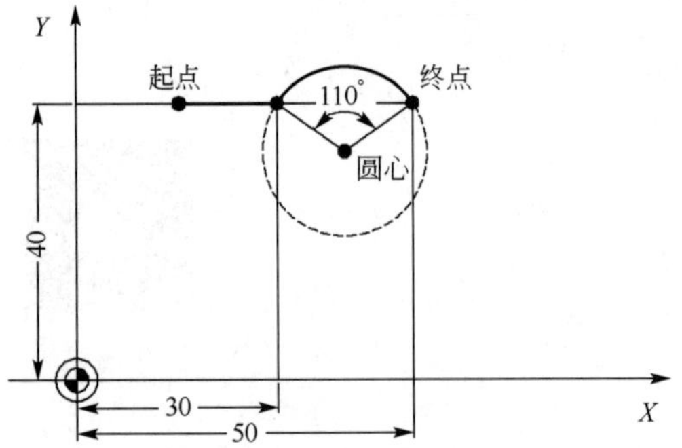

G1 X30 Y40
G2 AR=110 X50 Y40

图 4-26 圆弧编程举例③

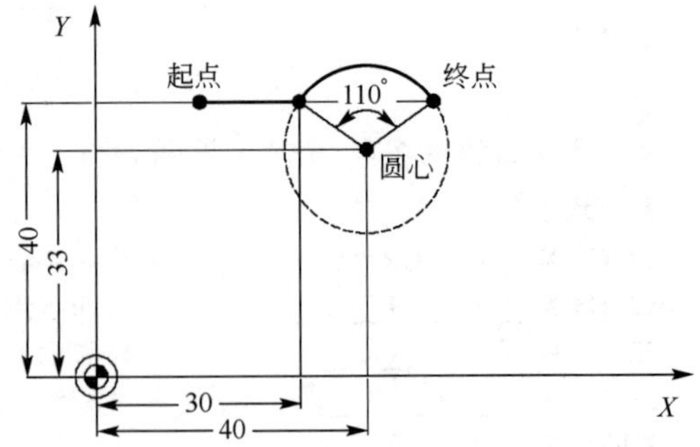

G1 X30 Y40
G2 AR=110 I10 J-7

图 4-27 圆弧编程举例④

【实例】

试编制图 4-28 所示形状。工件坐标系为 G54，安装位置如图；零件在 Z 方向的凹槽深度为 2.5mm；加工时选择主轴转速为 600r/min；进给速度为 100mm/min。

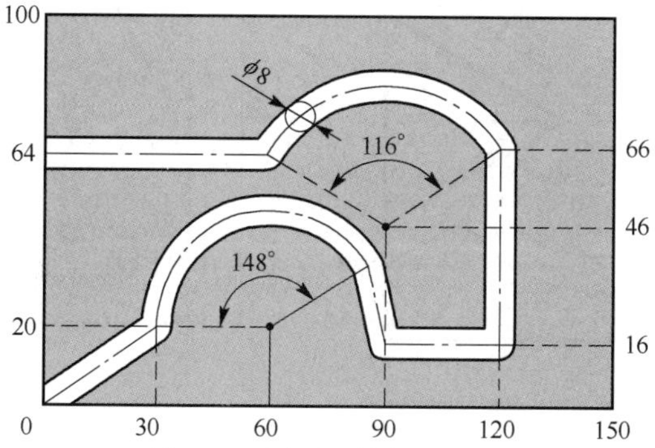

图 4-28　圆弧凹槽加工实例

圆弧编程的各种方式——实例

加工程序如下：

段　号	程　　序	作　　用
	AA6	程序号
N10	G54 G94;	选择工件坐标系、分钟进给
N20	M3 S600;	主轴正转,600r/min
N30	G0 X0 Y0;	定位在起点上方
N40	G0 Z2;	Z 向接近工件表面
N50	G1 Z−2.5 F10;	Z 向进刀
N60	G1 X30 Y20 F100;	加工斜线
N70	G2 AR=148 I30 J0;	铣削张角 148°圆弧
N80	G1 X90 Y16;	加工垂直直线
N90	G1 X120 Y16;	加工水平直线
N100	G1　　Y66;	加工垂直直线
N110	G3 AR=116 I−30 J−20;	铣削张角 116°圆弧
N120	G1 X0;	加工水平直线
N130	G0 Z50;	抬刀
N140	M5;	主轴停止
N150	M2;	程序结束

【练习】

试编制在数控铣床上，实现图 4-29 所示形状。工件坐标系为 G54，凹槽深度为 2.5mm；加工时选择主轴转速为 800r/min；进给速度为 100mm/min。

5. 通过中间点进行圆弧插补（G5）

如果不知道圆弧的圆心、半径或张角，但已知圆弧轮廓上三个点的坐标，则可以使用 G5 功能。通过起始点和终点之间的中间点位置确定圆弧的方向，即平常所说的三点确定一条圆弧。如图 4-30 所示。

G5 一直有效，直到被 G 功能组中其他的指令（G0、G1、G2）取代为止。

注意：此方法不能加工整圆，因为整圆的起点与终点重合，不符合三点定圆的原则。

通过中间点加工圆弧

【格式】

G5 X __ Y __ IX __ JY __;

X、*Y*：圆弧终点坐标；

IX、*JY*：圆弧中间点坐标。

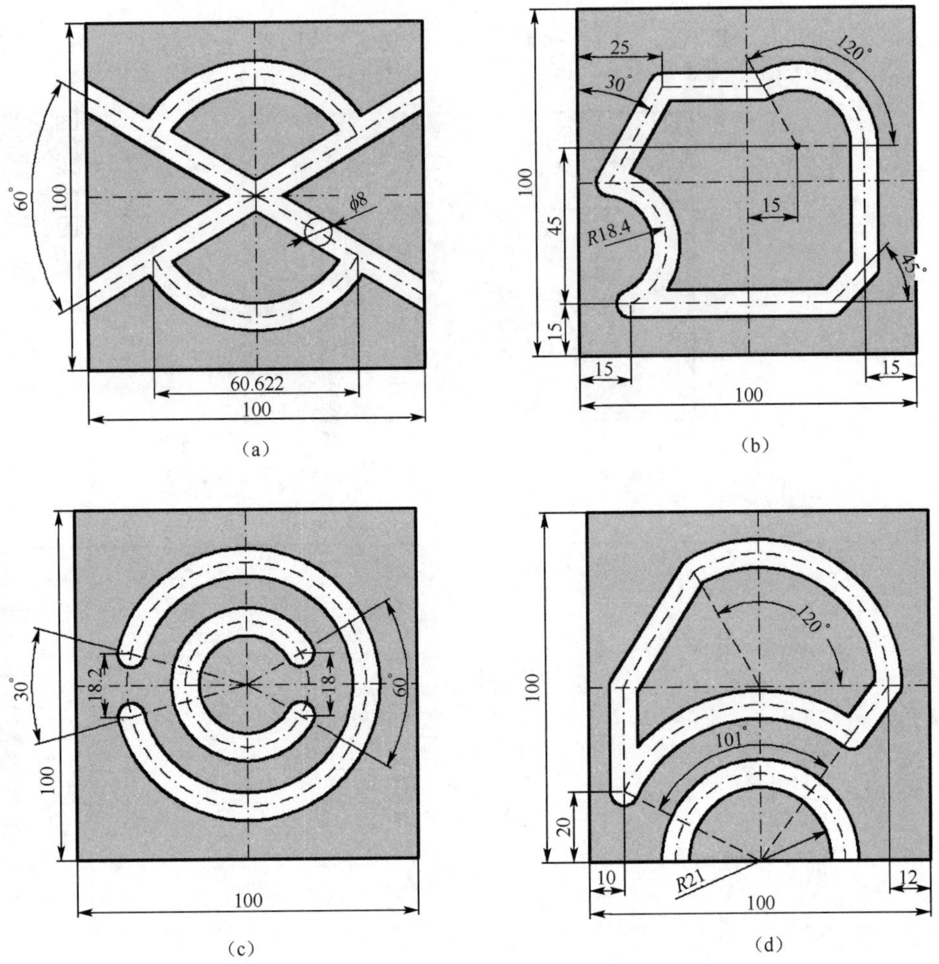

图 4-29 练习

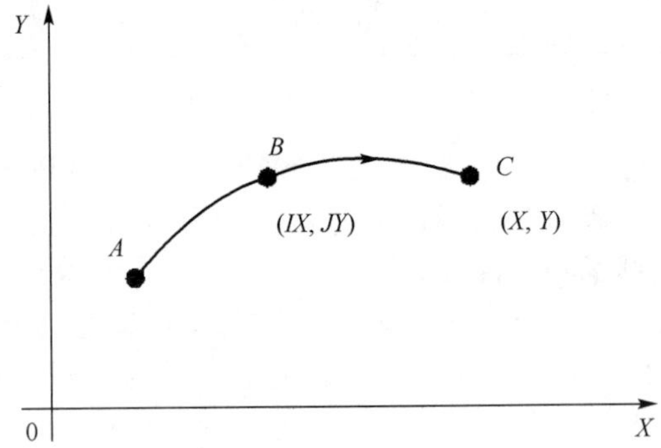

图 4-30 三点确定一条圆弧

【举例】

分别写出图 4-31 所示两段圆弧的走刀程序段。

【实例】

试编制图 4-32 所示左右对称形状。工件坐标系为 G54，安装位置如图；零件在 Z 方向的凹槽深度为 2.5mm；加工时选择主轴转速为 600r/min；进给速度为 100mm/min。

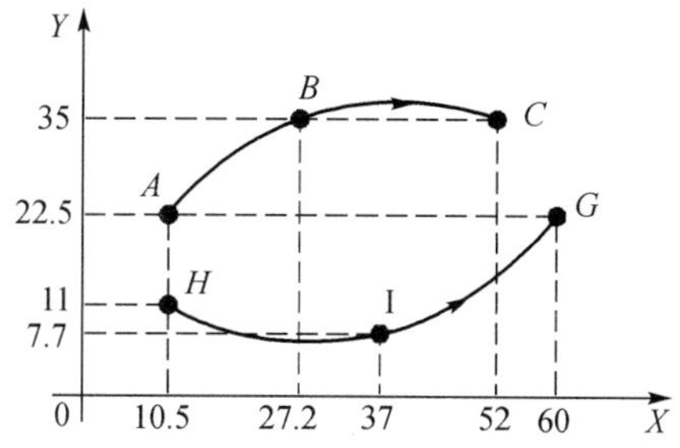

A→*B*→*C*：G5 X52 Y35 IX27.2 JY35

H→*I*→*G*：G5 X60 Y22.5 IX37 JY7.7

图 4-31　通过中间点确定圆弧方向举例

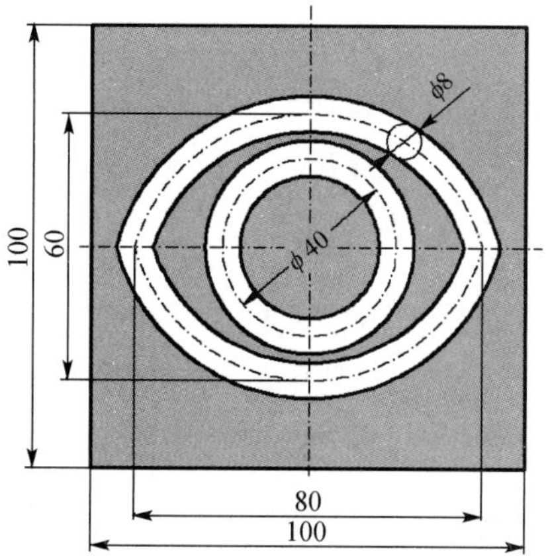

图 4-32　圆弧凹槽加工实例

通过中间点加工圆弧——实例

加工程序如下：

段　号	程　　序	作　　用
	AA7	程序号
N10	G54 G94；	选择工件坐标系、分钟进给
N20	M3 S600；	主轴正转，600r/min
N30	G0 X10 Y50；	定位在圆弧起点上方
N40	G0 Z2；	Z 向接近工件表面
N50	G1 Z－2.5 F10；	Z 向进刀
N60	G5 X90 Y50 IX50 JY80 F100；	铣削上半部分圆弧
N70	G5 X10 Y50 IX50 JY20；	铣削上半部分圆弧
N80	G0 Z2；	抬刀
N90	G0 X30 Y50；	定位在整圆起点上方
N100	G1 Z－2.5 F10；	Z 向进刀
N110	G2 X30 Y50 I20 J0 F100；	铣削中间整圆
N120	G0 Z50；	抬刀
N130	M5；	主轴停止
N140	M2；	程序结束

【练习】

试编制在数控铣床上，实现图 4-33 所示形状。工件坐标系为 G54，凹槽深度为 2.5mm；加工时选择主轴转速为 800r/min；进给速度为 100mm/min。

【综合练习—圆弧】

① 试编制在数控铣床上，实现图 4-34 所示形状。工件坐标系为 G54，凹槽深度为 2mm。

② 试编制在数控铣床上，实现图 4-35 所示形状。工件坐标系为 G54，凹槽深度为 3mm。

③ 试编制在数控铣床上，实现图 4-36 所示形状。工件坐标系为 G54，凹槽深度为 2mm。

④ 试编制在数控铣床上，实现图 4-37 所示形状。工件坐标系为 G54，凹槽深度为 3mm。

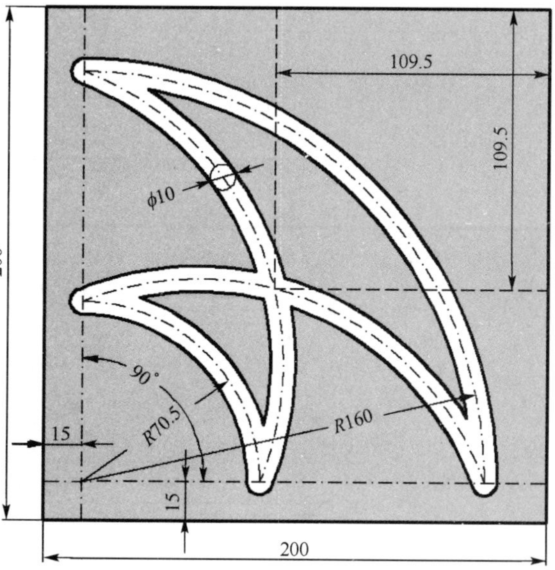

图 4-33　练习

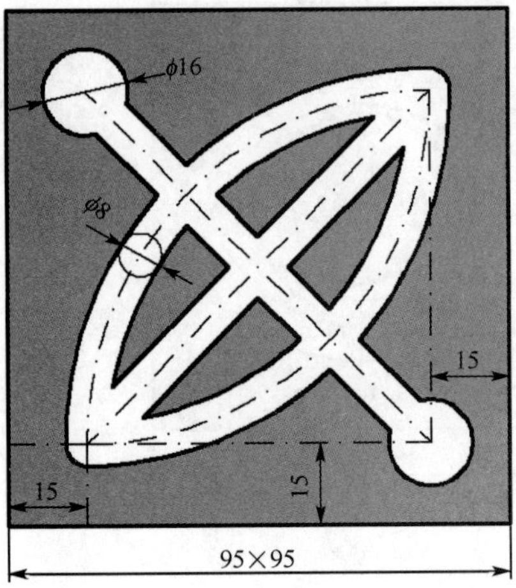

图 4-34 综合练习①

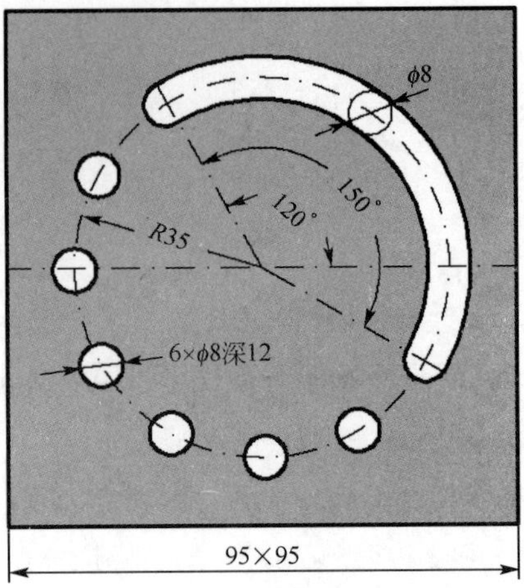

图 4-35 综合练习②

⑤ 试编制在数控铣床上，实现图 4-38 所示形状。工件坐标系为 G54，凹槽深度为 3mm。

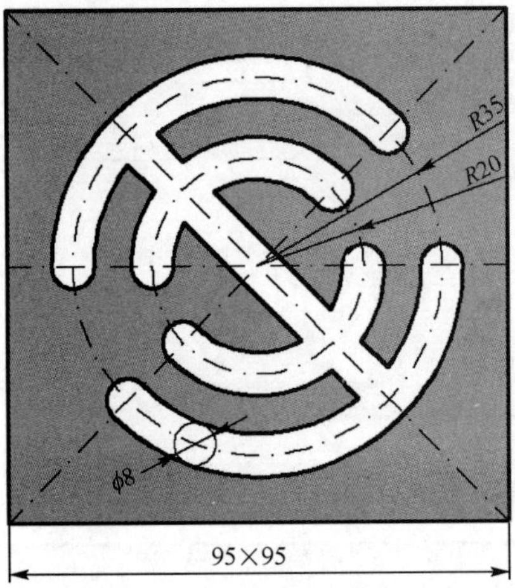

图 4-36 综合练习③

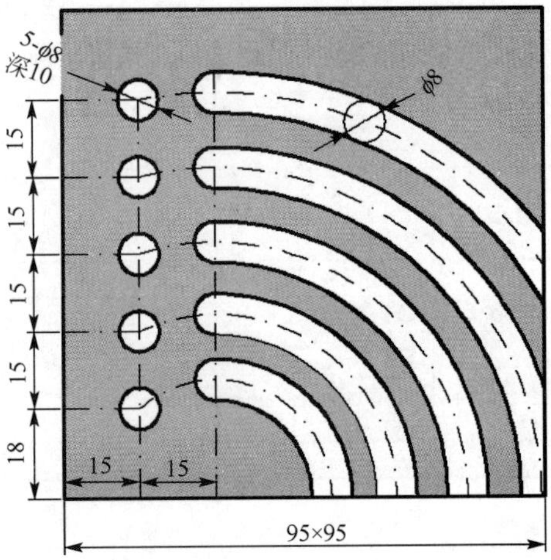

图 4-37 综合练习④

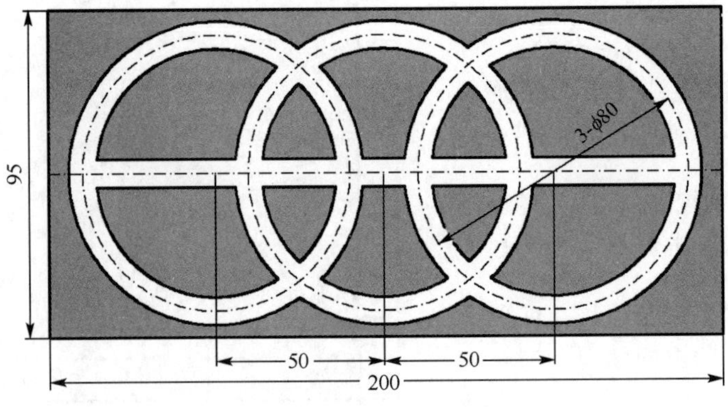

图 4-38 综合练习⑤

⑥ 试编制在数控铣床上，实现图 4-39 所示形状，工件坐标系为 G54。

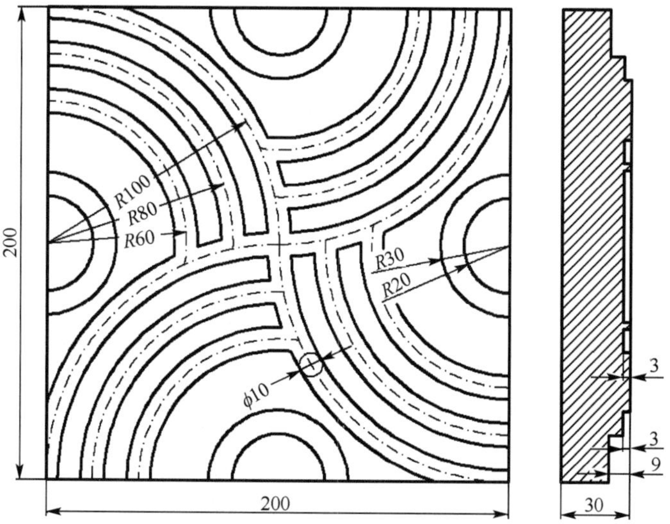

图 4-39 综合练习⑥

⑦ 试编制在数控铣床上，实现图 4-40 所示形状。

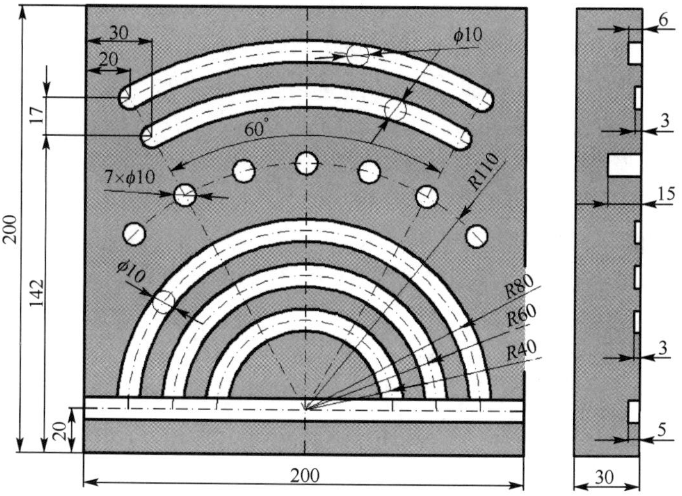

图 4-40 综合练习⑦

第五节 倒角 CHF 和圆角 RND

【功能】

在一个轮廓拐角处可以插入倒角或倒圆，指令 CHF=__或者 RND=__与加工拐角的轴运动指令一起写入到程序段中。

【格式】

① 倒角：直线轮廓之间、圆弧轮廓之间以及直线轮廓和圆弧轮廓之间切入一直线并倒去棱角。如图 4-41 所示。

倒角 CHF 和圆角 RND

G1 X＿Y＿CHF=＿；

X、*Y*：未倒角轮廓交点坐标（*A* 点）；

CHF=：倒角长度。

② 圆角：直线轮廓之间、圆弧轮廓之间以及直线轮廓和圆弧轮廓之间切入一圆弧，圆弧与轮廓进行切线过渡。如图 4-42 所示。

G1 X＿Y＿RND=＿；

X、*Y*：未倒圆角轮廓交点坐标（*A* 点）；

RND=：圆角半径。

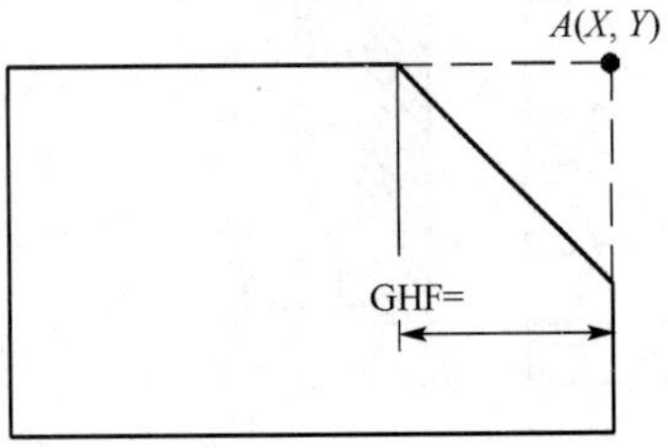

图 4-41 倒角

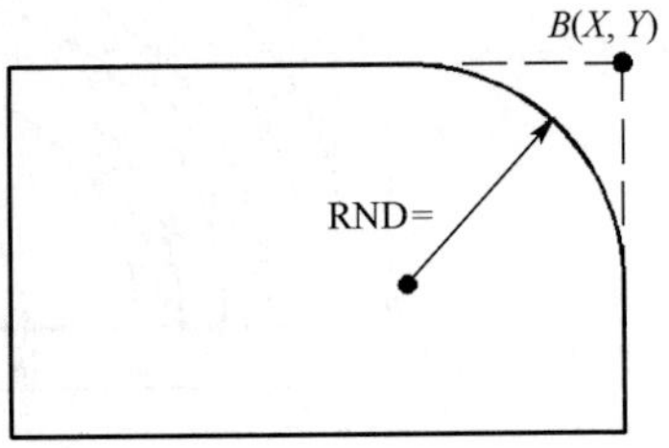

图 4-42 圆角

【说明】

轮廓的直线和圆弧倒角可以用直线 G1 或圆弧 G2、G3 指令直接编程，但需要知道倒角线段与轮廓的交点坐标。利用 CHF 或 RND 编程只需要知道末端倒角轮廓的交点坐标，符合图纸尺寸的标注习惯。但必须注意以下情况：

① 倒角 CHF 功能只能加工等值倒角边，倒圆 RND 功能只能加工相切圆倒角。

② 当进行倒角 CHF 或倒圆 RND 时，在程序段中若轮廓长度不够，则会自动地削减倒角和倒圆的编程值。

③ 如果连续编程的程序段超过 3 段没有坐标轴运行指令，则不可以进行插入倒角/倒圆编程。

倒角和圆角举例

【举例】试编制图 4-43 所示路径（*A* 点到 *O* 点）的程序段。

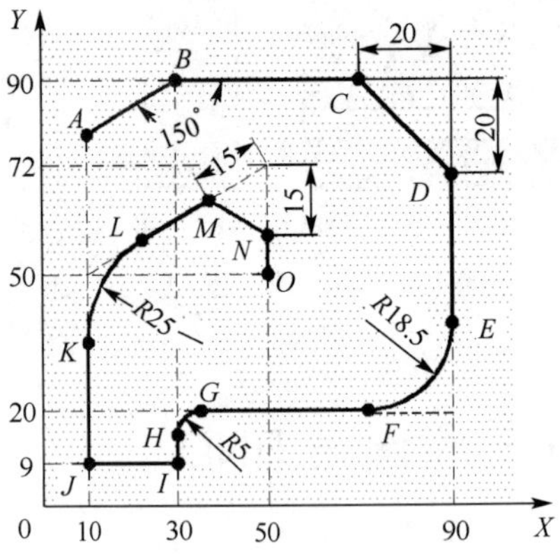

A→B	G1 X30 Y90
B→C→D：	G1 X90 Y90 CHF = 20
D→E→F：	G1 X90 Y20 RND = 18.5
F→G→H：	G X30 Y20 RND = 5
H→I：	G X30 Y9
I→J：	G1 X10 Y9
J→K→L：	G1 X10 Y50 RND = 25
L→M→N：	G1 X50 Y72 CHF = 15
N→O：	G1 X40 Y50

图 4-43 倒角和圆角编程举例

【综合练习—倒角和圆角】

① 试编制图 4-44 所示凹槽加工。工件坐标系为 G54。零件在 *Z* 方向的凹槽深度为 2.5mm；加工时选择主轴转速为 600r/min，进给速度为 110mm/min，刀具为 ϕ8mm 铣刀。

② 试编制图 4-45 所示凹槽加工。工件坐标系为 G54，安装位置如图。零件在 *Z* 方向的凹槽深度为 2mm；加工时选择主轴转速为 800r/min，进给速度为 125mm/min，刀具为 ϕ8mm 铣刀。

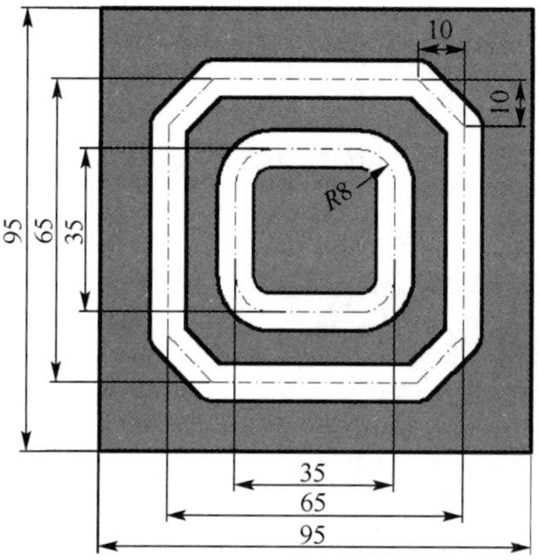

图 4-44 综合练习①

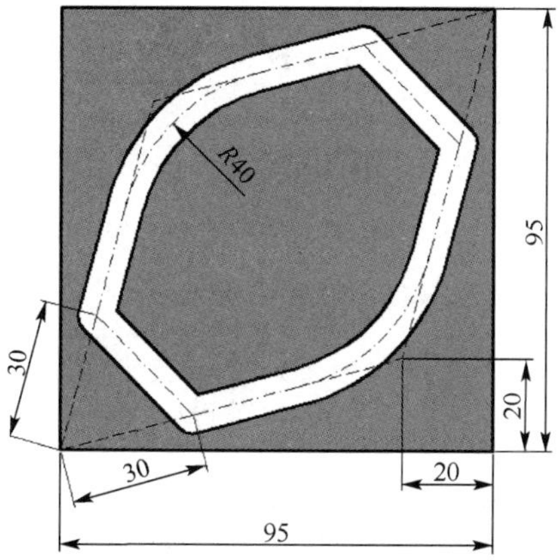

图 4-45 综合练习②

③ 试编制图 4-46 所示综合形状零件凹槽及孔的加工。工件坐标系为 G54，安装位置如图。零件在 Z 方向的凹槽及深度如右侧 $A—A$ 剖面图所示。加工时选择主轴转速为 800r/min，进给速度为 100mm/min，刀具为 ϕ8mm 铣刀。

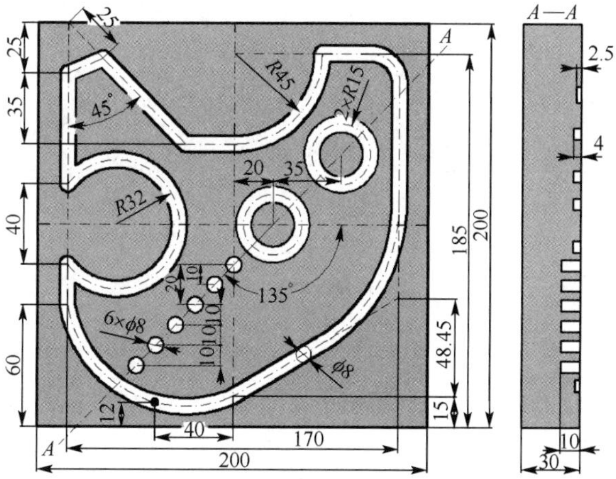

图 4-46 综合练习③

第六节 暂停指令 G4

【功能】

通过在两个程序段之间插入一个 G4 程序段，可以使加工中断给定的时间，比如自由切削、钻孔等操作，可以达到排屑、提高表面精度的作用。G4 程序段（含地址 F 或 S）只对自身程序段有效，并暂停所给定的时间。在此之前程编的进给量 F 和主轴转速 S 保持存储状态。

G4 暂停指令

【格式】

G4 F __；暂停时间，单位：秒；

G4 S __；暂停主轴转数，可理解为主轴转数所耗的时间。

【说明】

G4 S __只有在受控主轴情况下才有效（即机床需具备主轴停转控制功能）。

【实例】

试编制图 4-47 所示孔类形状。工件坐标系为 G54，加工时选择主轴转速为 800r/min。

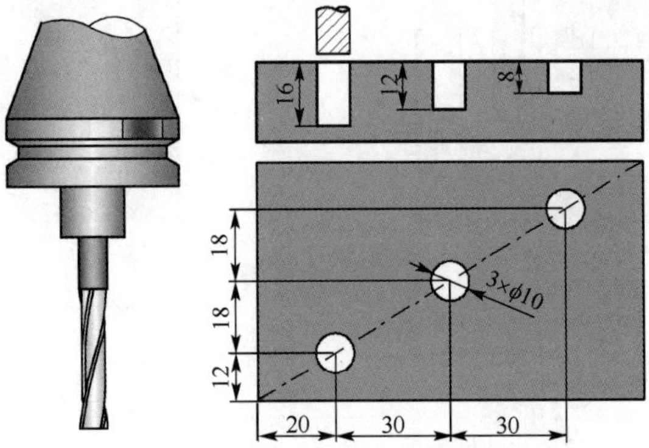

图 4-47 暂停指令应用实例

加工程序如下：

段号	程序	作用
	AA8	程序号
N10	G54 G94；	选择工件坐标系、分钟进给
N20	M3 S800；	主轴正转，800r/min
N30	G0 X20 Y12；	定位在第 1 个孔上方
N40	Z2；	Z 向接近工件表面
N50	G1 Z-16 F15；	Z 向进刀，加工第 1 个孔
N60	G4 F1.5	暂停 1.5s
N70	G0 Z2；	抬刀
N80	G0 X50 Y30；	定位在第 2 个孔上方
N90	G1 Z-12 F15；	Z 向进刀，加工第 2 个孔
N100	G4 F1.5	暂停 1.5s
N110	G0 Z2；	抬刀
N120	G0 X80 Y48；	定位在第 3 个孔上方
N130	G1 Z-8 F15；	Z 向进刀，加工第 3 个孔
N140	G4 F1.5	暂停 1.5s
N150	G0 Z50；	抬刀
N160	M5；	主轴停止
N170	M2；	程序结束

【综合练习—暂停】

① 试编制在数控铣床上，实现图 4-48 所示形状。工件坐标系为 G54，加工时选择主轴转速为 800r/min，钻孔进给速度为 17mm/min。

② 试编制在数控铣床上，实现图 4-49 所示形状。工件坐标系为 G54，加工时选择主轴转速为 600r/min，钻孔进给速度为 12mm/min。

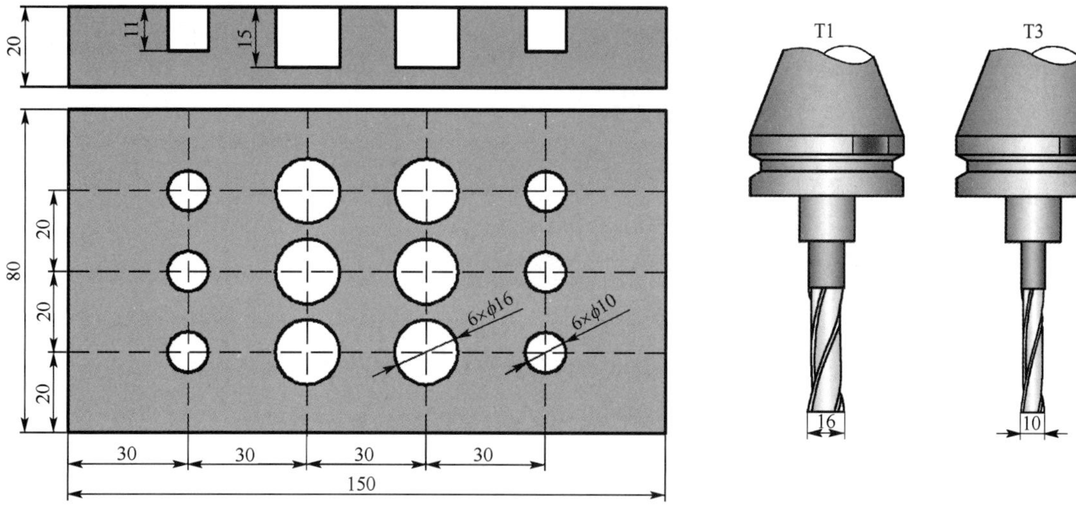

图 4-48　综合练习①

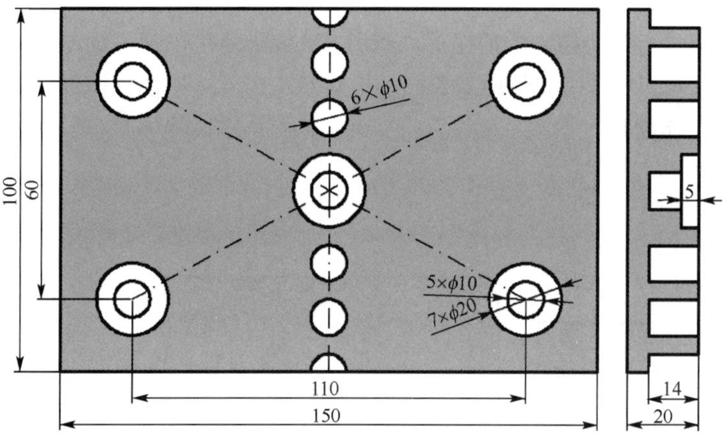

图 4-49　综合练习②

第七节　主轴运动指令

前面我们接触了主轴运动指令中的主轴正传、反转和主轴停，下面详细讲解主轴的另外两种运动指令：主轴转数极限和主轴定位。

1. 主轴转速极限G25/G26

【功能】

通过在程序中写入 G25 或 G26 指令和地址 S 的转速，可以限制特定情况下主轴的极限值范围，与此同时原来设定数据中的数据被覆盖。G25 或 G26 指令均要求一独立的程序段。原先设置的转速 S 保持存储状态。

主轴转速极限

【格式】

G25 S＿　;主轴转速下限

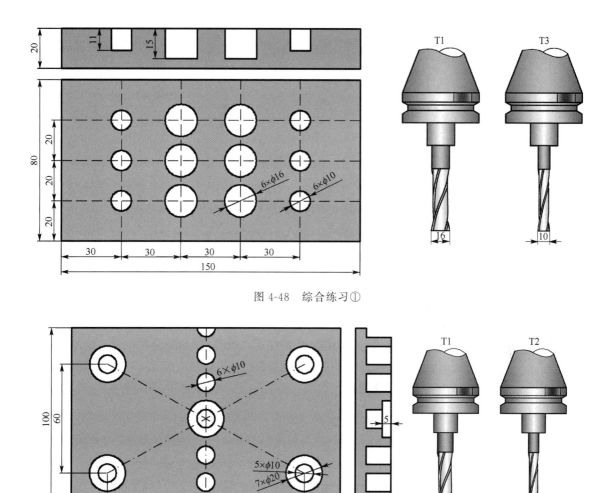

G26 S＿　;主轴转速上限

【说明】

主轴转速的最高极限值在机床参数中设定，此处设定位程序运行允许的极限值。通过面板操作可以激活用于其它极限情况的设定参数。对于某些有较大偏心量的刀具（如单刃镗刀），控制主轴最高转速可以避免震动或事故。

【举例】

```
N10     G54 G94;
N20     M3 S800;       主轴正转,800r/min
N30     G25 S200;      限定主轴最低转速 200r/min
N40     G26 S1200;     限定主轴最高转速 1200r/min
…       ……
N80     M3 S2000;      主轴正转,主轴升速至最高值,为 1200r/min
…       ……
N160    M3 S150;       主轴正转,主轴降速至最低值,为 200r/min
…       ……
N220    M3 S600;       主轴正转,600r/min
…       ……
```

主轴定位

2. 主轴定位

【功能】

在设计成可以进行位置控制的前提下，利用 SPOS 指令可以把主轴定位到一个确定的转角位置，然后主轴通过位置控制保持在这个位置，以便后续操作，如图 4-50 所示 SPOS 角度位置关系。定位运行速度在机床数据中规定。

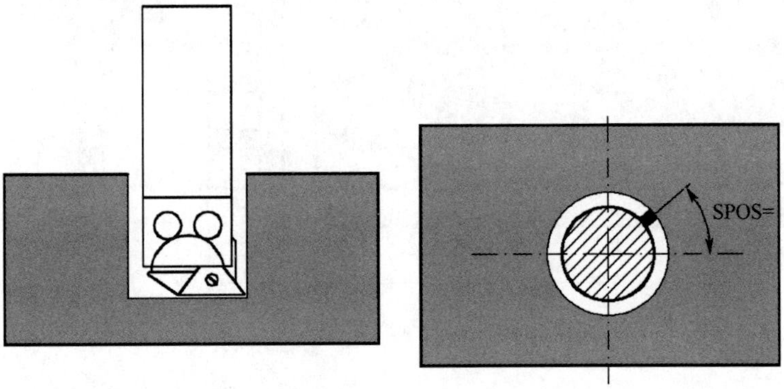

图 4-50 主轴定位功能

SPOS 定位过程：机床先执行主轴旋转和进给指令，当加工运行到指定位置，停止进给运动，主轴按照 SPOS 指定的角度将主轴停转，M5 指令无法确定主轴停转角度。

【格式】

SPOS=＿　;绝对位置，0～360°（小于 360°）

【说明】

① 当主轴首次运行，测量系统没有进行同步（即还没有进行参数的机床设定），无法识别编程时的角度值，则定位运行方向由机床中原始数据决定。

② 主轴定位运行程序段可以加入 G0、G1 等坐标轴运行指令。当指令运行都结束后，此程序段才结束。

③ 主轴角度基准定位由机床参数决定，一般按照 X 水平方向为主轴 0°基准。

④ 利用主轴定位功能可以采用单刃镗刀进行精镗加工，如图 4-51，当镗孔到深度终点时［见图（a）］，通过“SPOS=”指令，将主轴停留在圆周的某个确定方位。此时刀尖位

置也已确定，通过编程指令使的刀尖径向退刀离开已镗孔的表面［见图（b)]，再以 G0 速度快速将镗刀轴向推出［见图（c)］。如此镗孔，既解决了常规镗孔退刀在孔壁留下直线刀痕（主轴停退刀）或螺旋刀痕（主轴不停退刀）的问题，又可以提高生产效率（避免加工退刀浪费时间）。但是，使用 SPOS 功能进行加工，机床的硬件功能必须支持。

【实例】

试编制图 4-52 所示镗孔类形状，钻孔已经加工完毕。加工时选择主轴转速为 800r/min。

主轴定位实例

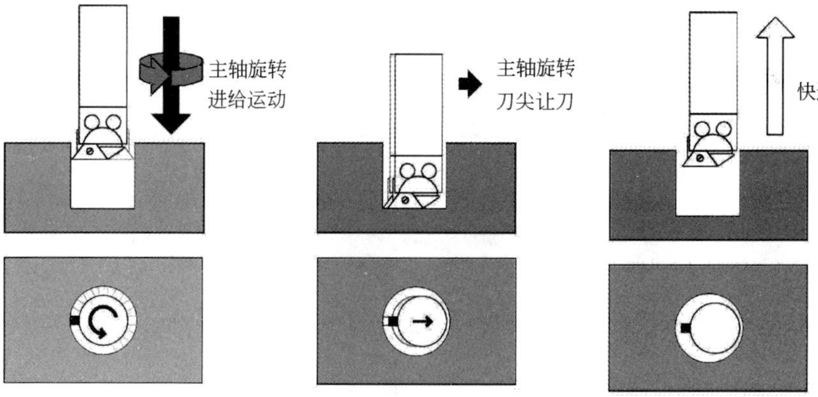

（a）主轴旋转进刀　（b）SPOS 主轴停　（c）G0 快速退刀

图 4-51　利用主轴定位功能进行精镗加工

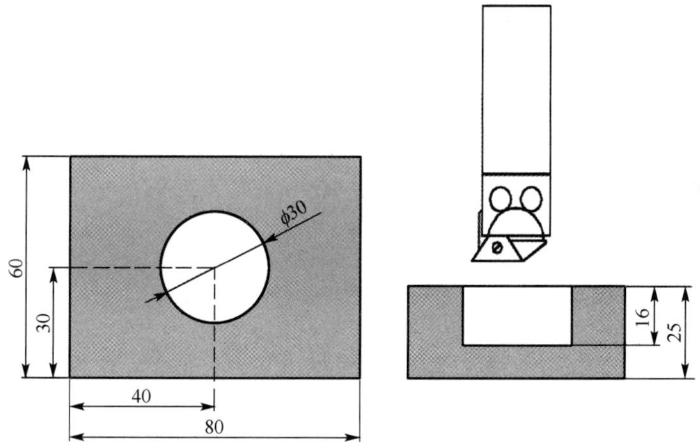

图 4-52　主轴定位应用实例

加工程序如下：

段　号	程　　序	作　　用
	AA9	程序号
N10	G54 G94;	选择工件坐标系、分钟进给
N20	M3 S800;	主轴正转，800r/min
N30	G0 X40 Y30;	定位在孔上方
N40	G0 Z2;	Z 向接近工件表面
N50	G1 Z-16 F15;	Z 向进刀，镗孔
N60	SPOS=0	主轴 0°角度停
N70	G1X38 Y30;	刀尖向左让刀 2mm
N80	G0 Z50;	抬刀
N90	M5;	主轴停止
N100	M2;	程序结束

【综合练习—主轴运动指令】

试编制在数控铣床上，实现图 4-53 所示形状镗孔加工，钻孔已经加工完毕。要求限制主轴转速范围 400～1500r/min，采用 SPOS 指令，工件坐标系为 G54，钻孔进给速度为 20mm/min。

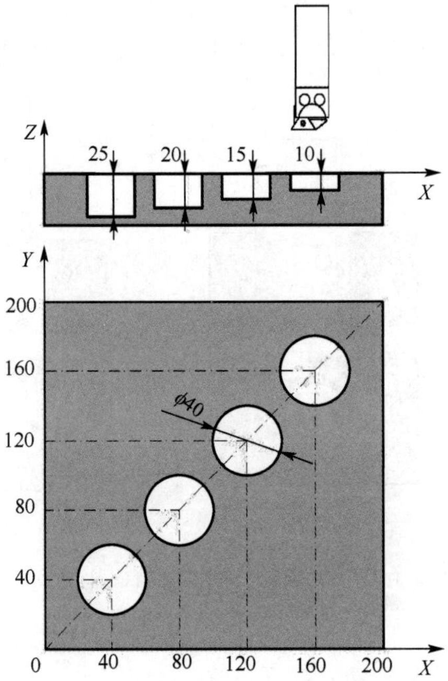

图 4-53 综合练习

第八节 螺纹加工指令

1. G33 恒螺距螺纹加工

【功能】

G33 可以用来加工带恒定螺距的螺纹（见图 4-54）。如果刀具合适（如丝锥），则可以使用带补偿夹具的攻丝。所谓补偿夹头就是浮动夹头，可以承受一定范围内所出现的丝锥与机床实际运动的螺距偏差，避免丝锥刚性装夹受到附加载荷的作用。加工深度由坐标轴 X，Y 或 Z 定义，螺距由相应的 I，J 或 K 值决定。G33 一直保持有效，直到被 G 组中其他的指令取代为止（如 G0，G1，G2，G3，…）。

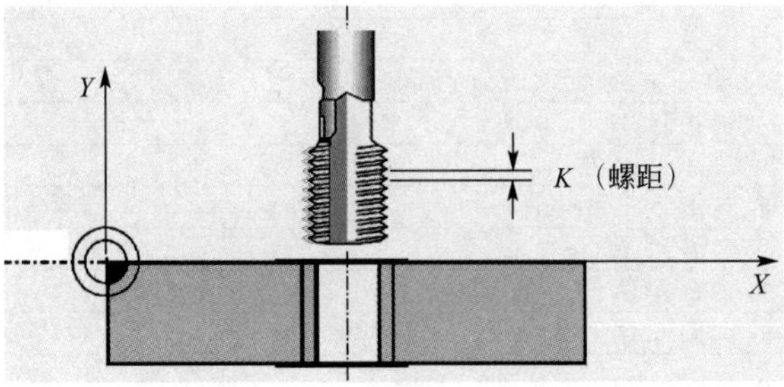

图 4-54 加工带恒定螺距的螺纹

【格式】

G33 Z _ K _；

Z：螺纹加工深度；

K：导程。

【说明】

① 螺纹加工时进刀和退刀的主轴旋转方向必须相反，才能保证螺纹加工的顺利进行。如图 4-55。

② 左螺纹和右螺纹。

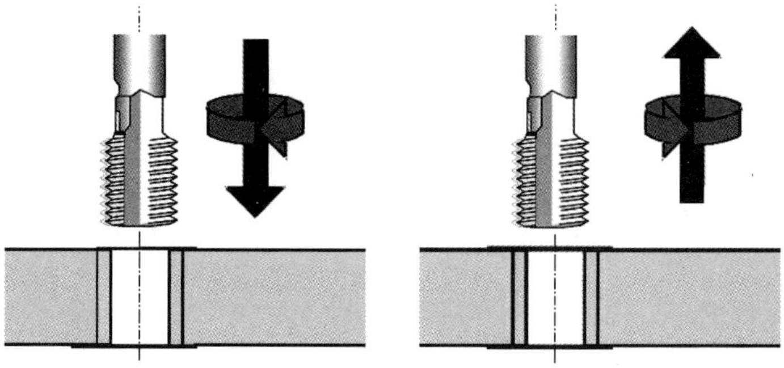

图 4-55 进刀和退刀时的主轴旋转方向

在镗铣类机床上，螺纹加工一般为攻丝，此时的右旋螺纹和左旋螺纹由主轴旋转方向 M3 和 M4 确定。M3—右旋螺纹（正螺纹），M4—左旋螺纹（反螺纹）。后面将要介绍的螺纹加工循环提供了完整的带补偿夹头的攻丝循环，该循环即选择了 G33 功能加工螺纹部分。

③ 坐标轴速度。

在 G33 加工螺纹时，坐标轴进给速度由主轴转速和螺纹导程决定，其值为 $F=S\times K$，单位：mm/min。由机床系统自动计算，该值不允许超过机床数据中规定的最大主轴速度（G0 快速移动速度）。编程中设定的进给速度 F 不起作用，处于存储状态。需要注意的是，采用 G33 加工螺纹时，主轴速度倍率开关（主轴速度修调开关）需保持不变，否则可能导致乱牙。进给速度倍率开关（进给速度修调开关）在此时无效。

【举例】

试编制图 4-56 所示螺纹类的加工程序，孔已经加工完毕，该螺纹螺距为 0.8mm。

```
N10 G54 G94;             工件坐标系、分钟进给
N20 M3 S600;             主轴正转,600r/min
N30 G0 X10 Y10;          定位在螺纹孔上方
N40 G0 Z2;               Z 向接近工件表面
N50 G33 Z-15 K0.8;       主轴正传攻螺纹
N60 M4 G33 Z2 K0.8;      主轴反转退刀
N70 G0 Z50;              抬刀
N80 M5;                  主轴停止
N90 M2;                  程序结束
```

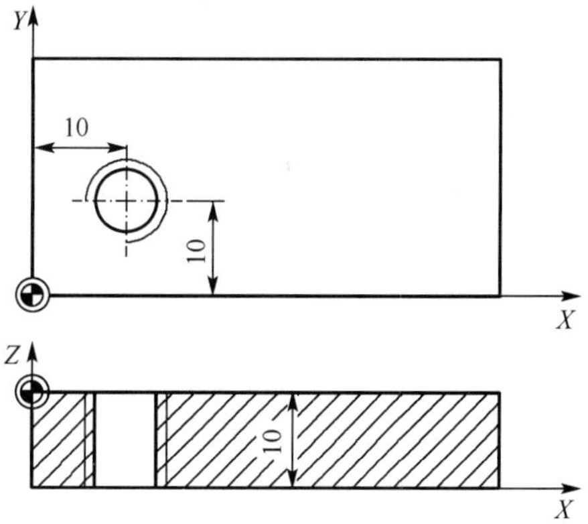

图 4-56 G33 螺纹加工举例

2. G63 恒螺距螺纹加工（带补偿夹头）

【功能】

用 G63 功能同样可以加工恒螺距螺纹（见图 4-57）。在使用特定刀具（如丝锥）进行攻丝时必须使用补偿夹头（浮动夹头），以承受一定范围内所出现的丝锥与机床实际运行的螺距偏差，避免丝锥刚性装夹受到附加载荷的作用。攻丝深度根据方向通过 X，Y，Z 中的一个轴给定。导程则通过进给率间接编程。

编程进给率按 F (mm/min)＝主转速 S (r/min)×螺距 K (mm/r)

G63 以段方式有效，G63 结束后，原来的插补方式（G0、G1、G2、G3……）恢复有效。

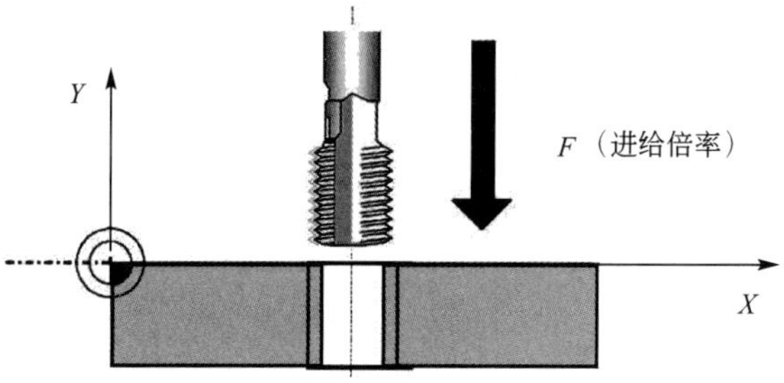

图 4-57 恒螺距螺纹加工（带补偿夹头）

【格式】

G63 Z __ F __；

Z：螺纹加工深度；

F：螺纹加工进给率。

【说明】

① 螺纹加工时进刀和退刀的主轴旋转方向，必须相反，才能保证螺纹加工的顺利进行。如图 4-55。

② 左螺纹和右螺纹。

采用 G63 攻丝时，右旋螺纹和左旋螺纹由主轴旋转方向 M3 和 M4 确定。M3—右旋螺纹（正螺纹），M4—左旋螺纹（反螺纹）。

【举例】

试编制图 4-58 所示螺纹类的加工程序，孔已经加工完毕，该螺纹螺距为 0.8mm。

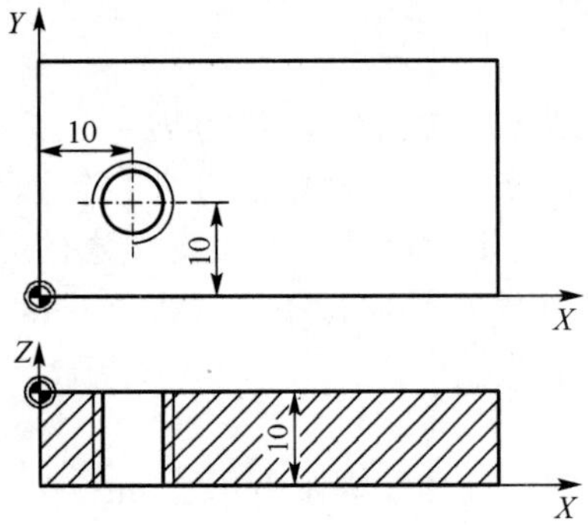

图 4-58　G63 螺纹加工举例

```
N10  G54 G08;           工件坐标系、分钟进给
N20  M3 S600;           主轴正转,600r/min
N30  G0 X10 Y10;        定位在螺纹孔上方
N40  G0 Z2;             Z 向接近工件表面
N50  G63 Z-15 F480;     主轴正传攻螺纹
N60  M4 G63 Z2 F480;    主轴反转退刀
N70  G0 Z50;            抬刀
N80  M5;                主轴停止
N90  M2;                程序结束
```

3. G331/G332 恒螺距螺纹插补

【功能】

如果主轴和坐标轴的动态性能许可，可以用 G331/G332 进行不带补偿夹头的螺纹切削。如果在这种情况下还是使用了补偿夹头，则由补偿夹头接受的位移差会减少，从而可以进行高速主轴攻丝。

【格式】

SPOS= __；	设置主轴位置停止控制模式
G331 Z __ K __；	加工螺纹
G332 Z __ K __；	主轴自动反向退刀

【说明】

① 螺纹加工时进刀和退刀的主轴旋转方向，由指令格式中 G331、G332 决定。如图 4-59。

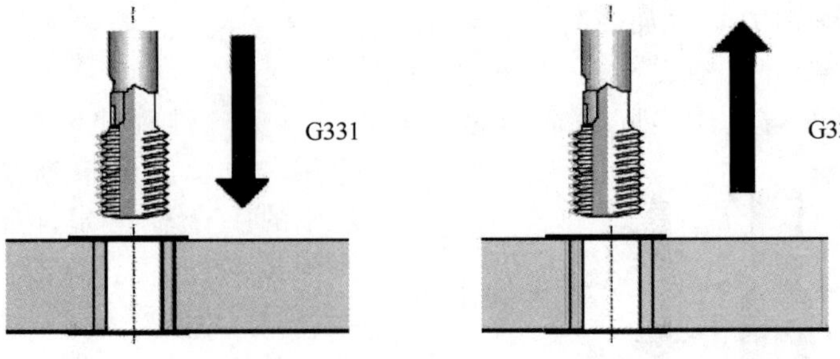

图 4-59　进刀和退刀时的主轴旋转方向由 G331、G332 决定

② 在使用 G331/G332 攻丝前，必须编程 SPOS= __使主轴处于位置控制运行状态，如此方可保证较高的螺纹运行精度。

③ 右旋螺纹或左旋螺纹。

采用 G331/G332 进行攻丝时，右旋和左旋螺纹由导程的符号确定，导程符号为正时即为右旋螺纹（同 M3），导程符号为负时则为左旋螺纹（同 M4）。后续的 LCYC 84 标准循环提供了一个完整的带螺纹插补的攻丝循环，该循环即选择了 G331/G332 功能。

④ 坐标轴速度。

在采用 G3331/G332 编程加工螺纹时，坐标轴速度由主轴转速和螺纹导程确定，其值为 $S \times K$（mm/min），该值不允许超过机床数据中规定的最大轴速度（G0 快速移动速度）。编程设定的进给率 F 不起作用，处于存储状态。需要注意的是，采用 G331/G332 加工螺纹时，主轴速度倍率开关（主轴速度修调开关）需保持不变，否则可能导致乱牙。进给速度倍率开关（进给速度修调开关）在此时无效。

【举例】

试编制图 4-60 所示螺纹类的加工程序，孔已经加工完毕，该螺纹螺距为 0.8mm。

【综合练习—主轴运动指令】

试编制在数控铣床上的加工程序，实现图 4-61 所示螺纹的加工，钻孔已经加工完毕。工件坐标系为 G54，刀具 ϕ30 的 T1、ϕ14 的 T2 螺纹刀。

N10	G54 G94；	主件坐标系、分钟进给
N20	M3 S300；	主轴正转，600r/min
N30	G0 X10 Y10；	定位在螺纹孔上方
N40	G0 Z2；	Z 向接近工件表面
N50	**SPOS＝0**；	主轴位置停止控制
N60	**G331 Z－15 K0.8**；	主轴正传攻螺纹
N70	**G332 Z2 K0.8**；	主轴反转退刀
N80	G0 Z50；	抬刀
N90	M5；	主轴停止
N100	M2；	程序结束

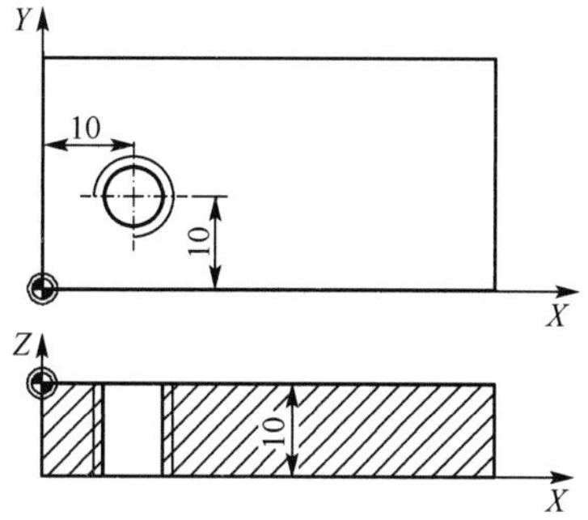

图 4-60　G331/G332 螺纹加工举例

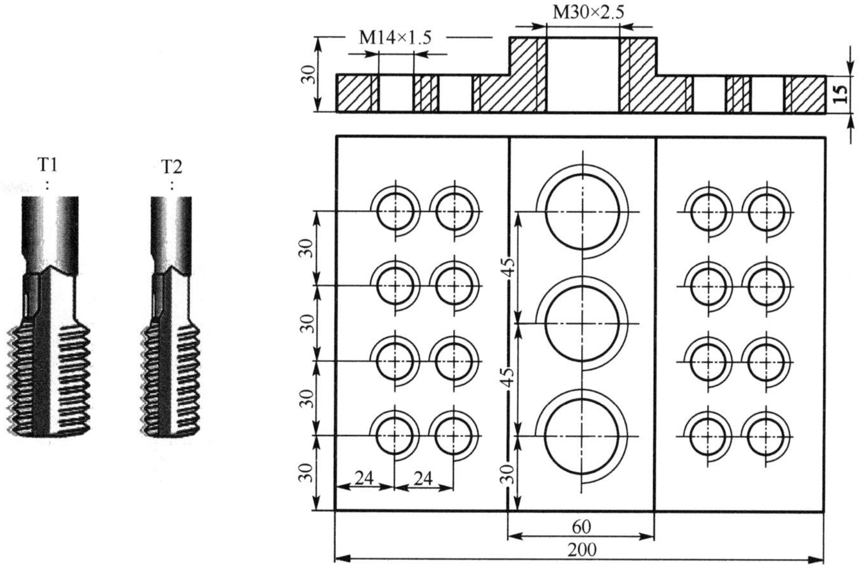

图 4-61　综合练习

第九节 刀具与刀具补偿

1. 概述

SIEMENS 机床的刀具补偿原理同 FANUC 的刀具补偿原理相同。

在对工件进行加工编程时，无需考虑刀具长度或半径的具体值，而可以直接根据图纸对工件尺寸进行编程。

所谓刀具长度也只是相对的。为了确定刀具长度，在机床的相应部件上将设有刀架参考点，作为各刀具长度共同的计量基准，从而确定一批刀具的长度。当没有刀具长度补偿时，将由刀架参考点按编程轨迹运行，而当建立起刀具长度补偿后，则由刀位点（刀尖或刀具端面中心）随编程轨迹运行。当以刀具圆周刃进行工件轮廓加工时，由于铣刀总有半径，而且从刀具刚性考虑，在选择刀具时应尽可能采用较大的铣刀，这样工件轮廓将被多切去一个刀具半径。采用刀具半径补偿便可解决上述问题。

刀具长度和半径等参数在启动程序加工前需单独输入到一专门的数据区，在程序中只要调用所需的刀具及其补偿号即可获取刀具补偿参数，控制器利用这些参数执行所要求的轨迹补偿，从而加工出所要求的工件。如图 4-62 和图 4-63 所示为用不同尺寸刀具通过半径补偿和长度补偿的加工情况。

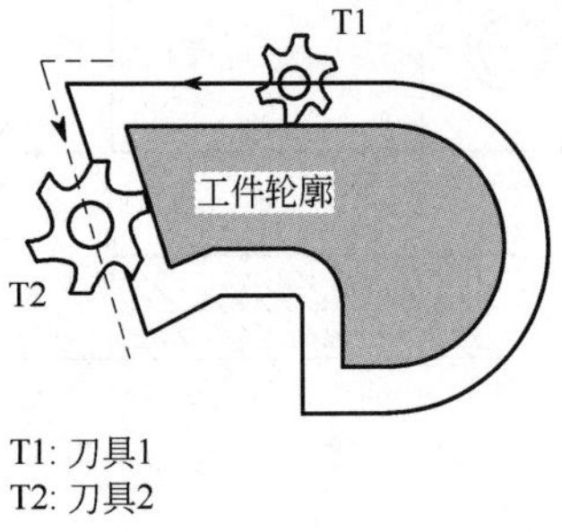

图 4-62 用不同直径尺寸刀具加工工件

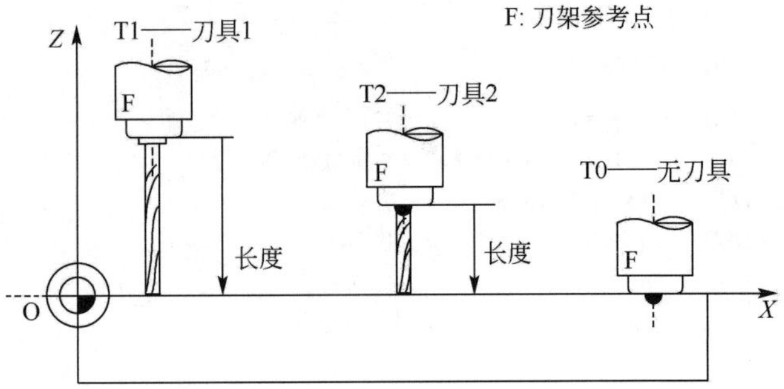

图 4-63 用不同长度尺寸刀具加工工件

2. 刀具号T

【功能】

编程 T 指令可以选择刀具。在此，可以用 T 指令直接更换刀具；也可以用 T 指令仅进行刀具的预选，另外再用。M6 指令进行刀具的更换。这由机床用户根据换刀装置结构情况，在机床数据中确定。

【格式】

T__；　　刀具号：1～32000

加工中心可以按上述方式编程实现自动换刀。实际刀具一般需要根据刀库情况配号，安装刀具时对号入座，因此实际机床刀具号一般只有从 1 匹配到刀库刀位数。对于圆盘式刀库机械手直接换刀的加工中心，一般采用 T 指令直接换刀；而对于一些采用机械手换刀的加工中心，可以采用 T 指令在加工进行时提前预选刀具，当需要换刀时，再编入换刀指令（如 M6），从而缩短辅助时间、提高工作效率。

对于数控铣床，编写 T 指令仅只进行刀具数据的选择转换，机床并不能进行刀具自动交换。操作上可将主轴退出并停止，再通过 M0 将程序暂停后手工操作进行换刀。换刀结束后重新按面板启动键即可。

【举例】

① 不用 M6 更换刀具：

N10 T1；　选择更换刀具 1

……

N60 T2；　选择更换刀具 2

② 使用 M6 功能换刀的机床：

N10 T1 M6；　选择更换刀具 1

……

N60 T2 M6；　选择更换刀具 2

3. 刀具补偿号D

【功能】

用 D 及其相应的序号代表补偿存储器号，即刀具补偿号。刀具补偿号可以赋给一个专门的切削刃。一把刀具可以匹配从 D1～D9 最多 9 个不同补偿号，用以存储不同的补偿数据组。如果没有编写 D 指令，则 D1 自动生效。此外，一把刀具还可以使用 D0 刀具补偿号，如果编程 D0，则刀具补偿值无效，即表示取消刀具长度和半径补偿。

系统中最多可以同时使用 30 个刀具补偿号，对应存储 30 个刀具补偿数据组，各刀具可自由分配 30 个刀具补偿号，如图 4-64 所示。

刀具调用后，刀具长度补偿立即自动生效；如果没有编程 D 号，则 D1 值自动生效。先编程的坐标长度补偿先执行，对应的坐标轴也先运行。刀具半径补偿必须通过执行 G41/G42 建立。

在补偿存储器中有如下内容。

① 几何尺寸：长度、半径。几何尺寸长度和半径由基本尺寸和磨损尺寸两分量组成。控制器处理这些分量，计算并得到最后尺寸（总和长度、总和半径）。在激活补偿存储器时，这些最终尺寸有效，即补偿是按总和长度及总和半径进行的。此外还需由刀具类型和 G17、G18、G19 指令确定如何在坐标轴中计算出这些尺寸值。

② 刀具类型。由刀具类型可以确定需要哪些几何参数以及怎样进行计算。刀具类型分为钻头和铣刀两类。（说明：此处刀具类型中的钻头和铣刀不同于金属切削刀具中的含意，而只是从补偿的角度出发。凡仅只有一个轴向长度需要补偿的刀具均为“钻头”，如麻花钻、扩孔钻、锪钻、铰刀、丝锥、镗刀等。而“铣刀”则除了一个轴向长度需要补偿外，还有一个半径参数需要补偿，如图 4-65 所示。）

T1	D1	D2	D3		D9
T2	D1				
T3	D1				
T6	D1	D2	D3		
T9	D1	D2			
T...	D1	D2			

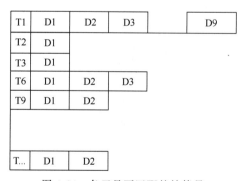

图 4-64　各刀具可匹配的补偿号

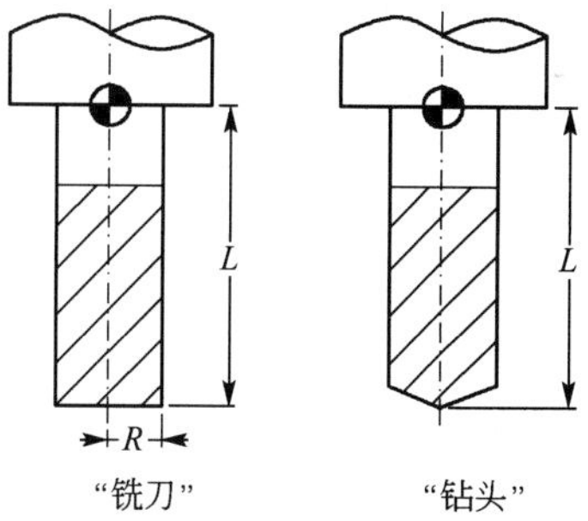

图 4-65　不同刀具类型的补偿

【格式】

T __ D __；　T：刀具号：1～32000；D：补偿号

D __；　可以单独使用，改变刀具补偿号

刀具调用后，刀具长度补偿立即自动生效；如果没有编程 D 号，则 D1 值自动生效。先编程的坐标长度补偿先执行，对应的坐标轴也先运行。

【举例】

N10　TI；　更换刀具 1，刀具 1 的 D1 值有效

N20　G0 X __ Y __ Z __；　长度补偿通过指令生效

……

```
N80       T6 D2;            更换成刀具6,刀具6的D2值有效
……
N160      G0 Z__ D3;        刀具6的D3值生效
```

【刀具参数】

刀具参数在机床内部参数部分设定，在“DP”的位置上填上相应的刀具参数的数值。使用哪些参数，则取决于刀具类型。不需要的刀具参数填上数值零。如图 4-66 所示。

刀具类型	DP1＝100(铣刀)	
	基本尺寸	磨损尺寸
长度 *L*	DP3	DP12
半径	DP6	DP15

刀具类型	DP1＝200(钻头)	
	基本尺寸	磨损尺寸
长度 *L*	DP3	DP12

刀具参数	
*DP*1	
*DP*3	
*DP*5	
磨损量尺寸按要求 所有其他数值置零	

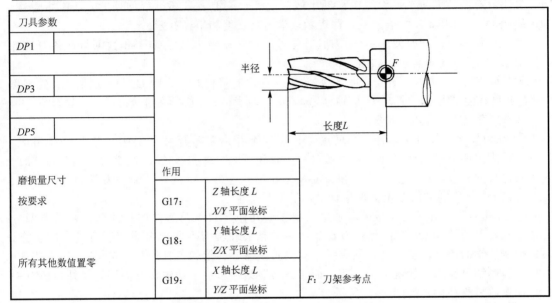

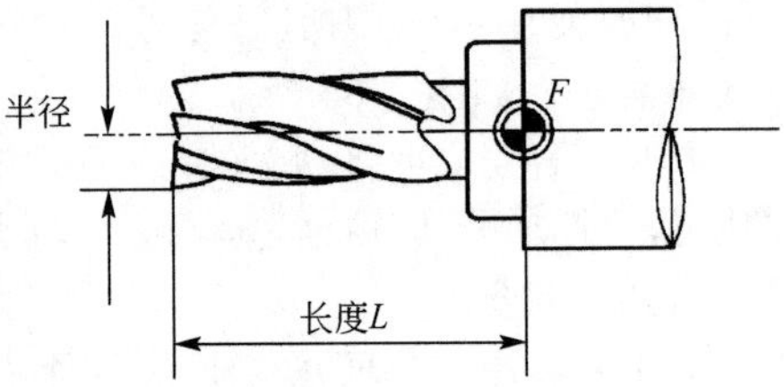

作用	
G17：	*Z* 轴长度 *L* *X/Y* 平面坐标
G18：	*Y* 轴长度 *L* *Z/X* 平面坐标
G19：	*X* 轴长度 *L* *Y/Z* 平面坐标

F：刀架参考点

刀具参数	
*DP*1	
*DP*3	
磨损量尺寸按要求 所有其他数值置零	

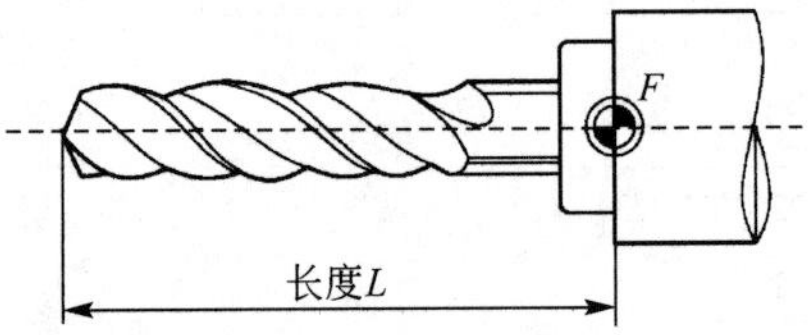

作用	
G17：	*Z* 轴长度 *L*
G18：	*Y* 轴长度 *L*
G19：	*X* 轴长度 *L*

F：刀架参考点

图 4-66 刀具参数的设定

第十节 刀具半径补偿指令

刀具与刀具补偿

1. G41/G42/G40 刀具补偿的建立与取消

【功能】

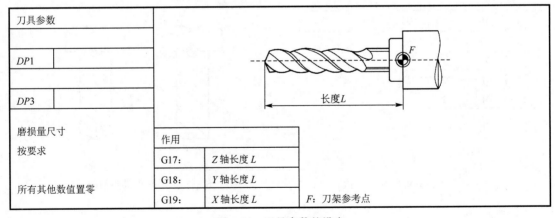

G41/G42 用于建立刀具半径补偿，刀具必须有相应的刀具补偿号 D 才能

有效。控制器自动计算出当前刀具运行所产生的、与编程轮廓等距离偏置的刀具中心轨迹，系统在所选择的平面 G17～G19 中以刀具半径补偿的方式进行加工。如图 4-67 为外轮廓补偿，图 4-68 为内轮廓半径补偿。

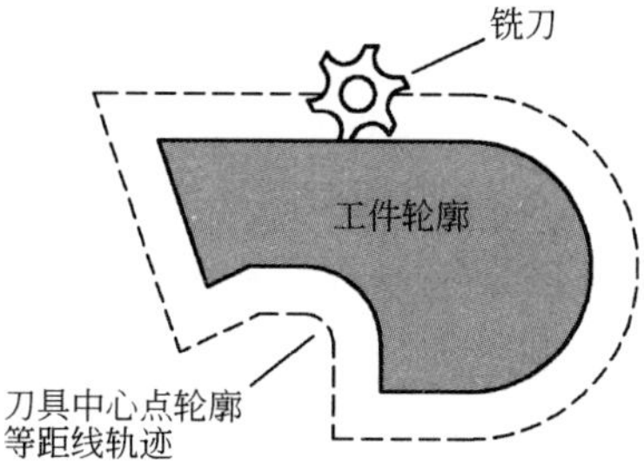

图 4-67　外轮廓刀具半径补偿

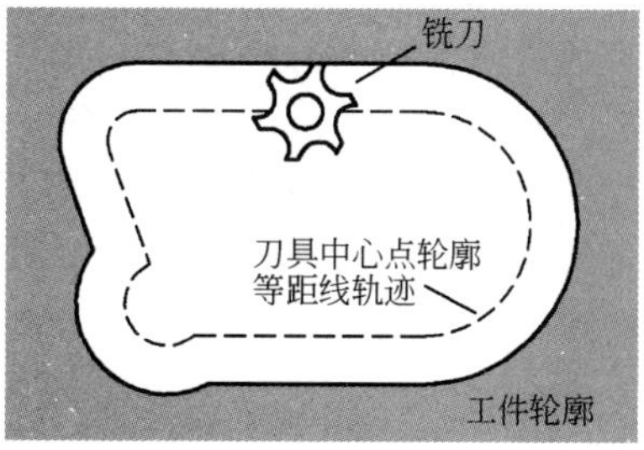

图 4-68　内轮廓刀具半径补偿

G41 为左刀补，即沿进给前进方向观察，刀具处于工件轮廓的左边，如图 4-69（a）、（b）所示。G42 为右刀补，即沿进给前进方向观察，刀具处于工件轮廓的右边，如图 4-69（c）、（d）所示。

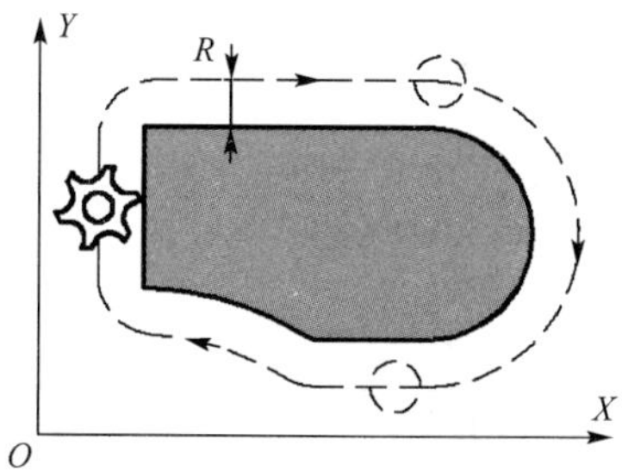

（a）G41 刀具左补偿外轮廓走刀路径

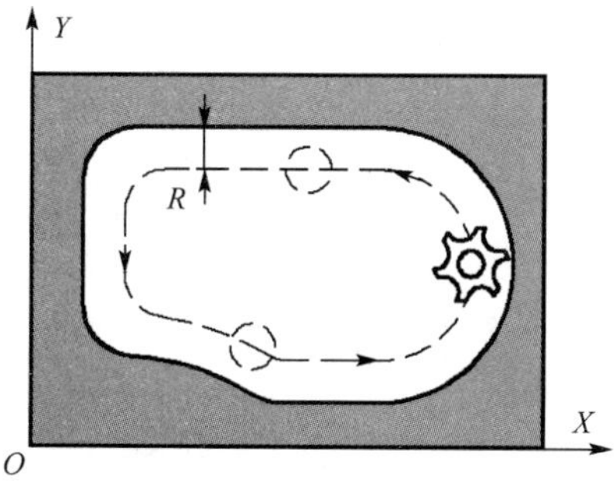

（b）G41 刀具左补偿内轮廓走刀路径

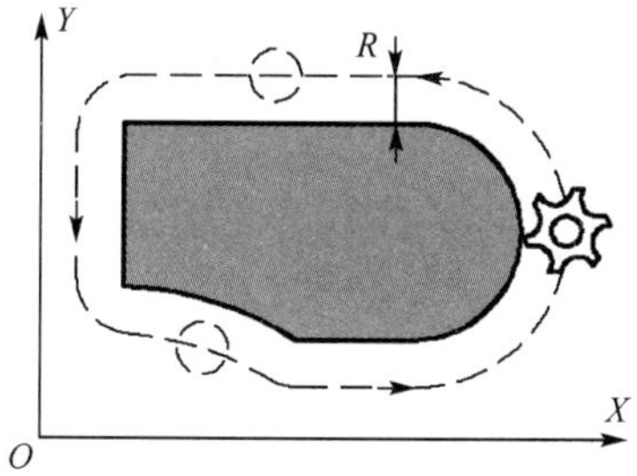

（c）G42 刀具右补偿外轮廓走刀路径

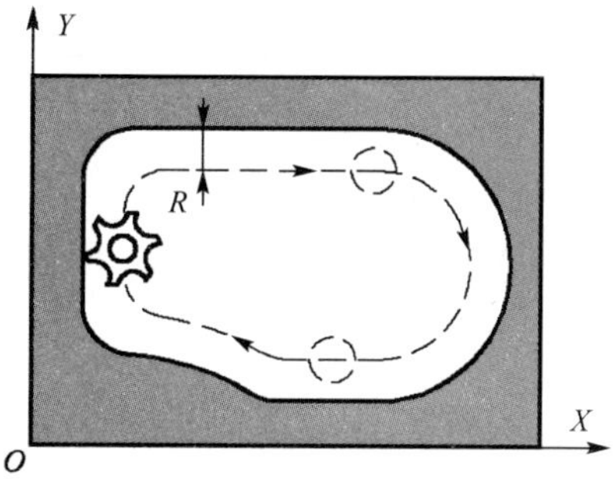

（d）G42 刀具右补偿内轮廓走刀路径

图 4-69　刀具左补偿和右补偿走刀路径图

刀具与刀具补偿 G41（G42）

【格式】

G41 G0　X __ Y __;	在快速移动时进行刀具半径左补偿的格式
G42 G0　X __ Y __;	在快速移动时进行刀具半径右补偿的格式
G41 G1　X __ Y __;	在进给移动时进行刀具半径左补偿的格式
G42 G1　X __ Y __;	在进给移动时进行刀具半径右补偿的格式
G40;	撤销刀具补偿，一般单独使用一个程序段

G40 用于取消刀具半径补偿，此状态也是编程开始时所处的状态。G40 指令之前的程序段刀具以正常方式结束（结束时补偿矢量垂直于轨迹终点处切线）。在运行 G40 程序段之

后，刀尖中心到达编程终点。在选择 G40 程序段编程终点时，注意确保运行不会发生干涉碰撞。

【刀具补偿的建立与撤销】

通过 G41/G42 功能建立刀具半径补偿时，刀具中心以直线回轮廓，并在轮廓起始点处与轨迹切向垂直偏置一个刀具半径，如图 4-70 所示。注意正确选择起始点，保证刀具运行不发生碰撞。刀具半径补偿一旦建立便一直有效，即刀具中心与编程轨迹始终偏置一个刀具的半径量，直到被 G40 取消为止，如图 4-71 所示。G40 取消刀具半径补偿时，刀具在其前一个程序段终点处法向偏置一个刀具半径的位置结束，在 G40 程序段刀具中心回到编程目标位置。

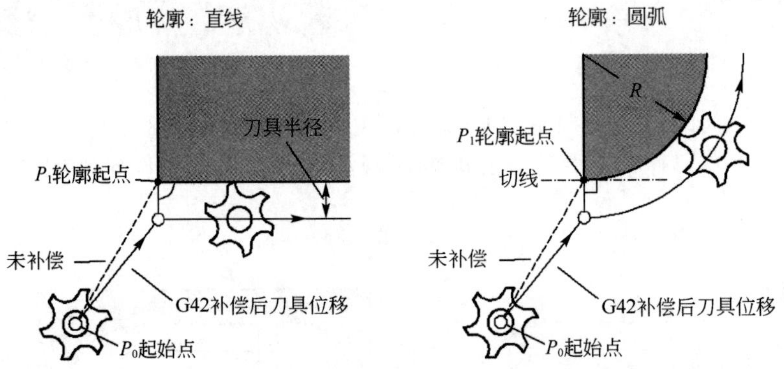

图 4-70 刀具补偿的建立

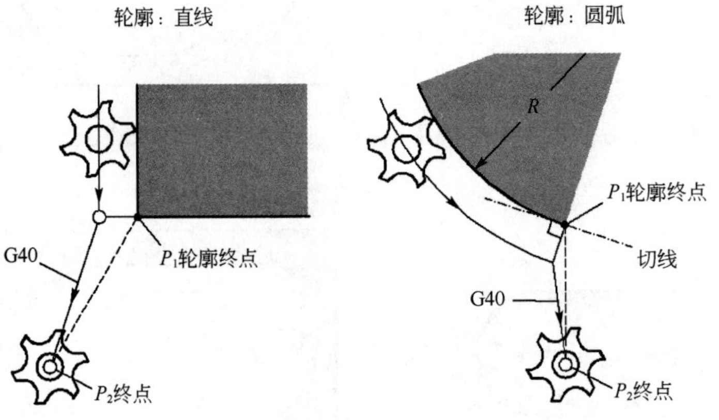

图 4-71 刀具补偿的取消

【说明】

只有在线性插补（G0、G1）才可以进行 G41/G42 和 G40 的选择，即只有在线性插补程序段才能建立和取消刀具半径补偿。上述刀具半径补偿建立和取消程序段必须在补偿平面内编程坐标运行。可以编程两个坐标轴，如果只给出一个坐标轴的数据，则第二个坐标轴自动地以最后编程的尺寸赋值。在通常情况下，在 G41/G42 程序段之后紧接着工件轮廓的第一个程序段。

【举例】

```
N10 G17 G54 G94;
N20 G0 X__Y__;              起始点
N30 G42 G1 X__Y__;          工件轮廓右边补偿
```

……
N60 G2 X __ Y __ CR= ;
……　　　　　　　　　　补偿进行中
N100 G0 X __ Y __;
……
N150 G40 G1 X __ Y __;　　取消刀具半径补偿，回到终点
……

【实例】

试编制在数控铣床上，实现图 4-72 所示图形的加工。工件坐标系为 G54，主轴转速 850r/min，进给速度 150mm/min，Z 向进给速度 20mm/min。刀具为 $\phi 20$ 的铣刀。

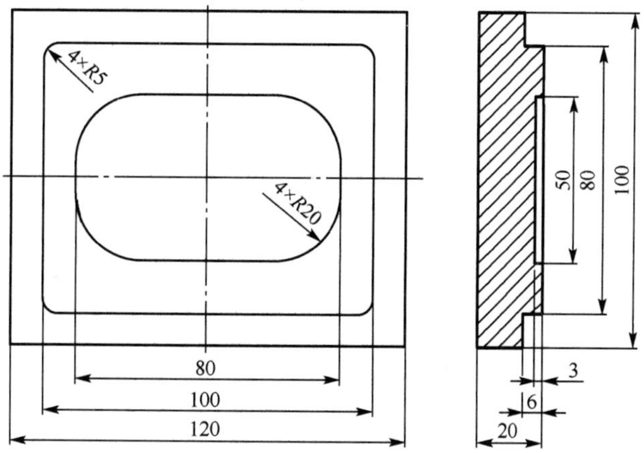

刀具与刀具补偿
G41（G42）——实例

图 4-72　G41/G42/G40 编程实例

分析：

此题的走刀路线设计见图 4-73（a）；关键点坐标信息见图 4-73（b）。

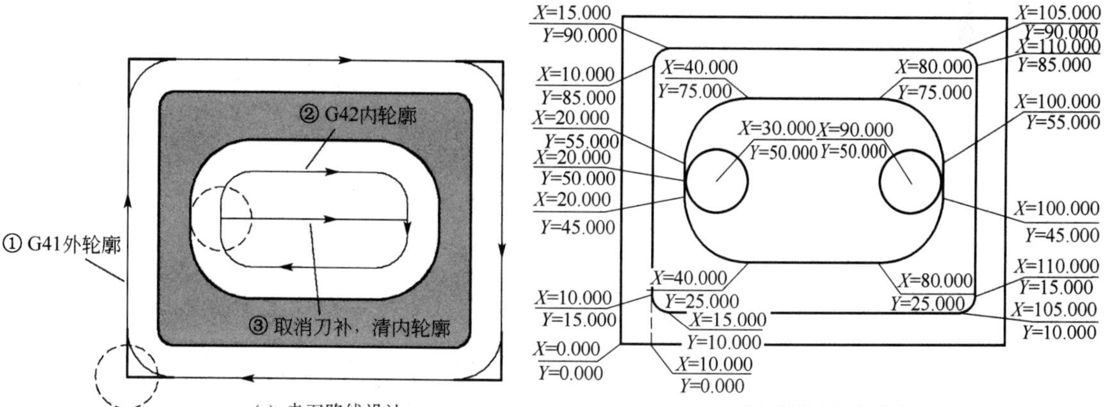

(a) 走刀路线设计　　(b) 关键点坐标信息

图 4-73　实例分析

加工程序如下：

路径	段号	程　序	说　明
开始		AB1	程序号
	N10	G17 G54 G94;	选择平面、坐标系、分钟进给
	N20	M3 S850;	主轴正转，850r/min

续表

路径	段号	程　　序	说　　明
外轮廓①第一层	N30	G41 G00 X10 Y0;	设置左补偿，快速定位
	N40	G0 Z2;	Z 向接近工件表面
	N50	G1 Z-3 F20;	Z 向进刀，20mm/min
	N60	G1 X10 Y85 F150;	左侧边缘，150mm/min
	N70	G2 X15 Y90 CR=5;	左上角侧 R5 的顺时针圆弧
	N80	G1 X105 Y90;	铣上边缘
	N90	G2 X110 Y85 CR=5;	右上角侧 R5 的顺时针圆弧
	N100	G1 X110 Y15	铣右侧边缘
	N110	G2 X105 Y10 CR=5	右下角侧 R5 的顺时针圆弧
	N120	G1 X15 Y10	铣下边缘
	N130	G2 X10 Y15 CR=5	左下角侧 R5 的顺时针圆弧
外轮廓①第二层	N140	G1 Z-6 F20	Z 向进刀，20mm/min，准备第二层铣削
	N150	G1 X10 Y85 F150;	左侧边缘，150mm/min
	N160	G2 X15 Y90 CR=5;	左上角侧 R5 的顺时针圆弧
	N170	G1 X105 Y90;	铣上边缘
	N180	G2 X110 Y85 CR=5;	右上角侧 R5 的顺时针圆弧
	N190	G1 X110 Y15	铣右侧边缘
	N200	G2 X105 Y10 CR=5	右下角侧 R5 的顺时针圆弧
	N210	G1 X15 Y10	铣下边缘
	N220	G2 X10 Y15 CR=5	左下角侧 R5 的顺时针圆弧
内轮廓②	N230	G0 Z2	抬刀
	N240	G42 G0 X20 Y45	设置右补偿，定位在内轮廓起点上方
	N250	G1 Z-3 F20	Z 向进刀，20mm/min
	N260	G1 X20 Y55 F150	左侧边缘，150mm/min
	N270	G2 X40 Y75 CR=20	左上角侧 R20 的顺时针圆弧
	N280	G1 X80 Y75	铣上边缘
	N290	G2 X100 Y55 CR=20	右上角侧 R20 的顺时针圆弧
	N300	G1 X100 Y45	铣右侧边缘
	N310	G2 X80 Y25 CR=20	右下角侧 R20 的顺时针圆弧
	N320	G1 X40 Y25	铣下边缘
	N330	G2 X20 Y45 CR=20	左下角侧 R20 的顺时针圆弧
	N340	G0 Z2	抬刀，为取消刀补做准备
	N350	G40	取消刀具补偿
轮廓中心③	N360	G0 X30 Y50	定位在内轮廓左边
	N370	G1 Z-3 F20	Z 向进刀，20mm/min
	N380	G1 X90 Y50 F150	铣削内轮廓，150mm/min
	N390	G0 Z100	抬刀
结束	N400	M5	主轴停止
	N410	M2	程序结束

【练习—G41/G42 补偿指令】

试编制在数控机床上，实现图 4-74～图 4-81 所示的工件，刀具、主轴、走刀速度按照实际加工需求制定。

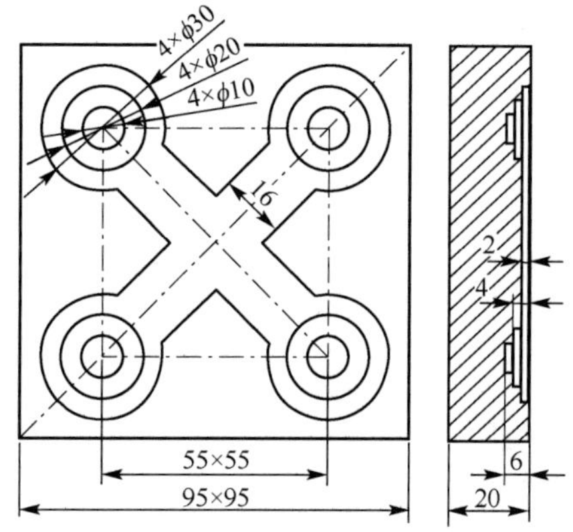

图 4-74　练习①

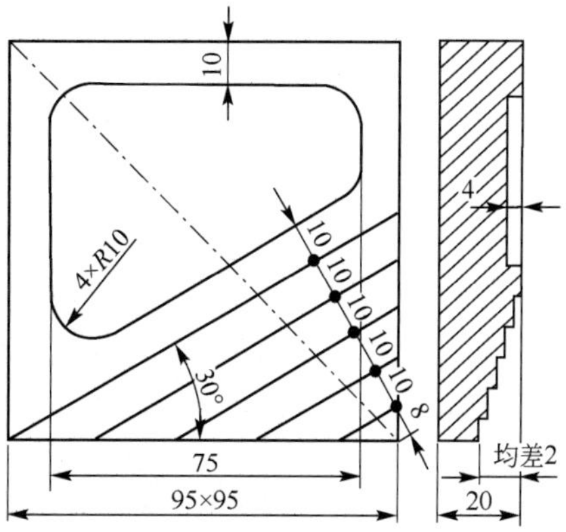

图 4-75　练习②

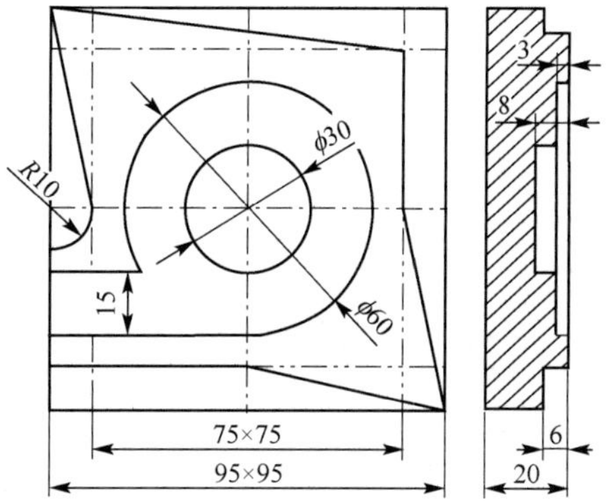

图 4-76　练习③

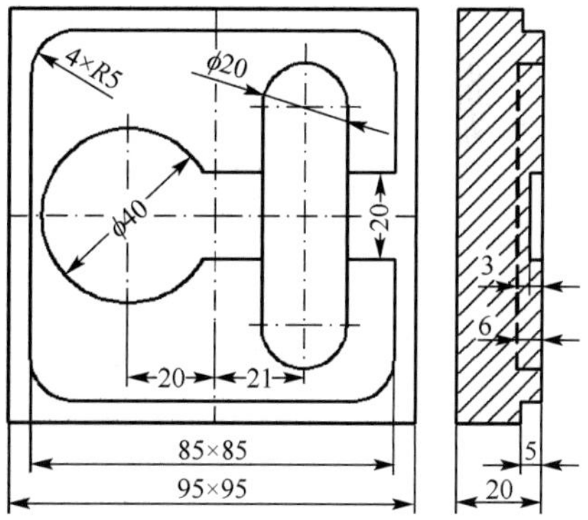

图 4-77　练习④

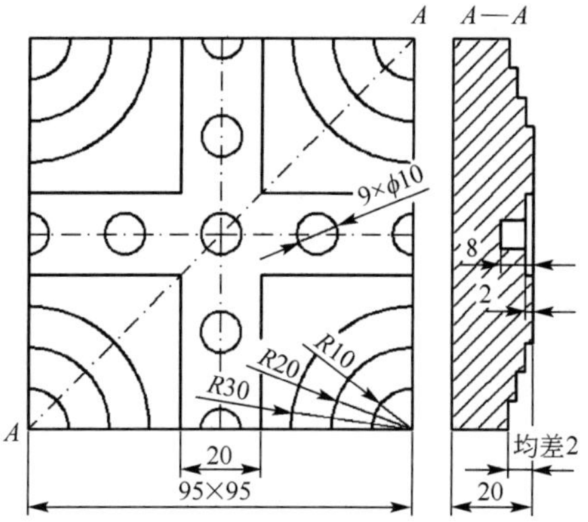

图 4-78　练习⑤

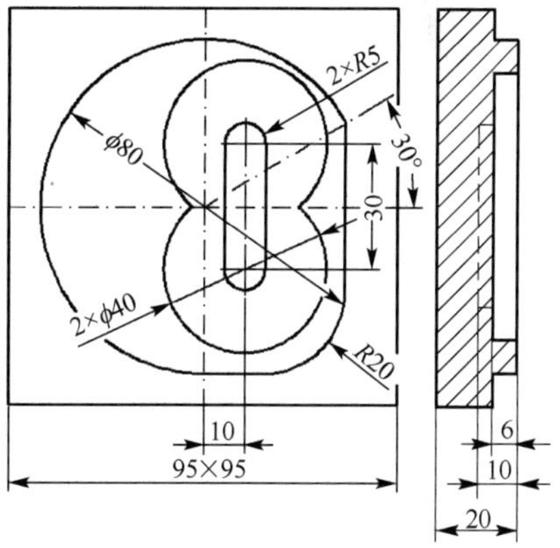

图 4-79　练习⑥

2. G450/G451 拐角特性

【功能】

在 G41/G42 有效的情况下，一段轮廓到另一段轮廓以不连续的拐角过渡时，可以通过 G450 和 G451 功能调节拐角特性。控制器自动识别内角和外角。对于内角必须要回到轨迹等距线交点。图 4-82 和图 4-83 所示分别为外拐角和内拐角特性示意。

拐角

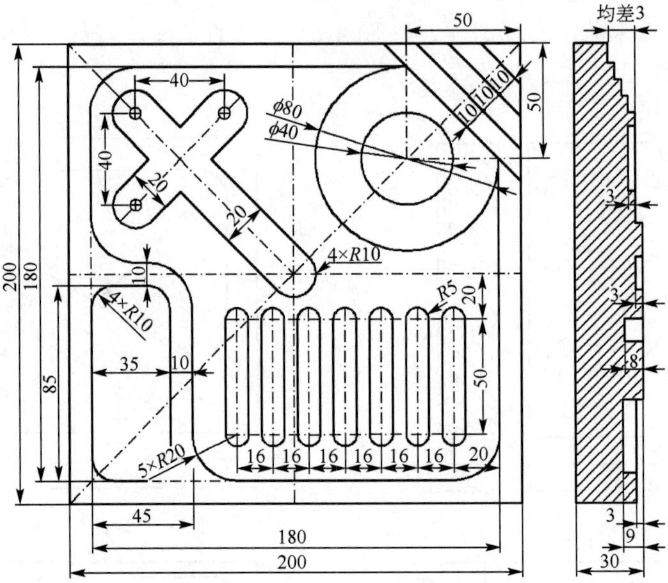

图 4-80　练习①

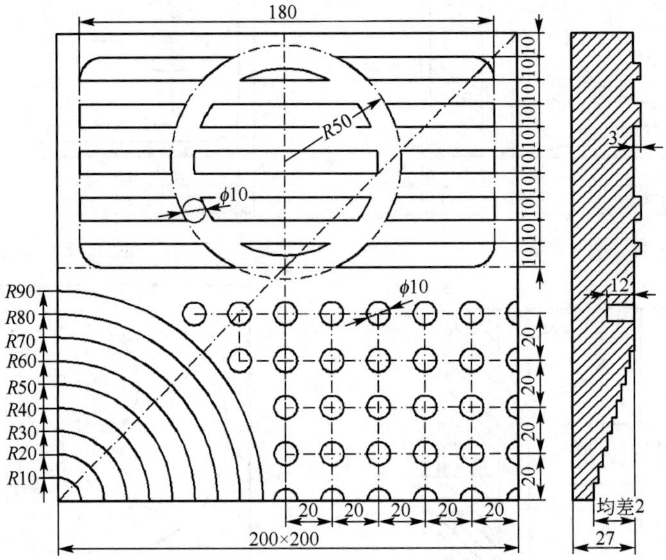

图 4-81　练习②

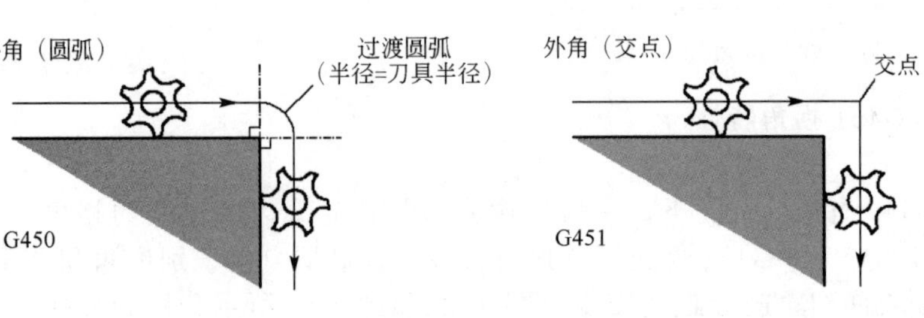

图 4-82　外拐角特性

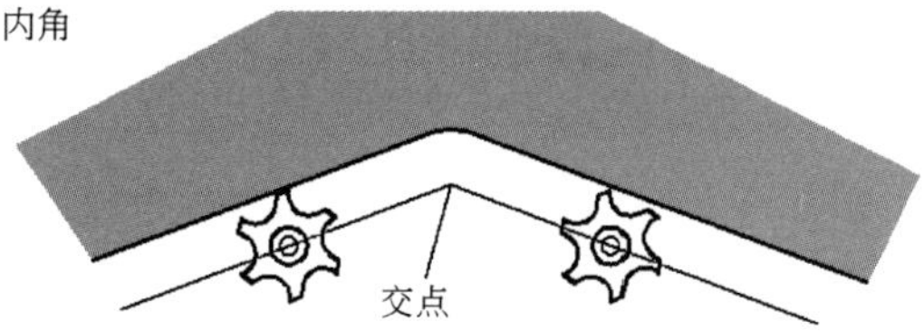

图 4-83　内拐角特性

【格式】

G450；　圆弧过渡

G451；　交点过渡(系统默认)

圆弧过渡 G450：在过渡处刀具中心轨迹为一个圆弧，其起点在前一曲线的终点处法向偏置一个半径，终点与后一曲线在起点处法向偏置一个半径，半径等于刀具半径。圆弧过渡在运行下一个带运行指令的程序段时才有效。

交点过渡 G451：在过渡处刀具回刀具中心轨迹交点——以刀具半径为距离的等距线交点。

【说明】

一般情况下圆弧过渡与交点过渡加工没有原则性区别，只是相对来讲，圆弧过渡时实际切削量相对较大些。但在某些特殊情况下，必须进行优化选择。如图 4-84 所示，当加工轮廓较尖时，最好选择 G450 圆弧过渡进行加工，从而减少尖角过渡的空程损失，节省加工时间。当内角过渡轮廓位移小于刀具半径时，即图中轮廓台阶（B）<刀尖半径（R）时，选择 G450 将造成过切，此时必须选择 G451 交点过渡方式。

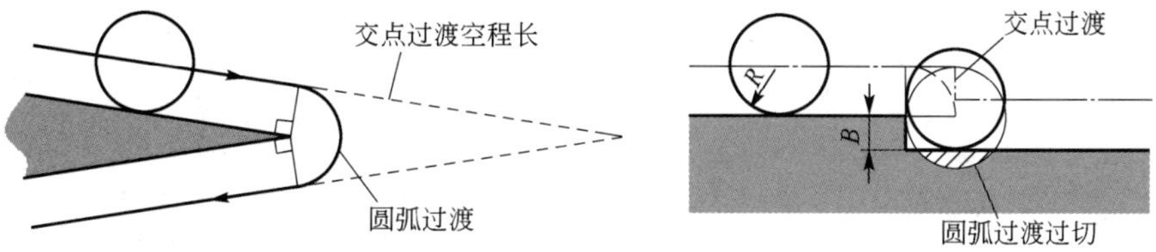

图 4-84　G450/451 的选择

【举例】

试编制如图 4-85 外形轮廓 A 点到 D 点走到程序（一次轮廓加工即可）

N10	G17 G54 G94；	初始化设置
N20	M3 S850；	主轴正转,850r/min
N30	G41 G0 X10 Y10；	左补偿,定位 A 点上方
N40	G0 Z2；	Z 向接近工件表面
N50	G1 Z－3 F20；	Z 向进刀,20mm/min
N60	G1 X20 Y40 F150；	加工到 B 点,150mm/min
N70	**G450 G1 X40 Y40**；	圆弧过度,加工 C 点
N80	**G451 G1 X20 Y10**；	交点过度,加工 D 点
N90	G1 X10 Y10；	返回 A 点
N100	G0 Z50；	抬刀
N110	G40；	取消刀具补偿
N120	M5；	停主轴
N130	M2；	程序结束

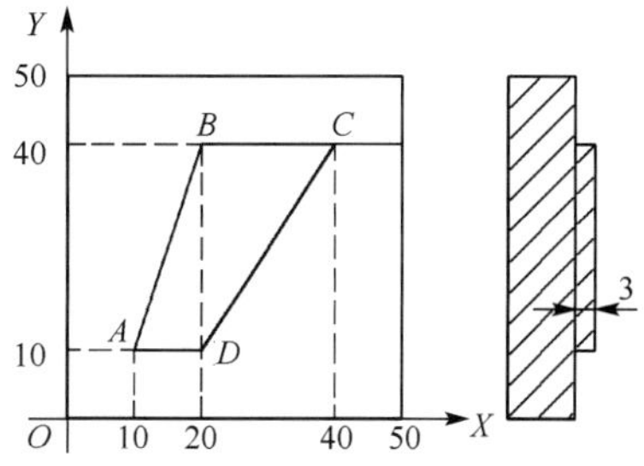

图 4-85　G450/G451 编程举例

【练习—拐角特性】

试编制在数控机床上，实现图 4-86 所示的工件，刀具、主轴、走刀速度按照实际加工需求制定。

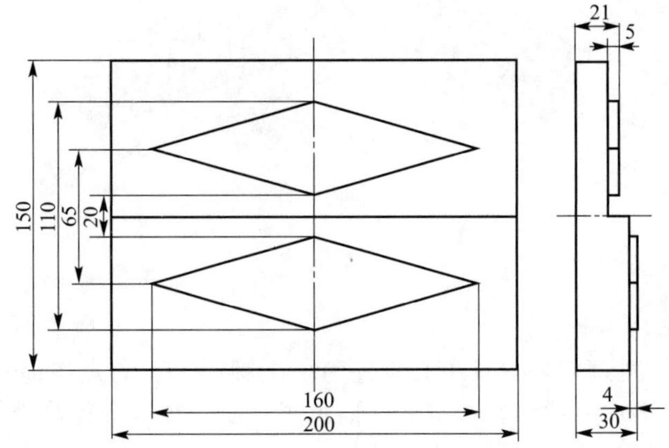

图 4-86 练习

刀具半径补偿特殊情况 1

3. 刀具半径补偿中的几个特殊情况

（1）变换补偿方向

补偿方向指令 G41 和 G42 可以相互转换，无需在其中再写入 G40 指令。原补偿方向的程序段在其轨迹终点处按补偿矢量的正常状态结束，然后在新的补偿方向开始进行补偿（在起点按正常状态）。如图 4-87 所示。

刀具半径补偿特殊情况 2

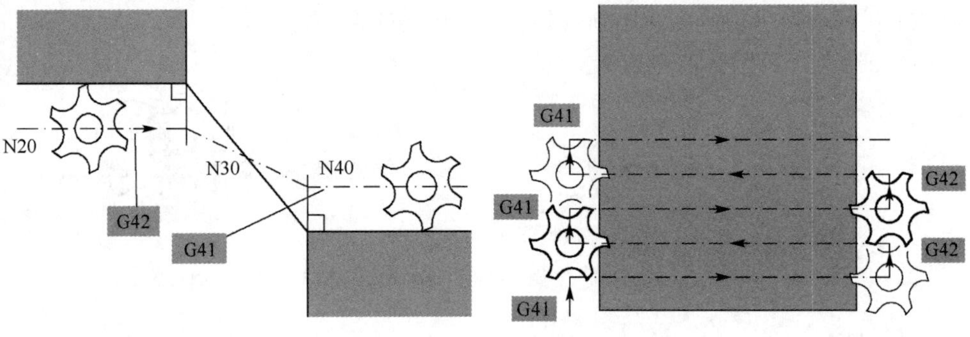

(a)

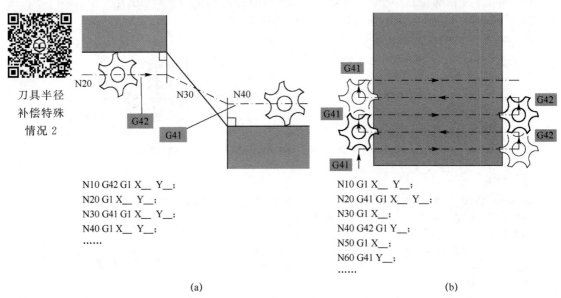

N10 G42 G1 X__ Y__;
N20 G1 X__ Y__;
N30 G41 G1 X__ Y__;
N40 G1 X__ Y__;
……

(b)

N10 G1 X__ Y__;
N20 G41 G1 X__ Y__;
N30 G1 X__;
N40 G42 G1 Y__;
N50 G1 X__;
N60 G41 Y__;
……

图 4-87 G41 和 G42 相互转换

（2）变换刀具补偿号 D

可以在补偿运行过程中变换刀具补偿号 D。刀具补偿号变换后，在新刀具补偿号程序段的起始处，新刀具半径就已经生效，但整个变化需等到程序段结束才能发生。这些修改值由整个程序段连续执行，无论是直线还是圆弧插补都一样。

（3）通过 M2 结束补偿

如果是通过 M2（程序结束）而不是用 G40 指令结束补偿运行，则最后的程序段以补偿矢量正常位置坐标结束，不进行补偿移动，程序以此刀具位结束。

4. G900/G901 圆弧进给补偿

【功能】

工艺上提出的加工进给率是针对加工切削点处的，即如图 4-88 所示中刀具与工件轮廓切点处的相对运行速率。由图可见，在使用刀具半径补偿的情况下，加工直线轮廓时切点处与刀具中心具有相同的进给率，但加工圆弧轮廓时，切点处与刀具中心的进给速率则不同。为了使得切点处执行编程的进给率，必须修正铣刀中心的进给率。

圆弧进给补偿

由几何关系可见

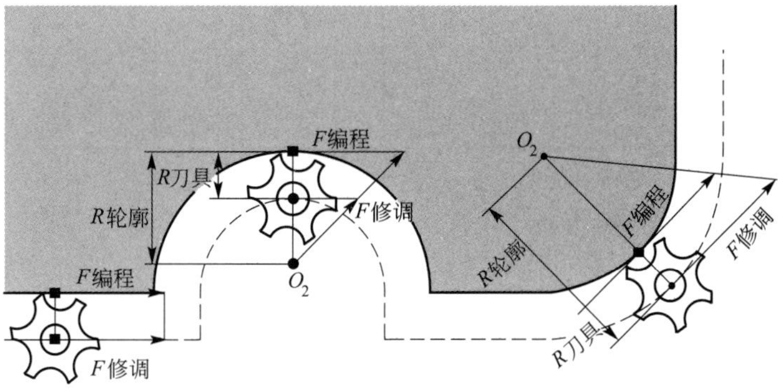

F编程:编程的进给率F

F修调:铣刀圆心处修条后的补偿进给率

图 4-88 进给率补偿 G901

直线部分加工：F 修调$=F$ 编程

外部圆弧加工：F 修调$=F$ 编程(R 轮廓$+R$ 刀具)/R 轮廓

内部圆弧加工：F 修调$=F$ 编程(R 轮廓$-R$ 刀具)/R 轮廓

进给率补偿就是通过设定，由数控系统根据编程数据自动区别内外圆，并按上述公式进行修正，使得实际切削点执行编程的进给率，从而无需编程人员考虑轮廓变化对实际加工进给率的影响。

【格式】

G901;进给率补偿打开,编程进给率对实际切削点有效

G900;进给率补偿关闭,编程进给率对铣刀中心有效

【举例】

```
N10 ……
N20 G0 X __ Y __ Z
N30 G1 G42 X __ Y __    ;    刀具半径补偿建立
N40 G901    ;                进给率补偿打开
N50 G2 X __ Y __ CR=    ;    轮廓切点处执行编程 F 值
N60 G3 X __ Y __ CR=    ;    轮廓切点处执行编程 F 值
……
N100 G900    ;               进给率补偿关闭
N200 ……
```

【综合练习—刀具补偿】

试编制在数控机床上，实现图 4-89～图 4-97 所示的工件，刀具、主轴、走刀速度按照实际加工需求制定。

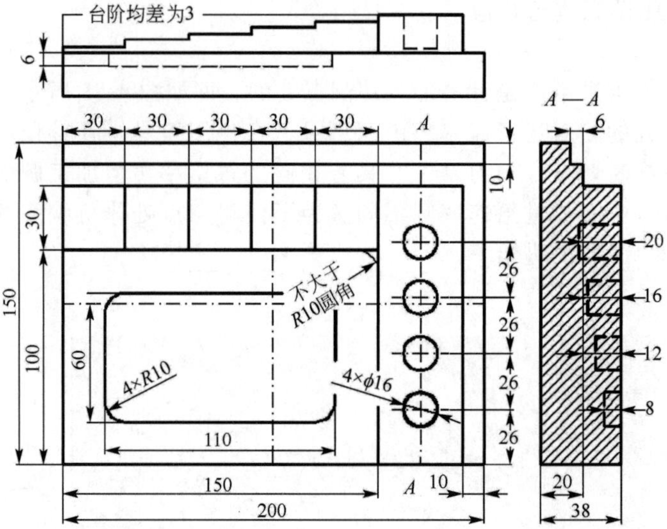

图 4-89 综合练习①

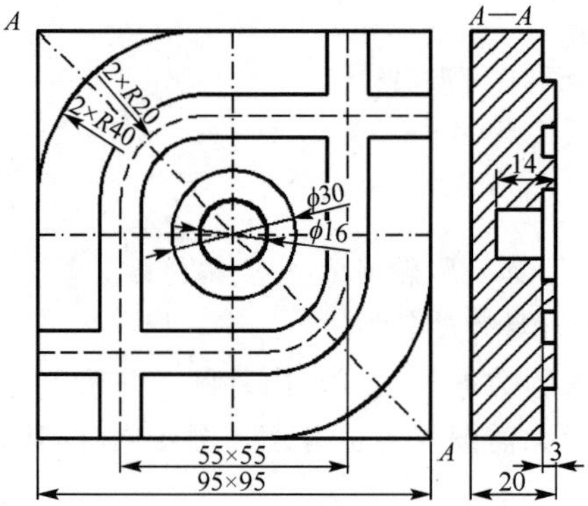

图 4-90 综合练习②

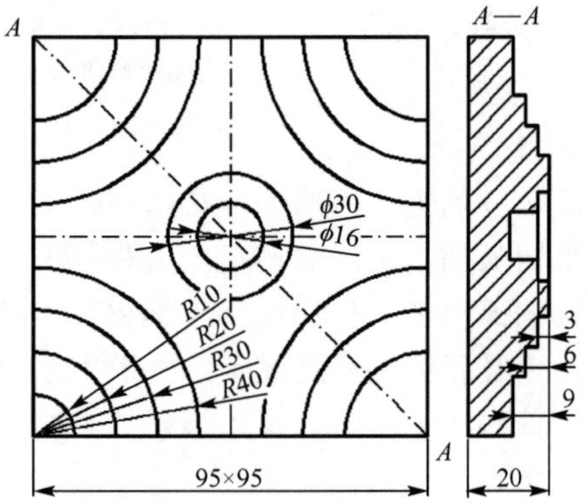

图 4-91 综合练习③

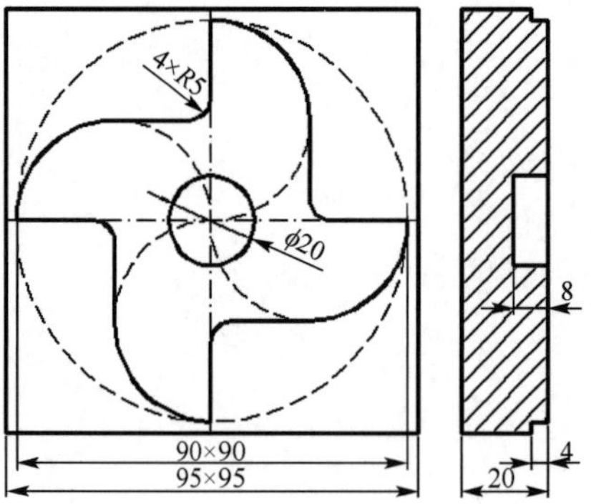

图 4-92 综合练习④

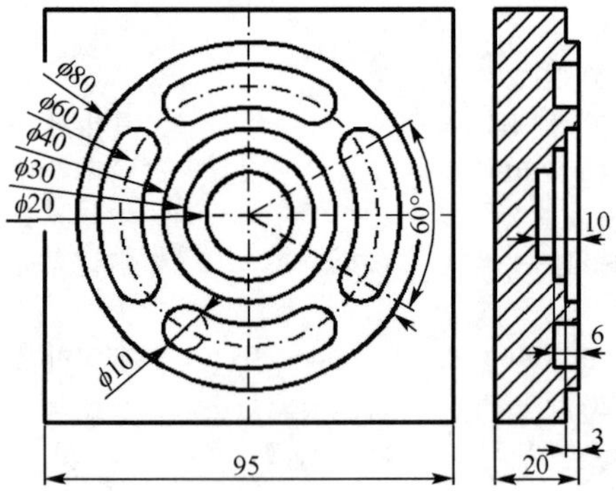

图 4-93 综合练习⑤

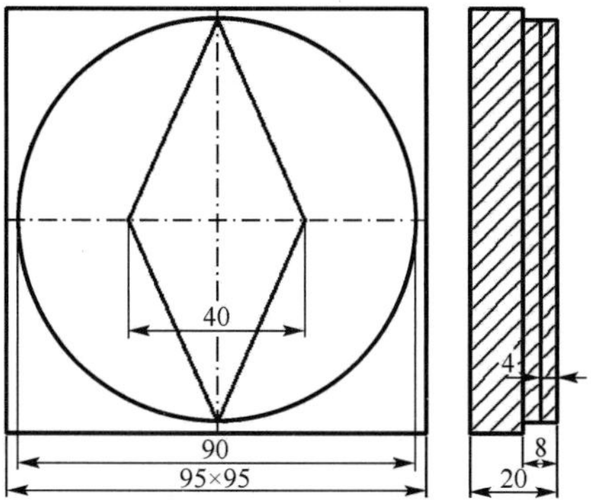

图 4-94　综合练习⑥

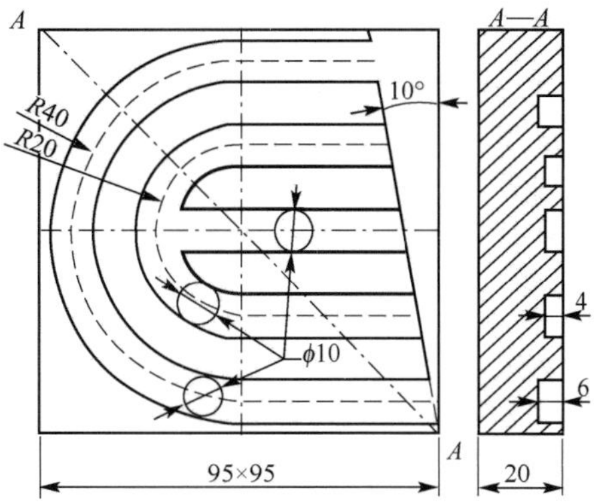

图 4-95　综合练习⑦

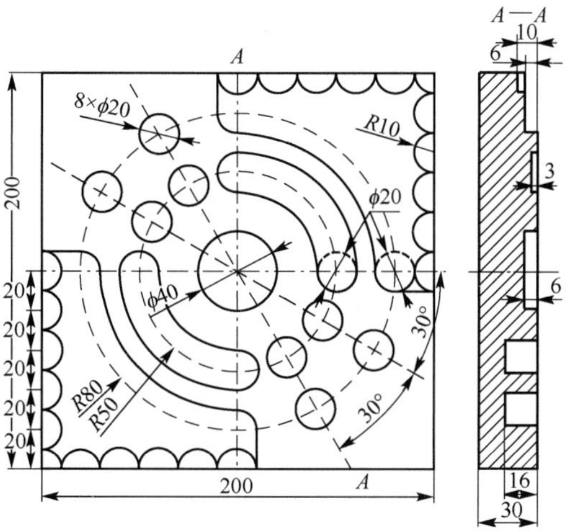

图 4-96　综合练习⑧

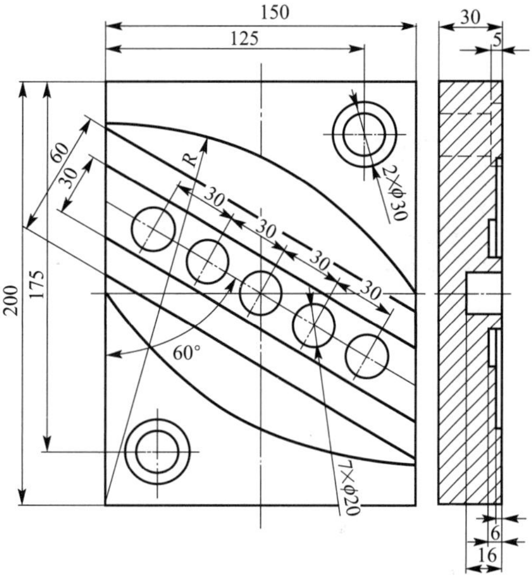

图 4-97　综合练习⑨

第十一节　镜像指令：MIRROR，AMIRROR

镜像指令

【功能】

用 MIRROR 和 AMIRROR 可以以坐标轴镜像工件的几何尺寸。编程了镜像功能的坐标轴，其所有运动都以反向运行。

【编程】

MIRROR　X__Y__Z__;　可编程的镜像功能，清除所有有关偏移、旋转、比例系数、镜像的指令

AMIRROR　X__Y__Z__;　可编程的镜像功能，附加于当前的指令

MIRROR;　不带数值，清除所有有关偏移、旋转、比例系数、镜像的指令

【说明】

① MIRROR/AMIRROR 指令要求一个独立的程序段。坐标轴的数值没有影响，但必须要定义一个数值。

② 在镜像功能有效时已经使能的刀具半径补偿（G41/G42）自动反向。

③ 在镜像功能有效时旋转方向 G2/G3 自动反向。

【举例】

在不同的坐标轴中镜像功能对使能的刀具半径补偿和 G2/G3 的影响，如图 4-98 所示，程序如下。

【程序】

N10 G17；	X/Y 平面，Z－垂直于该平面
N20 L10；	编程的轮廓，带 G41
N30 MIRROR X0；	沿 Y 轴改变方向
N40 L10；	镜像的轮廓
N50 MIRROR Y0；	沿 X 轴改变方向
N60 L10；	镜像的轮廓
N70 MIRROR X0 Y0；	沿 X0 Y0 镜像
N80 L10；	镜像的轮廓
N90 MIRROR；	取消镜像功能
……；	

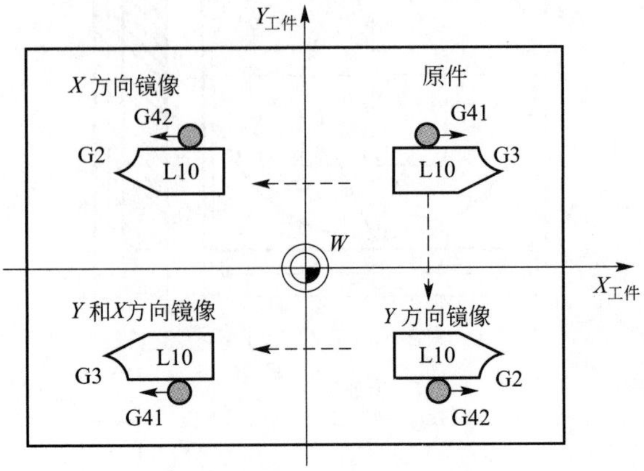

图 4-98 镜像举例

【实例】

试编制在数控铣床上，实现图 4-99 所示形状。工件坐标系为 G54。加工时选择主轴转速为 2500r/min；进给速度为 200mm/min，刀具为 ϕ20mm 铣刀，原点为左下角点。

镜像指令实例

【分析】

① 创建子程序 LL22 加工左下角区域：先加工 R50 的区域，再加工 R30 的区域，最后加工 ϕ20 的孔；

② 指令编程，加工其余三块区域；

③ 关键点和线的信息可由数学方法计算，由此可得出如图 4-100 所示的一些坐标点。

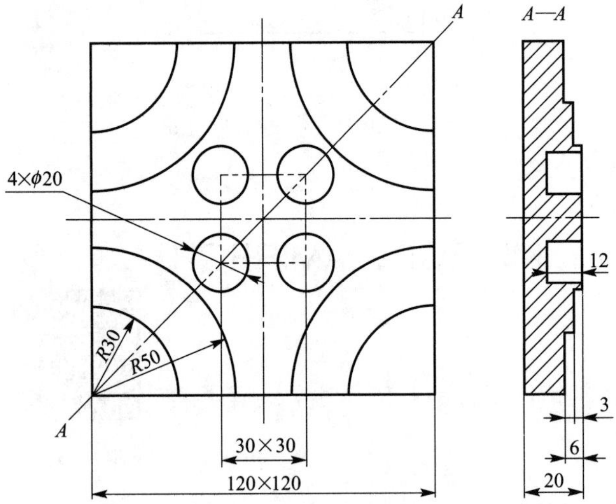

图 4-99 加工实例

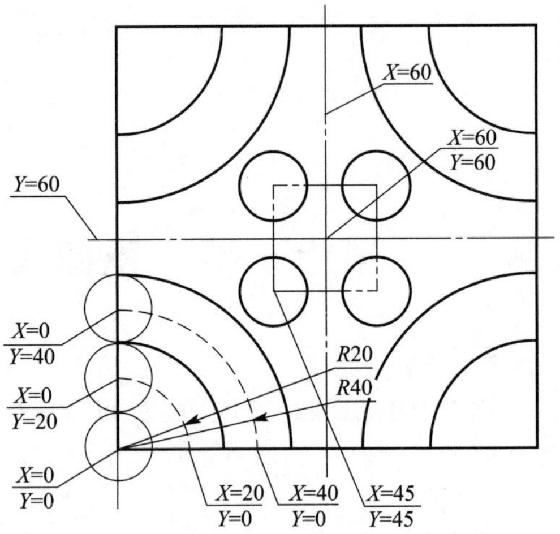

图 4-100 坐标点

【程序】

路径	段号	子 程 序	说 明
		LL22	子程序号
左下角 R50 区域	N10	G0 X0 Y0；	定位在原点上方
	N20	G0 Z2；	Z 向接近工件表面
	N30	G1 Z－3 F20；	Z 向进刀至－3mm，20mm/min

续表

路径	段号	子 程 序	说 明
左下角 R50 区域	N40	G1 X0 Y20 F200;	加工至 X0Y20 的点
	N50	G2 X20 Y0 CR=R20;	加工顺时针 R20 圆弧
	N60	G1 X40 Y0;	加工至 X40Y0 的点
	N70	G3 X0 Y40 CR=R40;	加工逆时针 R20 圆弧
	N80	G1 X0 Y0 F800;	提速返回原点
左下角 R30 区域	N90	G1 Z-6 F20;	Z 向进刀至 -6mm,20mm/min
	N100	G1 X0 Y20 F200;	加工至 X0Y20 的点
	N110	G2 X20 Y0 CR=20;	加工顺时针 R20 圆弧
	N120	G1 X0 Y0;	加工至原点
	N130	G0 Z2;	抬刀
加工孔	N140	G0 X45 Y45;	定位在孔上方
	N150	G1 Z-12 F20;	Z 向进刀至 -12mm,20mm/min
	N160	G4 F1;	暂停 1s,清(平)孔底
	N170	G0 Z2;	抬刀
	N180	M2;	子程序结束

路径	段号	主 程 序	说 明
开始		BB01	主程序号
	N10	G17 G54 G94;	选择平面、坐标系、分钟进给
	N20	M3 S2500;	主轴正转、800r/min
镜像形状	N30	LL22	调用子程序,加工左下角区域
	N40	MIRROR X60;	沿 Y 轴镜像
	N50	LL22;	调用子程序,加工右下形状
	N60	MIRROR Y60;	沿 X 镜像
	N70	LL22;	调用子程序,加工左上形状
	N80	MIRROR X60 Y60;	沿 X60Y60 的点镜像
	N90	LL22;	调用子程序,加工右上形状
结束	N110	G0 Z200;	抬刀
	N120	M5;	主轴停
	N130	M2;	程序结束

【练习】

① 试编制在数控铣床上，实现图 4-101 所示形状。工件坐标系为 G54。加工时选择主轴转速为 1200r/min；进给速度为 120mm/min，刀具为 ϕ10mm 铣刀。

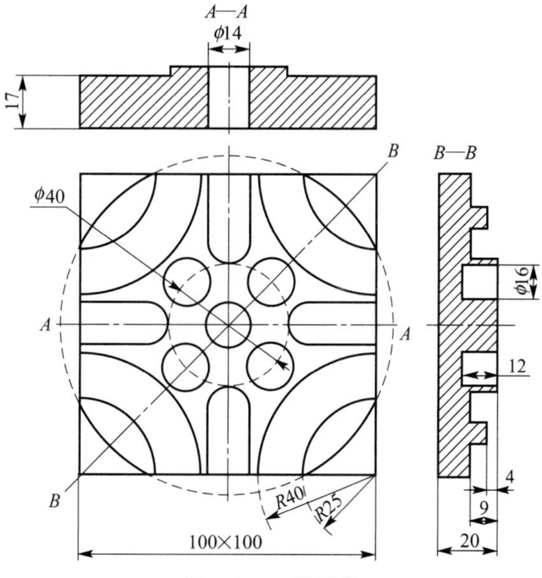

图 4-101 练习①

② 试编制在数控铣床上，实现图 4-102 所示形状。工件坐标系为 G54。加工时选择主轴转速为 1200r/min；进给速度为 120mm/min，刀具为 ϕ10mm 铣刀。

③ 试编制在数控铣床上，实现图 4-103 所示形状。工件坐标系为 G54。加工时选择主轴转速为 1200r/min；进给速度为 120mm/min，刀具为 ϕ20mm 铣刀。

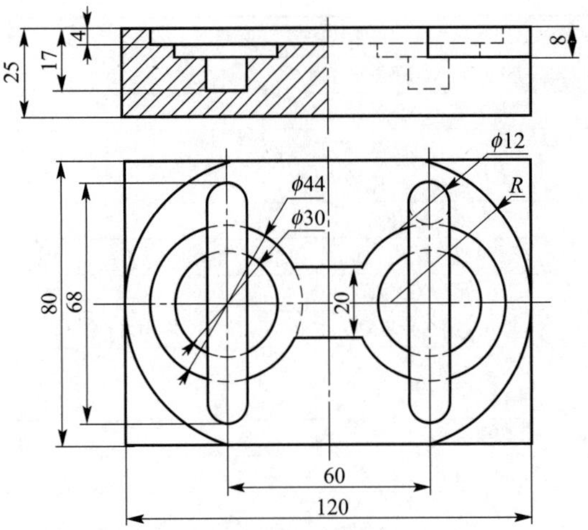

图 4-102 练习②

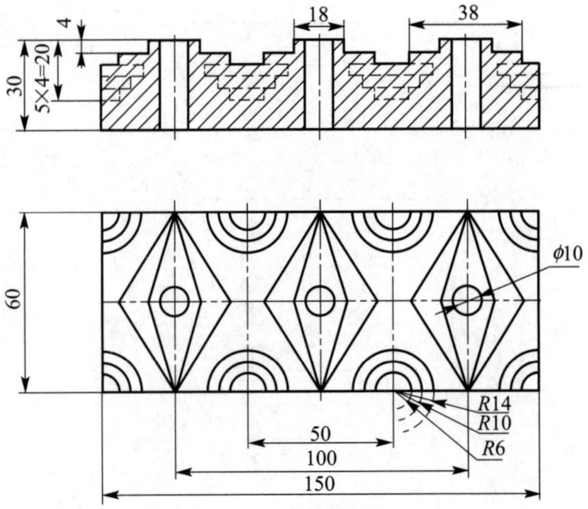

图 4-103 练习③

第十二节 零点偏置：TRANS，ATRANS

零点偏置

【功能】

如果工件上在不同的位置有重复出现的形状或结构；或者选用了一个新的参考点，在这种情况下就需要使用可编程零点偏置。由此就产生一个当前工件坐标系，新输入的尺寸均是在该坐标系中的数据尺寸。

可以在所有坐标轴中进行零点偏移。

【编程】

TRANS X __ Y __ Z __;	可编程的偏移，清除所有有关偏移、旋转、比例系数、镜像的指令
ATRANS X __ Y __ Z __;	可编程的偏移，附加于当前的指令
TRANS;	不带数值，清除所有有关偏移、旋转、比例系数、镜像的指令

【说明】

① TRANS/ATRANS 指令要求一个独立的程序段；

② TRANS/ATRANS 指令尽量使用绝对编程。

【举例】

如图 4-104 所示，零点偏置程序如下。

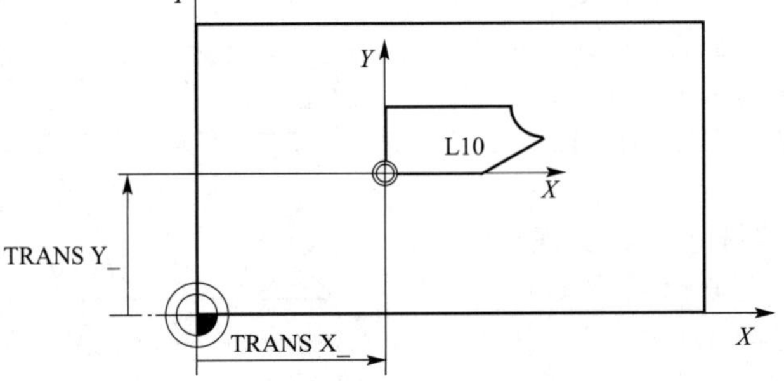

图 4-104 零点偏置举例

【程序】

```
N20 TRANS X __ Y __;    可编程零点偏移
N30 L10;                子程序调用,其中包含待偏移的几何量
N40 TRANS;              取消偏移
……
```

【实例】

试编制在数控铣床上，实现下图 4-105 所示形状。工件坐标系为 G54。加工时选择主轴转速为 2500r/min；进给速度为 200mm/min，刀具为 ϕ10mm 铣刀，原点为左下角点。

零点偏置实例

【分析】

① 创建子程序 LL11 加工左下角圆角矩形凹槽区域，ϕ10mm 铣刀的不需要走圆弧了；

② 偏置指令编程，加工其余三块区域；

③ 关键点和线的信息可由数学方法计算，由此可得出如图 4-106 所示的一些坐标点。

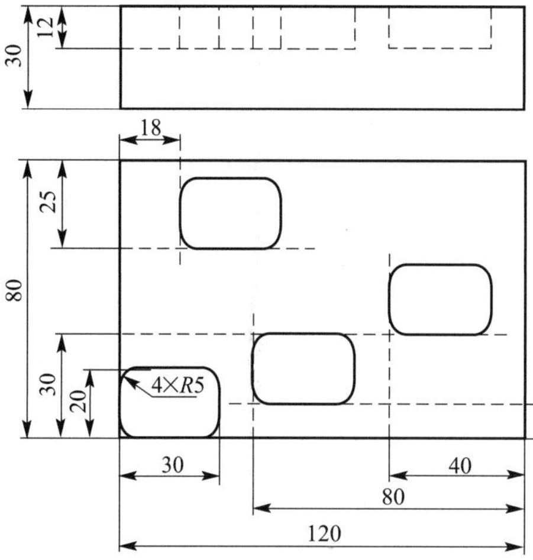

图 4-105　加工实例

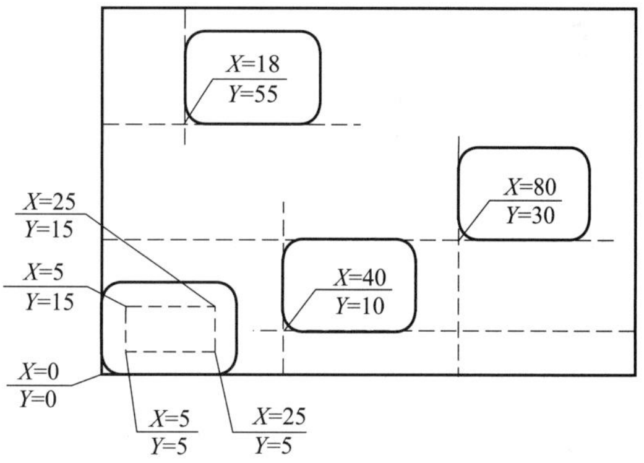

图 4-106　坐标点

【程序】

路径	段号	子　程　序	说　　明
圆角矩形第 1 层		LL10	子程序号
	N10	G1 X5 Y15 F200;	加工至 X5 Y15 的点
	N20	G1 X25 Y15;	加工至 X25 Y15 的点
	N30	G1 X25 Y5;	加工至 X25 Y5 的点
	N40	G1 X5 Y5;	加工至 X5 Y5 的点
	N50	M2;	加工逆时针 R20 圆弧

圆角矩形		LL11	子程序号
	N10	G0 X5 Y5;	定位在 X5 Y5 上方
	N20	G0 Z2;	Z 向接近工件表面
	N30	G1 Z−3 F20;	Z 向进刀至−3mm,20mm/min
	N40	LL10	加工圆角矩形第 1 层
	N50	G1 Z−6 F20;	Z 向进刀至−6mm,20mm/min
	N60	LL10	加工圆角矩形第 2 层
	N70	G1 Z−9 F20;	Z 向进刀至−9mm,20mm/min

续表

圆角矩形	N80	LL10	加工圆角矩形第 3 层
	N90	G1 Z－12 F20；	Z 向进刀至－12mm，20mm/min
	N100	LL10	加工圆角矩形第 4 层
	N110	G0 Z2；	抬刀
	N120	M2；	子程序结束

路径	段号	主 程 序	说 明
开始		BB02	
	N10	G17 G54 G94；	选择平面、坐标系、分钟进给
	N20	M3 S2500；	主轴正转、800r/min
偏移形状	N30	LL11	调用子程序，X0 Y0 的圆角矩形
	N40	TRANS X40 Y10；	零点偏移至 X40 Y10
	N50	LL11	调用子程序，X40 Y10 的圆角矩形
	N60	TRANS X80 Y30；	零点偏移至 X80 Y300
	N70	LL11	调用子程序，X40 Y10 的圆角矩形
	N80	TRANS X18 Y55；	零点偏移至 X18 Y55
	N90	LL11	调用子程序，X18 Y55 的圆角矩形
结束	N110	G0 Z200；	抬刀
	N120	M5；	主轴停
	N130	M2；	程序结束

【练习】

① 试编制在数控铣床上，实现图 4-107 所示形状。工件坐标系为 G54。加工时选择主轴转速为 1200r/min；进给速度为 120mm/min，刀具为 ϕ10mm 铣刀。

② 试编制在数控铣床上，实现图 4-108 所示形状。工件坐标系为 G54。加工时选择主轴转速为 1200r/min；进给速度为 120mm/min，刀具为 ϕ10mm 和 ϕ6mm 铣刀。

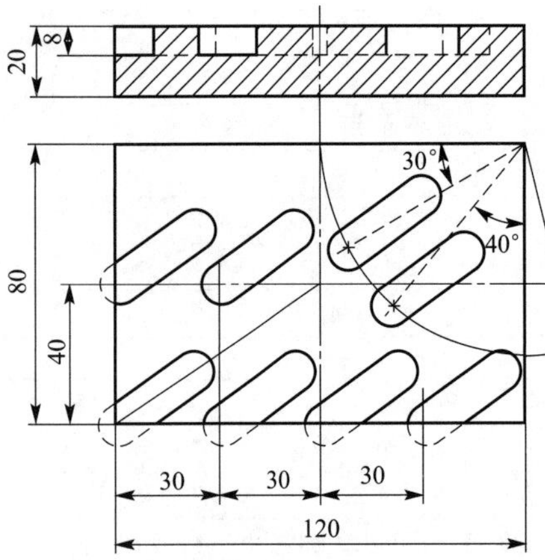

图 4-107 练习①

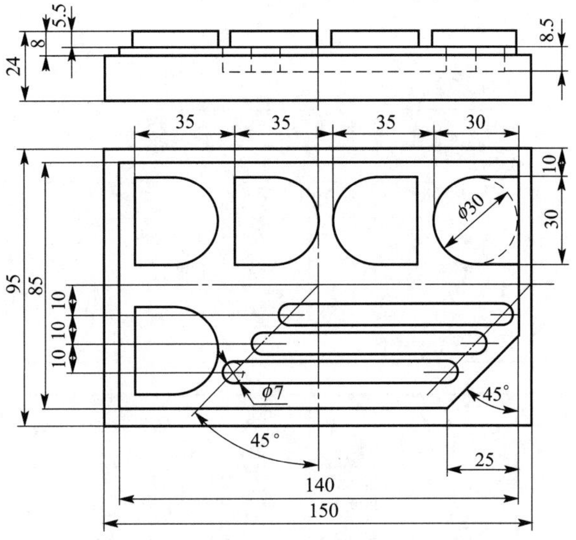

图 4-108 练习②

③ 试编制在数控铣床上，实现图 4-109 所示形状。工件坐标系为 G54。加工时选择主轴转速为 1200r/min；进给速度为 120mm/min，刀具为 ϕ20mm 铣刀。

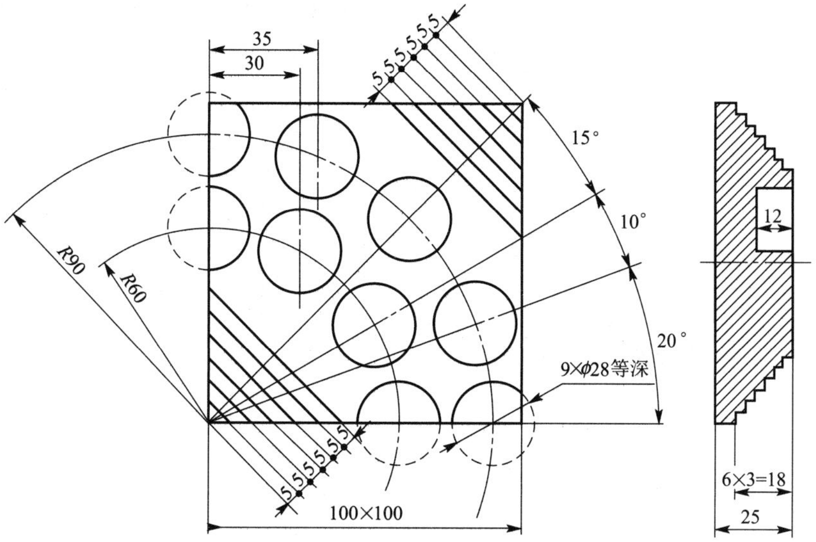

图 4-109　练习③

第十三节　旋转指令：ROT，AROT

【功能】

在当前的平面 G17 或 G18 或 G19 中执行旋转，值为 RPL=…，单位是度。

【编程】

ROT　RPL=__	可编程旋转，删除以前的偏移、旋转、比例系数和镜像指令
AROT　RPL=__	可编程旋转，附加于当前的指令
ROT	没有设定值，删除以前的偏移、旋转、比例系数和镜像

旋转指令

【说明】

ROT/AROT 指令要求一个独立的程序段。

【举例】

如图 4-110 所示，旋转程序如下。

【程序】

```
N10 G17;                X/Y 平面
N20 TRANS X20 Y10;      可编程的偏置
N30 L10;                子程序调用，含有待偏移的几何量
N40 TRANS X30 Y26;      新的偏移
N50 AROT  RPL=45;       附加旋转 45°
N60 L10;                子程序调用
N70 TRANS;              删除偏移和旋转
……
```

【实例】

试编制在数控铣床上，实现图 4-111 所示形状。工件坐标系为 G54。加工时选择主轴转速为 2500r/min；进给速度为 200mm/min，刀具为 ϕ10mm 铣刀，原点为左下角点。

旋转指令实例

【分析】

① 此题中创建子程序 LL16 加工左下角圆角矩形凹槽区域，ϕ10mm 铣

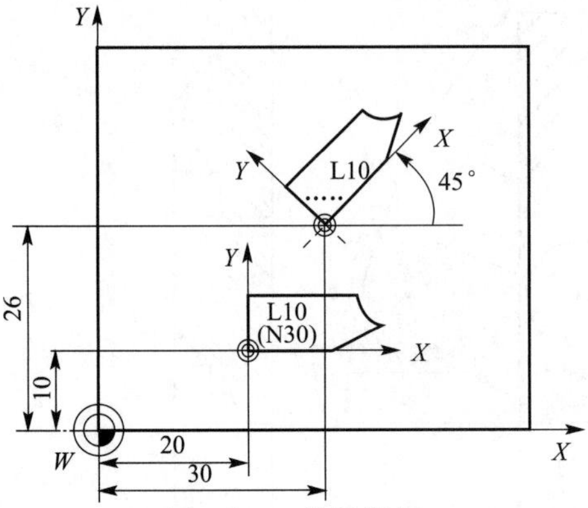

图 4-110　旋转举例

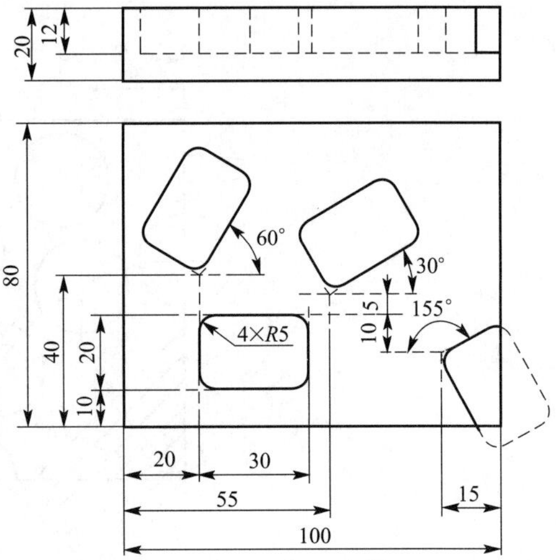

图 4-111　加工实例

刀的不需要走圆弧了。

注意：此时以该圆角矩形区域的左下角点进行子程序编制，如图 4-112 所示。

② 用零点偏置和旋转指令相结合编程，加工其余三块区域。

③ 关键点和线的信息可由数学方法计算，由此可得出如图 4-113 所示的一些坐标点。

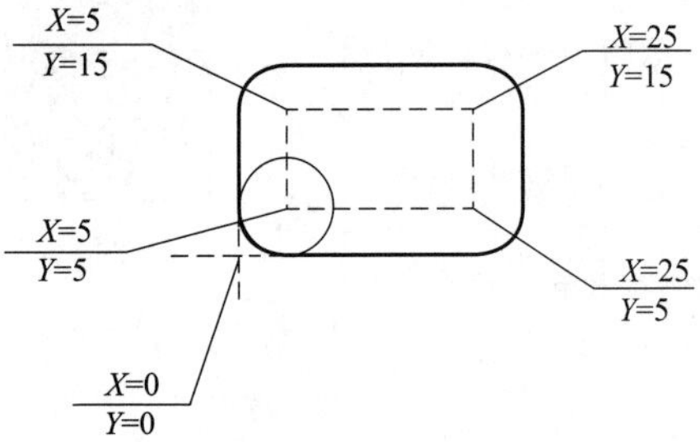

图 4-112　左下角点

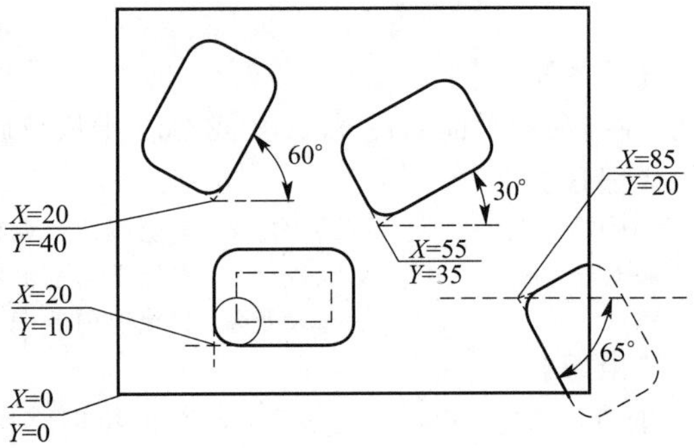

图 4-113　坐标点

【程序】

路径	段号	子　程　序	说　　明
圆角矩形第 1 层		LL16	子程序号
	N10	G1 X5 Y15 F200;	加工至 X5 Y15 的点
	N20	G1 X25 Y15;	加工至 X25 Y15 的点
	N30	G1 X25 Y5;	加工至 X25 Y5 的点
	N40	G1 X5 Y5;	加工至 X5 Y5 的点
	N50	M2;	加工逆时针 R20 圆弧
圆角矩形		LL17	子程序号
	N10	G0 X5 Y5;	定位在 X5Y5 上方
	N20	G0 Z2;	Z 向接近工件表面
	N30	G1 Z－3 F20;	Z 向进刀至－3mm,20mm/min
	N40	LL16	加工圆角矩形第 1 层
	N50	G01 Z－6 F20;	Z 向进刀至－6mm,20mm/min
	N60	LL16	加工圆角矩形第 2 层

续表

圆角矩形	N70	G01 Z－9 F20;	Z 向进刀至－9mm,20mm/min
	N80	LL16	加工圆角矩形第 3 层
	N90	G01 Z－12 F20;	Z 向进刀至－12mm,20mm/min
	N100	LL16	加工圆角矩形第 4 层
	N110	G0 Z2;	抬刀
	N120	M2;	子程序结束

路径	段号	主 程 序	说 明
开始		BB03	
	N10	G17 G54 G94;	选择平面、坐标系、分钟进给
	N20	M3 S2500;	主轴正转、800r/min
旋转形状	N30	TRANS X20 Y10;	零点偏移至 X20 Y10
	N40	LL17	调用子程序,X20Y10 的圆角矩形
	N50	TRANS X20 Y40;	零点偏移至 X20 Y40
	N60	AROT RPL＝60;	附加旋转 60°
	N70	LL17	调用子程序,X20 Y40 的圆角矩形
	N80	TRANS X55 Y35;	零点偏移至 X55 Y35
	N90	AROT RPL＝30;	附加旋转 30°
	N100	LL17	调用子程序,X55 Y35 的圆角矩形
	N120	TRANS X85 Y20;	零点偏移至 X85 Y20
	N130	AROT RPL＝－65;	附加旋转－65° 注意:如果机床不支持"－"角度,可输入 295°
	N110	LL11	调用子程序,X85 Y20 的圆角矩形
结束	N140	G0 Z200;	抬刀
	N150	M5;	主轴停
	N160	M2;	程序结束

【练习】

① 试编制在数控铣床上，实现图 4-114 所示形状。工件坐标系为 G54。加工时选择主轴转速为 1200r/min；进给速度为 120mm/min，刀具为 ϕ10mm 铣刀。

② 试编制在数控铣床上，实现图 4-115 所示形状。工件坐标系为 G54。加工时选择主轴转速为 1200r/min；进给速度为 120mm/min，刀具为 ϕ10mm 和 ϕ6mm 铣刀。

③ 试编制在数控铣床上，实现图 4-116 所示形状。工件坐标系为 G54。加工时选择主轴转速为 1200r/min；进给速度为 120mm/min，刀具为 ϕ20mm 铣刀。

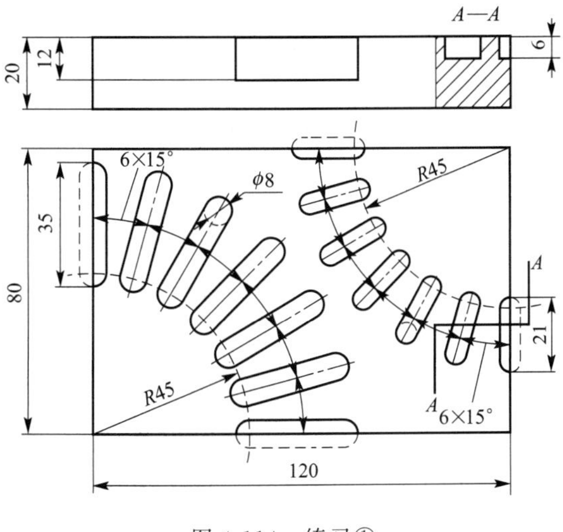

图 4-114 练习①

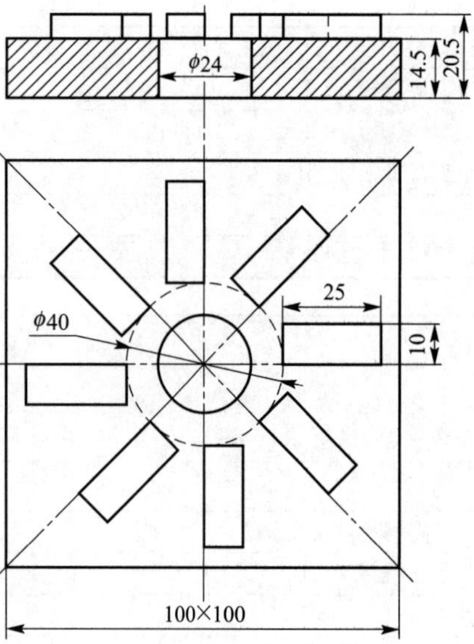

图 4-115 练习②

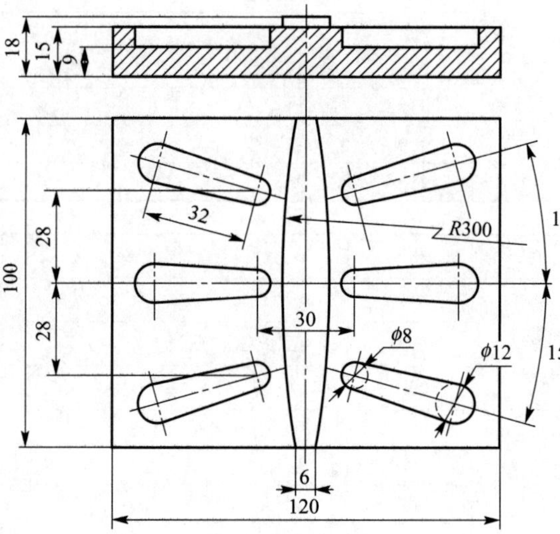

图 4-116 练习③

第十四节 比例缩放指令：SCALE，ASCALE

比例缩放

【功能】

用 SCALE、ASCALE 可以为所有坐标轴编程一个比例系数，按此比例使所给定的轴放大或缩小。当前设定的坐标系用作比例缩放的参照标准。

【编程】

```
SCALE X__Y__Z__;     可编程的比例系数,清除所有有关偏移、旋转、比例系数、镜像的指令
ASCALE X__Y__Z__;    可编程的比例系数,附加于当前的指令
SCALE;               不带数值,清除所有有关偏移、旋转、比例系数、镜像的指令
```

【说明】

SCALE、ASCALE 指令要求一个独立的程序段。

① 图形为圆时，两个轴的比例系数必须一致。

② 如果在 SCALE/ASCALE 有效时编程 ATRANS，则偏移量也同样被比例缩放。

【举例】

如图 4-117 所示，比例缩放程序如下。

【程序】

```
N10 G17;                 X/Y 平面
N20 L10;                 编程的轮廓－原尺寸
N30 SCALE X2 Y2;         设置放大比例
N40 L10;                 X 轴和 Y 轴方向的轮廓放大 2 倍
N50 ATRANS X2.5 Y18;     零点偏置值也按比例放大 2 倍
N60 L10;                 轮廓放大和偏置
……;
```

【实例】

试编制在数控铣床上，实现图 4-118 所示形状。工件坐标系为 G54。加工时选择主轴转速为 2500r/min；进给速度为 200mm/min，刀具为 ϕ10mm 铣刀，原点为左下角点。

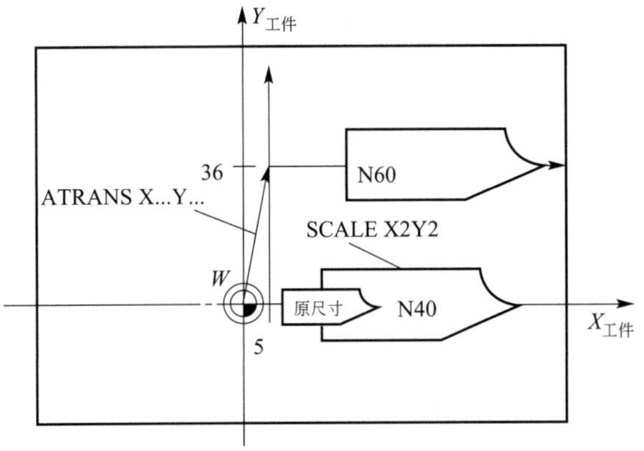

图 4-117　比例缩放举例

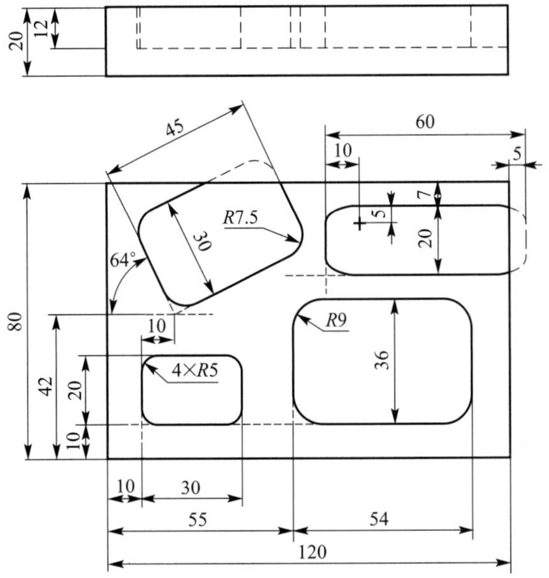

图 4-118　加工实例

【分析】

① 此例中创建子程序 LL16 加工左下角圆角矩形凹槽区域，ϕ10mm 铣刀的不需要走圆弧了。

② 注意：此时以该圆角矩形区域的左下角点进行宏程序编制，如图 4-119 所示。

比例缩放实例

③ 用零点偏置、旋转和缩放指令相结合编程，加工其余三块区域。

④ 关键点和线的信息可由数学方法计算，由此可得出如图 4-120 所示的一些坐标点。

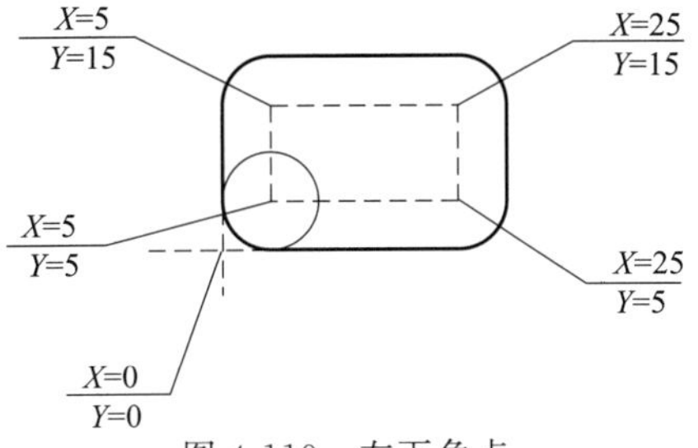

图 4-119　左下角点

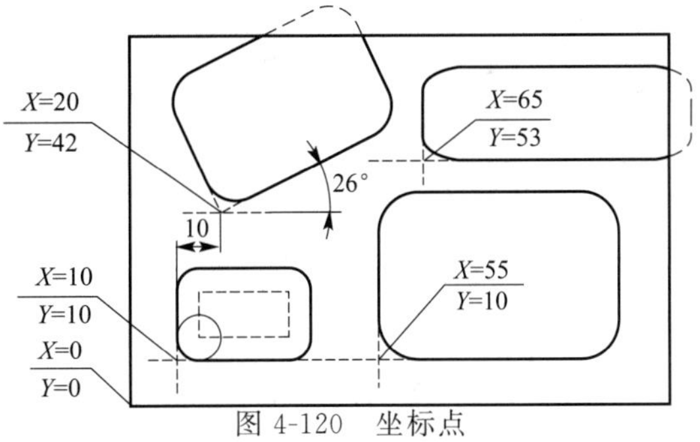

图 4-120　坐标点

【程序】

路径	段号	子　程　序	说　　明
圆角矩形第 1 层		LL18	子程序号
	N10	G1 X5 Y15 F200;	加工至 *X*5 *Y*15 的点
	N20	G1 X25 Y15;	加工至 *X*25 *Y*15 的点
	N30	G1 X25 Y5;	加工至 *X*25 *Y*5 的点
	N40	G1 X5 Y5;	加工至 *X*5 *Y*5 的点
	N50	M2;	加工逆时针 *R*20 圆弧

圆角矩形		LL19	子程序号
	N10	G0 X5 Y5;	定位在 *X*5*Y*5 上方
	N20	G0 Z2;	*Z* 向接近工件表面

续表

圆角矩形	N30	G1 Z－3 F20；	Z 向进刀至－3mm，20mm/min
	N40	LL10	加工圆角矩形第 1 层
	N50	G1 Z－6 F20；	Z 向进刀至－6mm，20mm/min
	N60	LL10	加工圆角矩形第 2 层
	N70	G1 Z－9 F20；	Z 向进刀至－9mm，20mm/min
	N80	LL10	加工圆角矩形第 3 层
	N90	G1 Z－12 F20；	Z 向进刀至－12mm，20mm/min
	N100	LL10	加工圆角矩形第 4 层
	N110	G0 Z2；	抬刀
	N120	M2；	子程序结束

路径	段号	主　程　序	说　　明
开始		BB04	
	N10	G17 G54 G94；	选择平面、坐标系、分钟进给
	N20	M3 S2500；	主轴正转、800r/min
旋转形状	N30	TRANS X20 Y10；	零点偏移至 X10 Y10
	N40	LL19	调用子程序，X10 Y10 的圆角矩形
	N50	TRANS X55 Y10；	零点偏移至 X55 Y10
	N60	ASCALE X1.8 Y1.8；	附加比例缩放等比 1.8 倍
	N70	LL19	调用子程序，X20 Y40 的圆角矩形
	N80	TRANS X20 Y42；	零点偏移至 X20 Y42
	N90	AROT　RPL＝26；	附加旋转 26°
	N100	ASCALE X1.5 Y1.5	附加比例缩放等比 1.5 倍
	N120	LL19	调用子程序，X20 Y40 的圆角矩形
	N130	TRANS X65 Y53；	零点偏移至 X85 Y20
	N110	ASCALE X1 Y2；	附加比例缩放：X 轴不变，Y 轴放大 2 倍
	N140	LL19	调用子程序，X85 Y20 的圆角矩形
结束	N150	G0 Z200；	抬刀
	N160	M5；	主轴停
	N160	M2；	程序结束

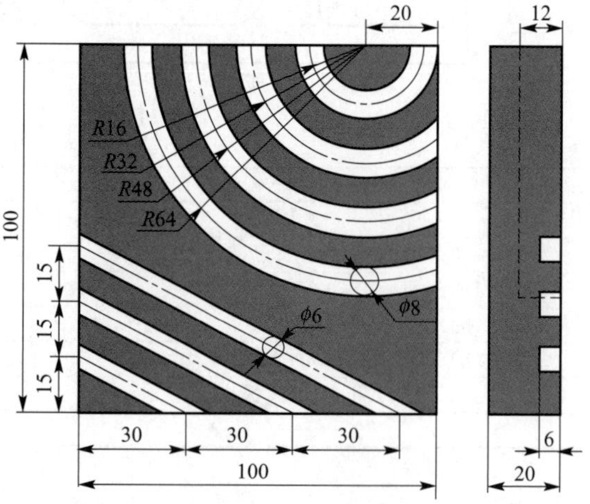

图 4-121　练习①

【练习】

① 试编制在数控铣床上，实现图 4-121 所示形状。工件坐标系为 G54。加工时选择主轴转速为 1200r/min；进给速度为 120mm/min，刀具为 ϕ6mm 和 ϕ8mm 铣刀。

② 试编制在数控铣床上，实现图 4-122 所示形状。工件坐标系为 G54。加工时选择主轴转速为 1200r/min；进给速度为 120mm/min，刀具为 ϕ10mm 和 ϕ6mm 铣刀。

③ 试编制在数控铣床上，实现图 4-123 所示形状。工件坐标系为 G54。加工时选择主轴转速为 1200r/min；进给

速度为 120mm/min，刀具为 ϕ20mm 铣刀。

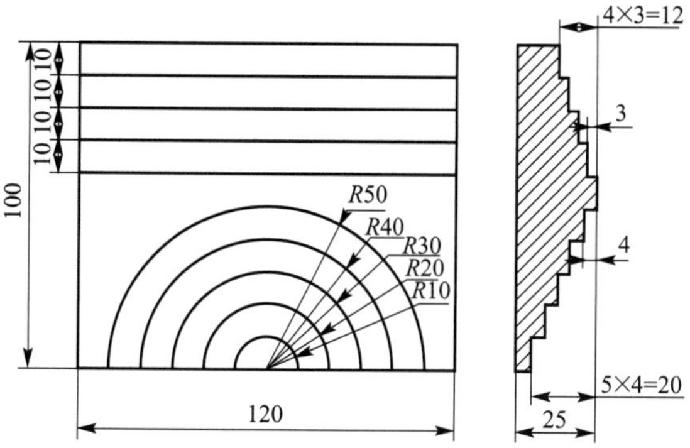

图 4-122　练习②

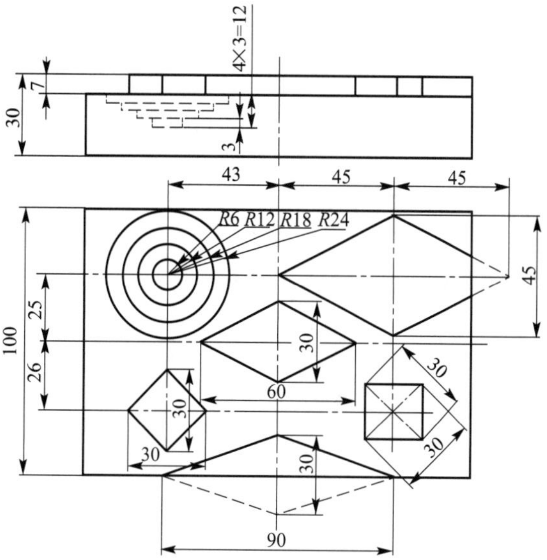

图 4-123　练习③

第十五节　子　程　序

【功能】

原则上讲，主程序和子程序之间并没有区别。通常用子程序编写零件上需要重复进行的加工的部分，比如某一确定的轮廓形状，如图 4-124 所示。子程序位于主程序中适当的地方，在需要时进行调用、运行。子程序的一种形式就是加工循环，加工循环包含一般通用的加工工序，诸如螺纹切削、坯料切削加工等。通过给规定的计算参数赋值就可以实现各种具体的加工。

子程序

【结构】

子程序的结构与主程序的结构一样，只是子程序结束后返回主程序。

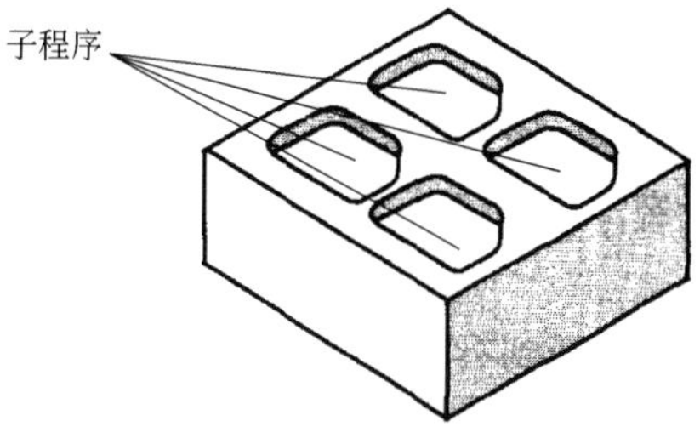

图 4-124　子程序加工对象

（1）子程序程序名

为了方便地识别、调用子程序和便于组织管理，必须给子程序取一个程序名。子程序名可以自由选取，但必须符合以下规定（与主程序中程序名的选取方法一样）。

① 开始的两个符号必须是字母。

② 其后的符号可以是字母、数字或下划线。

③ 最多为 8 个字符。

④ 不得使用分隔符。

另外，在子程序中还可以使用地址字“L…”，其后的值可以有 7 位（只能为整数）。注意地址字 L 之后的每个 0 均有意义，不可省略。如 L36 并非 L036 或 L0036，它们表示三个不同的子程序。

在确定子程序名时，尽可能使其与加工对象要素及其特征联系起来，以便通过子程序名直接与加工对象对号，便于管理。如在满足上述规则前提下，可以用子程序加工要素名称的英文或汉语拼音等作为子程序名命名要素，并在其前加上 L 以区别于主程序。

（2）子程序结束

子程序结束除了用 M2 指令外，还可以采用 M17 指令。

【子程序的调用】

子程序调用（即格式）：在一个程序中（主程序或子程序）可以直接用程序名调用子程序。子程序调用要求占用一个独立的程序段。

① 格式一：L □□□□；

作用：调用子程序 L □□□□一次。如 L100，为调用子程序 L100 一次。

② 格式二：L □□□□ P ××××；

作用：连续调用子程序 L□□□□多次，地址 P 后缀的××××代表调用次数，机床允许范围为 P1～P9999。如 L200 P3；为调用子程序 L200 三次。

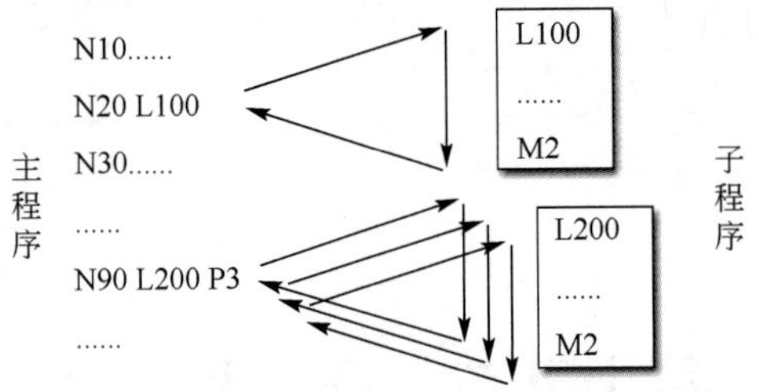

【子程序的嵌套】

子程序不仅可以供主程序调用，也可以从其他子程序中调用，这个过程称为子程序的嵌套。子程序的嵌套深度可以为三层，也就是四级程序界面（包括一级主程序界面），如图 4-125 所示。但在使用加工循环进行加工时，要注意加工循环程序也同样属于子程序，因此要占用四级程序界面中的一级。

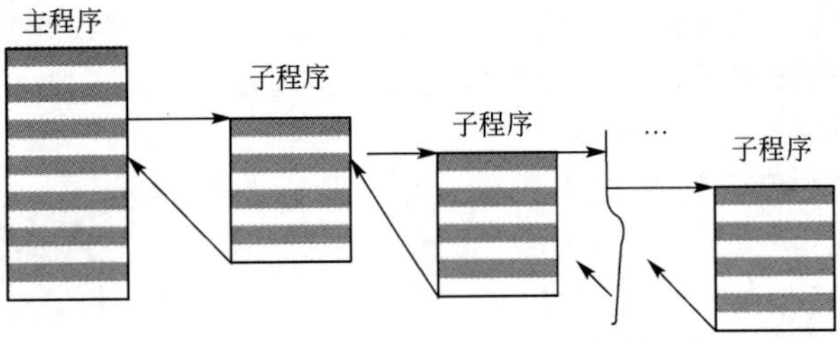

图 4-125 子程序嵌套示意图

【应用说明】

① 在子程序中尽量采用相对编程的方法，需掌握 G90 和 G91 指令或 U、V、W 的地址编程方式，具体可参照上一章节 FANUC 的编程指令，在此不再赘述。

② 在返回调用程序时，请注意检查一下所有模态有效的功能指令，并按照要求进行调整。对于 R 参数也需同样注意，不要无意识地用上级程序界面中所使用的计算参数来修改下级程序界面的计算参数。

【实例 1】

试编制在数控铣床上，实现图 4-126 所示图形的加工。工件坐标系为 G54，主轴转速 850r/min，进给速度 150mm/min，Z 向进给速度 10mm/min。刀具为 $\phi10$ 的铣刀。

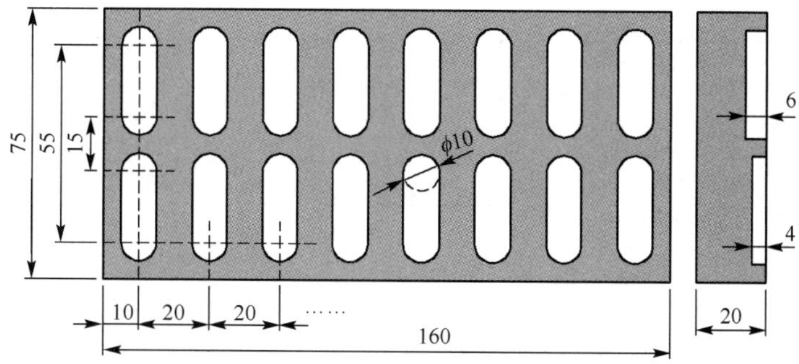

图 4-126　子程序编程实例 1

子程序——实例 1

分析：

根据本题中凹槽的形状，采用子程序编程，子程序 L111 为深 4mm 的凹槽，子程序 L222 为深 6mm 的凹槽。只需在主程序中定位槽的起点，调入子程序即可。

本题中加工顺序按图 4-127 的顺序编程。

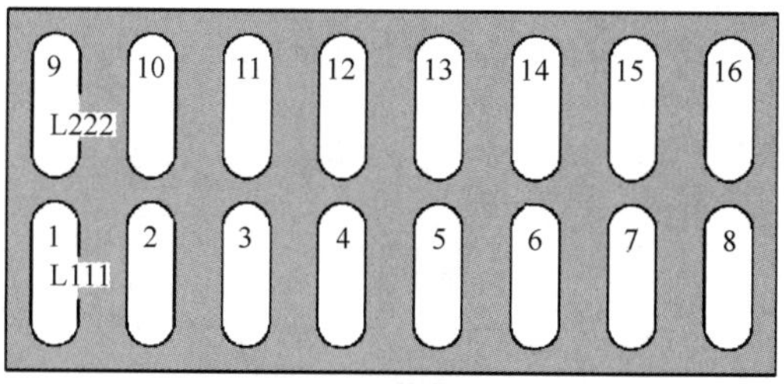

图 4-127　实例 1 分析

加工程序如下：

路径	段号	子　程　序	说　　明
深 4mm 凹槽加工		L111	子程序号
	N10	G1 Z－2 F10	Z 向进刀至 2mm，10mm/min
	N20	G1 U0 V20 F120	向 Y 正方向上铣凹槽
	N30	G1 Z－4 F10	Z 向进刀至 4mm，10mm/min
	N40	G1 U0 V－20 F120	向 Y 负方向上铣凹槽
	N50	G0 Z2	抬刀
	N60	M2	子程序结束
深 6m 凹槽加工		L222	子程序号
	N10	G1 Z－2 F10	Z 向进刀至－2mm，10mm/min
	N20	G1 U0 V20 F120	向 Y 正方向上铣凹槽
	N30	G1 Z－4 F10	Z 向进刀至 4mm，10mm/min
	N40	G1 U0 V－20 F120	向 Y 负方向上铣凹槽
	N50	G1 Z－6 F10	Z 向进刀至－6mm，10mm/min
	N60	G1 U0 V20 F120	向 Y 正方向上铣凹槽
	N70	G0 Z2	抬刀
	N80	M2	子程序结束

路径	段号	主　程　序	说　　明
开始		ABC1	
	N10	G17 G54 G94；	选择平面、坐标系、分钟进给
	N20	M3 S850；	主轴正转，850r/min

续表

路径	段号	主　程　序	说　　明
凹槽 1	N30	G0 X10 Y10;	定位在凹槽 1 上方
	N40	G0 Z2;	Z 向接近工件表面
	N50	L111;	调用子程序，加工凹槽 1
凹槽 2	N60	G0 X30 Y10;	定位在凹槽 2 上方
	N70	L111;	调用子程序，加工凹槽 2
凹槽 3	N80	G0 X50 Y10;	定位在凹槽 3 上方
	N90	L111;	调用子程序，加工凹槽 3
凹槽 4	N100	G0 X70 Y10;	定位在凹槽 4 上方
	N110	L111;	调用子程序，加工凹槽 4
凹槽 5	N120	G0 X90 Y10;	定位在凹槽 5 上方
	N130	L111;	调用子程序，加工凹槽 5
凹槽 6	N140	G0 X110 Y10;	定位在凹槽 6 上方
	N150	L111;	调用子程序，加工凹槽 6
凹槽 7	N160	G0 X130 Y10;	定位在凹槽 7 上方
	N170	L111;	调用子程序，加工凹槽 7
凹槽 8	N180	G0 X150 Y10;	定位在凹槽 8 上方
	N190	L111;	调用子程序，加工凹槽 8
凹槽 9	N200	G0 X10 Y45;	定位在凹槽 9 上方
	N210	L222;	调用子程序，加工凹槽 9
凹槽 10	N60	G0 X30 Y45;	定位在凹槽 10 上方
	N70	L222;	调用子程序，加工凹槽 10
凹槽 11	N80	G0 X50 Y45;	定位在凹槽 11 上方
	N90	L222;	调用子程序，加工凹槽 11
凹槽 12	N100	G0 X70 Y45;	定位在凹槽 12 上方
	N110	L222;	调用子程序，加工凹槽 12
凹槽 13	N120	G0 X90 Y45;	定位在凹槽 13 上方
	N130	L222;	调用子程序，加工凹槽 13
凹槽 14	N140	G0 X110 Y45;	定位在凹槽 14 上方
	N150	L222;	调用子程序，加工凹槽 14
凹槽 15	N160	G0 X130 Y45;	定位在凹槽 15 上方
	N170	L222;	调用子程序，加工凹槽 15
凹槽 16	N180	G0 X150 Y45;	定位在凹槽 16 上方
	N190	L222;	调用子程序，加工凹槽 16
结束	N220	G00 Z50	抬刀
	N230	M5	主轴停
	N240	M2	程序结束

子程序——实例 2

【实例 2】

试编制在数控铣床上，实现图 4-128 所示图形的加工。工件坐标系为 G54，主轴转速 850r/min，进给速度 150mm/min，Z 向进给速度 10mm/min。刀具为 $\phi 10$ 的铣刀。

分析：

根据本题中孔的排列形状，采用子程序嵌套编程，子程序 L77 为孔加工程序，子程序 L88 为列孔组的程序。编程时，只需在主程序中调用子程序 L88 列孔组程序即可。

注意增量方式 G91 和 G90 的使用和取消，是本例的重点。

本题中加工顺序按图 4-129 的顺序编程。

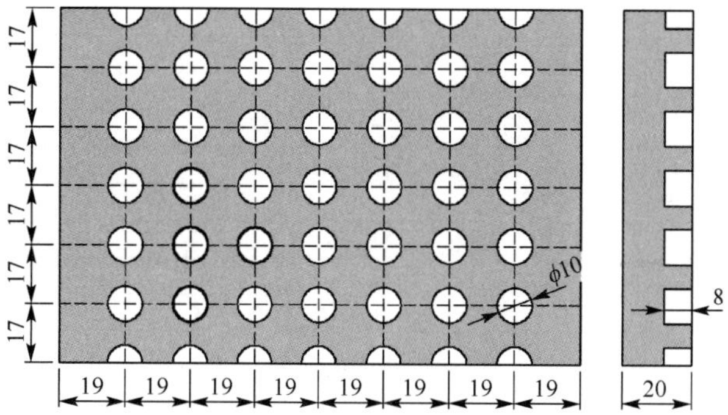

图 4-128 子程序编程实例 2

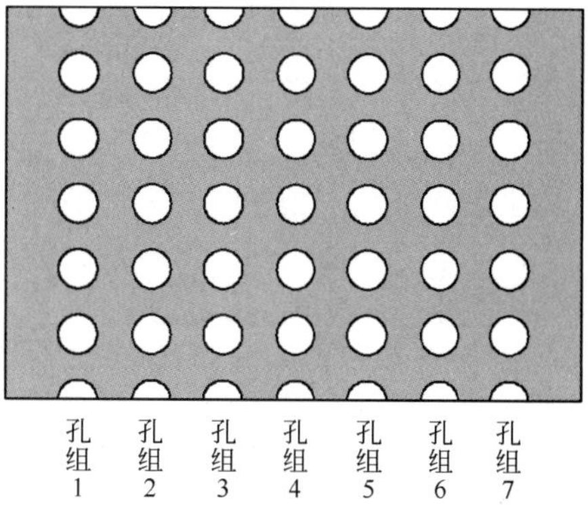

图 4-129 实例 2 分析

加工程序如下：

路径	段号	子 程 序	说 明
φ10		L77	子程序号
	N10	G90 G1 Z-8 F10	绝对方式，Z 向进刀至-4mm
	N20	G4 F1	暂停 1s，方便排削
	N30	G0 Z2	抬刀
	N40	M2	子程序结束

孔组加工		L88	子程序号
	N10	L77	调用子程序，加工孔 1
	N20	G91 G0 X0 Y17	增量方式，定位在孔 2 上方
	N30	L77	调用子程序，加工孔 2
	N40	G0 X0Y17	定位在孔 3 上方
	N50	L77	调用子程序，加工孔 3
	N60	G0 X0Y17	定位在孔 4 上方
	N70	L77	调用子程序，加工孔 4
	N80	G0 X0Y17	定位在孔 5 上方
	N90	L77	调用子程序，加工孔 5
	N100	G0 X0Y17	定位在孔 6 上方
	N110	L77	调用子程序，加工孔 6
	N120	G0 X0Y17	定位在孔 7 上方
	N130	L77	调用子程序，加工孔 7
	N140	G90	返回绝对方式
	N150	G0 Z2	抬刀
	N160	M2	子程序结束

路径		主 程 序	说 明
开始		ABC2	
	N10	G17 G54 G94;	选择平面、坐标系、分钟进给
	N20	M3 S850;	主轴正转，850r/min
孔组 1	N30	G0 X19 Y0;	定位在孔组 1 上方
	N40	G0 Z2;	Z 向接近工件表面
	N50	L88;	调用子程序，加工孔组 1
孔组 2	N60	G0 X38Y0;	定位在孔组 2 上方
	N70	L88;	调用子程序，加工孔组 2
孔组 3	N80	G0 X57 Y0;	定位在孔组 3 上方
	N90	L88;	调用子程序，加工孔组 3

续表

路径		主 程 序	说 明
孔组 4	N100	G0 X76 Y0;	定位在孔组 4 上方
	N110	L88;	调用子程序,加工孔组 4
孔组 5	N120	G0 X95 Y0;	定位在孔组 5 上方
	N130	L88;	调用子程序,加工孔组 5
孔组 6	N140	G0 X114 Y0;	定位在孔组 6 上方
	N150	L88;	调用子程序,加工孔组 6
孔组 7	N160	G0 X135 Y0;	定位在孔组 7 上方
	N170	L88;	调用子程序,加工孔组 7
结束	N180	G0 Z50	抬刀
	N190	M5	主轴停
	N200	M2	程序结束

【综合练习—增量坐标系】

试编制在数控铣床上，实现如图 4-130 和图 4-131 所示形状。工件坐标系为 G54。加工时选择主轴转速为 800r/min；Z 向下刀速度为 20mm/min，刀具为 ϕ7.5mm 铣刀。

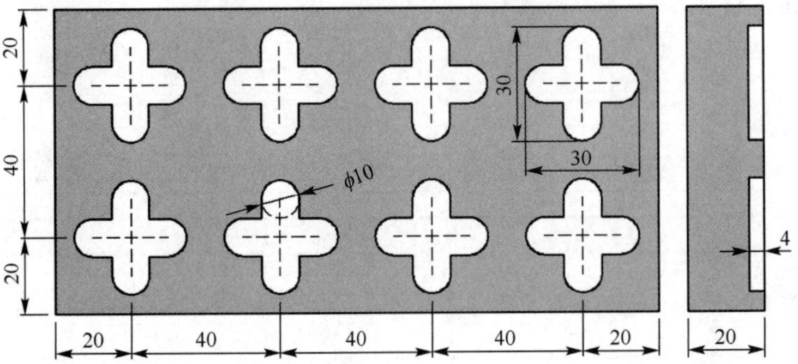

图 4-130 综合练习①

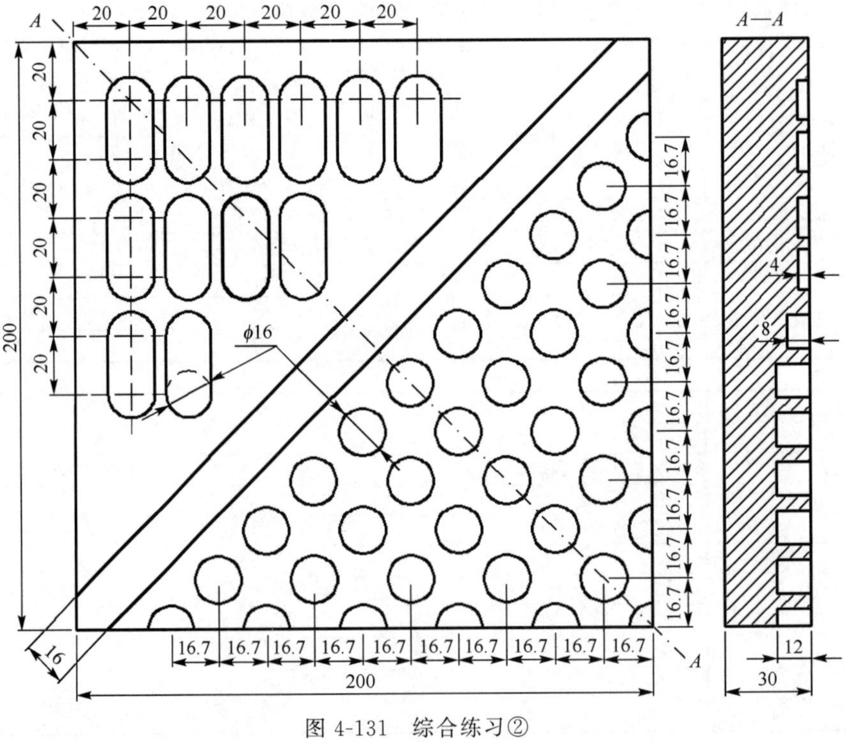

图 4-131 综合练习②

第十六节　钻孔循环

一、概述

1. 钻孔循环类型

钻孔循环是用于钻孔、镗孔、攻丝的，按照机床定义的动作顺序进行加工。这些循环以具有定义的名称和参数表的子程序的形式来调用。用于镗孔的循环有三个。它们包括不同的技术程序，因此具有不同的参数值。

较特殊的钻孔循环类型见表 4-2。

表 4-2　较特殊的钻孔循环类型

循环类型	循环指令	特殊的参数特性
铰孔 1	CYCLE85	按不同进给率镗孔和返回
镗孔	CYCLE86	定位主轴停止，返回路径定义，按快速进给率返回，主轴旋转方向定义
铰孔 2	CYCLE87	到达钻孔深度时主轴停止 M5 且程序停止 M0；按 NC START 继续，快速返回，定义主轴的旋转方向
可停止镗孔 1	CYCLE88	与 CYCLE87 相同，增加到钻孔深度的停顿时间
可停止镗孔 2	CYCLE89	按相同进给率镗孔和返回

钻孔循环可以是模态的，即在包含动作命令的每个程序块的末尾执行这些循环。用户写的其它循环也可以按模态调用。

有两种类型的参数：几何参数和加工参数。

几何参数用于所有的钻孔循环，钻孔样式循环和铣削循环的几何参数是一样的。它们定义：参考平面和返回平面，以及安全间隙和绝对或相对的最后钻孔深度（见图 4-132）。在首次钻孔循环 CYCLE82 中几何参数只赋值一次。

加工参数在各个循环中具有不同的含义和作用。因此它们在每个循环中单独编程。

2. 注意事项

① 前提条件：钻孔循环是独立于实际轴名称而编程的。循环调用之前，在前部程序必须使之到达钻孔位置。

② 进给率：如果在钻孔循环中没有定义进给率，主轴速度和主轴旋转方向的值，则必须在零件程序中给定。循环调用之前，有效的 G 功能和当前数据记录在循环之后仍然有效。

③ 平面定义：钻孔循环时，通常通过选择平面 G17、G18 或 G19 并激活可编程的偏移来定义进行加工的当前的工件坐标系，一般为 G17XY 平面。钻孔轴始终是垂直于当前平面

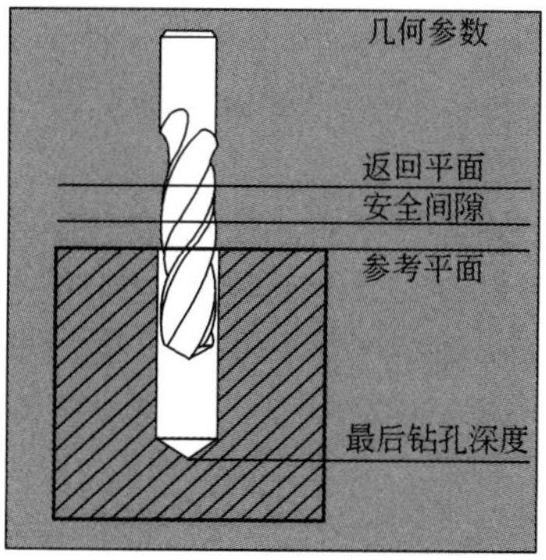

图 4-132　几何参数

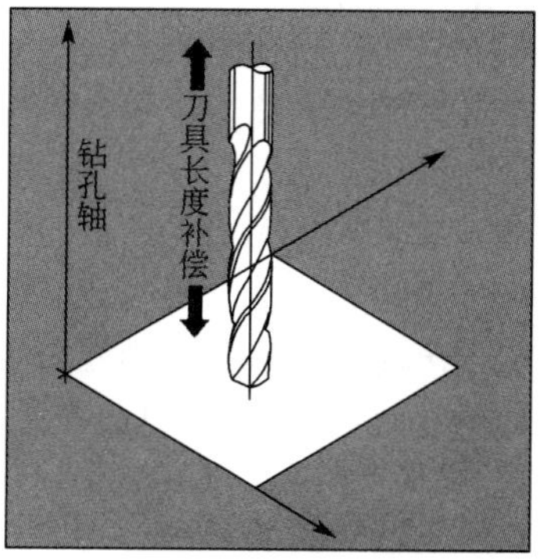

图 4-133　长度补偿

的坐标系的轴。

④ 长度补偿：循环调用前必须选择刀具长度补偿。它的作用是始终与所选平面垂直并保持有效，即使在循环结束后（见图 4-133）。

⑤ 停顿时间编程：钻孔循环中的停顿时间参数始终分配给 F 字且值必须为秒。任何不同于此程序的偏差必须明确说明。

二、钻孔，中心孔——CYCLE81

【编程】

CYCLE81（RTP，RFP，SDIS，DP，DPR）

【参数】

RTP	Real	后退平面(绝对)
RFP	Real	参考平面(绝对)
SDIS	Real	安全间隙(无符号输入)
DP	Real	最后钻孔深度(绝对)
DPR	Real	相当于参考平面的最后钻孔深度(无符号输入)

【功能】

刀具按照编程的主轴速度和进给率钻孔直至到达输入的最后的钻孔深度。

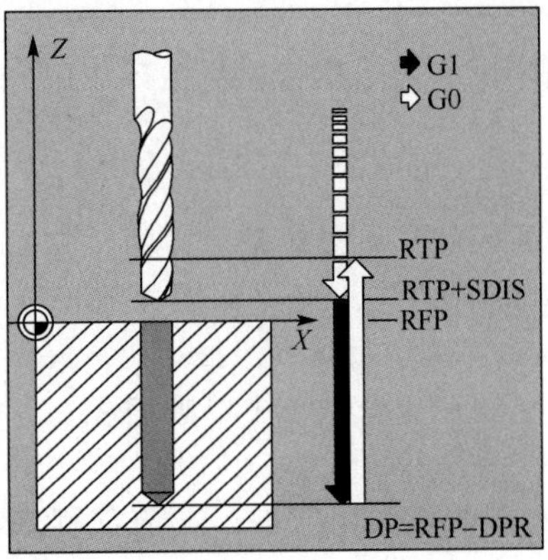

图 4-134 CYCLE81 钻孔循环过程及其参数

【操作顺序】

CYCLE81 钻孔循环过程及其参数如图 4-134 所示。

循环执行前已到达位置：钻孔位置是所选平面的两个坐标轴中的位置。循环形成以下的运动顺序：

① 使用 G0 回到安全间隙之前的参考平面。

② 按循环调用前所编程的进给率（G1）移动到最后的钻孔深度。

③ 使用 G0 返回到退回平面。

【参数说明】

RFP 和 RTP（参考平面和返回平面）：通常，参考平面（RFP）和返回平面（RTP）具有不同的值。在循环中，返回平面定义在参考平面之前。这说明从返回平面到最后钻孔深度的距离大于参考平面到最后钻孔深度间的距离。

SDIS（安全间隙）：安全间隙作用于参考平面。参考平面由安全间隙产生。安全间隙作用的方向由循环自动决定。

DP 和 DPR（最后钻孔深度）：最后钻孔深度可以定义成参考平面的绝对值或相对值。如果是相对值定义，循环会采用参考平面和返回平面的位置自动计算相应的深度。

【应用说明】

如果一个值同时输入给 DP 和 DPR，最后钻孔深度则来自 DPR。如果该值不同于由 DP 编程的绝对值深度，在信息栏会出现“深度：符合相对深度值”。如果参考平面和返回平面的值相同，不允许深度的相对值定义。将输出错误信息“参考平面定义不正确”且不执行循环。如果返回平面在参考平面后，即到最后钻孔深度的距离更小时，也会输出此错误信息。

【实例】

使用 CYCLE81 循环，在 *X*/*Y* 平面加工深度为 14mm 的孔，如图 4-135 所示。

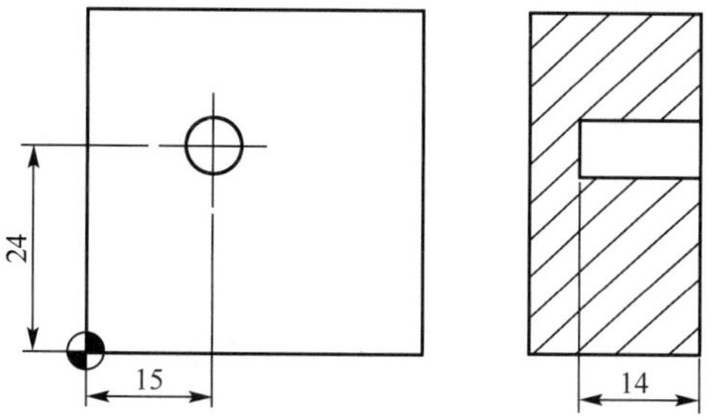

图 4-135 CYCLE81 循环应用实例

加工程序如下：

段 号	程 序	说 明
N10	G17 G54 G94;	技术值定义
N20	M3 S850;	主轴正转,850r/min
N30	F100;;	以 100mm/min 的速度加工
N40	T3 D3	选择刀具和刀具补偿值
N50	G0 X15 Y24 Z50	快速定位
N60	CYCLE81(50,0,2,-14,)	设定循环参数
N70	M2	程序结束

三、中心钻孔——CYCLE82

【编程】

CYCLE82（RTP，RFP，SDIS，DP，DPR，DTB）

【参数】

RTP	Real	后退平面(绝对)
RFP	Real	参考平面(绝对)
SDIS	Real	安全间隙(无符号输入)
DP	Real	最后钻孔深度(绝对)
DPR	Real	相当于参考平面的最后钻孔深度(无符号输入)
DTB	Real	最后钻孔深度时的停顿时间(断屑)

【功能】

刀具按照编程的主轴速度和进给率钻孔直至到达输入的最后的钻孔深度。到达最后钻孔深度时允许停顿时间。该命令亦可作沉孔加工。

【操作顺序】

CYCLE82 中心钻孔循环过程及其参数如图 4-136 所示。

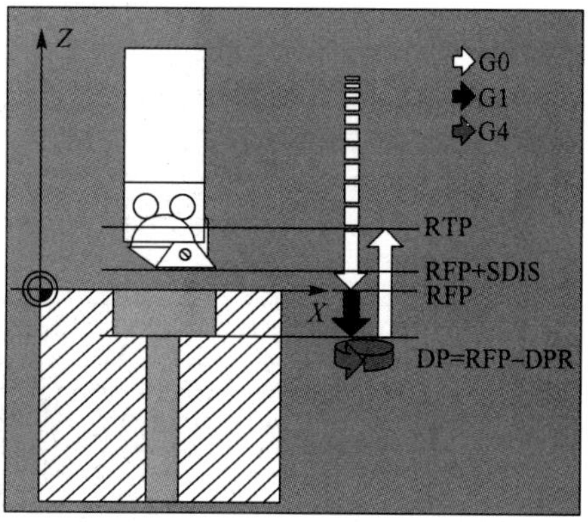

图 4-136 CYCLE82 中心钻孔循环过程及其参数

循环执行前已到达位置：钻孔位置是所选平面的两个坐标轴中的位置。循环形成以下的运动顺序：

① 使用 G0 回到安全间隙之前的参考平面。

② 按循环调用前所编程的进给率（G1）移动到最后的钻孔深度。

③ 在最后钻孔深度处的停顿时间。

④ 使用 G0 返回到退回平面。

【参数说明】

DTB（停顿时间）：DTB 编程了到达最后钻孔深度的停顿时间（断屑），单位为秒。

【应用说明】

如果一个值同时输入给 DP 和 DPR，最后钻孔深度则来自 DPR。如果该值不同于由 DP 编程的绝对值深度，在信息栏会出现“深度：符合相对深度值”。如果参考平面和返回平面的值相同，不允许深度的相对值定义。将输出错误信息“参考平面定义不正确”且不执行循环。如果返回平面在参考平面后，即到最后钻孔深度的距离更小时，也会输出此错误信息。

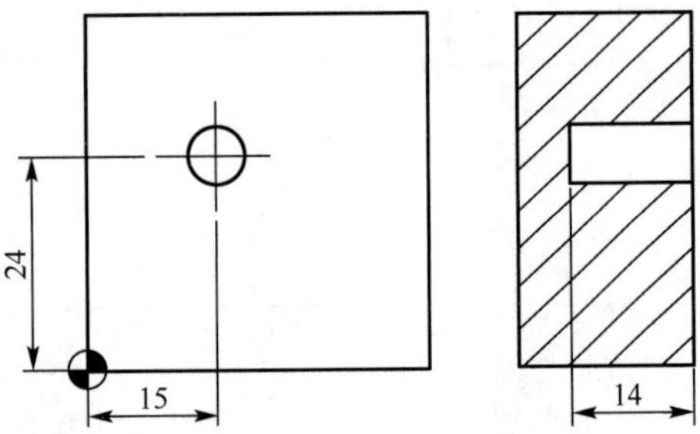

图 4-137 CYCLE82 循环应用实例

【实例】

使用 CYCLE82 循环，在 X/Y 平面加工深度为 14mm 的孔，如图 4-137 所示。

加工程序如下：

段 号	程 序	说 明
N10	G17 G54 G94;	技术值定义
N20	M3 S850;	主轴正转,850r/min
N30	F100;	以 100mm/min 的速度加工
N40	T3 D3	选择刀具和刀具补偿值
N50	G0 X15 Y24 Z50	快速定位
N60	CYCLE82(50,0,2,－14,,1)	设定循环参数
N70	M2	程序结束

四、深孔钻孔——CYCLE83

【编程】

CYCLE83（RTP，RFP，SDIS，DP，DPR，FDEP，FDPR，DAM，DTB，DTS，FRF，VARI）

【参数】

RTP	Real	返回平面(绝对值)
RFP	Real	参考平面(绝对值)
SDIS	Real	安全间隙(无符号输入)
DP	Real	最后钻孔深度(绝对值)
DPR	Real	相对于参考平面的最后钻孔深度(无符号输入)
FDEP	Real	起始钻孔深度(绝对值)
FDPR	Real	相当于参考平面的起始钻孔深度(无符号输入)
DAM	Real	递减量(无符号输入)
DTB	Real	最后钻孔深度时的停顿时间(断屑)
DTS	Real	起始点处和用于排屑的停顿时间
FRF	Real	起始钻孔深度的进给率系数(无符号输入) 值范围:0.001～1
VARI	Int	加工类型:断屑＝0,排屑＝1

【功能】

刀具以编程的主轴速度和进给率开始钻孔直至定义的最后钻孔深度。

深孔钻削是通过多次执行最大可定义的深度并逐步增加直至到达最后钻孔深度来实现的。钻头可以在每次进给深度完以后退回到参考平面＋安全间隙用于排屑，或者每次退回1mm 用于断屑。

【操作顺序】

循环启动前到达位置：钻孔位置在所选平面的两个进给轴中。循环形成以下动作顺序：

（1）深孔钻削排屑时（VARI＝1）（见图 4-138）

① 使用 G0 回到由安全间隙之前的参考平面。

② 使用 G1 移动到起始钻孔深度，进给率来自程序调用中的进给率，它取决于参数 FRF（进给率系数）。

③ 在最后钻孔深度处的停顿时间（参数 DTB）。

④ 使用 G0 返回到由安全间隙之前的参考平面，用于排屑。

⑤ 起始点的停顿时间（参数 DTS）。

⑥ 使用 G0 回到上次到达的钻孔深度，并保持预留量距离。

⑦ 使用 G1 钻削到下一个钻孔深度（持续动作顺序直至到达最后钻孔深度）。

⑧ 使用 G0 返回到退回平面。

（2）深孔钻削断屑时（VARI＝0）（见图 4-139）

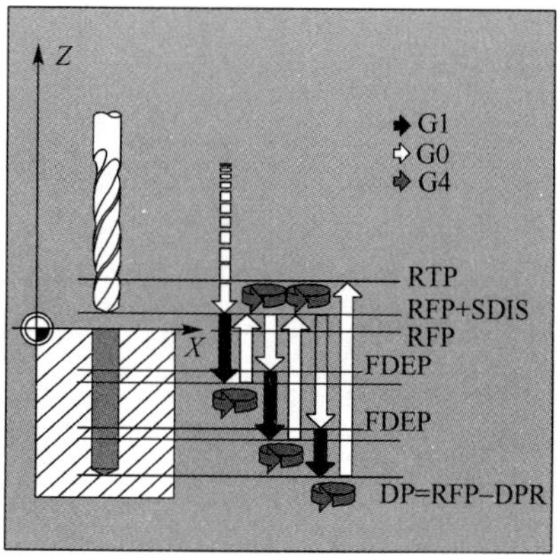

图 4-138 深孔钻削排屑（VARI＝1）

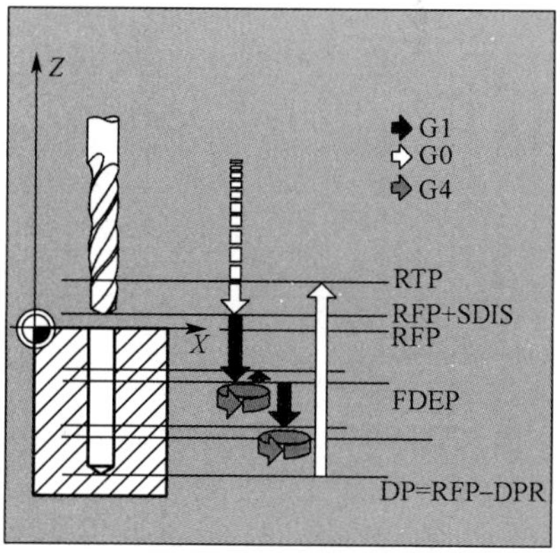

图 4-139 深孔钻削断屑（VARI＝0）

① 用 G0 返回到安全间隙之前的参考平面。

② 用 G1 钻孔到起始深度，进给率来自程序调用中的进给率，它取决于参数 FRF（进给率系数）。

③ 最后钻孔深度的停顿时间（参数 DTB）。

④ 使用 G1 从当前钻孔深度后退 1mm，采用调用程序中的编程的进给率（用于断屑）。

⑤ 用 G1 按所编程的进给率执行下一次钻孔切削（该过程一直进行下去，直至到达最终钻削深度）。

⑥ 用 G0 返回到退回平面。

【参数说明】

对于参数 RTP，RFP，SDIS，DP，DPR，参见 CYCLE82。

参数 DP（或 DPR），FDEP（或 FDPR）和 DAM：中央钻孔深度是以最后钻孔深度，首次钻孔深度和递减量为基础，在循环中按如下方法计算出来的。

① 首先，进行首次钻深，只要不超出总的钻孔深度。

② 从第二次钻深开始，行程由上一次钻深减去递减量获得，但要求钻深大于所编程的

递减量。

③ 当剩余量大于两倍的递减量时，以后的钻削量等于递减量。

④ 最终的两次钻削行程被平分，所以始终大于一半的递减量。

⑤ 如果第一次的钻深值和总钻深不符，则输出错误信息 61107“首次钻深定义错误”而且不执行循环程序。

参数 FDPR 和 DPR 在循环中有相同的作用。如果参考平面和返回平面的值相等，首次钻深则可以定义为相对值。

DTB（停顿时间）：DTB 编程了到达最终钻深的停顿时间（断屑），单位为秒。

DTS（停顿时间）：起始点的停顿时间只在 VARI=1（排屑）时执行。

FRF（进给率系数）：对于此参数，可以输入一个有效进给率的缩减系数，该系数只适用于循环中的首次钻孔深度。

VARI（加工类型）：如果参数 VARI=0，钻头在每次到达钻深后退回 1mm 用于断屑；如果 VARI=1（用于排屑），钻头每次移动到安全间隙之前的参考平面。

注意：预期量的大小由循环内部计算所得：

① 如果钻深为 30mm，预期量的值始终是 0.6mm；

② 对于更大钻深，使用公式钻深/50（最大值 7mm）。

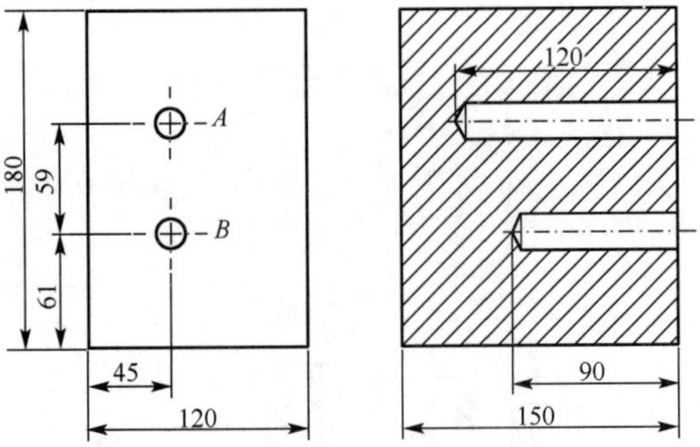

图 4-140 CYCLE83 循环应用实例

【实例】

如图 4-140 所示，在 X/Y 平面中的位置 X45 Y120 和 X45 Y61 处程序执行循环 CYCLE83，分别使用断屑和排屑方式。钻孔 A 时，停顿时间为零且加工类型为断屑。最后钻深和首次钻深的值为绝对值。钻孔 B 时，循环调用中编程的停顿时间为 1s，选择的加工类型是排屑。这两种加工下的钻孔轴都是 Z 轴。

加工程序如下（注意排屑加工孔与断屑加工孔的压制）：

段号	程序	说明
N10	G17 G54 G94;	技术值定义
N20	M3 S850;	主轴正转,850r/min
N30	F100;	以 100mm/min 的速度加工
N40	T3 D3	选择刀具和刀具补偿值
N50	G0 X45 Y120 Z50	定位孔 A 位置
N60	CYCLE83(50,0,2,-120,,-60,,20,0,,0.5,0)	设定断削加工孔循环参数
N70	G0 X45 Y61	定位孔 B 位置
N80	CYCLE83(50,0,2,-90,,-45,,15, ,1,0.5,1)	设定排削加工孔循环参数
N90	M2	程序结束

五、刚性攻丝（不带补偿夹具的攻丝）——CYCLE84

【编程】

CYCLE84 （RTP，RFP，SDIS，DP，DPR，DTB，SDAC，MPIT，PIT，POSS，SST，SST1）

【参数】

RTP	Real	返回平面(绝对值)
RFP	Real	参考平面(绝对值)
SDIS	Real	安全间隙(无符号输入)
DP	Real	最后钻孔深度(绝对值)
DPR	Real	相对于参考平面的最后钻孔深度(无符号输入)
DTB	Real	螺纹深度时的停顿时间(断屑)
SDAC	Int	循环结束后的旋转方向值:3,4 或 5(用于 M3,M4 或 M5)
MPIT	Real	螺距由螺纹尺寸决定(有符号)数值范围 3(用于 M3)～48(用于 M48);符号决定了在螺纹中的旋转方向
PIT	Real	螺距由数值决定(有符号)数值范围:0.001～2000.000mm;符号决定了在螺纹中的旋转方向
POSS	Real	循环中定位主轴的位置(以度为单位)
SST	Real	攻丝速度
SST1	Real	退回速度

【功能】

刀具以编程的主轴速度和进给率进行钻削直至定义的最终螺纹深度。CYCLE84 可以用于刚性攻丝。对于带补偿夹具的攻丝，可以使用另外的循环 CYCLE840。

注意：只有用于镗孔操作的主轴在技术上可以进行位置控制，才能使用 CYCLE84。

【操作顺序】

CYCLE84 不带补偿夹具的攻丝过程及其参数如图 4-141 所示。

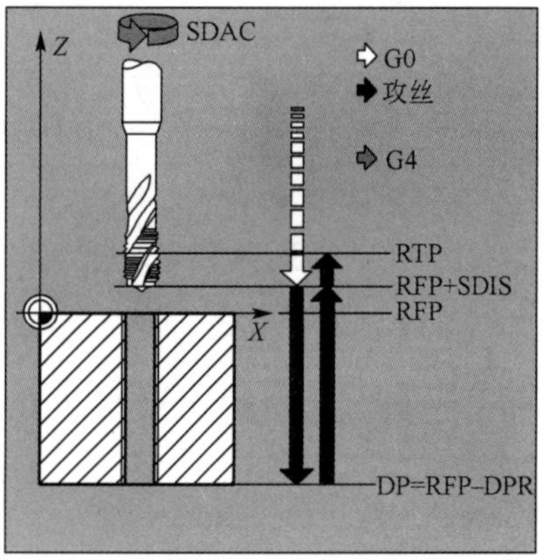

图 4-141 CYCLE84 不带补偿夹具的攻丝过程及其参数

循环启动前到达位置：钻孔位置在所选平面的两个进给轴中。循环形成以下动作顺序：

① 使用 G0 回到安全间隙前的参考平面。

② 定位主轴停止（值在参数 POSS 中）以及将主轴转换为进给轴模式。

③ 攻丝至最终钻孔深度，速度为 SST。

④ 螺纹深度处的停顿时间（参数 DTB)。

⑤ 退回到安全间隙前的参考平面，速度为 SST1 且方向相反。

⑥ 使用 G0 退回到退回平面；通过在循环调用前重新编程有效的主轴速度以及 SDAC 下编程的旋转方向，从而改变主轴模式。

【参数说明】

对于参数 RTP，RFP，SDIS，DP，DPR，参见 CYCLE82。

DTB（停顿时间)：停顿时间以秒编程。钻螺纹孔时，建议忽略停顿时间。

SDAC（循环结束后的旋转方向)：在 SDAC 下编程了循环结束后的旋转方向。在循环内部自动执行攻丝时的反方向。

MPIT 和 PIT（作为螺纹大小和值)：可以将螺纹螺距的值定义为螺纹大小（公称螺纹只在 M3 和 M48 之间）或一个值（螺纹之间的距离作为数值)。不需要的参数在调用中省略或赋值为零。RH 或 LH 螺纹由螺距参数符号定义（即右旋螺纹和左旋螺纹)：

① 正值→RH（用于 M3)。

② 负值→LH（用于 M4)：如果两个螺纹螺距参数的值有冲突，循环将产生报警“螺纹螺距错误”且循环终止。

POSS（主轴位置)：攻丝前，使用命令 SPOS 使主轴停止在循环中定义的位置并转换成位置控制。POSS 设定主轴的停止位置。

SST（速度）：参数 SST 包含了用于攻丝程序 G331 的主轴速度。

SST1（退回速度）：在 SST1 下编程了从已钻孔处退回的速度。如果该参数的值为零，则按照 SST 下编 程的速度退回。

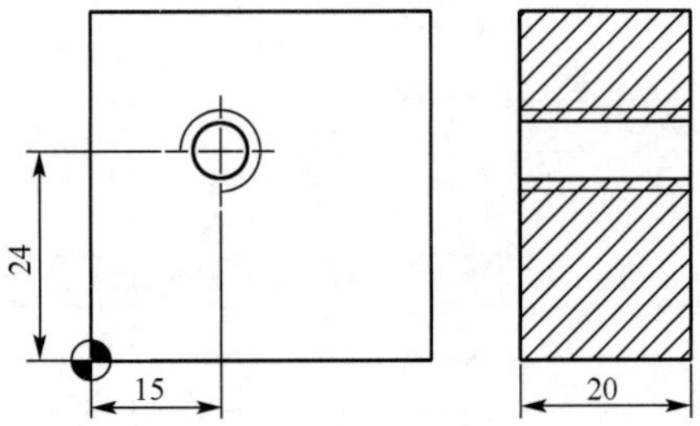

图 4-142 CYCLE84 循环应用实例

注意：循环中攻丝时的旋转方向始终自动颠倒。

【实例】

如图 4-142 所示，在 *X*/*Y* 平面中的位置 X15 Y24 处进行不带补偿夹具的刚性攻丝；攻丝轴是 *Z* 轴。未编程停顿时间；编程的深度值为相对值。必须给旋转方向参数和螺距参数赋值。被加工螺纹公称直径为 M5。已钻好孔。

加工程序如下：

段号	程 序	说 明
N10	G17 G54 G94;	技术值定义
N20	M3 S850;	主轴正转,850r/min
N30	F100;	以 100mm/min 的速度加工
N40	T3 D3	选择刀具和刀具补偿值
N50	G0 X15 Y24 Z50	定位螺纹位置
N60	CYCLE84(50,0,2,－20,,0,3,5 ,,90,20 ,20)	设定螺纹加工循环参数
N90	M2	程序结束

六、带补偿夹具攻丝——CYCLE840

【编程】

CYCLE840（RTP，RFP，SDIS，DP，DPR，DTB，SDR，SDAC，ENC，MPIT，PIT）

【参数】

RTP	Real	返回平面(绝对值)
RFP	Real	参考平面(绝对值)
SDIS	Real	安全间隙(无符号输入)
DP	Real	最后钻孔深度(绝对值)
DPR	Real	相对于参考平面的最后钻孔深度(无符号输入)
DTB	Real	螺纹深度时的停顿时间(断屑)
SDR	Int	退回时的旋转方向值:0(旋转方向自动颠倒),3 或 4(用于 M3 或 M4)
SDAC	Int	循环结束后的旋转方向值:3,4 或 5(用于 M3,M4 或 M5)
ENC	Int	带/不带编码器攻丝值:0＝带编码器;1＝不带编码器
MPIT	Real	螺距由螺纹尺寸定义(有符号) 数值范围 3(用于 M3)～48(用于 M48)
PIT	Real	螺距由数值定义(有符号) 数值范围:0.001～2000.000mm;

【功能】

刀具以编程的主轴速度和进给率钻孔，直至到达所定义的最后螺纹深度。使用此循环，可以进行带补偿夹具的攻丝，分为无编码器和有编码器。

【操作顺序】

（1）无编码器带补偿夹具攻丝循环（见图 4-143）

启动前到达位置：钻孔位置在所选平面的两个进给轴中。循环形成以下动作顺序：

① 使用 G0 回到安全间隙前的参考平面。
② 攻丝至最终钻孔深度。
③ 螺纹深度处的停顿时间（参数 DTB）。
④ 退回到安全间隙前的参考平面。
⑤ 使用 G0 退回到退回平面。

（2）有编码器带补偿夹具的攻丝（见图 4-144）

循环启动前到达位置：钻孔位置在所选平面的两个进给轴中。循环形成以下动作顺序：

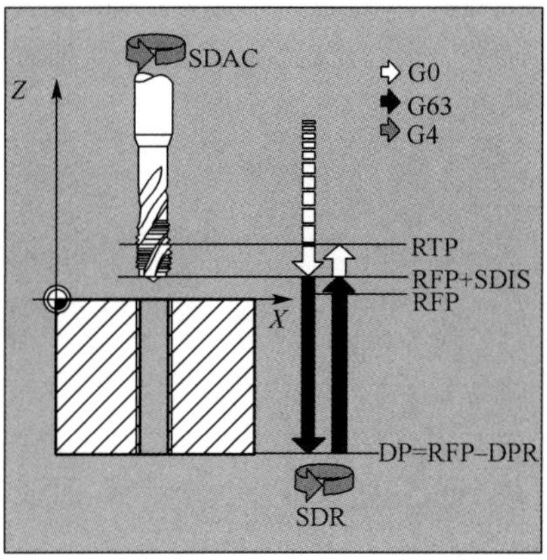

图 4-143　无编码器带补偿夹具的攻丝

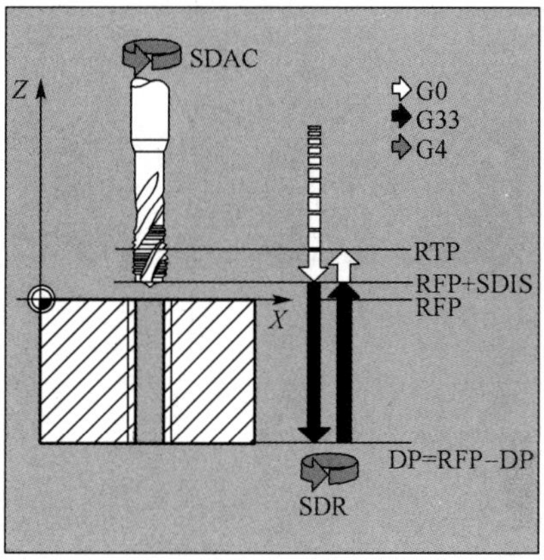

图 4-144　有编码器带补偿夹具的攻丝

① 使用 G0 回到安全间隙前的参考平面。
② 攻丝至最终钻孔深度。
③ 螺纹深度处的停顿时间（参数 DTB）。
④ 退回到安全间隙前的参考平面。
⑤ 使用 G0 退回到退回平面。

【参数说明】

对于参数 RTP，RFP，SDIS，DP，DPR，参见 CYCLE82。

DTB（停顿时间）：停顿时间以秒编程。这只在无编码器攻丝时有效。

SDR（退回时的旋转方向）：如果要使主轴方向自动颠倒，必须设置 SDR＝0。如果机床数据定义成无编码器，参数值必须定义为 3 或 4；否则，将输出报警 61202“主轴方向未编程”且循环终止。

SDAC（旋转方向）：因为循环可以模式调用，所以需要一个旋转方向用于钻削更多的螺纹孔。参数 SDAC 下编程了此方向，该方向和首次调用前在前部程序中编程的旋转方向一致。如果 SDR＝0，SDAC 的值在循环中没有意义，可以在参数化时忽略。

ENC（攻丝）：尽管有编码器存在，如果要进行无编码器攻丝，参数 ENC 的值必须设为 1。如果没有安装编码器且参数值为 0，循环中不考虑编码器。

MPIT 和 PIT（以公称螺纹直径为值和以数为值）：如果带编码器进行攻丝，丝杠螺距参数只是相对的。循环通过主轴速度和丝杠螺距计算出进给率。可以将螺距的值定义成螺纹尺寸（只用于介于 M3 和 M48 间的公制螺纹），或者定义为一个数值（某一螺纹到下一螺纹之间的距离）。不需要的参数可以在调用中忽略或将它的值设为零。如果两个螺距参数的值有冲突，循环会产生报警 61001“螺距错误”且循环终止。

【应用说明】

根据机床数据 ENCS 中的设定，循环可以选择攻丝时带或不带编码器。丝杠的旋转方向必须在循环调用之前用 M3 或 M4 编程。在带有 G63 的螺纹程序块中，进给率修调开关和主轴速度修调开关的值都被限制为 100%。无编码器攻丝时通常需要更长的补偿夹具。

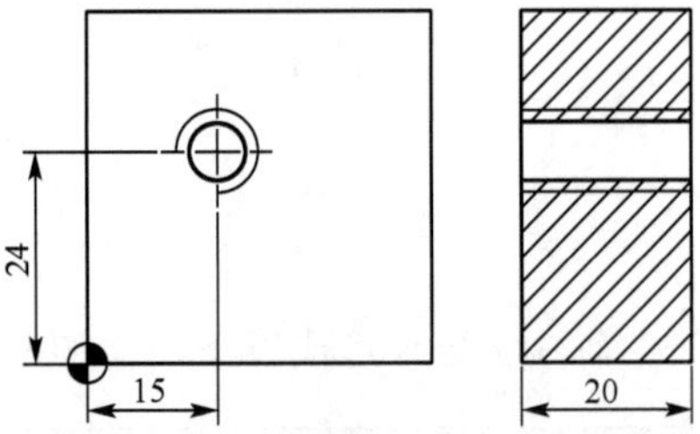

图 4-145 CYCLE840 循环应用实例 1

【实例 1】

如图 4-145 所示，在 X/Y 平面中的位置 X15 Y24 处进行无编码器攻丝；攻丝轴是 Z 轴。螺纹直径为 5mm，必须给旋转方无编码器攻丝向参数 SDR 和 SDAC 赋值；参数 ENC 的值为 1，深度的值是绝对值。可以忽略螺距参数 PIT。加工时使用补偿夹具。

加工程序如下：

段号	程　　序	说　　明
N10	G17 G54 G94;	技术值定义
N20	M3 S850;	主轴正转,850r/min
N30	F100;	以 100mm/min 的速度加工
N40	T3 D3	选择刀具和刀具补偿值
N50	G0 X15 Y24 Z50	定位螺纹位置
N60	CYCLE840(50,0,2,－20,,,4,5 ,0,5,)	设定螺纹加工循环参数,此时 SDR 根据不同机床生产厂商设定是否指定"0 或 3 或 4",需查看机床说明书
N90	M2	程序结束

【实例 2】

如图 4-146 所示，带编码器攻丝，此程序用于在 X/Y 平面中的位置 X15 Y24 处的带编码器攻丝。螺纹直径为 5mm，攻丝轴是 Z 轴。必须定义螺距参数，旋转方向自动颠倒已编程。加工时使用补偿夹具。

加工程序如下：

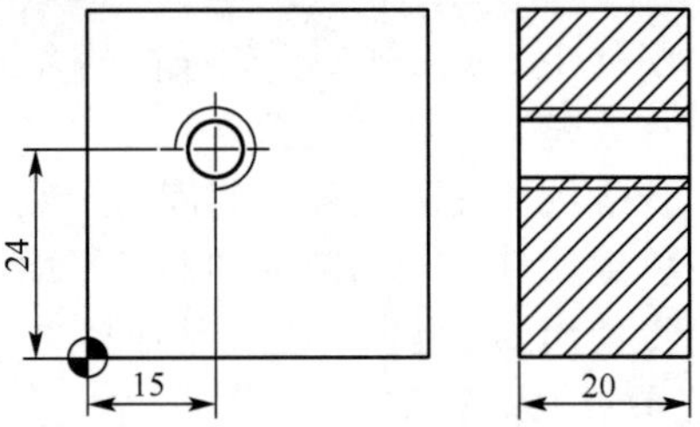

图 4-146 CYCLE840 循环应用实例 2

段号	程　　序	说　　明
N10	G17 G54 G94;	技术值定义
N20	M03 S850;	主轴正转,850r/min
N30	F100;	以 100mm/min 的速度加工
N40	T3 D3	选择刀具和刀具补偿值
N50	G0 X15 Y24 Z50	定位螺纹位置
N60	CYCLE840(50,0,2,－20,,,0,5 ,1,5,)	设定螺纹加工循环参数
N90	M2	程序结束

七、铰孔 1（镗孔 1）——CYCLE85

【编程】

CYCLE85（RTP，RFP，SDIS，DP，DPR，DTB，FFR，RFF）

【参数】

RTP	Real	退回平面(绝对值)
RFP	Real	参考平面(绝对值)
SDIS	Real	安全间隙(无符号输入)

续表

DP	Real	最后钻孔深度(绝对值)
DPR	Real	相对于参考平面的最后钻孔深度(无符号输入)
DTB	Real	最后钻孔深度时的停顿时间(断屑)
FFR	Real	进给率
RFF	Real	退回进给率

【功能】

刀具按编程的主轴速度和进给率钻孔直至到达定义的最后钻孔深度。向内向外移动的进给率分别是参数 FFR 和 RFF 的值。

【操作顺序】

CYCLE85 绞孔（镗孔）循环的过程及其参数如图 4-147 所示。

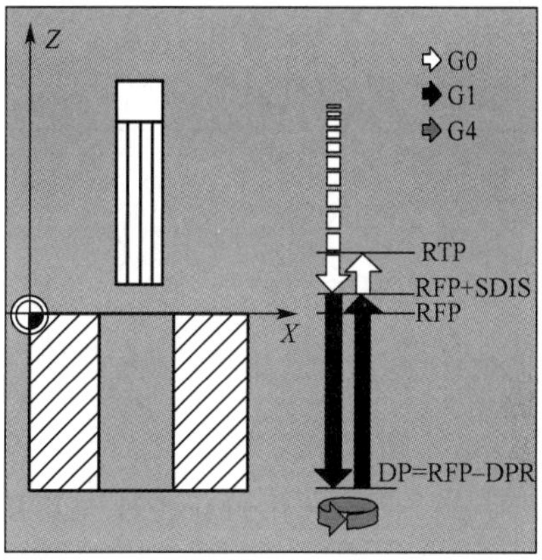

图 4-147 CYCLE85 绞孔（镗孔）循环的过程及其参数

循环启动前到达位置：钻孔位置在所选平面的两个进给轴中。循环形成以下动作顺序：

① 使用 G0 回到安全间隙前的参考平面。

② 使用 G1 并且按参数 FFR 所编程的进给率钻削至最终钻孔深度。

③ 最后钻孔深度时的停顿时间。

④ 使用 G1 返回到安全间隙前的参考平面，进给率是参数 RFF 中的编程值。

⑤ 使用 G0 退回到退回平面。

【参数说明】

对于参数 TP，RFP，SDIS，DP，DPR，参见 CYCLE81。

DTB（停顿时间）：DTB 以秒为单位设定最后钻孔深度时的停顿时间。

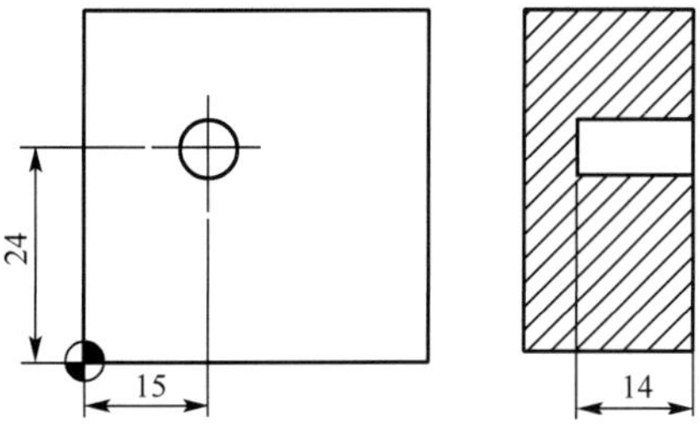

图 4-148 CYCLE 85 循环应用实例

FFR（进给率）：钻孔时 FFR 下编程的进给率值有效。

RFF（退回进给率）：从孔底退回到参考平面+安全间隙时，RFF 下编程的进给率值有效。

【实例】

如图 4-148 所示，CYCLE85 在平面中的 $X15$ $Y24$ 处调用。铰孔轴是 Z 轴。循环调用中编程停顿时间为 1s。工件的上沿在 Z50 处。

加工程序如下：

段号	程　　序	说　　明
N10	G17 G54 G94;	技术值定义
N20	M3 S850;	主轴正转,850r/min
N30	T3 D3	选择刀具和刀具补偿值
N40	G0 X15 Y24 Z50	快速定位
N50	CYCLE85(50,0,2,－14,,1,200,500)	设定循环参数
N60	M2	程序结束

八、镗孔（镗孔 2）——CYCLE86

【编程】

CYCLE86（RTP，RFP，SDIS，DP，DPR，DTB，SDIR，RPA，RPO，RPAP，

POSS)

【参数】

RTP	Real	返回平面(绝对值)
RFP	Real	参考平面(绝对值)
SDIS	Real	安全间隙(无符号输入)
DP	Real	最后钻孔深度(绝对值)
DPR	Real	相对于参考平面的最后钻孔深度(无符号输入)
DTB	Real	到达最后钻孔深度处的停顿时间(断屑)
SDIR	Int	旋转方向值：3(用于 M3),4(用于 M4)
RPA	Real	平面中第一轴上的返回路径(增量,带符号输入)
RPO	Real	平面中第二轴上的返回路径(增量,带符号输入)
RPAP	Real	镗孔轴上的返回路径(增量,带符号输入)
POSS	Real	循环中定位主轴停止的位置(以度为单位)

【功能】

此循环可以用来使用镗杆进行镗孔。

刀具按照编程的主轴速度和进给率进行钻孔，直至达到最后钻孔深度。镗孔时，一旦到达钻孔深度，便激活了定位主轴停止功能。然后，主轴从返回平面快速回到编程的返回位置。

【操作顺序】

CYCLE86 镗孔循环的过程及其参数如图 4-149 所示。

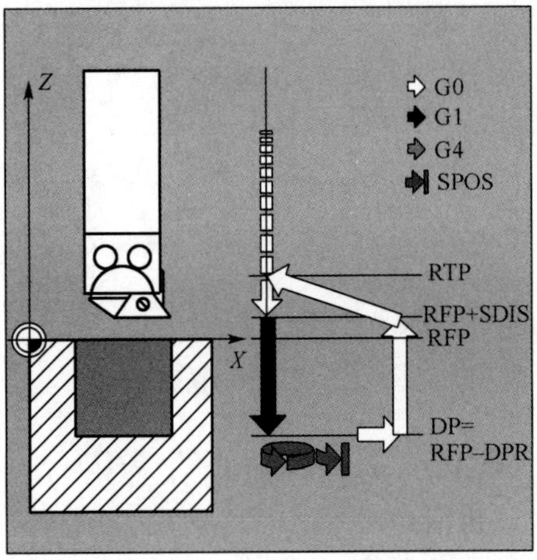

图 4-149 CYCLE86 镗孔循环的过程及其参数

循环启动前的到达的位置：钻孔位置在所选平面的两个进给轴中。循环形成以下动作顺序：

① 使用 G0 回到安全间隙前的参考平面。

② 循环调用前使用 G1 及所编程的进给率移到最终钻孔深度处。

③ 最后钻孔深度处的停顿时间。

④ 定位主轴停止在 POSS 下编程的位置。

⑤ 使用 G0 在三个轴方向上返回。

⑥ 使用 G0 在镗孔轴方向返回到安全间隙前的参考平面。

⑦ 使用 G0 退回到退回平面（平面的两个轴方向上的初始钻孔位置）。

【参数说明】

对于参数 RTP，RFP，SDIS，DP，DPR，参见 CYCLE81

DTB（停顿时间）：DTB 以秒为单位编程了到最后钻孔深度时（断屑）的停顿时间。

SDIR（旋转方向）：使用此参数，可以定义循环中进行镗孔时的旋转方向。如果参数的值不是 3 或 4（M3/M4），则产生报警 61102“未编程主轴方向”且不执行循环。

RPA（第一轴上的返回路径）：使用此参数定义在第一轴上（横坐标）的返回路径，当到达最后钻孔深度并执行了定位主轴停止功能后执行此返回路径。

RPO（第二轴上的返回路径）：使用此参数定义在第二轴上（纵坐标）的返回路径，当到达最后钻孔深度并执行了定位主轴停止功能后执行此返回路径。

RPAP（镗孔轴上的返回路径）：使用此参数定义在镗孔轴上的返回路径，当到达最后钻孔深度并执行了定位主轴停止功能后执行此返回路径。

POSS（主轴位置）：使用 POSS 编程定位主轴停止的位置，单位为度，该功能在到达最后钻孔深度后执行。

注意：可以使当前有效的主轴停止在某个方向，使用转换参数编程角度值。如果用于镗孔的主轴在技术上能够进行位置可控制操作，则可以使用 CYCLE86。

【实例】

如图 4-150 所示，在 *X*/*Y* 平面中的 X15 Y24 处调用 CYCLE86。编程的最后钻孔深度值为绝对值。未定义安全间隙。在最后钻孔深度处的停顿时间是 2s。工件的上沿在 Z110 处。在此循环中，主轴以 M3 旋转并停在 45°位置。

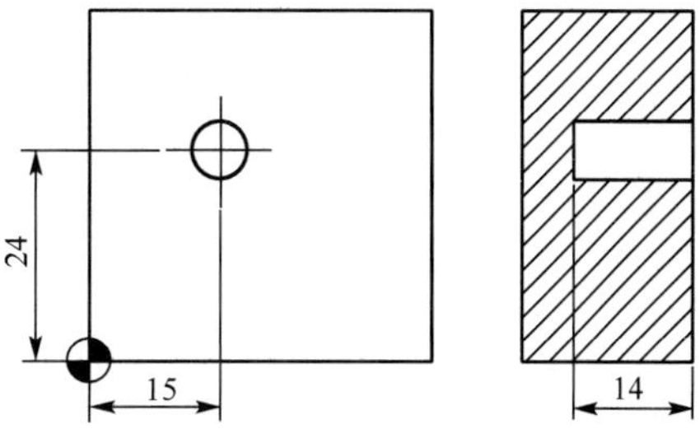

图 4-150 CYCLE86 循环应用实例

加工程序如下：

段号	程 序	说 明
N10	G17 G54 G94;	技术值定义
N20	M3 S850;	主轴正转,850r/min
N30	F100;	以 100mm/min 的速度加工
N40	T3 D3	选择刀具和刀具补偿值
N50	G0 X15 Y24 Z50	接近初始钻孔位置
N60	CYCLE86(50,0,2,－14,,2,3,－1,－1,1,0)	设定循环参数
N70	M2	程序结束

九、带停止镗孔（镗孔 3）——CYCLE87

【编程】

CYCLE87（RTP，RFP，SDIS，DP，DPR，DTB，SDIR）

【参数】

RTP	Real	返回平面(绝对值)
RFP	Real	参考平面(绝对值)
SDIS	Real	安全间隙(无符号输入)
DP	Real	最后钻孔深度(绝对值)
DPR	Real	相对于参考平面的最后钻孔深度(无符号输入)
DTB	Real	到达最后钻孔深度处的停顿时间(断屑)
SDIR	Int	旋转方向值:3(用于 M3),4(用于 M4)

【功能】

刀具按照编程的主轴速度和进给率进行钻孔，直至达到最后钻孔深度。

带停止镗孔时，一旦到达钻孔深度，便激活了不定位主轴停止功能 M5 和编程的停止。按 NC START 键继续快速返回直至到达返回平面。

【操作顺序】

CYCLE87 带停止镗孔循环的过程及其参数如图 4-151 所示。

循环启动前的到达的位置：钻孔位置在所选平面的两个进给轴中。循环形成以下动作顺序：

① 使用 G0 回到安全间隙前的参考平面。

② 循环调用前使用 G1 及所编程的进给率移到最终钻孔深度处。

③ 最后钻孔深度处的停顿时间。

④ 主轴停止和程序停止 M5 M0。程序停止后，按 NC START 继续。

⑤ 使用 G0 退回到返回平面。

【参数说明】

对于参数 RTP，RFP，SDIS，DP，DPR，参见 CYCLE81。

SDIR（旋转方向）：编程的旋转方向用于进给到最后钻孔深度。如果参数的值不是 3 或 4（M3/M4），则产生报警“未编程主轴方向”且不执行循环。

【实例】

使用 CYCLE87 循环，在 X/Y 平面加工深度为 14mm 的孔，如图 4-152 所示。

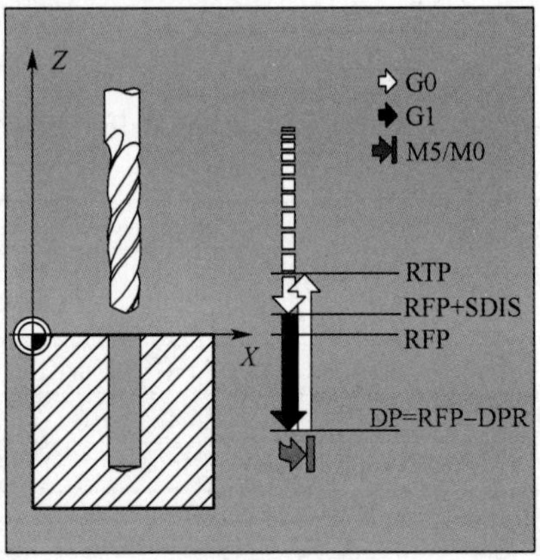

图 4-151 CYCLE87 带停止镗孔循环的过程及其参数

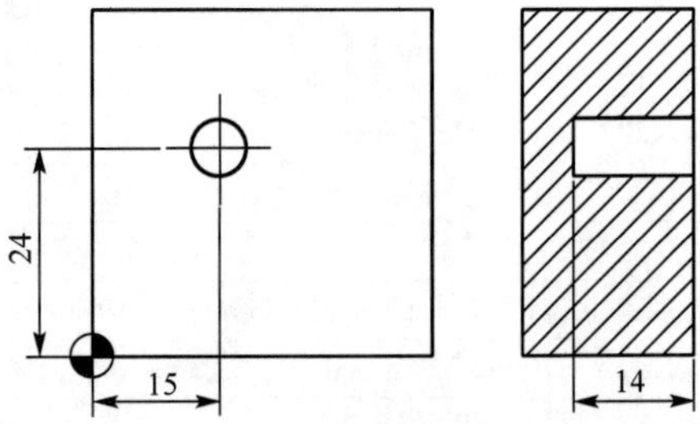

图 4-152 CYCLE87 循环应用实例

加工程序如下：

段号	程 序	说 明
N10	G17 G54 G94;	技术值定义
N20	M3 S850;	主轴正转,850r/min
N30	F100;;	以 100mm/min 的速度加工
N40	T3 D3	选择刀具和刀具补偿值
N50	G0 X15 Y24 Z50	快速定位
N60	CYCLE87(50,0,2,−14,1,3)	设定循环参数
到达钻孔深度,主轴停止,此时按机床控制面板上的 NC START 继续执行程序。		
N70	M2	程序结束

十、带停止钻孔（镗孔 4）——CYCLE88

【编程】

CYCLE88（RTP，RFP，SDIS，DP，DPR，DTB，SDIR）

【参数】

RTP	Real	退回平面(绝对值)
RFP	Real	参考平面(绝对值)
SDIS	Real	安全间隙(无符号输入)
DP	Real	最后钻孔深度(绝对值)
DPR	Real	相对于参考平面的最后钻孔深度(无符号输入)
DTB	Real	最后钻孔深度时的停顿时间(断屑)
SDIR	Int	旋转方向:3(用于 M3),4(用于 M4)

【功能】

刀具按编程的主轴速度和进给率钻孔直至到达定义的最后钻孔深度。

带停止钻孔时，到达最后钻孔深度时会产生无方向 M5 的主轴停止和已编程的停止。按 NC START 键在快速移动时持续退回动作，直到到达退回平面。

【操作顺序】

CYCLE88 带停止钻孔（镗孔）循环的过程及其参数如图 4-153 所示。

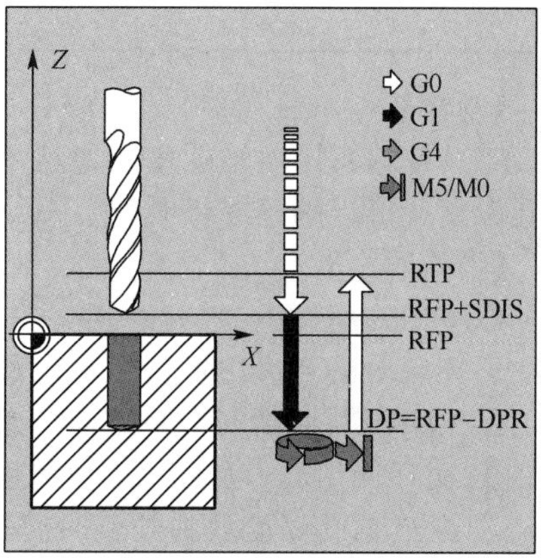

图 4-153　CYCLE88 带停止钻孔（镗孔）循环的过程及其参数

循环启动前到达位置：钻孔位置在所选平面的两个进给轴中。循环形成以下动作顺序：

① 使用 G0 回到安全间隙前的参考平面。

② 循环调用前，使用 G1 和编程的进给率移到最终钻孔深度。

③ 最后钻孔深度处的停顿时间。

④ 使用 M5 M0 主轴和程序停止．程序停止后，按 NC START 键。

⑤ 使用 G0 退回到退回平面。

【参数说明】

对于参数 RTP，RFP，SDIS，DP，DPR，参见 CYCLE81。

DTB（停顿时间）：参数 DTB 以秒为单位编程了到达最后钻孔深度的停顿时间（断屑）。

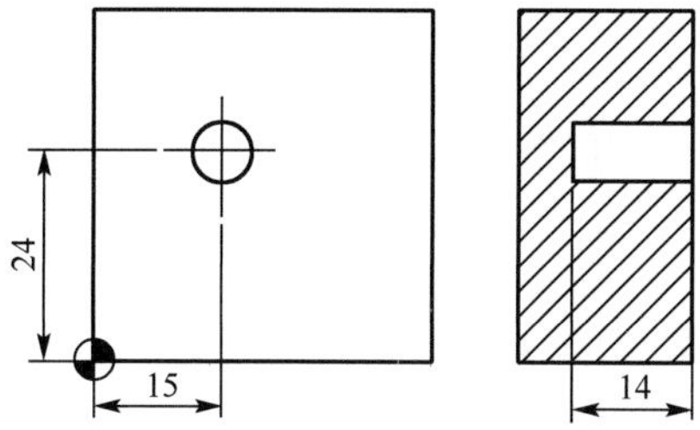

图 4-154　CYCLE88 循环应用实例

SDIR（旋转方向）：所编程的旋转方向对于到最后钻孔深度的距离有效。如果产生的值非 3 或 4（M3/M4），则会产生报警“未编程主轴方向”及循环终止。

【实例】

使用 CYCLE88 循环，在 X/Y 平面加工深度为 14mm 的孔，如图 4-154 所示。

加工程序如下：

段号	程　序	说　明
N10	G17 G54 G94;	技术值定义
N20	M3 S850;	主轴正转,850r/min
N30	F100;;	以 100mm/min 的速度加工
N40	T3 D3	选择刀具和刀具补偿值
N50	G0 X15 Y24 Z50	快速定位
N60	CYCLE88(50,0,2,-14,1,3)	设定循环参数
到达钻孔深度,主轴停止,此时按机床控制面板上的 NC START 直接快速退刀。		
N70	M2	程序结束

十一、铰孔 2（镗孔 5）——CYCLE89

【编程】

CYCLE89（RTP，RFP，SDIS，DP，DPR，DTB）

【参数】

RTP	Real	退回平面(绝对值)
RFP	Real	参考平面(绝对值)
SDIS	Real	安全间隙(无符号输入)

续表

DP	Real	最后钻孔深度(绝对值)
DPR	Real	相对于参考平面的最后钻孔深度(无符号输入)
DTB	Real	最后钻孔深度时的停顿时间(断屑)

【功能】

刀具按编程的主轴速度和进给率钻孔直至到达定义的最后钻孔深度。如果到达了最后的钻孔深度，可以编程停顿时间。

【操作顺序】

CYCLE89 铰孔（镗孔）循环的过程及其参数如图 4-155 所示。

循环启动前到达位置：钻孔位置在所选平面的两个进给轴中。循环形成以下动作顺序：

① 使用 G0 回到安全间隙前的参考平面。

② 循环调用前，使用 G1 和编程的进给率移到最终钻孔深度。

③ 最后钻孔深度处的停顿时间。

④ 使用 G1 和相同的进给率退回到安全间隙前的参考平面。

⑤ 使用 G0 退回到返回平面。

【参数说明】

对于参数 RTP，RFP，SDIS，DP，DPR，参见 CYCLE81。

DTB（停顿时间）：参数 DTB 以秒为单位编程了到达最后钻孔深度的停顿时间（断屑）。

【实例】

如图 4-156 所示，在 X/Y 平面的 X15 Y24 处，调用钻孔循环 CYCLE89。安全间隙为 5mm，最后钻孔深度定义为绝对值。钻孔轴为 Z 轴。

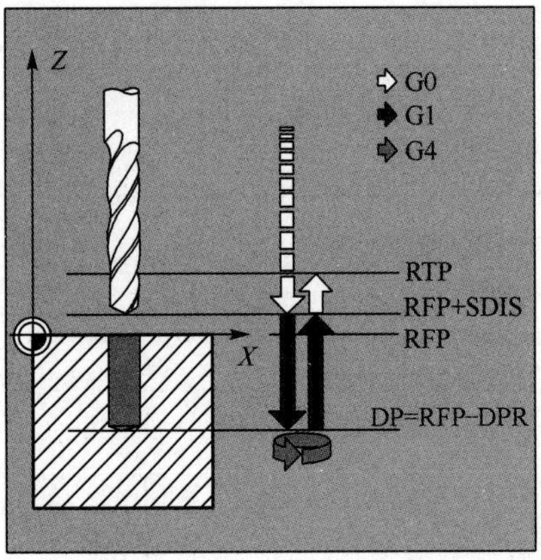

图 4-155 CYCLE89 铰孔（镗孔）循环的过程及其参数

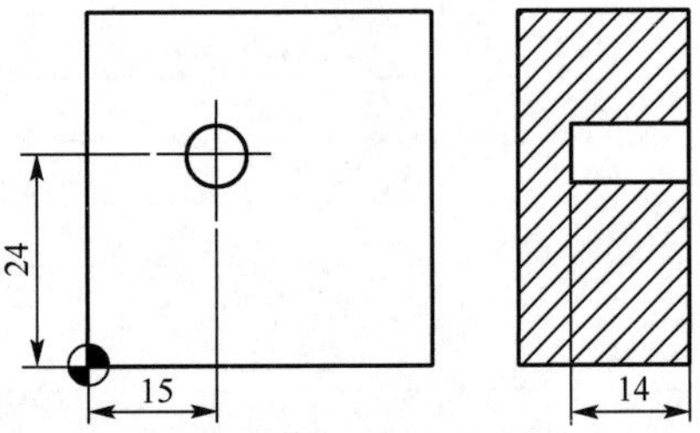

图 4-156 CYCLE89 循环应用实例

加工程序如下：

段号	程　　序	说　　明
N10	G17 G54 G94;	技术值定义
N20	M3 S850;	主轴正转,850r/min
N30	F100;;	以 100mm/min 的速度加工
N40	T3 D3	选择刀具和刀具补偿值
N50	G0 X15 Y24 Z50	快速定位
N60	CYCLE81(50,0,5,－14,1)	设定循环参数
N70	M2	程序结束

第十七节 钻孔样式循环

一、概述

钻孔样式循环介绍了所钻孔在平面中的几何分布。在钻孔循环编程之前，通过模式调用此钻孔循环可以建立一个钻孔过程。

前提条件：

① 无钻孔循环调用的钻孔样式循环。

钻孔样式循环也可以用于其它用途而不首次调用最先的钻孔循环，因为钻孔样式循环可以不参考已使用的钻孔循环的参数化设置。

如果在调用钻孔样式循环之前没有模式调用子程序，则出现错误信息“无有效的钻孔循环”。可以通过按错误响应键来应答此错误信息并按 NC START 键继续执行程序。然后钻孔样式循环将依次回到由输入数据计算出的每个位置而不在这些点上调用子程序。

② 数量参数为零时的动作。

必须定义在钻孔样式中孔的数量。如果在循环调用时的数量参数值为零（或者参数列表中无此参数），则发出报警“孔的数量是零”并且循环终止。

③ 检查有限范围的输入值。

通常，必须仔细检查钻孔样式循环中的参数的定义值。

图 4-157 所示为两种基本的钻孔样式形状，图 4-158 所示为一典型圆周孔零件——法兰零件。

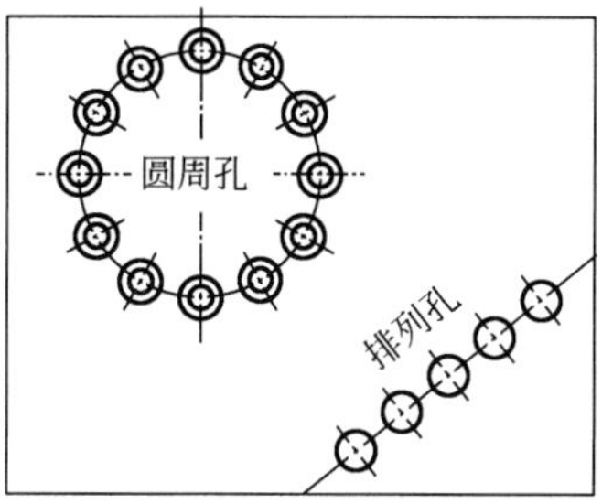

图 4-157 两种基本的钻孔样式形状

图 4-158 典型法兰零件

二、排孔——HOLES1

【编程】

HOLES1（SPCA，SPCO，STA1，FDIS，DBH，NUM）

【参数】

SPCA	Real	直线（绝对值）上一参考点的平面的第一坐标轴（横坐标）
SPCO	Real	此参考点（绝对值）平面的第二坐标轴（纵坐标）
STA1	Real	与平面第一坐标轴（横坐标）的角度 −180°<STA1≤180°
FDIS	Real	第一个孔到参考点的距离（无符号输入）
DBH	Real	孔间距（无符号输入）
NUM	Int	孔的数量

【功能】

此循环可以用来铣削一排孔。即，沿直线分布的一些孔，或网格孔。孔的类型由已被调用的钻孔循环决定。

【操作顺序】

HOLES1 排孔循环的过程及其参数如图 4-159 所示。

为了避免不必要的行程，通过平面轴的实际位置和此排孔的几何分布，循环计算出是从第一孔或是最后一孔开始加工。随后依次快速到达钻孔位置。

【参数说明】

SPCA 和 SPCO（平面的第一坐标轴和第二坐标轴的参考点）：排孔形成的直线上的某一点定义成参考点，用于计算孔之间的距离。定义了从这一点到第一个孔的距离。

STA1（角度）：直线可以是平面中的任何位置。它是由 SPCA 和 SPCO 定义的点以及直线和循环调用时有效的工件坐标系平面中的第一坐标轴间形成的角度来确定的。角度值以度数输入 STA1 下。

FDIS 和 DBH（距离）：使用 FDIS 来编程第一孔和由 SPCA 和 SPCO 定义的参考点间的距离。参数 DBH 定义了任何两孔间的距离。

NUM（数量）：参数 NUM 用来定义孔的数量。

【实例】

如图 4-160 所示，在 X/Y 平面上加工出两列排列孔。

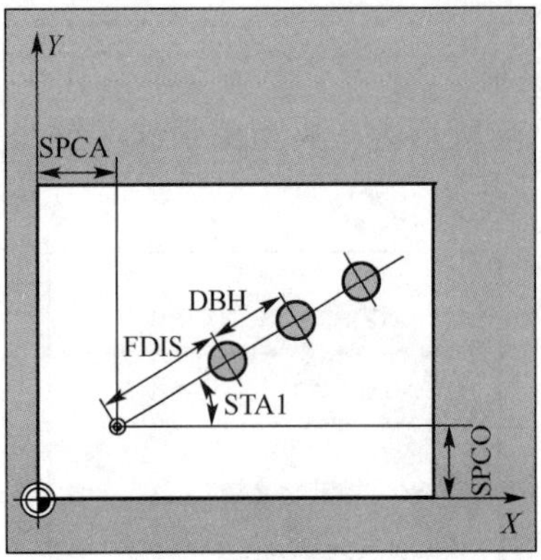

图 4-159 HOLES1 排孔循环的过程及其参数

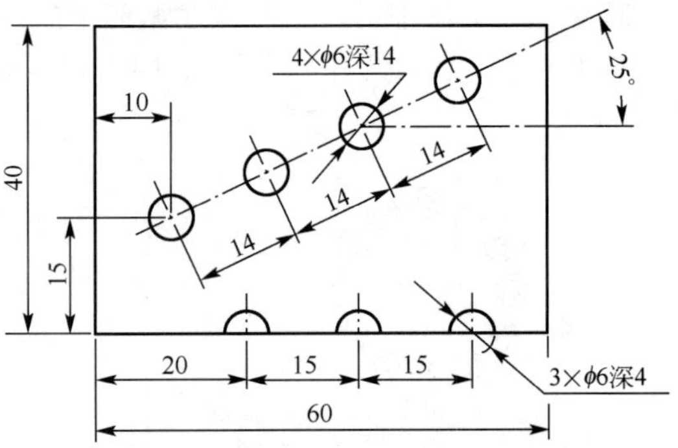

图 4-160 HOLES1 排孔循环应用实例

加工程序如下：

段号	程　序	说　明
N10	G17 G54 G94;	选择平面、坐标系、分钟进给
N20	M3 S500;	主轴正转，500r/min
N30	G0 X0 Y0 Z50	快速定位 25°排列孔起点
N40	MCALL CYCLE82 (2,0,2,－14,,1)	设定钻孔循环参数
N50	HOLES1(10,15,25,0,14,4)	设定排列孔循环参数
N60	MCALL	取消循环调用
N70	G0 X0 Y0 Z50	快速定位 0°排列孔起点
N80	MCALL CYCLE82 (2,0,2,－4,,1)	设定钻孔循环参数
N90	HOLES1(20,0,0,20,15,3)	设定排列孔循环参数
N100	MCALL	取消循环调用
N140	M2	程序结束

三、圆周孔——HOLES2

【编程】

HOLES2（CPA，CPO，RAD，STA1，INDA，NUM）

【参数】

CPA	Real	圆周孔的中心点(绝对值)，平面的第一坐标轴
CPO	Real	圆周孔的中心点(绝对值)，平面的第二坐标轴
RAD	Real	圆周孔的半径(无符号输入)
STA1	Real	起始角范围值：-180°<STA1≤180°
INDA	Real	增量角
NUM	Int	孔的数量

【功能】

使用此循环可以加工圆周孔，如图4-161所示，钻孔顺序如图4-162所示。加工平面必须在循环调用前定义。孔的类型已经调用的钻孔循环决定。

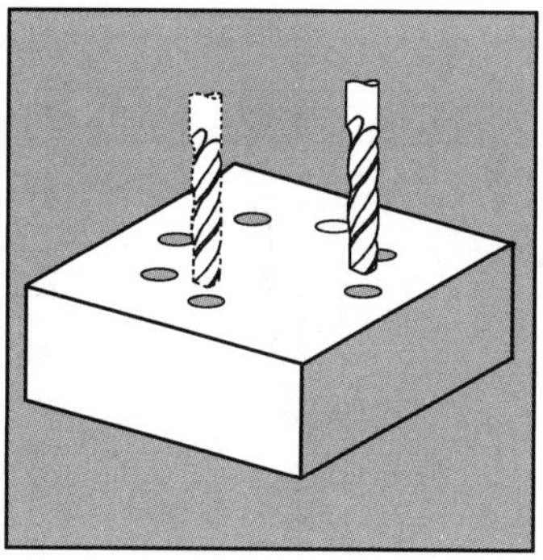

图4-161 圆周孔循环的钻孔示意图

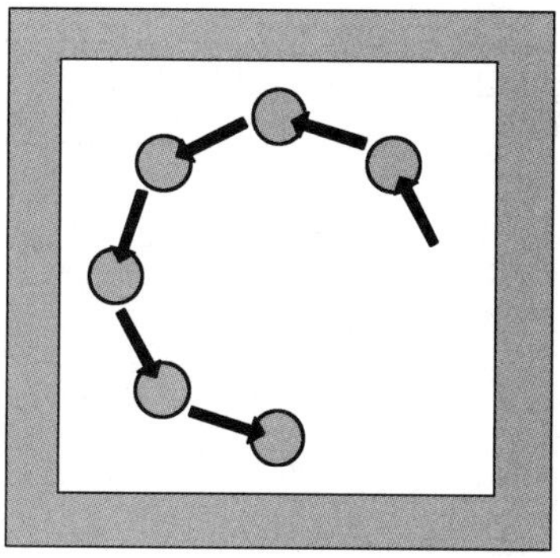

图4-162 圆周孔循环的钻孔顺序图

【操作顺序】

HOLES2圆周孔循环的过程及其参数如图4-163所示。在循环中，使用G0依次回到平面中的钻孔位置。

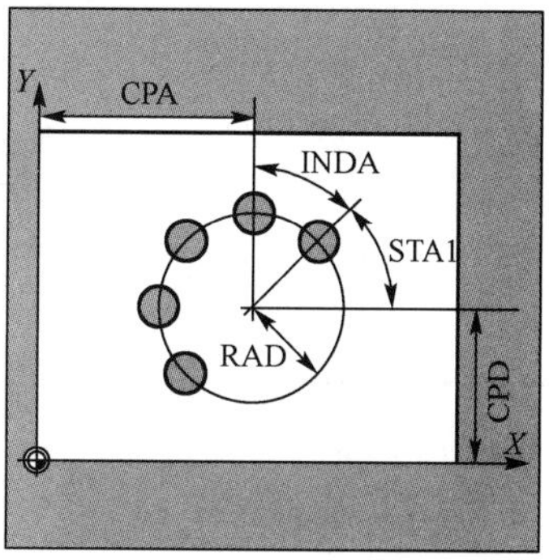

图4-163 HOLES2圆周孔循环的过程及其参数

【参数说明】

CPA，CPO和RAD（中心点位置和半径）：加工平面中的圆周孔位置是由中心点（参数CPA和CPO）和半径（参数RAD）决定的。半径的值只允许为正。

STA1和INDA（起始角和增量角）：这些参数定义孔的分布。参数STA1定义了循环调用前有效的工件坐标系中第一坐标轴的正方向（横坐标）与第一孔之间的旋转角。参数INDA定义了从一个孔到下一个孔的旋转角。如果参数INDA的值为零，循环则会根据孔的数量按圆周算出所需的角度。

NUM（数量）：参数NUM定义了孔的数量。

【实例】

如图4-164所示，使用CYCLE82来加工图中的圆周孔。最后钻孔深度定义成参考平面的相对值。

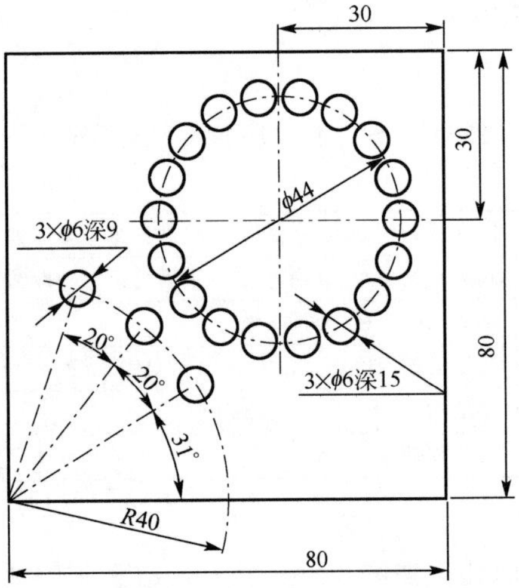

图 4-164 HOLES2 循环应用实例

加工程序如下：

段号	程 序	说 明
N10	G17 G54 G94;	选择平面、坐标系、分钟进给
N20	M3 S500;	主轴正转，500r/min
N30	G0 X0 Y0 Z50	快速定位左下角圆周孔位置
N40	MCALL CYCLE82(10,0,2,-9,,1)	设定钻孔循环参数
N50	HOLES2(0,0,40,31,20,3)	设定圆周孔循环参数
N60	MCALL	取消循环调用
N70	G0 X0 Y0 Z50	快速定位右上角圆周孔位置
N80	MCALL CYCLE82(10,0,2,-15,,1)	设定钻孔循环参数
N90	HOLES2(50,50,22,0,20,18)	设定圆周孔循环参数
N100	MCALL	取消循环调用
N110	M2	程序结束

注：此处 N70 定位的位置无论在何处，圆周孔循环参数的中心坐标也必须写绝对坐标（50，50）。

第十八节 铣削循环

一、概述

前提条件：

① 调用铣削循环之间，必须激活一刀具补偿。

② 如果在铣削循环中未提供某些参数，必须在零件程序中编程进给率，主轴速度和主轴旋转方向的值。

③ 用于铣削样式或待加工凹槽的中心点坐标编程在矩形坐标系中。

④ 循环调用前有效的 G 功能和当前编程的框架在循环过程中一直有效。

二、螺纹铣削——CYCLE90

【编程】

CYCLE90（RTP，RFP，SDIS，DP，DPR，DIATH，KDIAM，PIT，FFR，CDIR，

TYPTH，CPA，CPO）

【参数】

RTP	Real	退回平面(绝对值)
RFP	Real	参考平面(绝对值)
SDIS	Real	安全间隙(无符号输入)
DP	Real	最后钻孔深度(绝对值)
DPR	Real	相对于参考平面的最后钻孔深度(无符号输入)
DIATH	Real	额定直径，螺纹外直径
KDIAM	Real	中心直径，螺纹内直径
PIT	Real	螺纹螺距；范围值：0.001～2000.000mm
FFR	Real	螺纹铣削进给率(无符号输入)
CDIR	int	螺纹铣削时的旋转方向值：2(使用 G2 铣削螺纹)，3(使用 G3 铣削螺纹)
TYPTH	int	螺纹类型值：0＝内螺纹，1＝外螺纹
CPA	Real	圆心，平面的第一轴(绝对值)
CPO	Real	圆心，平面的第二轴(绝对值)

【功能】

使用 CYCLE90，可以加工内螺纹或外螺纹，由于外螺纹加工实际应用很少，因此，只介绍内螺纹的铣削方法。铣削螺纹的路径需要螺旋插补。加工时，需使用循环调用前定义的当前平面中的三个几何轴。

【操作顺序】

CYCLE90 内螺纹铣削循环的过程和参数如图 4-165 所示。

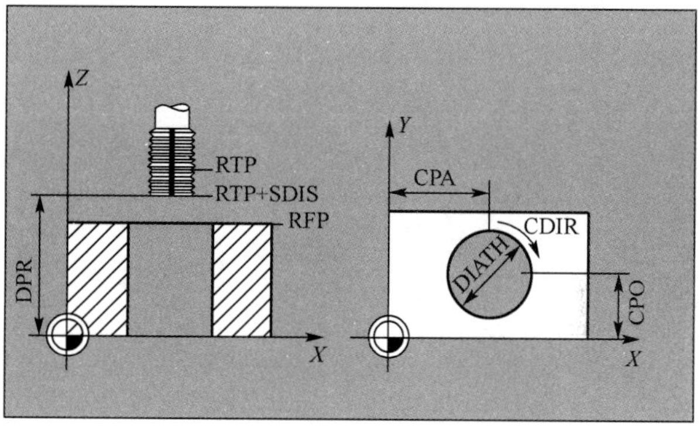

图 4-165 CYCLE90 内螺纹铣削循环的过程和参数

循环启动前到达的位置：起始位置可以是任何位置，只要能够无碰撞地到达在返回平面顶点的螺纹圆心。循环形成以下动作顺序：

① 使用 G0 定位在当前平面中位于返回平面顶点的中心点。

② 使用 G0 进给到安全间隙前的参考平面用于清除碎屑。

③ 使用 G1 和降低的进给率 FFR 移动到循环内部计算的圆弧。

④ 按照 CDIR 下编程的 G2/G3 方向，沿圆弧路径移动到螺纹直径。

⑤ 使用 G2/G3 以及 FFR 的进给率沿螺旋路径铣削螺纹。

⑥ 按照相同的旋转方向以及降低的 FFR 进给率沿圆弧路径返回。

⑦ 使用 G0 退回到螺纹的中心点。

⑧ 使用 G0 退回到返回平面。

【参数说明】

参数 RTP，RFP，SDIS，DP，DPR，参见 CYCLE81。

DIATH，KDIAM 和 PIT（额定/中心直径和螺纹螺距）：这些参数用于定义螺纹的额定直径，中心直径和螺距。DIATH 参数定义螺纹的外直径，KDIAM 定义螺纹的内直径。根据这些参数的定义，在循环内部产生钻进/钻出动作。

FFR（进给率）：FFR 参数中定义的值为当前螺纹铣削的进给率值。铣螺旋式螺纹时，该进给率值仍然有效。

钻进/钻出时，该值会降低。螺旋路径完成后，使用 G0 返回。

CDIR（旋转方向）：此参数用于定义螺纹的加工方向。如果该参数的值无效，则给出以下信息："铣削方向错误；G3 当前有效"。此时，继续执行循环，G3 自动有效。

TYPTH（螺纹类型）：此参数用于定义加工内螺纹或外螺纹。

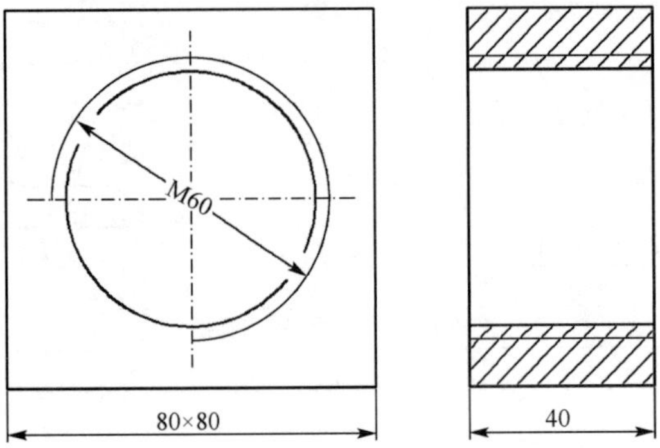

图 4-166 CYCLE90 循环应用实例

CPA 和 CPO（中心点）：这些参数用于定义所钻孔的中心点或是螺纹所在的龙头的中心点。

【应用说明】

在循环内部计算刀具半径。因此，循环调用之前必须编程刀具补偿。否则，将出现报警"无有效的刀具补偿"且循环终止。如果加工内螺纹，刀具半径＝0 或为负，则监控刀具半径并出现报警"刀具半径太大"且循环终止。

【实例】

如图 4-166 所示，使用该程序，在 X/Y 平面内的点 X40 Y50 处加工一个螺距为 3mm 的内螺纹，孔已经加工完毕。

加工程序如下：

段号	程　　序	说　　明
	DEF REAL RTP＝50，RFP＝0，SDIS＝2，DPR＝ －40，DIATH＝60，KDIAM＝50DEF REAL PIT＝3，FFR＝200，CPA＝40，CPO＝40 DEF INT CDIR＝2，TYPTH＝0	变量的赋值
N10	G17 G54 G94；	选择平面、坐标系、分钟进给
N20	M3 S500；	主轴正转，500r/min
N30	G0 X40 Y40 Z50	快速定位左下角圆周孔位置
N40	CYCLE90（RTP，RFP，SDIS，DP，DPR，DIATH，KDIAM，PIT，FFR，CDIR，TYPTH，CPA CPO）	循环调用
N50	G0 G90 Z100	循环结束后到达的位置
N60	M02	程序结束

注意：此处先对循环内的参数进行赋值，在程序调用的时候直接在机床面板上输入代码即可。同前面所用的在程序段中直接输入参数效果一样。此处仅作另外一种书写方法的演示。如用和以前一样的写法，程序应如下（推荐用方法）：

段号	程　　序	说　　明
N10	G17 G54 G94；	选择平面、坐标系、分钟进给
N20	M3 S500；	主轴正转，500r/min
N30	G0 X40 Y40 Z50	快速定位左下角圆周孔位置
N40	CYCLE90(50，0，2，－40，，60，50，3，200，2，0，40，40)	设定钻孔循环参数
N50	G0 Z50	设定圆周孔循环参数
N60	M2	程序结束

三、圆弧槽——LONGHOLE

【编程】

LONGHOLE（RTP，RFP，SDIS，DP，DPR，NUM，LENG，CPA，CPO，RAD，STA1，INDA，FFD，FFP1，MID）

【参数】

RTP	Real	退回平面(绝对值)
RFP	Real	参考平面(绝对值)
SDIS	Real	安全间隙(无符号输入)
DP	Real	槽深(绝对值)
DPR	Real	相对于参考平面的槽深(无符号输入)
NUM	integer	槽的数量
LENG	real	槽长(无符号输入)
CPA	real	圆弧圆心(绝对值),平面的第一轴
CPO	real	圆弧圆心(绝对值),平面的第二轴
RAD	real	圆弧半径(无符号输入)
STA1	real	起始角度
INDA	real	增量角度
FFD	real	深度切削进给率
FFP1	real	表面加工进给率
MID	real	每次进给时的进给深度(无符号输入)

【注意】

该循环要求使用带“端面齿”的铣刀。

【功能】

使用此循环可以加工按圆弧排列的槽，如图 4-167 所示，加工顺序如图 4-168 所示。槽的纵向轴按轴向调准。

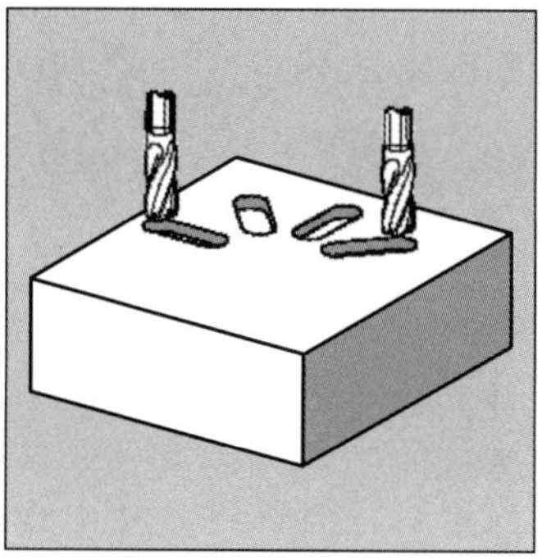

图 4-167 圆弧槽循环的加工示意图

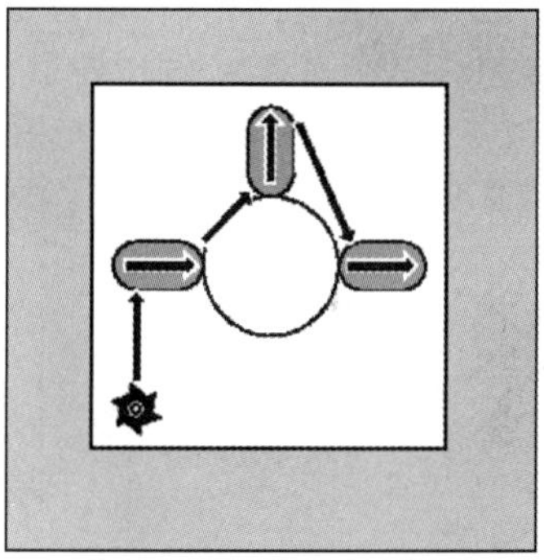

图 4-168 圆弧槽循环的加工顺序

和凹槽相比，该槽的宽度由刀具直径确定。在循环内部，会计算出最优化的刀具的进给路径，排除不必要的停顿。如果加工一个槽需要几次深度切削，则在终点交替进行切削。沿槽的纵向轴的进给的路径在每次切削后改变它的方向。进行下一个槽的切削时，循环会搜索最短的路径。

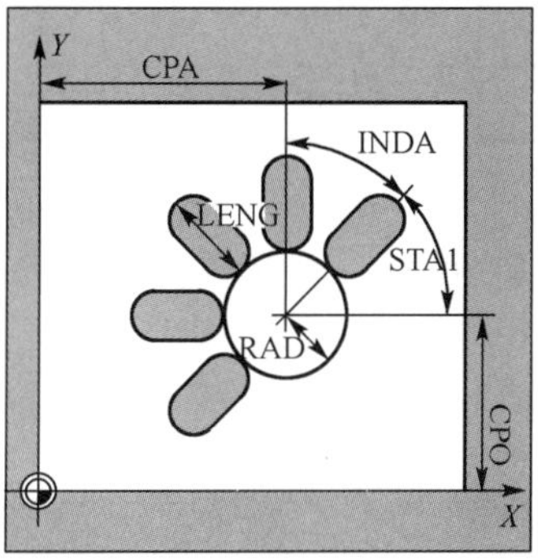

图 4-169 圆弧槽循环的过程和参数

【操作顺序】

圆弧槽循环的过程和参数如图 4-169 所示。

循环启动前到达的位置：起始位置可以是任何位置，只要刀具能够到达每个槽而不发生碰撞。循环形成以下动作顺序：

① 使用 G0 到达循环中的起始点位置。在轴形成的当前平面中，移动到高度为返回平面的待加工的第一个槽的下一个终点，然后移动到安全间隙前的参考平面。

② 每个槽以来回动作铣削。使用 G1 和 FFP1 下编程的进给率在平面中加工。在每个反向点，使用 G1 和进给率切削到下一个加工深度，直到到达最后的加工 深度。

③ 使用 G0 退回到返回平面，然后按最短的路径移动到下一个槽的位置。

④ 最后的槽加工完以后，刀具按 G0 移动到加工平面中的位置，该位置是最后到达的位置并在下图中定义，然后循环结束。

【参数说明】

关于参数 RTP，RFP，SDIS，参见 CYCLE81。

DP 和 DPR（槽深）：槽深可以定义成相对于参考平面的绝对值（DP）和相对值（DPR）。相对值定义时，循环将使用参考平面和返回平面的位置自动计算出深度。

NUM（数量）：此参数用于定义槽的数量。

LENG（槽长）：此参数可以定义槽的长度。如果循环发现槽的长度小于铣刀的直径，则循环终止并产生报警“铣刀半径太大”。

MID（切削深度）：此参数可以定义最大的切削深度。循环以相同的切削步骤切削深度。使用 MID 和总深度，循环自动计算出位于一半的最大切削深度和最大切削深度间的一个切削值。按照最小可能的切削数量为基础。MID=0 表示一次切削完成槽深切削。

深度切削从安全间隙前的参考平面开始。

FFD 和 FFP1（深度进给率和表面进给率）：FFP1 适用于平面中粗加工时的所有动作。FFD 用于垂直于此平面的切削。

CPA，CPO 和 RAD（圆心和半径）：加工平面中槽的位置由圆心（CPA，CPO）和半径（RAD）决定。半径值只允许为正。

STA1 和 INDA（起始角和增量角）：这些参数定义圆弧槽的分布。如果 INDA=0，则根据槽的数量计算增量角，以便使槽在圆弧上平均分布。

【应用说明】

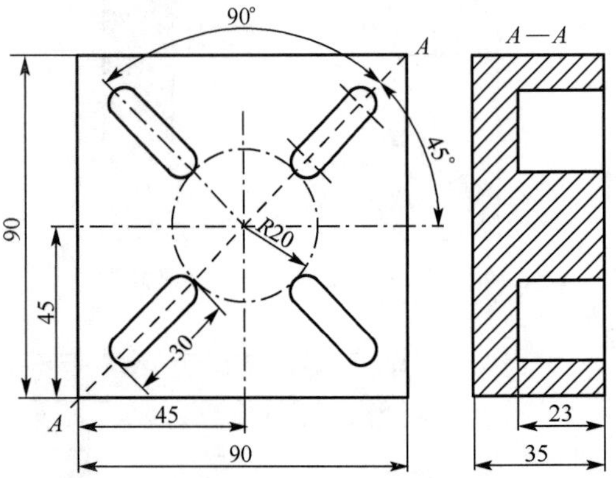

图 4-170 LONGHOLE 循环应用实例

循环调用前必须定义刀具补偿。否则，循环将终止并出现报警“无有效的刀具补偿”。

如果由于确定槽的分布和大小的参数值定义不正确，而导致槽轮廓相互碰撞，循环将不会执行加工。循环终止并出现错误信息 61104“槽轮廓碰撞”。循环执行过程中，工件坐标系偏移并旋转。工件坐标系中显示的实际值表示刚加工的槽的纵向轴为当前加工平面的第一轴。循环结束后，工件坐标系又回到循环调用前的位置。

【实例】

如图 4-170 所示，利用此程序加工 4 个长为 30mm 的槽，相对深度为 23mm（槽底到参考平面的距离），这些槽分布在圆心点为 Z45 Y45，半径 20mm 的 Y/Z 平面的圆上。起始角是 45°，相邻角为 90°。最大切削深度为 6mm，安全间隙 1mm。

加工程序如下：

段号	程　序	说　明
N10	G17 G54 G94;	选择平面、坐标系、分钟进给
N20	M3 S500;	主轴正转，500r/min
N30	G0 X45 Y45 Z50	快速定位
N40	LONGHOLE (50,0,2,-23,,4,30,45,45,20,45,90,100,320,3)	循环调用
N50	M2	循环结束

四、圆弧槽——SLOT1

【编程】

SLOT1（RTP，RFP，SDIS，DP，DPR，NUM，LENG，WID，CPA，CPO，RAD，STA1，INDA，FFD，FFP1，MID，CDIR，FAL，VARI，MIDF，FFP2，SSF）

【参数】

RTP	Real	返回平面(绝对值)
RFP	Real	参考平面(绝对值)
SDIS	Real	安全间隙(无符号输入)
DP	Real	槽深(绝对值)
DPR	Real	相当于参考平面的槽深(无符号输入)
NUM	Integer	槽的数量
LENG	Real	槽长(无符号输入)
WID	Real	槽宽(无符号输入)
CPA	Real	圆弧中心点(绝对值),平面的第一轴
CPO	Real	圆弧中心点(绝对值),平面的第二轴
RAD	Real	圆弧半径(无符号输入)
STA1	Real	起始角
INDA	Real	增量角
FFD	Real	深度进给进给率
FFP1	Real	端面加工进给率
MID	Real	一次进给最大深度(无符号输入)
CDIR	Integer	加工槽的铣削方向值:2(用于 G2),3(用于 G3)
FAL	Real	槽边缘的精加工余量(无符号输入)
VARI	Integer	加工类型值:0=完整加工,1=粗加工,2=精加工
MIDF	Real	精加工时的最大进给深度
FFP2	Real	精加工进给率
SSF	Real	精加工速度

【注意】

该循环要求循环要求铣刀带端面齿，刀刃超过刀具中心。

【功能】

SLOT1 循环是一个综合的粗加工和精加工循环。

使用此循环可以加工环形排列槽。如图 4-171 所示，加工顺序如图 4-172 所示。槽的纵向轴按放射状排列。和加长孔不同，定义了槽宽的值。

【操作顺序】

SLOT1 圆弧槽循环的过程和参数如图 4-173 所示。

循环启动前到达的位置：起始位置可以是任何位置，只要刀具能够到达每个槽而不发生碰撞。循环形成以下动作顺序：

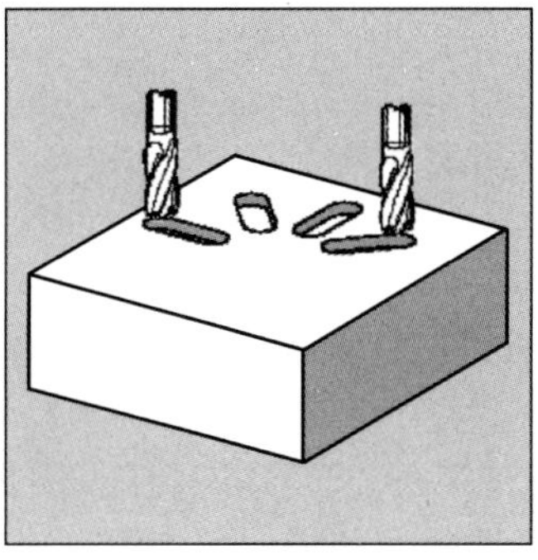

图 4-171 SLOT1 圆弧槽循环的加工示意图

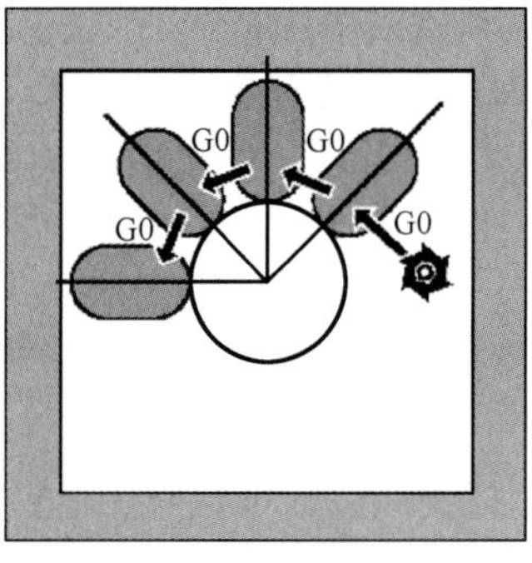

图 4-172 SLOT1 圆弧槽循环的加工顺序

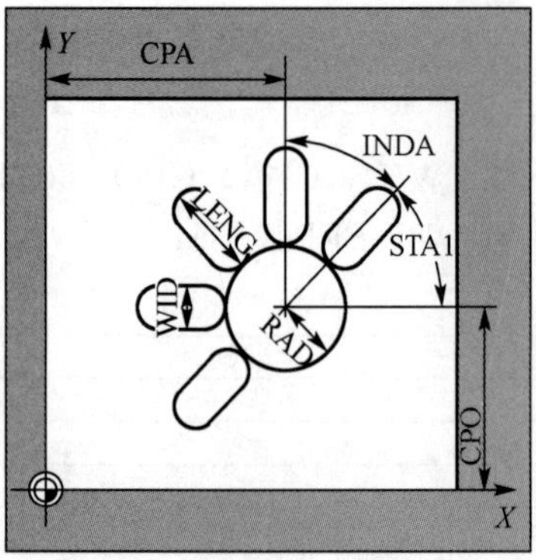

图 4-173 SLOT1 圆弧槽循环的过程和参数

① 循环起始时，使用 G0 回到图中的右边位置。

② 以下步骤完成了槽的加工：

a. 使用 G0 回到安全间隙前的参考平面；

b. 使用 G1 以及 FFD 中的进给率值进给至下一加工深度；

c. 使用 FFP1 中的进给率值在槽边缘上进行连续加工直到精加工余量。然后使用 FFP2 的进给率值和主轴速度 SSF 并按 CDIR 下编程的加工方向沿廓进行精加工；

d. 始终在加工平面中的相同位置进行深度进给，直至到达槽的底部。

③ 将刀具退回到返回平面并使用 G0 移到下一个槽。

④ 加工完最后的槽后，使用 G0 将刀具移到加工平面中的末端位置，则循环结束。

【参数说明】

对于参数 RTP，RFP，SDIS，参见 CYCLE81。

DP 和 DPR（槽深）：槽深可以定义为参考平面的绝对值（DP）或相对值（DPR）。如果定义的是相对值，循环会使用参考平面和返回平面的位置自动算出余下的深度。

NUM（数量）：此参数用于定义槽的数量。

LENG 和 WID（槽长和槽宽）：使用参数 LENG 和 WID 定义平面中的槽的形状。铣刀直径必须小于槽宽。否则，会产生报警“刀具半径太大”且循环终止。铣刀直径不能小于槽宽的一半。系统不检测此项。

CPA，CPO 和 RAD（中心点和半径）：圆形孔在加工平面中的位置是通过中心点（CPA，CPO）和半径（RAD）来决定的。半径只允许是正值。

STA1 和 INDA（起始角和增量角）：这些参数定义了槽在圆周上的分布。

STA1 定义了在循环调用前有效工件坐标系中第一轴（横坐标）的正方向与第一槽间的角度。参数 INDA 定义了槽和槽之间的角度。

如果 INDA=0，增量角可以通过槽的数量来得出，因为它们是平均分布在圆弧上的。

FFD 和 FFP1（深度和端面的进给率）：进给率 FFD 用于所有垂直于加工平面的进给动作。

进给率 FFP1 用于平面中所有在粗加工时使用此进给率的动作。

MID（进给深度）：此参数用于定义最大的进给深度。

循环将进给深度分成相同大的步骤来执行。使用 MID 和整个深度，循环自动计算出位于 0.5 倍的最大进给深度和最大进给深度间的进给量。最小允许的进给数作为基数。MID=0 表示一次切削到槽深。

进给深度在安全间隙前的参考平面处作用。

CDIR（铣削方向）：此参数用来定义槽的加工方向。允许值有：

①“2”用于 G2；

②“3”用于 G3。

如果参数值不正确，对话栏中将显示信息“铣削方向错误，将执行 G3”。此时，循环继续且 G3 自动生效。

FAL（精加工余量）：此参数用来编程槽边缘的精加工余量。FAL 不影响进给深度。如果 FAL 的值大于槽宽和铣刀所允许的值，FAL 的值将自动降低到最大允许值。

粗加工时，在槽的两个末端进行来回铣削和深度进给。

VARI，MIDF，FFP2 和 SSF（加工类型，进给深度，进给率和速度）：参数 VARI 用来定义加工类型。允许值有：

① 0＝完整加工分成两部分。

a. 按照循环调用前所编程的主轴速度及进给率 FFP1 进行连续槽加工（SLOT1，SLOT2）直至精加工余量。MID 定义了进给深度。

b. 按照 SSF 定义的主轴速度和进给率 FFP2 连续加工剩余余量。MIDF 定义了横切深度。如果 MIDF＝0，进给深度等于最后深度。

c. 如果未编程 FFP2，进给率 FFP1 有效。如果 SSF 没有编程，即循环有效前编程的速度，进给率 FFP1 仍然有效。

② 1＝粗加工按照循环调用前，所编程的速度和进给率 FFP1 对槽进行连续加工直至精加工余量。MID 编程了进给深度。

③ 2＝精加工循环要求槽（SLOT1，SLOT2）已经加工至剩余的精加工余量而且只需要加工 最后的精加工余量。如果未编程 FFP2 和 SSF，进给率 FFP1 或编程的速度在循环调用前有效。MIDF 中定义了进给深度。

如果参数 VARI 编程了不同的值，就会产生报警“加工类型定义不正确”且循环终止。

【应用说明】

循环调用前必须编程刀具补偿。否则，循环终止并产生报警“无有效的刀具补偿”。如果给决定槽分布和大小的参数定义了不正确的值并因此而导致槽之间的轮廓碰撞（见图 4-174），循环不会启动。在产生错误信息“槽/加长孔的轮廓碰撞”后循环终止。循环运行过程中，工件坐标系偏置并旋转。显示在实际值区域的工件坐标系的值表示已加工的槽的纵向轴和当前加工平面的第一轴相符。循环结束后，工件坐标系又重新位于循环调用前的相同位置。

【实例】

如图 4-175 所示，加工 4 个槽。这些槽具有以下尺寸：长 30mm，宽 15mm 和深 23mm。安全间隙是 1mm，精加工余量是 0.5mm，铣削方向是 G2，最大进给深度是 6mm。即将完整加工这些槽并在进行精加工时进给至槽深及使用相同的进给率和速度。

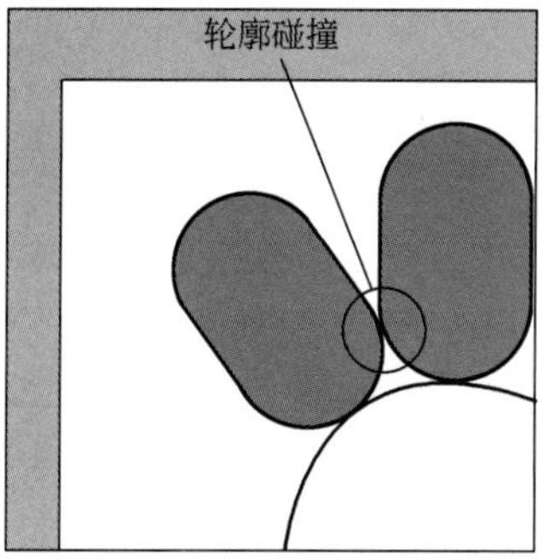

图 4-174 轮廓碰撞示意

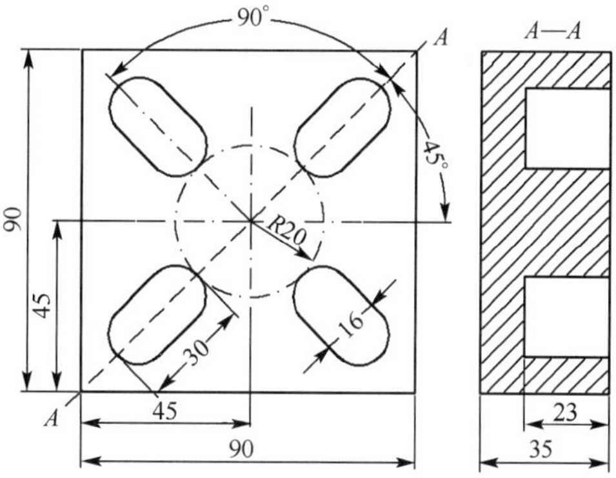

图 4-175 SLOT1 循环应用实例

加工程序如下：

段号	程 序	说 明
N10	G17 G54 G94;	选择平面、坐标系、分钟进给
N20	M3 S500;	主轴正转，500r/min
N30	G0 X45 Y45 Z50	快速定位
N40	SLOT1（50，0，2，－23，，4，30，16，45，45，20，45，90，20，200，3，2，0.5，0，，0，）	循环调用，参数 VARI，MIDF，FFP2 和 SSF 省略
N50	M2	程序结束

五、圆周槽——SLOT2

【编程】

SLOT2 (RTP，RFP，SDIS，DP，DPR，NUM，AFSL，WID，CPA，CPO，RAD，STA1，INDA，FFD，FFP1，MID，CDIR，FAL，VARI，MIDF，FFP2，SSF)

【参数】

RTP	Real	返回平面(绝对值)
RFP	Real	参考平面(绝对值)
SDIS	Real	安全间隙(无符号输入)
DP	Real	槽深(绝对值)
DPR	Real	相当于参考平面的槽深(无符号输入)
NUM	Integer	槽的数量
AFSL	Real	槽长的角度(无符号输入)
WID	Real	圆周槽宽(无符号输入)
CPA	Real	圆中心点(绝对值),平面的第一轴
CPO	Real	圆中心点(绝对值),平面的第二轴
RAD	Real	圆半径(无符号输入)
STA1	Real	起始角
INDA	Real	增量角
FFD	Real	深度进给进给率
FFP1	Real	端面加工进给率
MID	Real	最大进给深度(无符号输入)
CDIR	Integer	加工圆周槽的铣削方向值:2(用于 G2),3(用于 G3)
FAL	Real	槽边缘的精加工余量(无符号输入)
VARI	Integer	加工类型值:0=完整加工,1=粗加工,2=精加工
MIDF	Real	精加工时的最大进给深度
FFP2	Real	精加工进给率
SSF	Real	精加工速度

【注意】

该循环要求循环要求铣刀带端面齿，刀刃超过刀具中心。

【功能】

SLOT2 循环是一个综合的粗加工和精加工循环。使用此循环可以加工分布在圆上的圆周槽，如图 4-176 所示，加工顺序如图 4-177 所示。

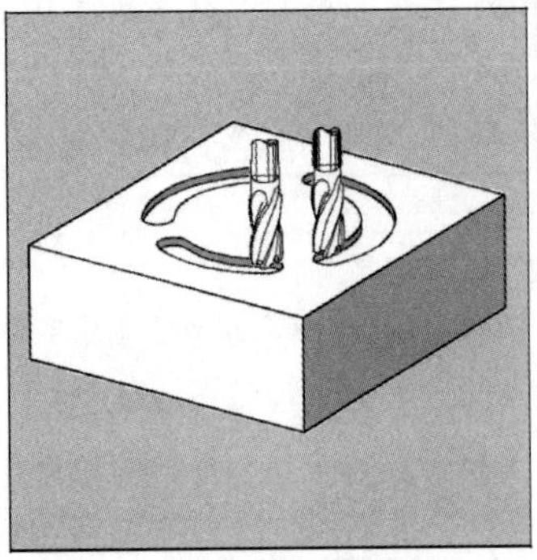

图 4-176 SLOT2 圆周槽循环的加工示意

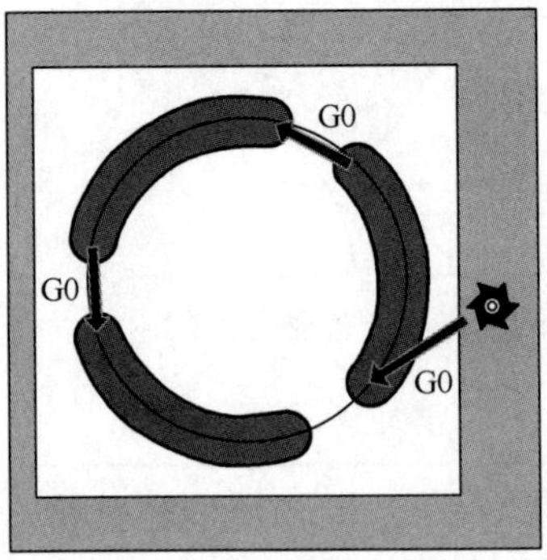

图 4-177 SLOT2 圆周槽循环的加工顺序

【操作顺序】

SLOT2 圆周槽循环的过程和参数如图 4-178 所示。

循环运行前到达的位置：起始位置可以是任何位置，只要刀具能够到达每个槽而不发生碰撞。循环形成以下动作顺序：

① 循环运行时，使用 G0 靠近下图中指定的位置。

② 加工圆周槽的步骤和加工加长孔的步骤相同。完整地加工完一个圆周槽后，刀具退回到返回平面并使用 G0 接着加工下一槽。

③ 加工完所有的槽后，刀具使用 G0 移至加工平面中的终点位置，此位置在图 4-178 中指定，然后循环结束。

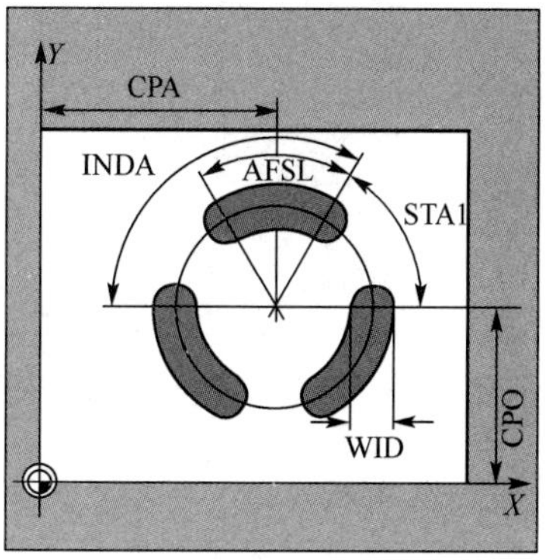

图 4-178 SLOT2 圆周槽循环的过程和参数

【参数说明】

对于参数 RTP，RFP，SDIS，参见 CYCLE82。

对于参数 DP，DPR，FFD，FFP1，MID，CDIR，FAL，VARI，MIDF，FFP2，SSF，参见 SLOT1。

NUM（数量）：使用参数 NUM 可以定义槽的数量。

AFSL 和 WID（角度和圆周槽宽度）：使用参数 AFSL 和 WID 可以定义平面中槽的形状。循环会检查槽宽是否会与有效刀具发生碰撞。如果会发生碰撞，则产生报警“铣刀半径太大”且循环终止。

CPA，CPO 和 RAD（中心点和半径）：加工平面中圆周孔圆的位置是由中心点（CPA，CPO）和半径（RAD）来定义的。半径值只允许为正。

STA1 和 INDA（起始角和增量角）：圆周槽的分布是通过这些参数来定义的。STA1 定义了在循环调用前有效工件坐标系中第一轴（横坐标）的正方向与第一圆周槽间的角度。参数 INDA 定义了槽和槽之间的角度。

如果 INDA=0，增量角可以通过槽的数量来得出，因为它们是平均分布在圆弧上的。

【应用说明】

循环调用前必须编程刀具补偿。否则，循环终止并产生报警“无有效的刀具补偿”。如果给决定槽分布和大小的参数定义了不正确的值并因此而导致槽之间的轮廓碰撞（见图 4-179），循环不会启动。在产生错误信息“槽/加长孔的轮廓碰撞”后循环终止。循环运行过程中，工件坐标系偏置并旋转。显示在实际值区域的工件坐标系的值表示刚加工的圆周槽从当前加工平面的第一轴开始而且工件坐标系的零点位于圆的中心点。

循环结束后，工件坐标系又重新位于循环调用前的相同位置。

【实例】

如图 4-180 所示，加工分布在圆周上的 3 个圆周槽精加工余量是 0.5mm，进给轴 Z 的安全间隙是 2mm，最大深度进给为 6mm。完整加工这些槽。

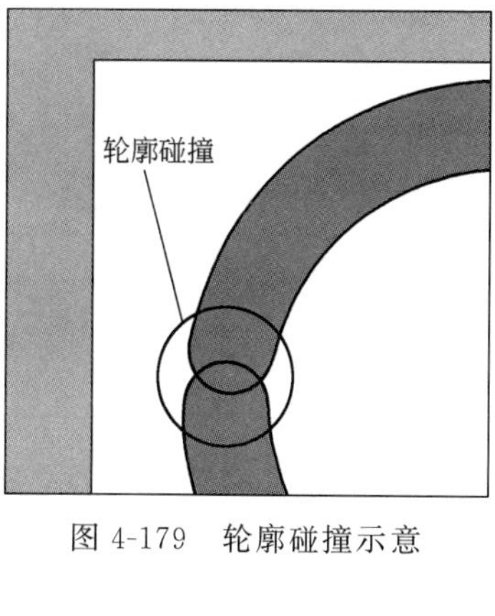

图 4-179 轮廓碰撞示意

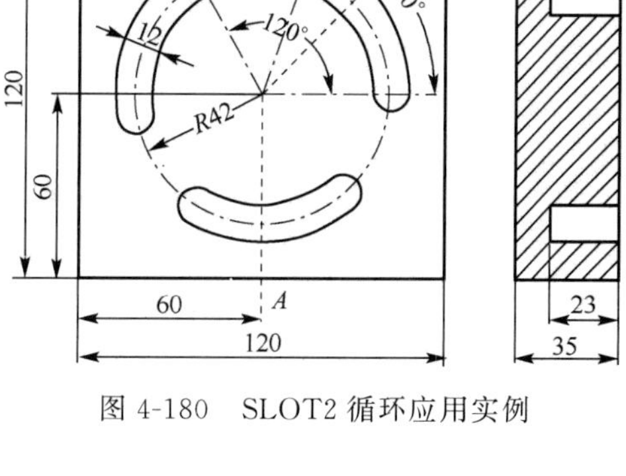

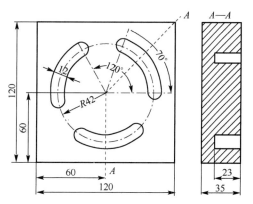

图 4-180 SLOT2 循环应用实例

加工程序如下：

段号	程　　序	说　　明
N10	G17 G54 G94;	选择平面、坐标系、分钟进给
N20	M3 S500;	主轴正转,500r/min
N30	G0 X60 Y60 Z50	快速定位
N40	SLOT2 (50,0,2,－23,,3,70,12,60,60,42,,120,20,200,,3,2,0.5,1,,,)	粗加工循环调用
N50	SLOT2 (50,0,2,－23,,3,70,12,60,60,42,,120,20,200,,1,2,0.5,2,0.5,20,400)	精加工循环调用
N60	M2	程序结束

六、矩形槽（矩形腔）——POCKET3

【编程】

POCKET3（RTP，RFP，SDIS，DP，LENG，WID，CRAD，PA，PO，STA，MID，FAL，FALD，FFP1，FFD，CDIR，VARI，MIDA，AP1，AP2，AD，RAD1，DP1）

【参数】

RTP	Real	返回平面(绝对值)
RFP	Real	参考平面(绝对值)
SDIS	Real	安全间隙(无符号输入)
DP	Real	槽深(绝对值)
LENG	Real	槽长,带符号从拐角测量
WID	Real	槽宽,带符号从拐角测量
CRAD	Real	槽拐角半径(无符号输入)
PA	Real	槽参考点(绝对值),平面的第一轴
PO	Real	槽参考点(绝对值),平面的第二轴
STA	Real	槽纵向轴和平面第一轴间的角度(无符号输入) 范围值:0°≤STA＜180°
MID	Real	最大进给深度(无符号输入)
FAL	Real	槽边缘的精加工余量(无符号输入)
FALD	Real	槽底的精加工余量(无符号输入)
FFP1	Real	端面加工进给率
FFD	Real	深度进给进给率
CDIR	Integer	铣削方向(无符号输入)值:0 顺铣(主轴方向),1 逆铣,2 用于 G2(独立于主轴方向),3 用于 G3
VARI	Integer	加工类型 UNITS DIGIT 值:1 粗加工,2 精加工 TENS DIGIT 值:0 使用 G0 垂直于槽中心,1 使用 G1 垂直于槽中心,2 沿螺旋状,3 沿槽纵向轴摆动
MIDA	Real	在平面的连续加工中作为数值的最大进给宽度
AP1	Real	槽长的空白尺寸
AP2	Real	槽宽的空白尺寸
AD	Real	距离参考平面的空白槽深尺寸
RAD1	Real	插入时螺旋路径的半径(相当于刀具中心点路径)或者 摆动时的最大插入角
DP1	Real	沿螺旋路径插入时每转(360°)的插入深度

【功能】

如图 4-181 所示，此循环可以用于粗加工和精加工。精加工时，要求使用带端面齿的铣刀。深度进给始终从槽中心点开始并在垂直方向上执行。这样才能在此位置完成预铣削。如图 4-182 所示。

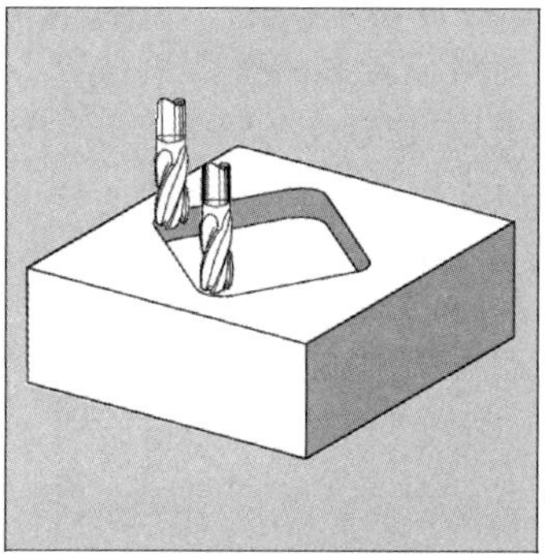

图 4-181 POCKET3 矩形槽循环的加工示意图

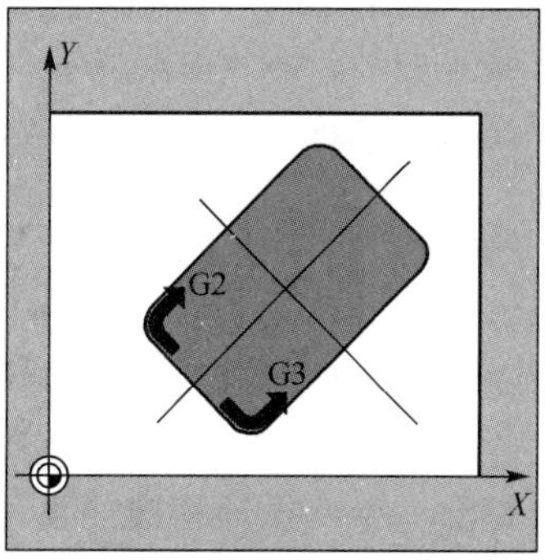

图 4-182 POCKET3 矩形槽循环的加工顺序

① 铣削方向可以通过 G 命令（G2/G3）来定义，或者顺铣或逆铣方向由主轴方向决定。

② 对于连续加工，可以编程在平面中的最大进给宽度。

③ 精加工余量始终用于槽底。

④ 有三种不同的插入方式：垂直于槽的中心、沿围绕槽中心的螺旋路径、在槽中心轴上摆动。

⑤ 平面中用于精加工的更短路径。

⑥ 考虑平面中的空白轮廓和槽底的空白尺寸（允许最佳的槽加工）。

【操作顺序】

POCKET3 矩形槽循环的过程和参数如图 4-183 所示。

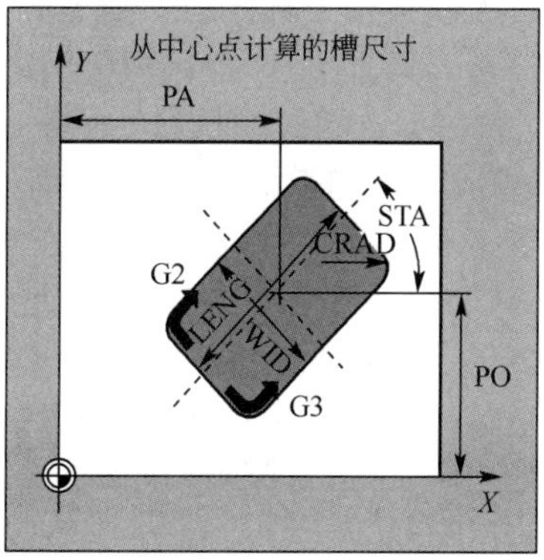

图 4-183 POCKET3 矩形槽循环的过程和参数

循环运行前到达的位置：起始位置可以是任意位置，只需从该位置出发可以无碰撞地回到返回平面的槽中心点。

粗加工时的动作顺序：使用 G0 回到返回平面的槽中心点，然后再同样以 G0 回到安全间隙前的参考平面。随后根据所选的插入方式并考虑已编程的空白尺寸对槽进行加工。

（1）精加工时的动作顺序

从槽边缘开始精加工，直到到达槽底的精加工余量，然后对槽底进行精加工。如果其中某个精加工余量为零，则跳过此部分的精加工过程。

① 槽边缘精加工：精加工槽边缘时，刀具只沿槽轮廓切削一次。精加工槽边缘时，路径包括一个到达拐角半径的四分之一圆。此路径的半径通常为 2mm，但如果空间较小，半径等于拐角半径和铣刀半径的差。如果在边缘上的精加工余量大于 2mm，则应相应增加接近半径。使用 G0 朝槽中央执行深度进给，同时使用 G0 到达接近路径的起始点。

② 槽底精加工：精加工槽底时，机床朝槽中央执行 G0 功能直至到达距离等于槽深＋精加工余量＋安全间隙处。从该点起，刀具始终垂直进行深度进给（因为具有副切削刃的刀具用于槽底的精加工），底端面只加工一次。

（2）插入方式

① 垂直于槽中央插入：表示在循环内部计算出的当前的进给深度（小于等于 MID 下编

程的最大进给深度）在包含 G0 或 G1 的程序块中执行。

② 螺旋状路径插入：表示刀具中心点沿着由半径 RAD1 和每转深度 DP1 确定的螺旋状路径进给。进给率为 _ FFD 的编程值。此螺旋路径的旋转方向和槽加工的旋转方向一致。DP1 下编程的插入深度被认为是最大深度并始终作为螺旋路径转数的整数值计算。

如果已到达进给所需的当前深度（可以是螺旋路径上的几转），仍需加工一个完整的圆来消除插入的倾斜路径。然后在此平面上对槽进行连续加工直至精加工余量。

【参数说明】

LENG，WID 和 CRAD（槽长，槽宽和拐角半径）：使用参数 LENG，WID 和 CRAD 可以定义平面中槽的形状。槽的测量始终从中心开始。如果由于半径太大而使用有效的刀具不能进给编程的拐角半径，则使待加工槽的拐角半径和刀具半径一致。如果铣刀半径大于槽长或槽宽的一半，循环将被终止并产生报警“刀具半径太大”。

PA，PO（参考点）：使用参数 PA 和 PO 定义平面轴中槽的参考点。这是槽的中心点。

STA（角度）：STA 定义了平面中第一轴（横坐标）和槽的纵向轴间的角度。

MID（进给深度）：此参数用来定义粗加工时的最大进给深度。深度进给由循环按相同大小的进给步来执行。使用 MID 和整个深度，循环自动计算出进给量。使用最少可能的进给数作为基础。

MID=0 表示一次切削至槽深。

FAL（槽边缘的精加工余量）：此精加工余量只影响平面中槽边缘的加工。如果精加工余量大于等于刀具直径，则不能保证槽完整连续的加工，并出现信息“警告：精加工余量大于等于刀具直径”，但循环仍然继续。

FALD（槽底的精加工余量）：粗加工时，在槽底需考虑单独的精加工余量。

FFD 和 FFP1（深度和端面进给率）：进给率 FFD 在进入工件中时有效。进给率 FFP1 对于平面中所有的动作都有效，粗加工时使用此进给率。

CDIR（铣削方向）：使用此参数定义槽的加工方向。使用此参数 CDIR，铣削方向

① 可以直接使用“2 用于 G2”和“3 用于 G3”编程

② 或者，“同步操作”或“反转”。同步操作或反转根据循环调用前有效的主轴方向在循环内部决定。同步操作反转

M3→G3	M3→G2
M4→G2	M4→G3

VARI（加工类型）：此参数用来定义加工类型。可能的值为：

Units digit：1=粗加工，2=精加工

Tens digit（进给）：0=使用 G0 垂直于槽中心，1=使用 G1 垂直于槽中心，2=沿螺旋路径，3=槽长轴摆动

如果参数 VARI 编程了其它值，将输出报警“加工类型定义不正确”且循环终止。

MIDA（最大进给宽度）：此参数可以用来定义在平面中连续加工时的最大进给宽度。类似于已知的计算进给深度的方法（使用最大可能的值平均划分总深度），使用 MIDA 下编程的最大值平均划分宽度。

如果此参数未编程或编程值为零，循环内部将使用铣刀直径的 80%作为最大进给深度。到达最大槽深时，如果要重新计算已计算的用于边缘加工的进给宽度，此参数适用。否则最初计算的进给宽度适用于整个循环。

AP1，AP2，AD（空白尺寸）：使用参数 AP1，AP2，AD 用来定义槽在平面中和深度方向的空白尺寸（增量）。

RAD1（半径）：此参数用来定义螺旋路径的半径（参考刀具中心点路径）或用于摆动

动作的最大插入角。

DP1（插入深度）：此参数用来定义插入螺旋路径时的进给深度。循环调用前必须编程刀具补偿。否则，循环将终止而且报警61000“无有效的刀具补偿”输出。在循环内部，使用了一个影响实际值显示的新的当前工件坐标系。此坐标系的零点位于槽中心点。在循环结束时，原来的坐标系重新有效。

【实例】

如图 4-184 所示，加工一个在 X/Y 平面中的矩形槽，深度为 60mm，宽 40mm，拐角半径 是 8mm 且深度为 17.5mm。该槽和 X 轴的角度为零。槽边缘的精加工余量是 0.75mm，槽底的精加工余量为 0.2mm，添加于参考平面的 Z 轴的安全间隙为 0.5mm。槽中心点位于 X60 Y40，最大进给深度 4mm。加工方向取决于在顺铣过程中的主轴的旋转方向。使用半径为 5mm 的铣刀。只进行一次粗加工。

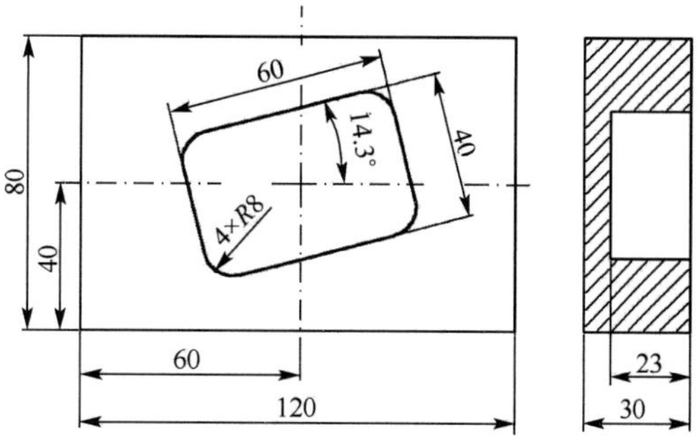

图 4-184 POCKET3 循环应用实例

加工程序如下：

段号	程 序	说 明
N10	G17 G54 G94;	选择平面、坐标系、分钟进给
N20	M3 S500;	主轴正转,500r/min
N30	G0 X60 Y40 Z50	快速定位
N40	POCKET3 (50,0,2,－23,60,40,8,60,40,14.3,4,0.75, 0.2,200,20,0,11,5,,,,,)	循环调用
N50	M2	程序结束

七、圆形槽（圆形腔）——POCKET4

【编程】

POCKET4 （RTP，RFP，SDIS，DP，PRAD，PA，PO，MID，FAL，FALD，FFP1，FFD，CDIR，VARI，MIDA，AP1，AD，RAD1，DP1）

【参数】

TP	Real	返回平面(绝对值)
RFP	Real	参考平面(绝对值)
SDIS	Real	安全间隙(添加到参考平面;无符号输入)
DP	Real	槽深(绝对值)
PRAD	Real	槽半径
PA	Real	槽中心点(绝对值),平面的第一轴
PO	Real	槽中心点(绝对值),平面的第二轴
MID	Real	最大进给深度(无符号输入)
FAL	Real	槽边缘的精加工余量(无符号输入)
FALD	Real	槽底的精加工余量(无符号输入)
FFP1	Real	端面加工进给率
FFD	Real	深度进给进给率
CDIR	Integer	铣削方向(无符号输入)值:0 顺铣(主轴方向),1 逆铣,2 用于 G2(独立于主轴方向),3 用于 G3
VARI	Integer	加工类型 UNITS DIGIT 值:1 粗加工,2 精加工 TENS DIGIT 值:0 使用 G0 垂直于槽中心,1 使用 G1 垂直于槽中心,2 沿螺旋状

续表

MIDA	Real	在平面的连续加工中作为数值的最大进给宽度
AP1	Real	槽半径的空白尺寸
AD	Real	距离参考平面的空白槽深尺寸
RAD1	Real	插入时螺旋路径的半径(相当于刀具中心点路径)
DP1	Real	沿螺旋路径插入时每转(360°)的插入深度

【功能】

此循环用于加工在平面中的圆形槽。精加工时，需使用带端面齿的铣刀。深度进给始终从槽中心点开始并垂直执行；这样可以在此位置适当地进行预钻削。

① 铣削方向可以通过 G 命令（G2/G3）来定义，或者顺铣或逆铣方向由主轴方向决定。

② 对于连续加工，可以编程在平面中的最大进给宽度。

③ 精加工余量也用于槽底。

④ 有两种不同的插入方式：垂直于槽的中心、沿围绕槽中心的螺旋路径。

⑤ 平面中用于精加工的更短路径。

⑥ 考虑平面中的空白轮廓和槽底的空白尺寸（允许最佳的槽加工）。

⑦ 边缘加工时重新计算 MIDA。

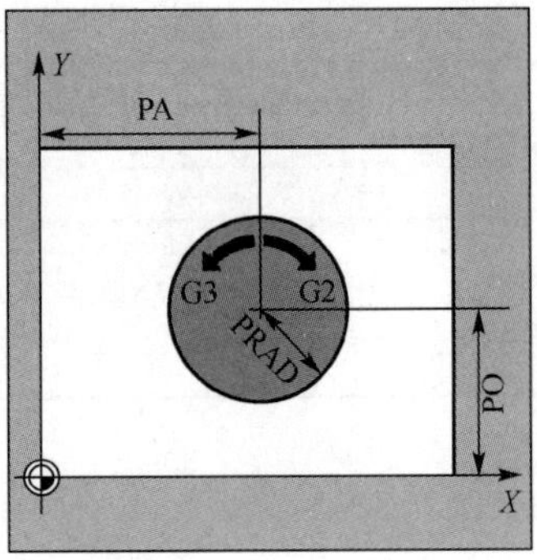

图 4-185　POCKET4 圆形槽循环的过程和参数

【操作顺序】

POCKET4 圆形槽循环的过程和参数如图 4-185 所示。

循环启动前到达的位置：起始位置可以是任意位置，只需从该位置出发可以无碰撞地回到返回平面的槽中心点。

（1）粗加工时的动作顺序

使用 G0 回到返回平面的槽中心点，然后再同样以 G0 回到安全间隙前的参考平面。随后根据所选的插入方式并考虑已编程的空白尺寸对槽进行加工。

（2）精加工时的动作顺序

从槽边缘开始精加工，直到到达槽底的精加工余量，然后对槽底进行精加工。如果其中某个精加工余量为零，则跳过此部分的精加工过程。

① 槽边缘精加工：精加工槽边缘时，刀具只沿槽轮廓切削一次。精加工槽边缘时，路径包括一个到达拐角半径的四分之一圆。此路径的半径最大为 2mm，但如果空间较小，半径等于槽半径和铣刀半径的差。使用 G0 在槽开口处朝槽中央执行深度进给，同时使用 G0 到达接近路径的起始点。

② 槽底精加工：精加工槽底时，机床朝槽中央执行 G0 功能直至到达距离等于槽深＋精加工余量＋安全间隙处。从该点起，刀具始终垂直进行深度进给（因为具有副切削刃的刀具用于槽底的精加工）。槽底端面只加工一次。

插入方式：参见“POCKET3”

【参数说明】

对于参数 RTP，RFP，SDIS，参见 CYCLE82。

对于参数 DP，MID，FAL，FALD，FFP1，FFD，CDIR，MIDA，AP1，AD，RAD1，DP1，参见 POCKET3。

PRAD（槽半径）：圆形槽的形状只是由半径决定的。如果此半径小于有效刀具的刀具半径，循环将终止并且产生报警“刀具半径太大”。

PA，PO（槽中心点）：这些参数用来定义槽的中心点。圆形槽始终经过中心点测量。

VARI（加工类型）：此参数用于定义加工类型。可能的值为：

Units digit：1＝粗加工，2＝精加工

Tens digit（进给）：0＝使用 G0 垂直于槽中心，1＝使用 G1 垂直于槽中心

2＝沿螺旋路径

如果 VARI 编程其它值，将报警“加工类型定义不正确”且循环终止。

【应用说明】

循环调用前必须编程刀具补偿。否则，循环将终止而且报警“无有效的刀具补偿”输出。在循环内部，使用了一个影响实际值显示的新的当前工件坐标系。此坐标系的零点位于槽中心点。在循环结束时，原来的坐标系重新有效。

【实例】

如图 4-186 所示，在 Y/Z 平面中加工一个圆形槽。中心点为 X50 Y50。深度的进给轴是 Z 轴。未定义精加工余量和安全间隙。采用通常的铣削方式（逆铣）加工槽。沿螺旋路径进行进给。使用半径为 10mm 的铣刀。

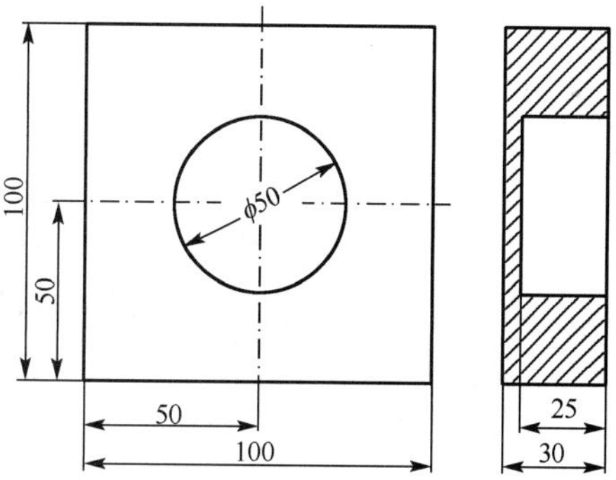

图 4-186 POCKET4 循环应用实例

加工程序如下：

段号	程 序	说 明
N10	G17 G54 G94;	选择平面、坐标系、分钟进给
	M03 S500;	主轴正转,500r/min
N20	G0 X50 Y50 Z50	快速定位
N30	POCKET4 (50,0,2,－25,25,50,50,3,0,0,200,100,1,21,0,0,0,2,3)	循环调用 省略参数_FAL,_FALD
N40	M2	程序结束

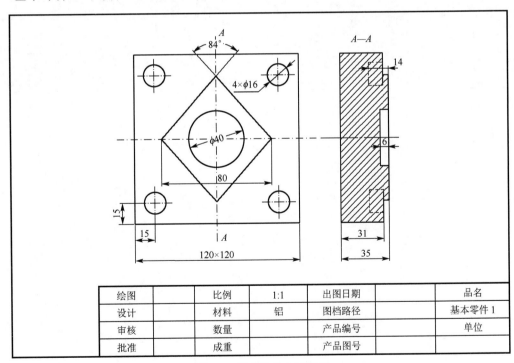

第五章　典型零件加工中心加工工艺分析及编程操作

一、基本零件的加工与工艺分析 1

基本零件 1 的零件图如图 5-1 所示。

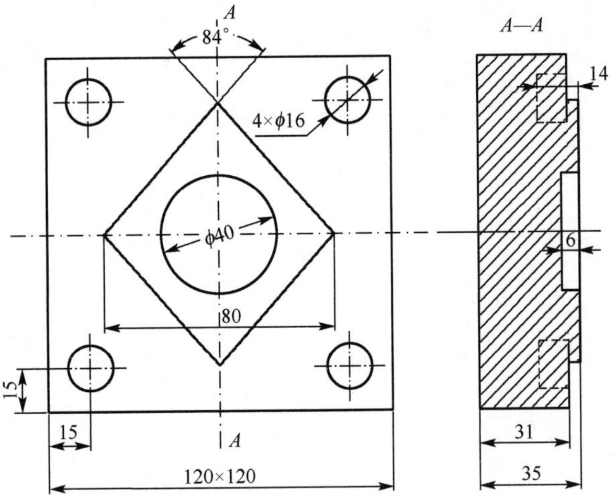

绘图		比例	1:1	出图日期		品名
设计		材料	铝	图档路径		基本零件 1
审核		数量		产品编号		单位
批准		成重		产品图号		

图 5-1　基本零件 1 零件图

（1）零件图工艺分析

该零件表面由 1 个突台部分、1 个圆形的槽和 4 个孔组成。工件尺寸 120mm×120mm，无尺寸公差要求。尺寸标注完整，轮廓描述清楚。零件材料为已经加工成型的标准铝块，无热处理和硬度要求。

（2）确定装夹方案

在工件底部放置 2 块垫块，保证工件高出夹具 4mm 以上，用虎钳夹紧，如图 5-2 所示。

注意：做批量加工时，在工件左侧用铝棒或铁棒顶紧，方便更换工件的加工，不必重新对刀。单个工件的加工则可忽略。

图 5-2　确定装夹方案

（3）确定加工顺序及进给路线

加工顺序按由粗到精、先表面后槽孔的原则确定。通过上述分析，采取以下几点工艺措施。

① ϕ30mm 先加工大表面的突台部分：分 2 层铣削，第一层 3mm，第二层 1mm 兼做精加工表面。具体的加工路线如图 5-3 所示，路径 1 为铣边，路径 2 为加工出突台，其中未加工到白色区域可由铣孔时候加工完成。

② ϕ20 的铣刀加工中间的圆心槽：分 3 层铣削，3mm、2mm、1mm（兼做精加工槽底）。如图 5-4 的路径 1。

③ ϕ16 的铣刀加工 4 个孔：根据实际情况，此处不采用循环，用 G01 指令即可完成加工，如图 5-4 的 2、3、4、5。

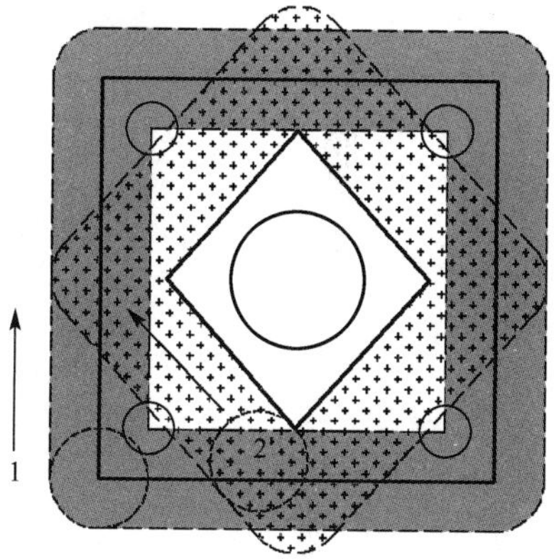

图 5-3　突台表面走刀路线

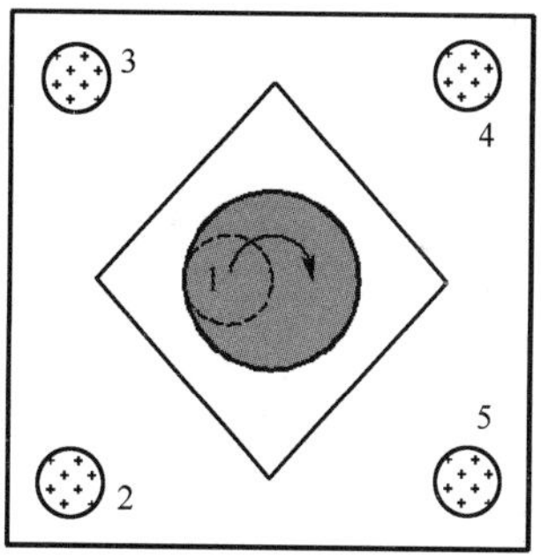

图 5-4　圆形槽和孔走刀路线

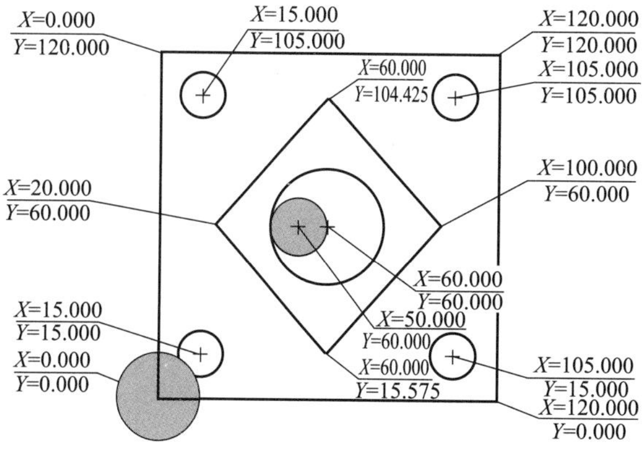

图 5-5　关键点信息

（4）数学计算

在编程中，相关的坐标点的数值通过计算和 CAD 的标注即可求出，这里不再赘述。具体关键点信息见图 5-5。

（5）刀具选择

选用 ϕ30mm 铣刀先加工大表面的突台部分，ϕ20 铣刀加工中间的圆心槽，ϕ16 铣刀加工 4 个孔。将所选定的刀具参数填入表 5-1 数控加工刀具卡片中，以便于编程和操作管理。

（6）切削用量选择

将前面分析的各项内容综合成如表 5-2 所示的数控加工工艺卡片，此表是编制加工程序的主要依据和操作人员配合数控程序进行数控加工的指导性文件，主要内容包括：工步顺序、工步内容、各工步所用的刀具及切削用量等。

表 5-1 基本零件 1 数控加工刀具卡片

产品名称或代号		加工中心工艺分析实例	零件名称	基本零件 1	零件图号	Mill-1
序号	刀具号	刀具规格名称	数量	加工表面	伸出夹头 mm	备注
1	T01	ϕ30mm 铣刀	1	突台部分外沿	8	
2	T02	ϕ20mm 铣刀	1	圆形槽	10	
3	T03	ϕ16mm 铣刀	1	4 个孔	20	
编制	×××	审核 ×××	批准	×××	共 1 页	第 1 页

表 5-2 基本零件 2 数控加工工序卡

单位名称	××××	产品名称或代号		零件名称	零件图号		
		加工中心工艺分析实例		螺纹特型轴	Mill-1		
工序号	程序编号	夹具名称		使用设备	车间		
001	Mill-1	台虎钳		Fanuc、Siemens	数控中心		
工步号	工步内容	刀具号	刀具总长伸出(mm)	主轴转速 r/min	进给速度 mm/min	下刀量 mm	备注
1	工件边缘	T01	70(8)	2000	400	≤3	自动
2	突台轮廓外缘	T01	70(8)	2000	400	≤3	自动
3	圆形槽	T02	60(10)	2000	400	≤3	自动
4	4 个孔	T03	60(20)	2000	80		自动
编制 ×××	审核	×××	批准 ×××	年 月 日		共 1 页	第 1 页

注：表中下刀量“≤”根据实际情况略有调整，并非一固定值，后面的例题也是如此。

（7）数控程序的编制

【FANUC 数控程序】

子程序：O0051			
孔	N010	G01 Z－14 F80；	加工孔，速度 80mm/min
	N020	G04 P1000	暂停 1 秒，清孔底
	N030	G01 Z2 F400；	孔内退刀，孔内不采用 G00 退刀
	N040	M99；	子程序结束
主程序：O0001			
开始	N010	G17 G54 G94；	选择平面、坐标系、分钟进给
	N020	T01 M06；	换 01 号刀
	N030	M03 S2000；	主轴正转，2000 转/min
工件轮廓 图 5-3 的 1	N040	G00 X0 Y0；	快速定位
	N050	Z2；	快速下刀至 Z2 位置
	N060	G01 Z－3 F80；	下刀至 Z－3 处，速度 80mm/min
	N070	X0 Y120 F400；	加工外轮廓左边缘，速度 400mm/min
	N080	X120 Y120；	加工外轮廓上边缘
	N090	X120 Y0；	加工外轮廓右边缘
	N100	X0 Y0；	加工外轮廓下边缘
	N110	Z－4 F80；	下刀至 Z－4 处，速度 80mm/min
	N120	M03 S4000；	主轴正转，4000r/min，准备精加工
	N130	G01 X0 Y120 F200；	加工外轮廓左边缘，速度 200mm/min
	N140	X120 Y120；	加工外轮廓上边缘
	N150	X120 Y0；	加工外轮廓右边缘
	N160	X0 Y0；	加工外轮廓下边缘
	N170	G00 Z2；	抬刀
	N180	M03 S2000；	主轴正转，2000r/min

续表

主程序:O0001			
突台外轮廓 图 5-3 的 2	N190	G41 G00 X20 Y60;	设定刀具左补偿,快速定位至突台左顶点
	N200	G01 Z－3 F80;	下刀至 Z－3 处,速度 80mm/min
	N210	X60 Y104.425 F400;	加工突台轮廓至上顶点,速度 400mm/min
	N260	X100 Y60;	加工突台轮廓至右顶点
	N270	X60 Y15.575;	加工突台轮廓至下顶点
	N280	X20 Y60;	加工突台轮廓至上顶点
	N290	Z－4 F80;	下刀至 Z－4 处,速度 80mm/min
	N300	M03 S4000;	主轴正转,4000r/min,准备精加工
	N310	X60 Y104.425 F200;	加工突台轮廓至上顶点,速度 200mm/min
	N320	X100 Y60;	加工突台轮廓至右顶点
	N330	X60 Y15.575;	加工突台轮廓至下顶点
	N340	X20 Y60;	加工突台轮廓至上顶点
	N350	G00 Z200;	抬刀,准备换刀
	N355	G40	取消刀具补偿
圆形槽 的加工 图 5-4 的 1	N360	T02 M06;	换 02 号刀
	N370	M03 S2000;	主轴正转,2000r/min
	N380	G00 X50 Y60;	快速定位至圆的左顶点
	N390	G01 Z－3 F80;	下刀至 Z－3 处,速度 80mm/min
	N400	G02 X50 Y60 I10 J0 F400;	加工第一层圆形槽,速度 400mm/min
	N410	G01 Z－5 F80;	下刀至 Z－3 处,速度 80mm/min
	N420	G02 X50 Y60 I10 J0 F400;	加工第二层圆形槽,速度 400mm/min
	N430	M03 S4000;	主轴正转,4000r/min,准备精加工
	N440	G01 Z－6 F80;	下刀至 Z－6 处,速度 80mm/min
	N450	G02 X50 Y60 I10 J0 F200;	加工第三层圆形槽,速度 200mm/min
	N460	G00 Z200;	抬刀,准备换刀
	N480	M03 S2000;	主轴正转,2000r/min
四个孔 的加工	N490	T03 M06;	换 03 号刀
	N500	G00 Z2;	快速下刀至 Z2 位置
	N510	X15 Y15;	快速定位在图 5-4 所示孔 2 位置
	N520	M98 P0051;	调用子程序,加工孔
	N530	G00 X15 Y105;	快速定位在图 5-4 所示孔 3 位置
	N540	M98 P0051;	调用子程序,加工孔
	N550	G00X105 Y105;	快速定位在图 5-4 所示孔 4 位置
	N560	M98 P0051;	调用子程序,加工孔
	N570	G00 X105 Y15;	快速定位在图 5-4 所示孔 5 位置
	N580	M98 P0051;	调用子程序,加工孔
结束	N590	G00 Z200;	抬刀
	N600	M05;	主轴停
	N610	M02;	程序结束

说明：由于本题的程序编制采用的是基本程序，FANUC 与 Siemens 的编程代码并无多大差别，因此不对 Siemens 的程序做详细的编写，具体情况参照本书 Siemens 相关章节编程即可。

二、基本零件的加工与工艺分析 2

基本零件 2 的零件图如图 5-6 所示。

（1）零件图工艺分析

该零件表面由 1 个键槽、2 个半圆形的开口槽和 2 个小台阶组成。工件尺寸 160mm×100mm，无尺寸公差要求。尺寸标注完整，轮廓描述清楚。零件材料为已经加工成型的标准铝块，无热处理和硬度要求。

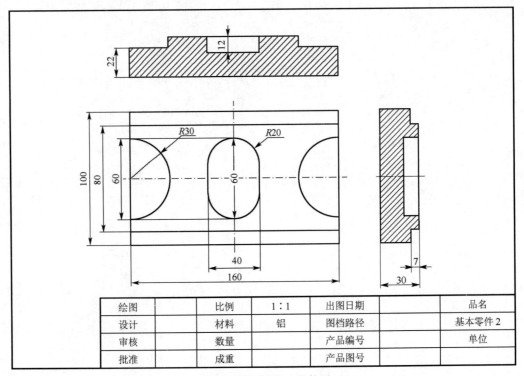

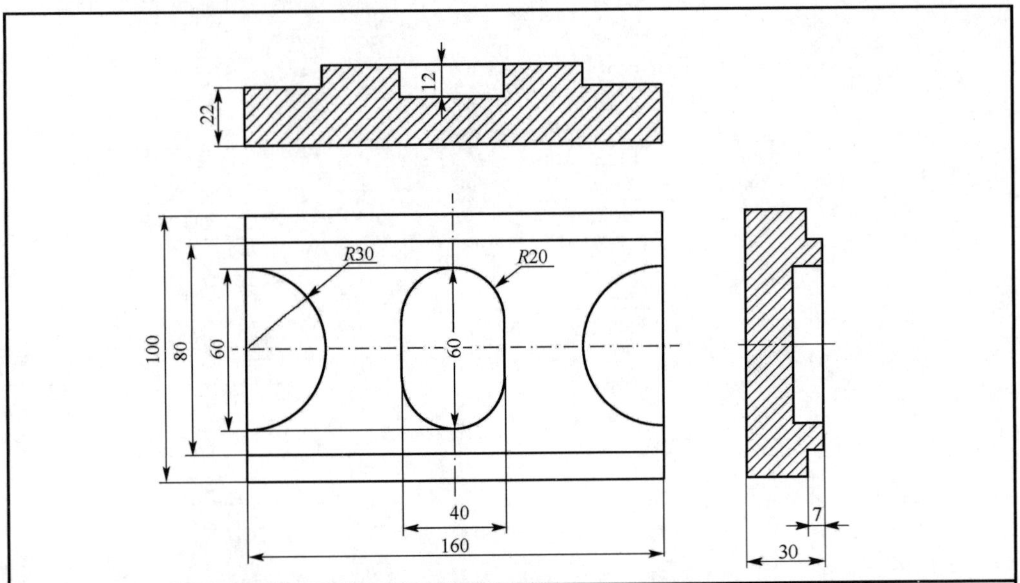

绘图		比例	1∶1	出图日期		品名
设计		材料	铝	图档路径		基本零件 2
审核		数量		产品编号		单位
批准		成重		产品图号		

图 5-6 基本零件 2 零件图

（2）确定装夹方案

在工件底部放置 2 块垫块，保证工件高出夹具 7mm 以上，用虎钳夹紧，如图 5-7 所示。

（3）确定加工顺序及进给路线

加工顺序按由粗到精、先表面后槽孔的原则确定。通过上述分析，本题只需采用一把 $\phi 20$ 的铣刀即可，采取以下几点工艺措施。（注意：此题中的程序未使用刀具的半径补偿，编程时半径值需相应变化）

① $\phi 20$ 铣刀先加工工件上下两侧的台阶，具体的加工路线如图 5-8 所示的路径 1 和路径 2。

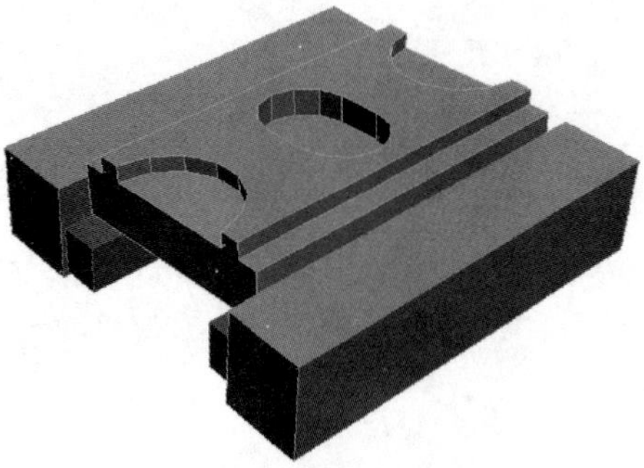

图 5-7 确定装夹方案

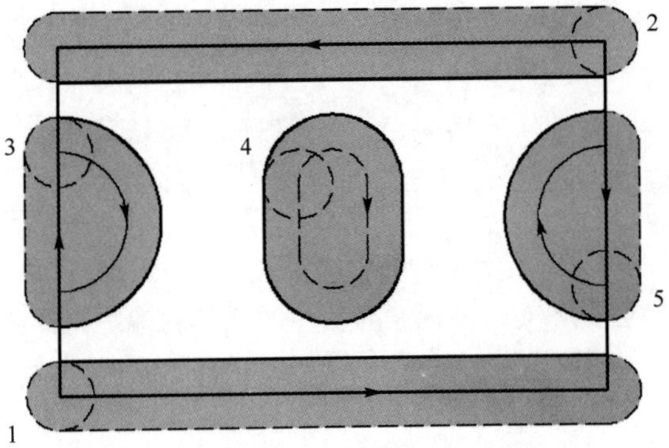

图 5-8 基本零件 2 的走刀路线

② ϕ20 的铣刀按顺序加工左侧的开口槽、中间的键槽、右侧的开口槽，如图 5-8 所示的路径 3、路径 4 和路径 5。此时不采用刀具半径补偿，直接使用中心点编程，注意使用刀具中心点编程的圆弧半径的变化。

（4）数学计算

在编程中，相关的坐标点的数值通过计算和 CAD 的标注即可求出，这里不再赘述。如图 5-9 所示为关键点信息。

（5）刀具选择

选用 ϕ20mm 铣刀即可加工本题的所有区域，将所选定的刀具参数填入表 5-3 数控加工刀具卡片中，以便于编程和操作管理。

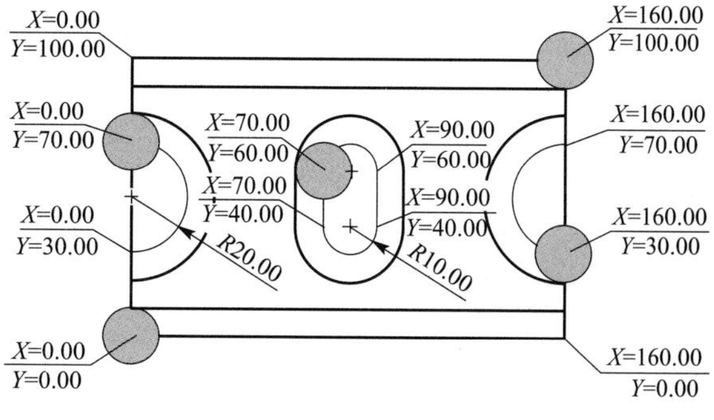

图 5-9 关键点信息

表 5-3 基本零件 2 数控加工刀具卡片

产品名称或代号		加工中心工艺分析实例		零件名称	基本零件 1	零件图号	Mill-2
序号	刀具号	刀具规格名称		数量	加工表面	伸出夹头 mm	备注
1	T01	ϕ20 铣刀		1	台阶、开口槽、键槽	15	
编制		×××	审核	×××	批准 ×××	共 1 页	第 1 页

（6）切削用量选择

将前面分析的各项内容综合成如表 5-4 所示的数控加工工艺卡片，此表是编制加工程序的主要依据和操作人员配合数控程序进行数控加工的指导性文件，主要内容包括：工步顺序、工步内容、各工步所用的刀具及切削用量等。

表 5-4 基本零件 2 数控加工工序卡

单位名称	××××	产品名称或代号		零件名称		零件图号	
		加工中心工艺分析实例		基本零件 2		Mill-2	
工序号	程序编号	夹具名称		使用设备		车间	
001	Mill-2	台虎钳		Fanuc、Siemens		数控中心	
工步号	工步内容	刀具号	刀具总长伸出(mm)	主轴转速 r/min	进给速度 mm/min	下刀量 mm	备注
1	工件上下台阶	T01	80(15)	2000	400	≤3	自动
2	开口槽和键槽	T01	80(15)	2000	400	≤3	自动
编制	××× 审核	×××	批准	×××	年 月 日	共 1 页	第 1 页

（7）数控程序的编制

【FANUC 数控程序】

子程序：O0052			
下台阶	N010	G01 X160 Y0 F400;	加工下台阶，速度 400mm/min
	N020	Z2 F4000;	提速抬刀，不采用 G00
	N030	G00 X0 Y0;	回起点，准备下次加工
	N040	M99;	子程序结束
子程序：O0053			
上台阶	N010	G01 X0 Y100 F400;	加工上台阶，速度 400mm/min
	N020	Z2 F4000;	提速抬刀，不采用 G00
	N030	G00 X160 Y100;	回起点，准备下次加工
	N040	M99;	子程序结束

续表

子程序:O0054			
键槽	N010	G02 X90 Y60 R10 F400;	加工键槽上半圆,取刀具中心点半径
	N020	G01 X90 Y40;	加工键槽右侧
	N030	G02 X70 Y40 R10;	加工键槽下半圆,取刀具中心点半径
	N040	G01 X70 Y60;	加工键槽左侧
	N050	M99;	子程序结束
子程序:O0055			
左开口槽	N010	G02 X0 Y30 R20 F400;	加工左开口槽右侧半圆,取刀具中心点半径
	N020	G01 X0 Y70;	加工左开口左侧直线部分
	N030	M99;	子程序结束
子程序:O0056			
右开口槽	N010	G02 X160 Y70 R20 F400;	加工右开口槽左侧半圆,取刀具中心点半径
	N020	G01 X160 Y30;	加工右开口右侧直线部分
	N030	M99;	子程序结束
主程序:O0002			
开始	N010	G17 G54 G94;	选择平面、坐标系、分钟进给
	N020	T01 M06;	换 01 号刀
	N030	M03 S2000;	主轴正转,2000r/min
下台阶 图 5-8 的 1	N040	G00 X0 Y0 Z2;	快速定位至加工起点处
	N050	G01 Z-3 F80;	下刀至 Z-3 处,速度 80mm/min
	N060	M98 P0052;	调用子程序,加工下台阶的第一层
	N070	G01 Z-6 F80;	下刀至 Z-6 处,速度 80mm/min
	N080	M98 P0052;	调用子程序,加工下台阶的第二层
	N090	M03 S4000;	主轴正转,4000r/min,准备精加工
	N100	G01 Z-8 F80;	下刀至 Z-8 处,速度 80mm/min
	N110	M98 P0052;	调用子程序,加工下台阶的第三层
上台阶 图 5-8 的 2	N120	M03 S2000;	主轴正转,2000r/min
	N130	G00 X160 Y100 Z2;	快速定位至加工起点处
	N140	G01 Z-3 F80;	下刀至 Z-3 处,速度 80mm/min
	N150	M98 P0053;	调用子程序,加工上台阶的第一层
	N160	G01 Z-6 F80;	下刀至 Z-6 处,速度 80mm/min
	N170	M98 P0053;	调用子程序,加工上台阶的第二层
	N180	M03 S4000;	主轴正转,4000r/min,准备精加工
	N190	G01 Z-8 F80;	下刀至 Z-8 处,速度 80mm/min
	N200	M98 P0053;	调用子程序,加工上台阶的第三层
左开口槽 图 5-8 的 3	N210	M03 S2000;	主轴正转,2000r/min
	N260	G00 X0 Y70;	快速定位至左开口槽加工起点处
	N270	G01 Z-3 F80;	下刀至 Z-3 处,速度 80mm/min
	N280	M98 P0055;	调用子程序,加工左开口槽的第一层
	N290	G01 Z-6 F80;	下刀至 Z-6 处,速度 80mm/min
	N300	M98 P0055;	调用子程序,加工左开口槽的第二层
	N310	G01 Z-8 F80;	下刀至 Z-8 处,速度 80mm/min
	N320	M03 S4000;	主轴正转,4000r/min,准备精加工
	N330	M98 P0055;	调用子程序,加工左开口槽的第四层
	N340	G00 Z2	抬刀

续表

主程序:O0002			
键槽 图 5-8 的 4	N350	M03 S2000;	主轴正转,2000r/min
	N360	G00 X70 Y60;	快速定位至键槽加工起点处
	N370	G01 Z－3 F80;	下刀至 Z－3 处,速度 80mm/min
	N380	M98 P0054;	调用子程序,加工键槽的第一层
	N390	G01 Z－6 F80;	下刀至 Z－6 处,速度 80mm/min
	N400	M98 P0054;	调用子程序,加工键槽的第二层
	N410	G01 Z－9 F80;	下刀至 Z－9 处,速度 80mm/min
	N420	M98 P0054;	调用子程序,加工键槽的第三层
	N430	G01 Z－12 F80;	下刀至 Z－12 处,速度 80mm/min
	N440	M03 S4000;	主轴正转,4000r/min,准备精加工
	N450	M98 P0054;	调用子程序,加工键槽的第四层
	N460	G00 Z2;	抬刀
右开口槽 图 5-8 的 5	N470	M03 S2000;	主轴正转,2000r/min
	N480	G00 X160 Y30;	快速定位至右开口槽加工起点处
	N490	G01 Z－3 F80;	下刀至 Z－3 处,速度 80mm/min
	N500	M98 P0056;	调用子程序,加工右开口槽的第一层
	N510	G01 Z－6 F80;	下刀至 Z－6 处,速度 80mm/min
	N520	M98 P0056;	调用子程序,加工右开口槽的第二层
	N530	G01 Z－8 F80;	下刀至 Z－8 处,速度 80mm/min
	N540	M03 S4000;	主轴正转,4000r/min,准备精加工
	N550	M98 P0056;	调用子程序,加工右开口槽的第四层
结束	N560	G00 Z200;	抬刀
	N570	M05;	主轴停
	N580	M02;	程序结束

说明：由于本题的程序编制采用的是基本程序，FANUC 与 Siemens 的编程代码并无多大差别，因此不对 Siemens 的程序做详细的编写，参照本书 Siemens 相关章节编程即可。

三、基本零件的加工与工艺分析 3

基本零件 3 的零件图如图 5-10 所示。

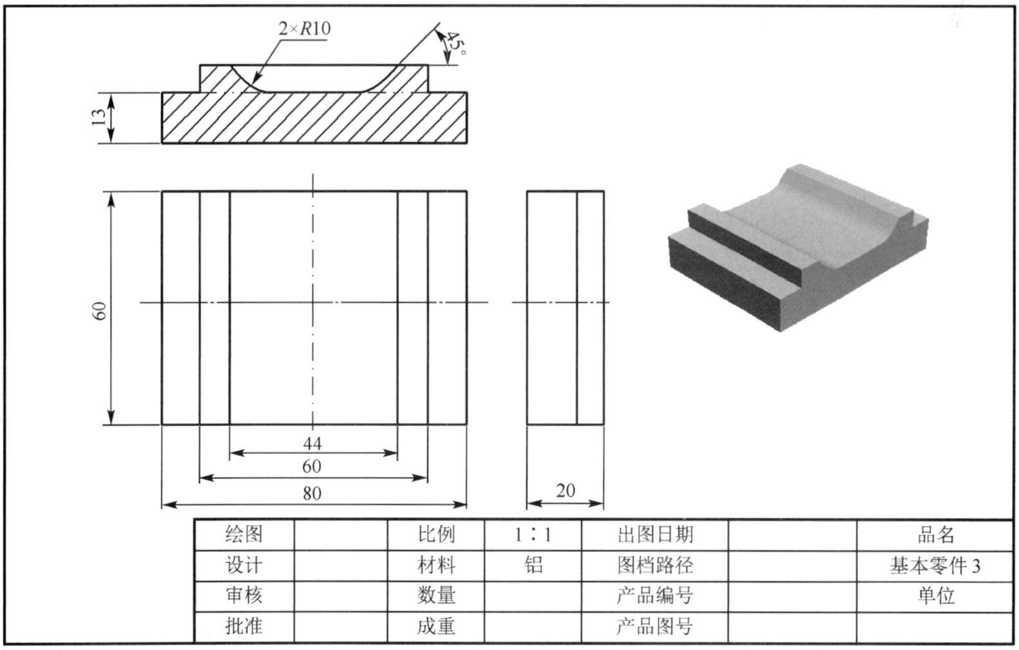

绘图		比例	1∶1	出图日期		品名
设计		材料	铝	图档路径		基本零件 3
审核		数量		产品编号		单位
批准		成重		产品图号		

图 5-10　基本零件 3 零件图

（1）零件图工艺分析

该零件表面由 1 个凹进的梯形圆弧面构成的曲面和 2 个小台阶组成。工件尺寸 80mm×60mm，无尺寸公差要求。尺寸标注完整，轮廓描述清楚。零件材料为已经加工成型的标准铝块，无热处理和硬度要求。由于从顶部加工，无法保证圆弧曲面的精度，所以此题的加工选择多次装夹加工的方案，具体方法见下述。

（2）确定装夹方案、加工顺序及进给路线

① 在工件底部放置 2 块垫块，保证工件高出夹具 7mm 以上，用虎钳夹紧，加工顶部两侧的小台阶部分，如图 5-11 所示。

采用 ϕ10mm 先加工顶部的左右两侧小台阶部分：具体的加工路线如图 5-12 所示的路径 1 和路径 2。

图 5-11　顶部装夹方案

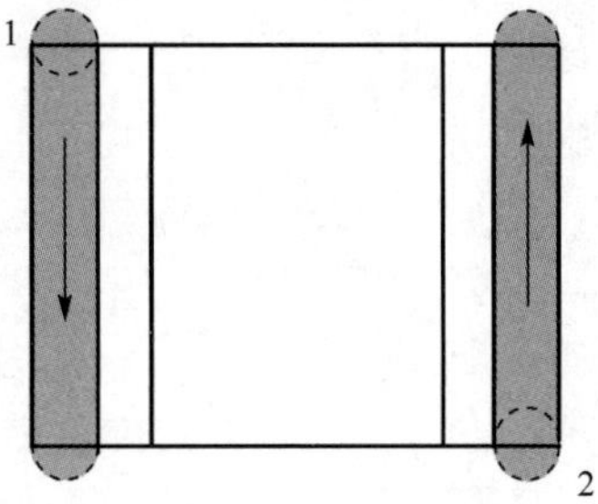

图 5-12　工件顶部的走刀路线

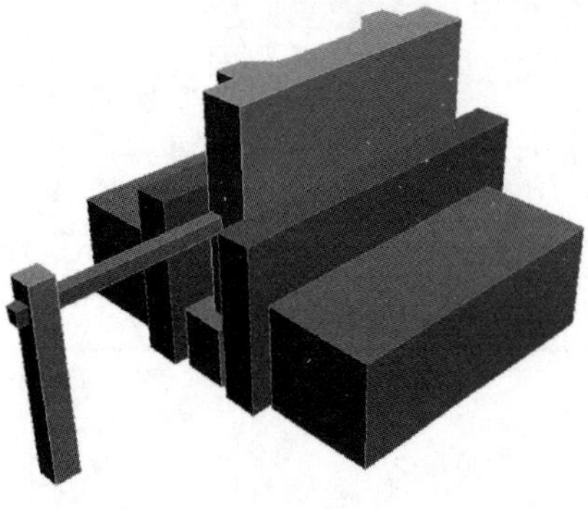
图 5-13　侧面装夹方案

② 圆弧面的加工，其装夹如图 5-13 所示，在工件底部放置 1 块垫块，左侧顶紧铝棒，两侧分别用图中所示的垫块夹紧，工件露出夹具一半多一点的高度，这样可以保证曲面加工的精度。加工的时候先加工一半多一点的高度，其加工路线如图 5-14 所示的路径 3 加工侧面的带有圆弧的区域，加工深度为 32mm。翻转再掉头按同样的方法装夹，再加工剩下的一半，如图 5-15 所示的路径 4 走刀。

此时可以发现由于工件成对称形状，所以 2 次的走刀路径完全一致，在编制子程序时只需编制 1 次即可。

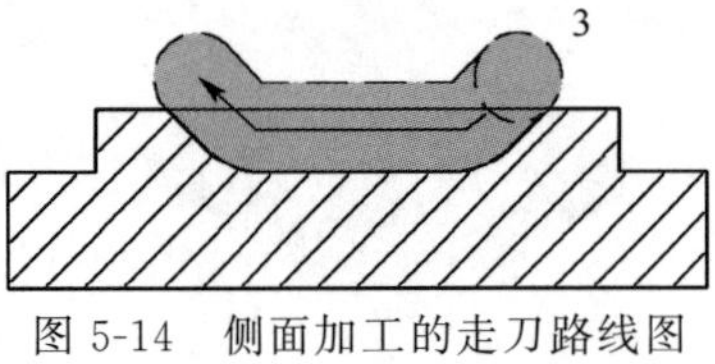

图 5-14　侧面加工的走刀路线图

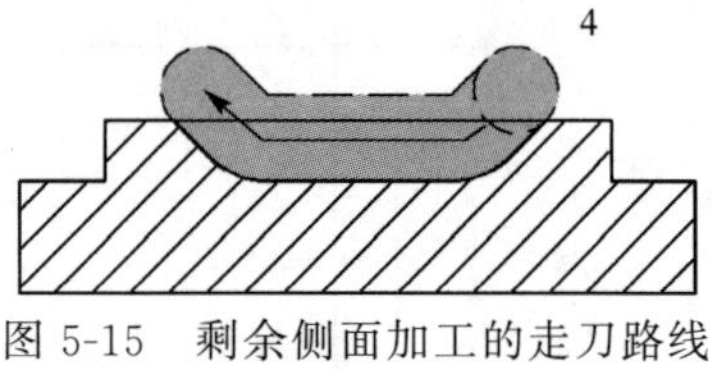

图 5-15　剩余侧面加工的走刀路线

注意：左侧用铝棒顶紧固定，这样在翻转重新装夹的时候就不必重新对刀了。

（3）数学计算

在编程中，相关的坐标点的数值通过计算和 CAD 的标注即可求出，这里不再赘述。其关键点如图 5-16 所示。

（4）刀具选择

选用 ϕ10mm 铣刀即可加工本题的所有区域，将所选定的刀具参数填入表 5-5 数控加工刀具卡片中，以便于编程和操作管理。

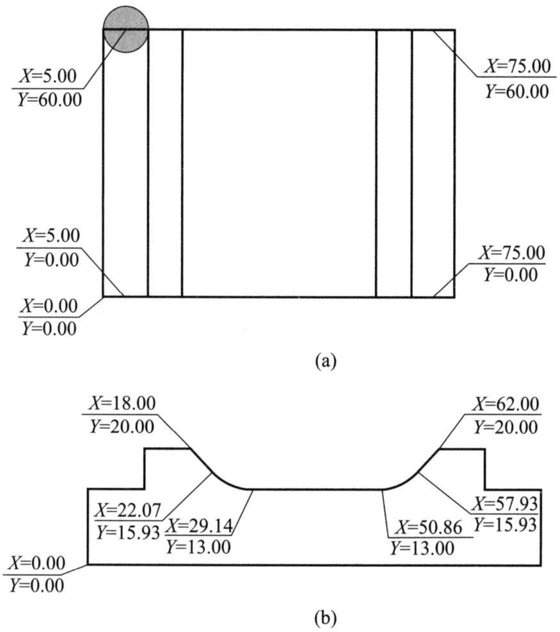

图 5-16 关键点

表 5-5 基本零件 3 数控加工刀具卡片

<table>
<tr><td colspan="3">产品名称或代号</td><td colspan="3">加工中心工艺分析实例</td><td colspan="2">零件名称</td><td colspan="2">基本零件 3</td><td>零件图号</td><td>Mill-3</td></tr>
<tr><td>序号</td><td>刀具号</td><td colspan="4">刀具规格名称</td><td>数量</td><td colspan="3">加工表面</td><td>伸出夹头 mm</td><td>备注</td></tr>
<tr><td>1</td><td>T01</td><td colspan="4">φ10mm 铣刀</td><td>1</td><td colspan="3">所有待加工区域</td><td>10 和 35</td><td></td></tr>
<tr><td colspan="2">编制</td><td colspan="2">×××</td><td>审核</td><td colspan="2">×××</td><td colspan="2">批准</td><td>×××</td><td>共 1 页</td><td>第 1 页</td></tr>
</table>

（5）切削用量选择

将前面分析的各项内容综合成如表 5-6 所示的数控加工工艺卡片，此表是编制加工程序的主要依据和操作人员配合数控程序进行数控加工的指导性文件，主要内容包括：工步顺序、工步内容、各工步所用的刀具及切削用量等。

表 5-6 基本零件 3 数控加工工序卡

<table>
<tr><td colspan="2" rowspan="2">单位名称</td><td colspan="2" rowspan="2">××××</td><td colspan="2">产品名称或代号</td><td colspan="2">零件名称</td><td colspan="3">零件图号</td></tr>
<tr><td colspan="2">加工中心工艺分析实例</td><td colspan="2">基本零件 3</td><td colspan="3">Mill-3</td></tr>
<tr><td colspan="2">工序号</td><td colspan="2">程序编号</td><td colspan="2">夹具名称</td><td colspan="2">使用设备</td><td colspan="3">车间</td></tr>
<tr><td colspan="2">001</td><td colspan="2">Mill-3</td><td colspan="2">台虎钳</td><td colspan="2">Fanuc、Siemens</td><td colspan="3">数控中心</td></tr>
<tr><td>工步号</td><td colspan="3">工步内容</td><td>刀具号</td><td>刀具总长伸出(mm)</td><td>主轴转速 r/min</td><td colspan="2">进给速度 mm/min</td><td>下刀量 mm</td><td>备注</td></tr>
<tr><td>1</td><td colspan="3">工件边缘</td><td>T01</td><td>100(10)</td><td>2000</td><td colspan="2">400</td><td>≤3</td><td>自动</td></tr>
<tr><td colspan="11">按图 5-11 方式装夹，重新对刀，加工带圆弧区域</td></tr>
<tr><td>2</td><td colspan="3">带圆弧的区域</td><td>T01</td><td>100(35)</td><td>2000</td><td colspan="2">400</td><td>≤3</td><td>自动</td></tr>
<tr><td colspan="11">将工件翻转按图 5-11 方式重新装夹，不需对刀，加工剩余的带圆弧区域</td></tr>
<tr><td>3</td><td colspan="3">带圆弧的区域</td><td>T01</td><td>100(35)</td><td>2000</td><td colspan="2">400</td><td>≤3</td><td>自动</td></tr>
<tr><td colspan="2">编制</td><td>×××</td><td>审核</td><td>×××</td><td>批准</td><td>×××</td><td colspan="2">年 月 日</td><td>共 1 页</td><td>第 1 页</td></tr>
</table>

（6）数控程序的编制

【FANUC 数控程序】

子程序：O0057			
左台阶	N010	G01 X5 Y0 F400；	加工左台阶，速度 400mm/min
	N020	Z2 F4000；	提速抬刀，不采用 G00
	N030	G00 X5 Y60；	回起点，准备下次加工
	N040	M99；	子程序结束
子程序：O0058			
右台阶	N010	G01 X75 Y60 F400；	加工上台阶，速度 400mm/min
	N020	Z2 F4000；	提速抬刀，不采用 G00
	N030	G00 X75 Y0；	回起点，准备下次加工
	N040	M99；	子程序结束
子程序：O0059			
带圆弧的区域	N010	G01 X57.93 Y15.93 F400；	加工右边直线
	N020	G02 X50.86 Y13 R10；	加工右边圆弧
	N030	G01 X29.14 Y13；	加工下边直线
	N040	G02 X22.07 Y15.93 R10；	加工左边圆弧
	N050	G01 X18 Y20；	加工左边直线
	N060	G00 Z2；	抬刀
	N070	G00 X62 Y20；	快速返回加工起点
	N080	M99；	子程序结束
主程序：O0003(顶部装夹方案的加工程序，图 5-11 和图 5-12)			
开始	N010	G17 G54 G94；	选择平面、坐标系、分钟进给
	N020	T01 M06；	换 01 号刀
	N030	M03 S2000；	主轴正转，2000r/min
左台阶	N040	G00 X5 Y60 Z2；	快速定位至加工起点处
	N050	G01 Z－3 F80；	下刀至 Z－3 处，速度 80mm/min
	N060	M98 P0057；	调用子程序，加工左台阶的第一层
	N070	G01 Z－6 F80；	下刀至 Z－6 处，速度 80mm/min
	N080	M98 P0057；	调用子程序，加工左台阶的第二层
	N090	M03 S4000；	主轴正转，4000r/min，准备精加工
	N100	G01 Z－7 F80；	下刀至 Z－7 处，速度 80mm/min
	N110	M98 P0057；	调用子程序，加工左台阶的第三层
右台阶	N120	G00 X75 Y0 Z2；	快速定位至加工起点处
	N130	G01 Z－3 F80；	下刀至 Z－3 处，速度 80mm/min
	N140	M98 P0058；	调用子程序，加工左台阶的第一层
	N150	G01 Z－6 F80；	下刀至 Z－6 处，速度 80mm/min
	N160	M98 P0058；	调用子程序，加工左台阶的第二层
	N170	M03 S4000；	主轴正转，4000r/min，准备精加工
	N180	G01 Z－7 F80；	下刀至 Z－7 处，速度 80mm/min
	N190	M98 P0058；	调用子程序，加工左台阶的第三层
结束	N200	G00 Z200；	抬刀
	N210	M05；	主轴停
	N220	M02；	程序结束
主程序：O0004(侧面装夹方案的加工程序，图 5-13、图 5-14 和图 5-15)			
开始	N010	G17 G54 G94；	选择平面、坐标系、分钟进给
	N020	T01 M06；	换 01 号刀
	N030	M03 S2000；	主轴正转，2000r/min

续表

主程序:O0004(侧面装夹方案的加工程序,图 5-13、图 5-14 和图 5-15)			
带圆弧的区域	N040	G42 G00 X62 Y20 Z2;	设置刀具右补偿,快速定位至加工起点处
	N050	G01 Z-3 F80;	下刀至 Z-3 处,速度 80mm/min
	N060	M98 P0059;	调用子程序,加工带圆弧部分的第一层
	N070	G01 Z-6 F80;	下刀至 Z-6 处,速度 80mm/min
	N080	M98 P0059;	调用子程序,加工带圆弧部分的第二层
	N090	G01 Z-9 F80;	下刀至 Z-9 处,速度 80mm/min
	N100	M98 P0059;	调用子程序,加工带圆弧部分的第三层
	N110	G01 Z-12 F80;	下刀至 Z-12 处,速度 80mm/min
	N120	M98 P0059;	调用子程序,加工带圆弧部分的第四层
	N130	G01 Z-15 F80;	下刀至 Z-15 处,速度 80mm/min
	N140	M98 P0059;	调用子程序,加工带圆弧部分的第五层
	N150	G01 Z-18 F80;	下刀至 Z-18 处,速度 80mm/min
	N160	M98 P0059;	调用子程序,加工带圆弧部分的第六层
	N170	G01 Z-21 F80;	下刀至 Z-21 处,速度 80mm/min
	N180	M98 P0059;	调用子程序,加工带圆弧部分的第七层
	N190	G01 Z-24 F80;	下刀至 Z-24 处,速度 80mm/min
	N200	M98 P0059;	调用子程序,加工带圆弧部分的第八层
	N210	G01 Z-27 F80;	下刀至 Z-27 处,速度 80mm/min
	N260	M98 P0059;	调用子程序,加工带圆弧部分的第九层
	N270	G01 Z-30 F80;	下刀至 Z-30 处,速度 80mm/min
	N280	M98 P0059	调用子程序,加工带圆弧部分第十层
	N290	G01 Z-32F80	下刀至-32 处 ,速度 F80
	N300	M98 P0059	调用子程序,加工带圆弧部分第十层,此层加工的目的避免工件翻转加工时产生撞刀痕
	N310	G40;	取消刀具补偿
结束	N320	G00 Z200;	抬刀
	N330	M05;	主轴停
	N340	M02;	程序结束

注意:①第一次侧面装夹加工完毕,只需将未加工完的零件翻转,按原样装夹,如图 5-13 所示,再执行一遍主程序 O0004 即可。②由于本题的程序采用的是基本程序,FANUC 与 Siemens 的编程代码并无多大差别,因此不对 Siemens 的程序做详细的编写,参照本书 Siemens 相关章节编程即可。

四、阶台零件的加工与工艺分析

阶台零件的零件图如图 5-17 所示。

(1) 零件图工艺分析

该零件表面由多个阶台形状、一个圆角矩形的突台和一个圆形槽组成。工件尺寸 120mm×120mm,无尺寸公差要求。尺寸标注完整,轮廓描述清楚。零件材料为已经加工成型的标准铝块,无热处理和硬度要求。此题的加工的方案,具体方法见下述。

(2) 确定装夹方案

在工件底部放置 2 块垫块,保证工件高出卡盘 14mm 以上,用虎钳夹紧,加工顶部如

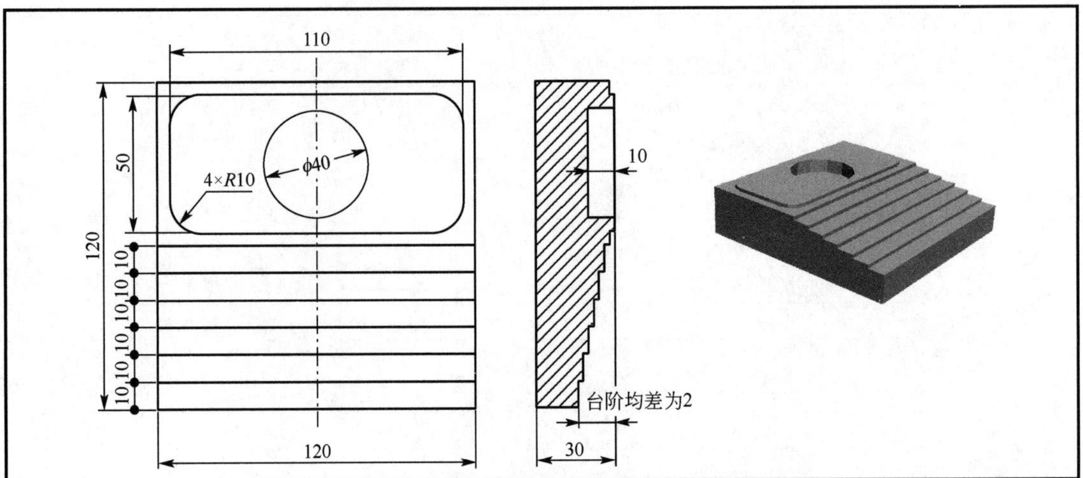

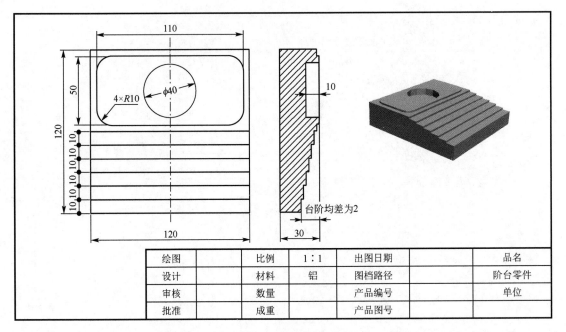

绘图		比例	1∶1	出图日期		品名
设计		材料	铝	图档路径		阶台零件
审核		数量		产品编号		单位
批准		成重		产品图号		

图 5-17 阶台零件的零件图

图 5-18 所示。

（3）确定加工顺序及进给路线

加工顺序，通过上述分析，只需采用一把 ϕ20mm 的铣刀即可，可采取以下几点工艺措施：

① ϕ20mm 铣刀先加工顶部的圆角矩形突台部分：加工路线如图 5-19 所示的路径 1；

图 5-18 阶台零件装夹方案

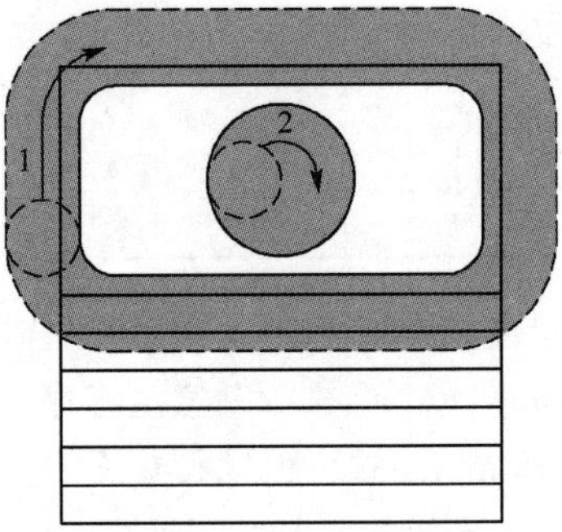

图 5-19 阶台零件的走刀路线

② ϕ20mm 铣刀加工顶部的圆形槽：具体的加工路线如图 5-19 所示的路径 2。

③ 加工完顶部之后，用子程序编写台阶的单步切削，配合主程序，完成台阶的加工。

（4）数学计算

在编程中，相关的坐标点的数值通过计算和 CAD 的标注即可求出，这里不再赘述。关键点如图 5-20 所示。

（5）刀具选择

选用 ϕ20mm 铣刀即可加工本题的所有区域，将所选定的刀具参数填入表 5-7 数控加工刀具卡片中，以便于编程和操作管理。

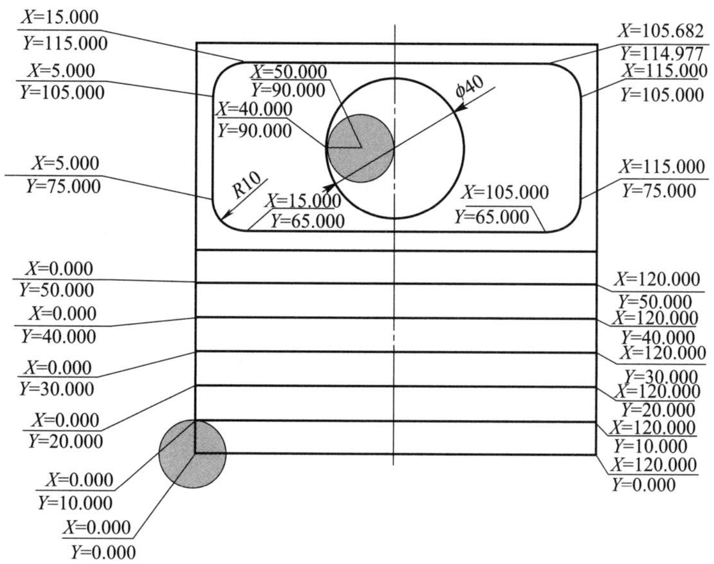

图 5-20 关键点

表 5-7 阶台零件数控加工刀具卡片

产品名称或代号		加工中心工艺分析实例	零件名称	阶台零件		零件图号	Mill-4
序号	刀具号	刀具规格名称	数量	加工表面		伸出夹头 mm	备注
1	T01	ϕ20mm 铣刀	1	所有待加工区域		16	
编制	×××	审核	×××	批准	×××	共 1 页	第 1 页

（6）切削用量选择

将前面分析的各项内容综合成如表 5-8 所示的数控加工工艺卡片，此表是编制加工程序的主要依据和操作人员配合数控程序进行数控加工的指导性文件，主要内容包括：工步顺序、工步内容、各工步所用的刀具及切削用量等。

表 5-8 阶台零件数控加工工序卡

单位名称	××××	产品名称或代号		零件名称		零件图号	
		加工中心工艺分析实例		阶台零件		Mill-4	
工序号	程序编号	夹具名称		使用设备		车间	
001	Mill-4	台虎钳		Fanuc、Siemens		数控中心	
工步号	工步内容	刀具号	刀具总长伸出(mm)	主轴转速 r/min	进给速度 mm/min	下刀量 mm	备注
1	圆角矩形突台	T01	100(16)	2000	400	2	自动
2	圆形槽	T01	100(16)	2000	400	≤4	自动
3	台阶部分	T01	100(16)	2000	400	≤4	自动
编制	×××	审核 ×××	批准	×××	年 月 日	共 1 页	第 1 页

（7）数控程序的编制

【FANUC 数控程序】

子程序:O0060			
台阶的单步切削	N010	G01 U120 V0 F400;	向 + X 方向加工 120mm 长的距离
	N020	G00 Z2;	抬刀
	N030	G01 U−120 V0 F1000;	向 − X 方向快速移动 120mm 长的距离
	N040	M99;	子程序结束
主程序:O0005			
开始	N010	G17 G54 G94;	选择平面、坐标系、分钟进给
	N020	T01 M06;	换 01 号刀
	N030	M03 S2000;	主轴正转,2000r/min

续表

主程序:O0005			
圆角矩形突台(图5-16的1)	N040	G41 G00 X5 Y75 Z2;	设置刀具左补偿,快速定位至起点上方
	N050	G01 Z-2 F80;	下刀,速度80mm/min
	N060	X5 Y105 F400;	加工左边,加工速度80mm/min
	N070	G02 X15 Y115 R10;	加工左上角圆弧
	N080	G01 X105 Y115;	加工上边
	N090	G02 X115 Y105 R10;	加工右上角圆弧
	N100	G01 X115 Y75;	加工右边
	N110	G02 X105 Y65 R10;	加工右下角圆弧
	N120	G01 X15 Y65;	加工下边
	N130	G02 X5 Y75 R10;	加工左下角圆弧
	N140	G00 Z2;	抬刀
	N150	G40;	取消刀具补偿
圆形槽(图5-16的2)	N160	G00 X50 Y90;	快速定位到圆形槽的加工起点
	N170	G01 Z-4 F80;	下刀至Z-4处,速度80mm/min
	N180	G02 X50 Y90 I10 J0 F400;	加工圆形槽的第一层
	N190	G01 Z-7 F80;	下刀至Z-7处,速度80mm/min
	N200	G02 X50 Y90 I10 J0 F400;	加工圆形槽的第二层
	N210	G01 Z-10 F80;	下刀至Z-10处,速度80mm/min
	N220	G02 X50 Y90 I10 J0 F400;	加工圆形槽的第三层
	N230	G00 Z2;	抬刀
多组台阶(由下到上加工)	N240	G00 X0 Y0;	快速定位到第一个台阶处
	N250	G01 Z-3 F80;	下刀至Z-3处,速度80mm/min
	N260	M98 P0060;	调用子程序,加工第一个台阶的第一层
	N270	G01 Z-6 F80;	下刀至Z-6处,速度80mm/min
	N280	M98 P0060;	调用子程序,加工第一个台阶的第二层
	N290	G01 Z-9 F80;	下刀至Z-9处,速度80mm/min
	N300	M98 P0060;	调用子程序,加工第一个台阶的第三层
	N310	G01 Z-12 F80;	下刀至Z-12处,速度80mm/min
	N320	M98 P0060;	调用子程序,加工第一个台阶的第四层
	N330	G01 Z-14 F80;	下刀至Z-14处,速度80mm/min
	N340	M98 P0060;	调用子程序,加工第一个台阶的第五层
	N350	G00 X0Y10;	快速定位到第二个台阶处
	N360	G01 Z-3 F80;	下刀至Z-3处,速度80mm/min
	N370	M98 P0060;	调用子程序,加工第二个台阶的第一层
	N380	G01 Z-6 F80;	下刀至Z-6处,速度80mm/min
	N390	M98 P0060;	调用子程序,加工第二个台阶的第二层
	N400	G01 Z-9 F80;	下刀至Z-9处,速度80mm/min
	N410	M98 P0060;	调用子程序,加工第二个台阶的第三层
	N420	G01 Z-12 F80;	下刀至Z-12处,速度80mm/min
	N430	M98 P0060;	调用子程序,加工第二个台阶的第四层
	N440	G00 X0 Y20;	快速定位到第三个台阶处
	N450	G01 Z-3.5 F80;	下刀至Z-3.5处,速度80mm/min
	N460	M98 P0060;	调用子程序,加工第三个台阶的第一层
	N470	G01 Z-7 F80;	下刀至Z-7处,速度80mm/min
	N480	M98 P0060;	调用子程序,加工第三个台阶的第二层
	N490	G01 Z-10 F80;	下刀至Z-10处,速度80mm/min
	N500	M98 P0060;	调用子程序,加工第三个台阶的第三层
	N510	G00 X0 Y30;	快速定位到第四个台阶处
	N520	G01 Z-3 F80;	下刀至Z-3处,速度80mm/min
	N530	M98 P0060;	调用子程序,加工第四个台阶的第一层
	N540	G01 Z-6 F80;	下刀至Z-6处,速度80mm/min
	N550	M98 P0060;	调用子程序,加工第四个台阶的第二层

续表

主程序:O0005			
多组台阶（由下到上加工）	N560	G01 Z－8 F80;	下刀至 Z－8 处，速度 80mm/min
	N570	M98 P0060;	调用子程序，加工第四个台阶的第三层
	N580	G00 X0 Y40;	快速定位到第五个台阶处
	N590	G01 Z－3 F80;	下刀至 Z－3 处，速度 80mm/min
	N600	M98 P0060;	调用子程序，加工第五个台阶的第一层
	N610	G01 Z－6 F80;	下刀至 Z－6 处，速度 80mm/min
	N620	M98 P0060;	调用子程序，加工第五个台阶的第二层
	N630	G00 X0 Y50;	快速定位到第六个台阶处
	N640	G01 Z－2 F80;	下刀至 Z－2 处，速度 80mm/min
	N650	M98 P0060;	调用子程序，加工第六个台阶的第一层
	N660	G01 Z－4 F80;	下刀至 Z－4 处，速度 80mm/min
	N670	M98 P0060;	调用子程序，加工第六个台阶的第二层
结束	N680	G00 Z200;	抬刀
	N690	M05;	主轴停
	N700	M02;	程序结束

说明：由于本题的程序编制采用的是基本程序，FANUC 与 Siemens 的编程代码并无多大差别，因此不对 Siemens 的程序做详细的编写，详情请参照本书 Siemens 相关章节编程即可。

五、倒角零件的加工与工艺分析

倒角零件的零件图如图 5-21 所示。

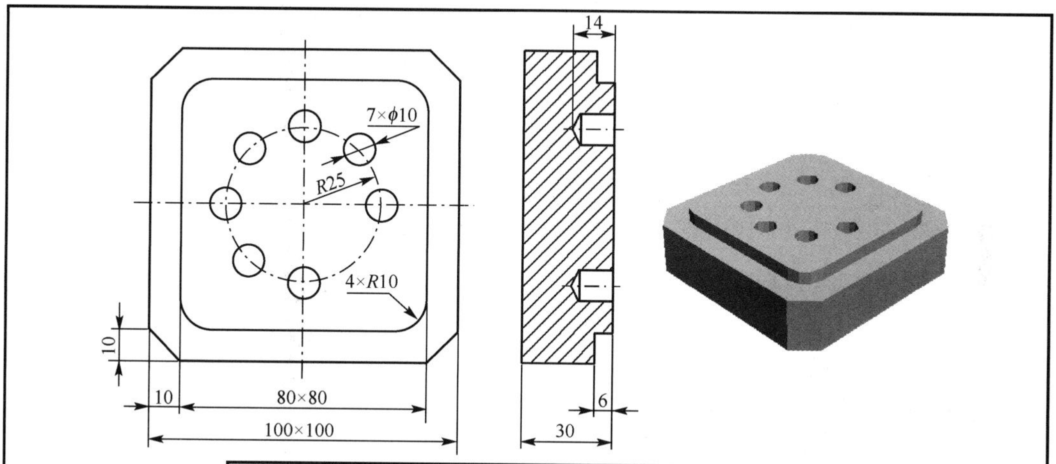

绘图		比例	1∶1	出图日期		品名
设计		材料	铝	图档路径		倒角零件
审核		数量		产品编号		单位
批准		成重		产品图号		

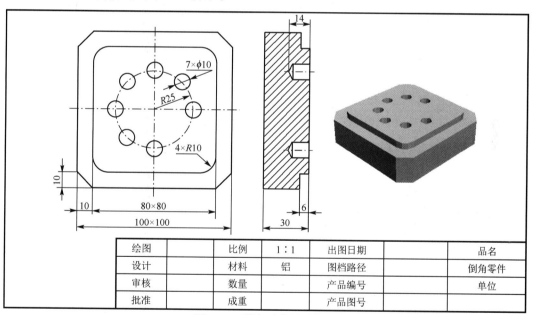

图 5-21　倒角零件的零件图

（1）零件图工艺分析

该零件表面由倒角、圆角矩形突台和圆周孔组成。工件尺寸 100mm×100mm，无尺寸公差要求。尺寸标注完整，轮廓描述清楚。零件材料为已经加工成型的标准铝块，无热处理和硬度要求。具体方法见下述。

（2）确定装夹方案、加工顺序及进给路线

① 在工件底部放置 2 块垫块，保证工件高出卡盘 15mm 以上，用台虎钳夹紧，左侧用铝棒顶紧，方面掉头的加工，如图 5-22 所示。这样掉头加工时只需将工件顶紧即可，不需

重新对刀。

采用 ϕ16mm 的铣刀加工，根据零件图分析，如图 5-23 的加工路线加工，其中实线部分为加工切削，点画线部分为快速移动，由于是紧靠零件的走刀，故采用 G01 走刀，这里采用 F2000 的走刀速度。

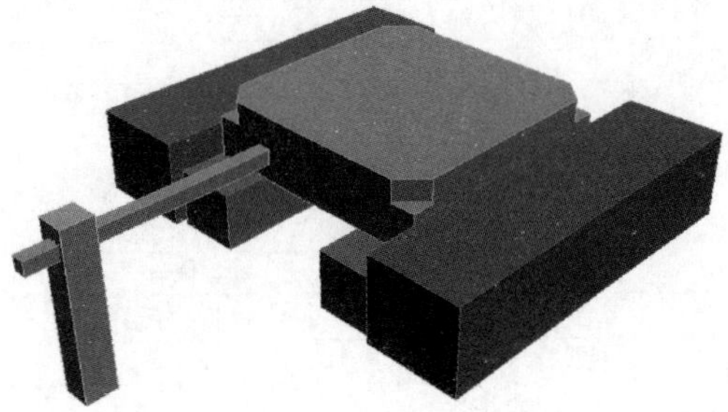

图 5-22 倒角零件背面装夹方案

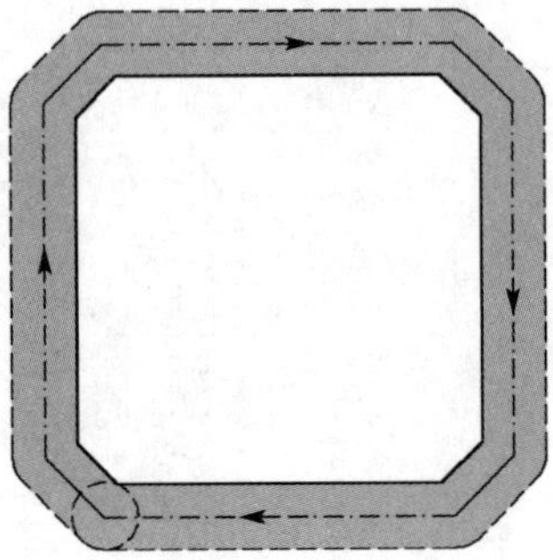

图 5-23 倒角零件的倒角部分走刀路线

② 将工件翻转，装夹如图 5-24 所示的方法，工件底部放置 2 块垫块，保证工件高出卡盘 15mm 以上，靠紧左侧的铝棒，用台虎钳夹紧，这样可以不需对刀。

同样采用 ϕ16mm 的铣刀，加工的时候先加工剩余的倒角部分，其加工路线和程序与图 5-24 所示的方法完全一样。

然后再用同样的刀具加工圆角矩形突台：具体的加工路线如图 5-24 所示的路径 1。

采用 ϕ10mm 的钻头加工孔。由于编程方法的不同，本题分别讲述 FANUC 的极坐标加工孔的方法，和 Siemens 的圆周孔循环加工方法。其具体的加工顺序如图 5-25 所示的 2～8。

（3）数学计算

在编程中，相关的坐标点的数值通过计算和 CAD 的标注即可求出，这里不再赘述。

（4）刀具选择

选用 ϕ16mm 铣刀和 ϕ10mm 钻头可加工本题的所有区域，将所选定的刀具参数填入表 5-9 数控加工刀具卡片中，以便于编程和操作管理。

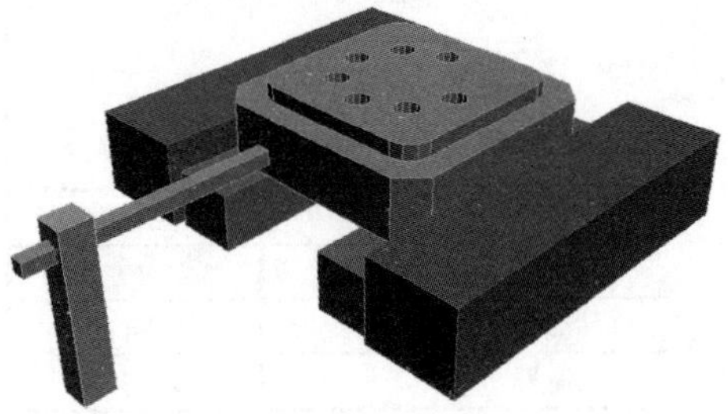

图 5-24 倒角零件正面装夹方案

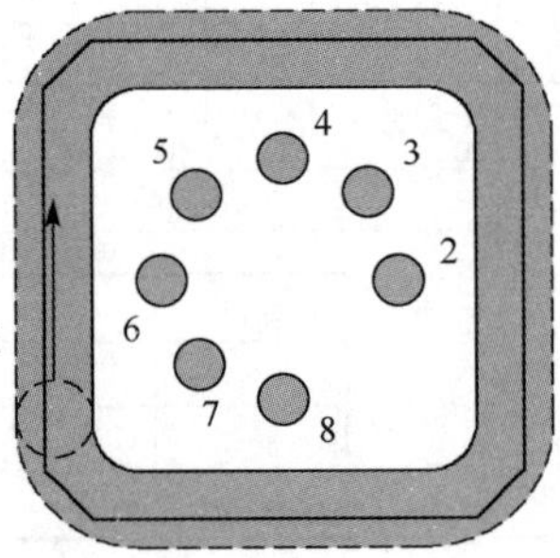

图 5-25 倒角零件正面的圆角矩形突台和孔加工走刀路线

表 5-9 倒角零件数控加工刀具卡片

产品名称或代号		加工中心工艺分析实例		零件名称	倒角零件		零件图号	Mill-5
序号	刀具号	刀具规格名称		数量	加工表面		伸出夹头 mm	备注
1	T01	ϕ16mm 铣刀		1	倒角，突台		18	
2	T02	ϕ10mm 钻头		1	孔		20	
编制		×××	审核	×××	批准	×××	共 1 页	第 1 页

（5）切削用量选择

将前面分析的各项内容综合成如表 5-10 所示的数控加工工艺卡片，此表是编制加工程序的主要依据和操作人员配合数控程序进行数控加工的指导性文件，主要内容包括：工步顺序、工步内容、各工步所用的刀具及切削用量等。

表 5-10　倒角零件数控加工工序卡

<table>
<tr><td rowspan="2">单位名称</td><td rowspan="2" colspan="2">××××</td><td colspan="2">产品名称或代号</td><td colspan="2">零件名称</td><td colspan="2">零件图号</td></tr>
<tr><td colspan="2">加工中心工艺分析实例</td><td colspan="2">倒角零件</td><td colspan="2">Mill-5</td></tr>
<tr><td>工序号</td><td colspan="2">程序编号</td><td colspan="2">夹具名称</td><td colspan="2">使用设备</td><td colspan="2">车间</td></tr>
<tr><td>001</td><td colspan="2">Mill-5</td><td colspan="2">台虎钳</td><td colspan="2">Fanuc、Siemens</td><td colspan="2">数控中心</td></tr>
<tr><td>工步号</td><td>工步内容</td><td>刀具号</td><td colspan="2">刀具总长伸出 mm</td><td>主轴转速 r/min</td><td>进给速度 mm/min</td><td>下刀量 mm</td><td>备注</td></tr>
<tr><td>1</td><td>零件背面倒角</td><td>T01</td><td colspan="2">100(18)</td><td>2000</td><td>400</td><td>≤3</td><td>自动</td></tr>
<tr><td colspan="9">将零件翻转，按图 5-18 方式装夹，不需对刀</td></tr>
<tr><td>2</td><td>零件正面倒角</td><td>T01</td><td colspan="2">100(18)</td><td>2000</td><td>400</td><td>≤3</td><td>自动</td></tr>
<tr><td>3</td><td>圆角矩形突台</td><td>T01</td><td colspan="2">100(18)</td><td>2000</td><td>400</td><td>≤3</td><td>自动</td></tr>
<tr><td>4</td><td>圆周孔</td><td>T02</td><td colspan="2">100(16)</td><td>2000</td><td>80</td><td></td><td>自动</td></tr>
<tr><td>编制</td><td>×××</td><td>审核</td><td>×××</td><td>批准</td><td>×××</td><td>年　月　日</td><td>共 1 页</td><td>第 1 页</td></tr>
</table>

（6）数控程序的编制

【FANUC 数控程序】

子程序：O0061			
倒角	N010	G01 X0 Y10 F400；	加工左下倒角
	N020	X0 Y90 F2000；	左边快速移动
	N030	X10 Y100 F400；	加工左上倒角
	N040	X90 Y100 F2000；	上边快速移动
	N050	X100 Y90 F400；	加工右上倒角
	N060	X100 Y10 F2000；	右边快速移动
	N070	X90 Y0 F400；	加工右下倒角
	N080	X10 Y0 F2000；	下边快速移动
	N090	M99；	子程序结束
子程序：O0062			
圆角矩形	N010	G01 X10 Y80 F400；	加工左边
	N020	G02 X20 Y90 R10；	加工左上角圆弧
	N030	G01 X80 Y90；	加工上边
	N040	G02 X90 Y80 R10；	加工右上角圆弧
	N050	G01 X90 Y20；	加工右边
	N060	G02 X80 Y10 R10；	加工右下角圆弧
	N070	G01 X20 Y10；	加工下边
	N080	G02 X10 Y20 R10；	加工左下角圆弧
	N090	M99；	子程序结束
子程序：O0063			
孔	N010	G01 Z−14 F80；	加工孔
	N020	G04 P1000；	暂停 1s，清孔底
	N030	G01 Z2 F400；	退出孔
	N040	M99；	子程序结束

续表

主程序:O0006(背面装夹方案,如图 5-22)			
开始	N010	G17 G54 G94;	选择平面、坐标系、分钟进给
	N020	T01 M06;	换 01 号刀
	N030	M03 S2000;	主轴正转,2000r/min
倒角(图 5-23)	N040	G41 G00 X10 Y0 Z2;	设置刀具左补偿，快速定位至加工起点
	N050	G01 Z-3 F80;	下刀至 Z-3 处,速度 80mm/min
	N060	M98 P0061;	调用子程序,加工倒角的第一层
	N070	G01 Z-6 F80;	下刀至 Z-6 处,速度 80mm/min
	N080	M98 P0061;	调用子程序,加工倒角的第二层
	N090	G01 Z-9 F80;	下刀至 Z-9 处,速度 80mm/min
	N100	M98 P0061;	调用子程序,加工倒角的第三层
	N110	G01 Z-12 F80;	下刀至 Z-12 处,速度 80mm/min
	N120	M98 P0061;	调用子程序,加工倒角的第四层
	N130	G01 Z-15 F80;	下刀至 Z-15 处,速度 80mm/min
	N140	M98 P0061;	调用子程序,加工倒角的第五层
结束	N150	G00 Z200;	抬刀
	N160	G40;	取消刀具补偿
	N170	M05;	主轴停
	N180	M02;	程序结束
主程序:O0007(正面装夹方案,如图 5-24)			
开始	N010	G17 G54 G94;	选择平面、坐标系、分钟进给
	N020	T01 M06;	换 01 号刀
	N030	M03 S2000;	主轴正转,2000r/min
倒角	N040	G41 G00 X10 Y0 Z2;	设置刀具左补偿,快速定位倒角加工起点
	N050	G01 Z-3 F80;	下刀至 Z-3 处,速度 80mm/min
	N060	M98 P0061;	调用子程序,加工倒角的第一层
	N070	G01 Z-6 F80;	下刀至 Z-6 处,速度 80mm/min
	N080	M98 P0061;	调用子程序,加工倒角的第二层
	N090	G01 Z-9 F80;	下刀至 Z-9 处,速度 80mm/min
	N100	M98 P0061;	调用子程序,加工倒角的第三层
	N110	G01 Z-12 F80;	下刀至 Z-12 处,速度 80mm/min
	N120	M98 P0061;	调用子程序,加工倒角的第四层
	N130	G01 Z-15 F80;	下刀至 Z-15 处,速度 80mm/min
	N140	M98 P0061;	调用子程序,加工倒角的第五层
	N150	G00 Z2;	抬刀
圆角矩形突台(图 5-25 的 1)	N160	G00 X10 Y20;	快速定位至圆角矩形加工起点
	N170	G01 Z-3 F80;	下刀至 Z-3 处,速度 80mm/min
	N180	M98 P0062;	调用子程序,加工圆角矩形突台的第一层
	N190	G01 Z-6 F80;	下刀至 Z-6 处,速度 80mm/min
	N200	M98 P0062;	调用子程序,加工圆角矩形突台的第二层
孔(图 5-25 的 2～8)	N210	G00 Z200;	抬刀,准备换刀
	N260	G40;	取消刀具补偿
	N270	T02 M06;	换 02 号刀
	N280	M03 S2000;	主轴正转,2000r/min
	N290	G52 X50 Y50;	建立极坐标坐标系

续表

主程序:O0007(正面装夹方案,如图 5-24)			
孔(图 5-25 的 2～8)	N300	G16;	极坐标生效
	N310	G00 Z2;	Z 向接近工件表面
	N320	G00 X25 Y0;	定位在图 5-25 的位置 2 的孔上方
	N330	M98 P0063;	调用子程序,加工左侧 0°孔
	N340	G00 X25 Y45;	定位在图 5-25 的位置 3 的孔上方
	N350	M98 P0063;	调用子程序,加工左侧 45°孔
	N360	G00 X25 Y90;	定位在图 5-25 的位置 4 的孔上方
	N370	M98 P0063;	调用子程序,加工左侧 90°孔
	N380	G00 X25 Y135;	定位在图 5-25 的位置 5 的孔上方
	N390	M98 P0063;	调用子程序,加工左侧 135°孔
	N400	G00 X25 Y180;	定位在图 5-25 的位置 6 的孔上方
	N410	M98 P0063;	调用子程序,加工左侧 180°孔
	N420	G00 X25 Y225;	定位在图 5-25 的位置 7 的孔上方
	N430	M98 P0063;	调用子程序,加工左侧 225°孔
	N440	G00 X25 Y270;	定位在图 5-25 的位置 8 的孔上方
	N450	M98 P0063;	调用子程序,加工左侧 270°孔
结束	N460	G00 Z200;	抬刀
	N470	M05;	主轴停
	N480	M02;	程序结束

【Siemens 数控程序】

子程序:NN36			
倒角	N010	G1 X0 Y10 F400;	加工左下倒角
	N020	X0 Y90 F2000;	左边快速移动
	N030	X10 Y100 F400;	加工左上倒角
	N040	X90 Y100 F2000;	上边快速移动
	N050	X100 Y90 F400;	加工右上倒角
	N060	X100 Y10 F2000;	右边快速移动
	N070	X90 Y0 F400;	加工右下倒角
	N080	X10 Y0 F2000;	下边快速移动
	N090	M2;	子程序结束
子程序:NN37			
圆角矩形	N010	G1 X10 Y80 F400;	加工左边
	N020	G2 X20 Y90 CR=10;	加工左上角圆弧
	N030	G1 X80 Y90;	加工上边
	N040	G2 X90 Y80 CR=10;	加工右上角圆弧
	N050	G1 X90 Y20;	加工右边
	N060	G2 X80 Y10 CR=10;	加工右下角圆弧
	N070	G1 X20 Y10;	加工下边
	N080	G2 X10 Y20 CR=10;	加工左下角圆弧
	N090	M2	子程序结束
主程序:AA01(背面装夹方案,如图 5-22)			
开始	N010	G17 G54 G94;	选择平面、坐标系、分钟进给
	N020	T1 D1;	换 01 号刀
	N030	M3 S2000;	主轴正转,2000r/min

续表

主程序:AA01(背面装夹方案,如图 5-22)			
倒角(图 5-23)	N040	G41 G0 X10 Y0 Z2;	设置刀具左补偿,快速定位至加工起点
	N050	G1 Z－3 F80;	下刀至 Z－3 处,速度 80mm/min
	N060	NN36;	调用子程序,加工倒角的第一层
	N070	G1 Z－6 F80;	下刀至 Z－6 处,速度 80mm/min
	N080	NN36;	调用子程序,加工倒角的第二层
	N090	G1 Z－9 F80;	下刀至 Z－9 处,速度 80mm/min
	N100	NN36;	调用子程序,加工倒角的第三层
	N110	G1 Z－12 F80;	下刀至 Z－12 处,速度 80mm/min
	N120	NN36;	调用子程序,加工倒角的第四层
	N130	G1 Z－15 F80;	下刀至 Z－15 处,速度 80mm/min
	N140	NN36;	调用子程序,加工倒角的第五层
结束	N150	G0 Z200;	抬刀
	N160	G40;	取消刀具补偿
	N170	M5;	主轴停
	N180	M2;	程序结束
主程序:AA02(正面装夹方案,如图 5-24)			
开始	N010	G17 G54 G94;	选择平面、坐标系、分钟进给
	N020	T1 D1;	换 01 号刀
	N030	M3 S2000;	主轴正转,2000r/min
倒角	N040	G41 G0 X10 Y0 Z2;	设置刀具左补偿,定位至倒角加工起点
	N050	G1 Z－3 F80;	下刀至 Z－3 处,速度 80mm/min
	N060	NN36;	调用子程序,加工倒角的第一层
	N070	G1 Z－6 F80;	下刀至 Z－6 处,速度 80mm/min
	N080	NN36;	调用子程序,加工倒角的第二层
	N090	G1 Z－9 F80;	下刀至 Z－9 处,速度 80mm/min
	N100	NN36;	调用子程序,加工倒角的第三层
	N110	G1 Z－12 F80;	下刀至 Z－12 处,速度 80mm/min
	N120	NN36;	调用子程序,加工倒角的第四层
	N130	G1 Z－15 F80;	下刀至 Z－15 处,速度 80mm/min
	N140	NN36;	调用子程序,加工倒角的第五层
	N150	G0 Z2;	抬刀
圆角矩形突台(图 5-25 的 1)	N160	G0 X10 Y20;	快速定位至圆角矩形加工起点
	N170	G1 Z－3 F80;	下刀至 Z－3 处,速度 80mm/min
	N180	NN37;	调用子程序,加工圆角矩形突台的第一层
	N190	G01 Z－6 F80;	下刀至 Z－6 处,速度 80mm/min
	N200	NN37;	调用子程序,加工圆角矩形突台的第二层
	N210	G0 Z200	抬刀
	N220	G40	取消补偿
孔(图 5-25 的 2～8)	N270	T2 D2	换刀
	N280	M3 S800;	主轴正转,800r/min
	N280	G0 X0 Y0 Z2;	设定循环初的刀具起始点(回刀点)
	N290	F80;	单独设定钻孔速度
	N300	MCALL CYCLE82(10,0,2,－14,,0);	设定钻孔循环参数

续表

主程序:AA02(正面装夹方案,如图 5-24)			
孔(图 5-25 的 2~8)	N310	HOLES2(50,50,25,0,45,7);	设定圆弧孔排列循环
	N320	MCALL;	取消调用
结束	N330	G0 Z200;	抬刀
	N340	M5;	主轴停
	N350	M2;	程序结束

六、圆角零件的加工与工艺分析

圆角的零件图如图 5-26 所示。

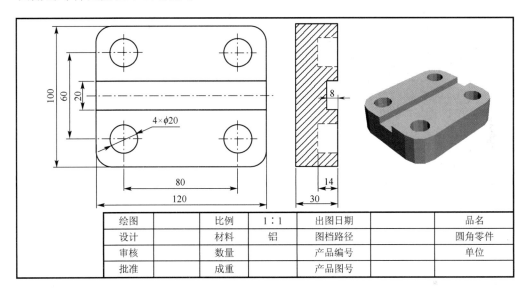

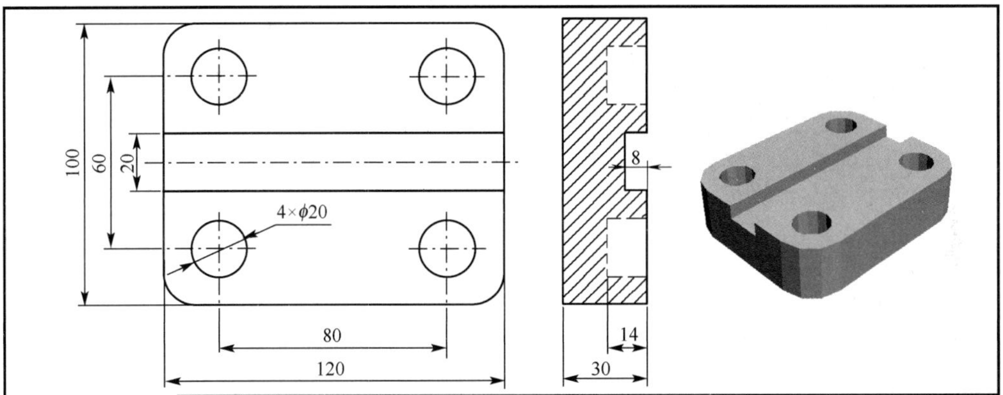

绘图		比例	1∶1	出图日期		品名
设计		材料	铝	图档路径		圆角零件
审核		数量		产品编号		单位
批准		成重		产品图号		

图 5-26 圆角零件图

(1) 零件图工艺分析

该零件表面由圆角、沟槽和 4 个孔组成。工件尺寸 120mm×100mm，无尺寸公差要求。尺寸标注完整，轮廓描述清楚。零件材料为已经加工成型的标准铝块，无热处理和硬度要求。具体方法见下述。

(2) 确定装夹方案、加工顺序及进给路线

① 在工件底部放置 2 块垫块，保证工件高出卡盘 15mm 以上，用台虎钳夹紧，左侧用铝棒顶紧，方面掉头的加工，如图 5-27 所示。

采用 ϕ20mm 的铣刀加工，根据零件图分析，如图 5-28 所示的加工路线加工，其中实

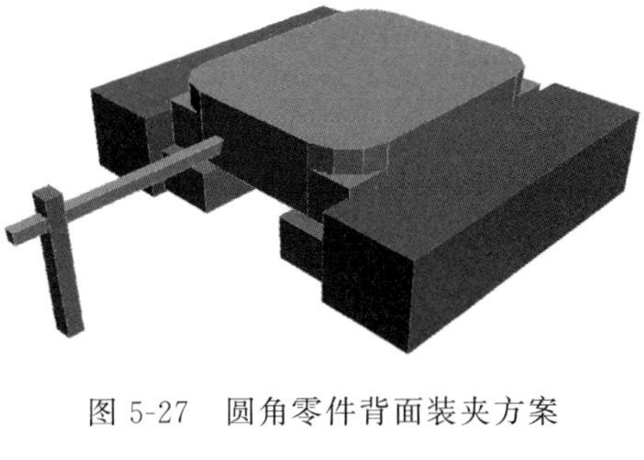

图 5-27 圆角零件背面装夹方案

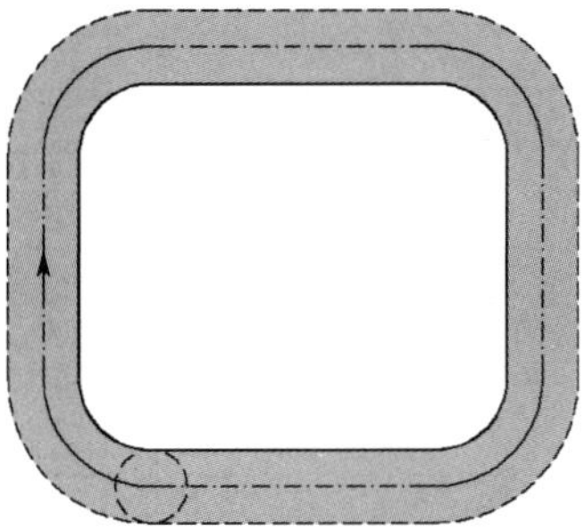

图 5-28 圆角零件的圆角部分走刀路线

线部分为加工切削，点画线部分为快速移。由于是紧靠零件的走刀，故采用 G01 走刀，这里采用 F2000 的走刀速度。

② 将工件翻转，装夹如图 5-29 所示的方法，工件底部放置 2 块垫块，保证工件高出卡盘 15mm 以上，靠紧左侧的铝棒，用台虎钳夹紧，这样可以不需对刀。

同样采用 ϕ20mm 的铣刀，加工的时候先加工剩余的圆倒角部分，其加工路线和程序与图 5-28 所示的方法完全一样。

然后再用同样的刀具加工沟槽：具体的加工路线如图 5-30 所示的路径 1。此时将刀具起点定位在工件外部，可省略 Z 向进刀的步骤。

采用 ϕ20mm 的铣刀加工孔。其具体的加工顺序如图 5-30 所示的路径 2～5。

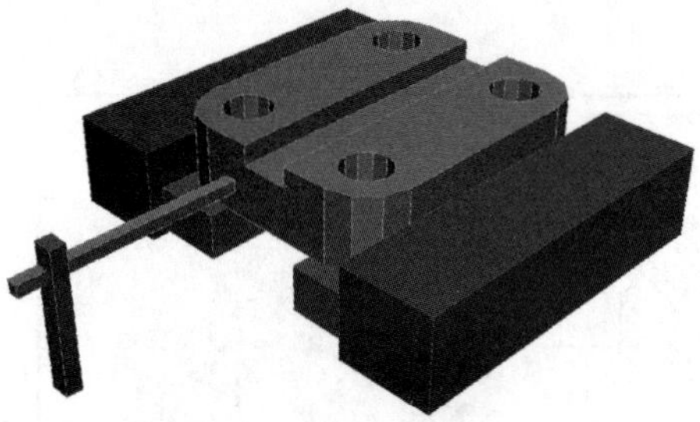

图 5-29 倒角零件正面装夹方案

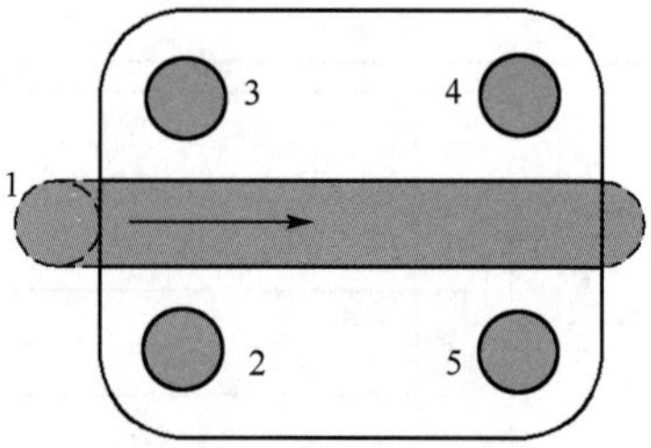

图 5-30 圆角零件正面的沟槽和孔加工走刀路线

（3）数学计算

在编程中，相关的坐标点的数值通过计算和 CAD 的标注即可求出，这里不再赘述。

（4）刀具选择

选用 ϕ20mm 铣刀即可加工本题的所有区域，将所选定的刀具参数填入表 5-11 数控加工刀具卡片中，以便于编程和操作管理。

表 5-11 圆角零件数控加工刀具卡片

产品名称或代号		加工中心工艺分析实例		零件名称	圆角零件		零件图号	Mill-6
序号	刀具号	刀具规格名称		数量	加工表面		伸出夹头 mm	备注
1	T01	ϕ20mm 铣刀		1	所有待加工区域		17	
编制		×××	审核	×××	批准	×××	共 1 页	第 1 页

（5）切削用量选择

将前面分析的各项内容综合成如表 5-12 所示的数控加工工艺卡片，此表是编制加工程序的主要依据和操作人员配合数控程序进行数控加工的指导性文件，主要内容包括：工步顺序、工步内容、各工步所用的刀具及切削用量等。

表 5-12 圆角零件数控加工工序卡

单位名称	××××	产品名称或代号		零件名称		零件图号	
		加工中心工艺分析实例		圆角零件 3		Mill-6	
工序号	程序编号	夹具名称		使用设备		车间	
001	Mill-6	台虎钳		Fanuc、Siemens		数控中心	
工步号	工步内容	刀具号	刀具总长伸出 mm	主轴转速 r/min	进给速度 mm/min	下刀量 mm	备注
1	零件背面圆角	T01	100(17)	2000	400	≤3	自动
将零件翻转，按图 5-29 方式装夹，不需对刀							
2	零件正面圆角	T01	100(17)	2000	400	≤3	自动
3	沟槽	T01	100(17)	2000	400	≤3	自动
4	孔	T01	100(17)	2000	80		自动
编制	×××	审核	×××	批准	×××	年 月 日	共 1 页 / 第 1 页

(6) 数控程序的编制

【FANUC 数控程序】

子程序:O0064			
圆角	N010	G02 X0 Y20 R20 F400;	加工左下圆角
	N020	G01 X0 Y80 F2000;	左边快速移动
	N030	G02 X20 Y100 R20 F400;	加工左上圆角
	N040	G01 X100 Y100 F2000;	上边快速移动
	N050	G02 X120 Y80 R20 F400	加工右上圆角
	N060	G01 X120 Y20 F2000;	右边快速移动
	N070	G02 X100 Y0 R20 F400;	加工右下圆角
	N080	G01 X20 Y0 F2000;	下边快速移动
	N090	M99;	子程序结束
子程序:O0065			
沟槽	N010	G01 X120 Y50 F400;	加工沟槽
	N020	G00 Z2;	抬刀
	N030	G00 X-10 Y50;	返回起点
	N040	M99;	子程序结束
子程序:O0066			
孔	N010	G01 Z-14 F80	加工孔
	N020	G04 P1000	暂停 1s,清孔底
	N030	G01 Z2 F400	退出孔
	N040	M99	子程序结束
主程序:O0007(背面装夹方案,如图 5-27)			
开始	N010	G17 G54 G94;	选择平面、坐标系、分钟进给
	N020	T01 M06;	换 01 号刀
	N030	M03 S2000;	主轴正转,2000r/min
圆角(图 5-28)	N040	G41 G00 X20 Y0 Z2;	设置刀具左补偿,快速定位至加工起点
	N050	G01 Z-3 F80	下刀至 Z-3 处,速度 80mm/min
	N060	M98 P0064	调用子程序,加工圆角的第一层
	N070	G01 Z-6 F80	下刀至 Z-6 处,速度 80mm/min
	N080	M98 P0064	调用子程序,加工圆角的第二层
	N090	G01 Z-9 F80	下刀至 Z-9 处,速度 80mm/min
	N100	M98 P0064	调用子程序,加工圆角的第三层
	N110	G01 Z-12 F80	下刀至 Z-12 处,速度 80mm/min
	N120	M98 P0064	调用子程序,加工圆角的第四层
	N130	G01 Z-15 F80	下刀至 Z-15 处,速度 80mm/min
	N140	M98 P0064	调用子程序,加工圆角的第五层
结束	N150	G00 Z200	抬刀
	N160	G40	取消刀具补偿
	N170	M05;	主轴停
	N180	M02;	程序结束
主程序:O0008(正面装夹方案,如图 5-29)			
开始	N010	G17 G54 G94;	选择平面、坐标系、分钟进给
	N020	T01 M06;	换 01 号刀
	N030	M03 S2000;	主轴正转,2000r/min

续表

主程序:O0008(正面装夹方案,如图 5-29)			
圆角	N040	G41 G00 X20 Y0 Z2;	设置刀具左补偿,快速定位至加工起点
	N050	G01 Z-3 F80	下刀至 Z-3 处,速度 80mm/min
	N060	M98 P0064	调用子程序,加工圆角的第一层
	N070	G01 Z-6 F80	下刀至 Z-6 处,速度 80mm/min
	N080	M98 P0064	调用子程序,加工圆角的第二层
	N090	G01 Z-9 F80	下刀至 Z-9 处,速度 80mm/min
	N100	M98 P0064	调用子程序,加工圆角的第三层
	N110	G01 Z-12 F80	下刀至 Z-12 处,速度 80mm/min
	N120	M98 P0064	调用子程序,加工圆角的第四层
	N130	G01 Z-15 F80	下刀至 Z-15 处,速度 80mm/min
	N140	M98 P0064	调用子程序,加工圆角的第五层
	N150	G00 Z2	抬刀
	N160	G40	取消刀具补偿
沟槽(图 5-30 的 1)	N170	G00 X-10 Y50	快速定位至沟槽加工起点(在工件外部)
	N180	G01 Z-3 F80	下刀至 Z-3 处,速度 80mm/min
	N190	M98 P0065	调用子程序,加工沟槽的第一层
	N200	G01 Z-6 F80	下刀至 Z-6 处,速度 80mm/min
	N210	M98 P0065	调用子程序,加工沟槽台的第二层
	N260	G01 Z-8 F80	下刀至 Z-6 处,速度 80mm/min
	N270	M98 P0065	调用子程序,加工沟槽的第三层
	N280	G00 Z2	抬刀
孔	N290	G00 X20 Y20	定位在图 5-30 的位置 2 的孔上方
	N300	M98 P0066	调用子程序,加工孔
	N310	G00 X20 Y80	定位在图 5-30 的位置 3 的孔上方
	N320	M98 P0066	调用子程序,加工孔
	N330	G00 X100 Y80	定位在图 5-26 的位置 4 的孔上方
	N340	M98 P0066	调用子程序,加工孔
	N350	G00 X100 Y20	定位在图 5-26 的位置 5 的孔上方
	N360	M98 P0066	调用子程序,加工孔
结束	N370	G00 Z200	抬刀
	N380	M05;	主轴停
	N390	M02;	程序结束

说明：由于本题的程序编制采用的是基本程序，FANUC 与 Siemens 的编程代码并无多大差别，因此不对 Siemens 的程序做详细的编写，参照本书 Siemens 相关章节编程即可。

七、模块零件的加工与工艺分析

模块零件图如图 5-31 所示。

（1）零件图工艺分析

该零件为一典型的模具零件。工件尺寸 200mm×160mm，无尺寸公差要求。尺寸标注完整，轮廓描述清楚。零件材料为已经加工成型的标准铝块，无热处理和硬度要求。

（2）确定装夹方案、加工顺序及进给路线

将工件安装在处理过的台板上。中间钻 2 个孔，用螺栓固定，紧固工件。四周用垫块配合卡块，并用螺栓固定，注意压紧工件的同时，让出槽的加工位置。装夹如图 5-32 所示。

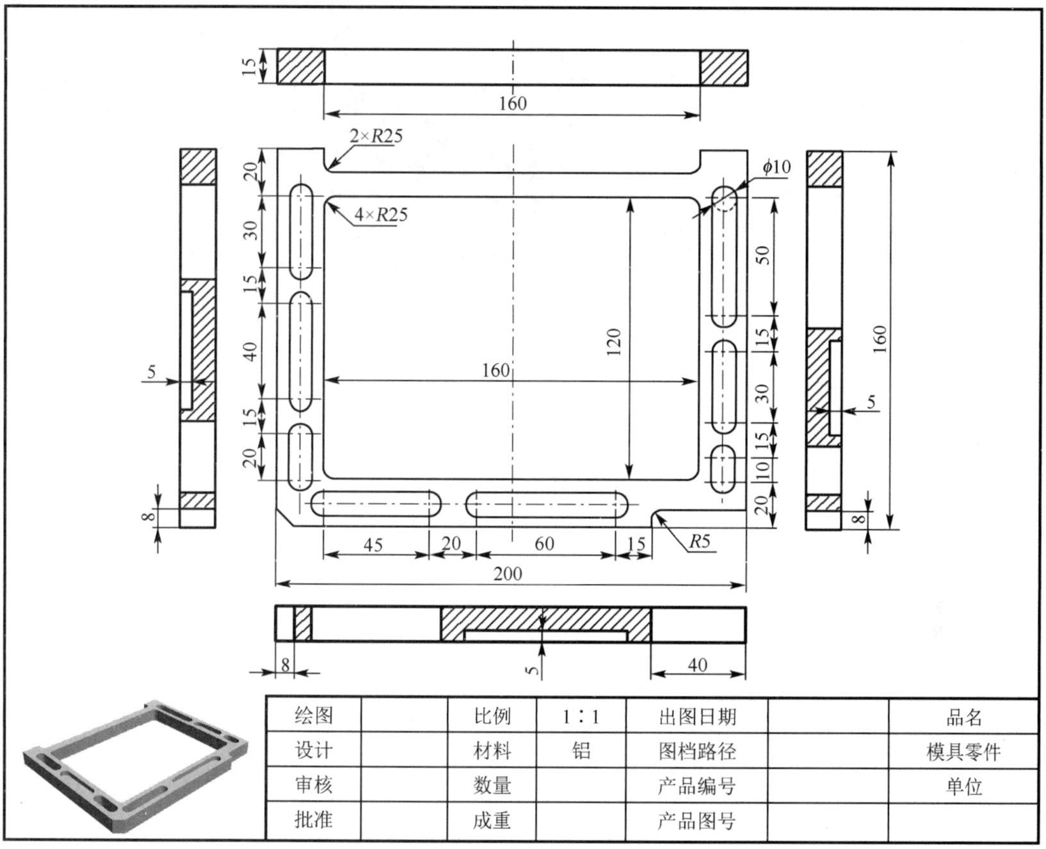

图 5-31　模块零件图

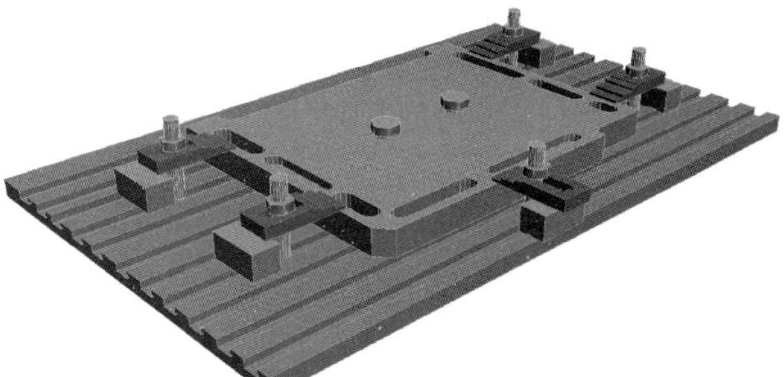

图 5-32　工件装夹方案

由零件图分析得知，此题只需采用 ϕ10mm 的一把铣刀即可完成所有加工，在外围加工、槽和去中间区域时，不必铣削至工件底部，在底部留有 0.5～1mm 的余量，用锥、小刀、修边器等手工完成去除底面去毛刺的工作（见图 5-33），注意操作，小心毛刺割手。

① 外围加工：ϕ10mm 的铣刀加工图 5-34 所示的路径 1～3，底面留 0.5mm 的余量。

② 键槽：按图 5-34 所示的路径 4～11 的顺序加工。同样，需加工到底的键槽，留 0.5mm 的余量。

③ 最后将零件与中间部分分离，同样留有 0.5mm 的余量，其加工路线如图 5-34 的路径 12 所示。

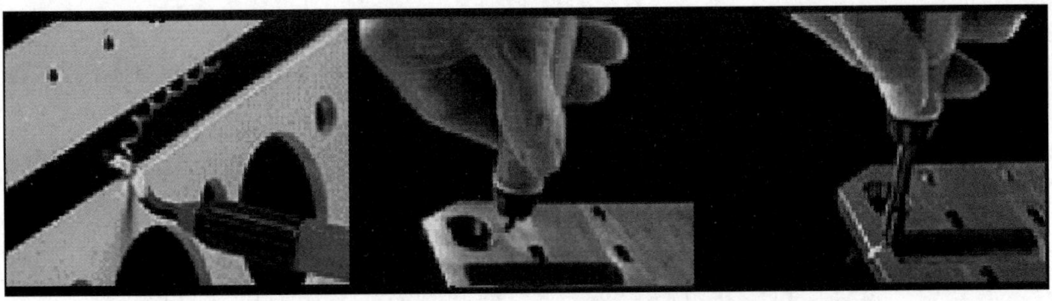

图 5-33 手工完成去除底面和去毛刺的工作

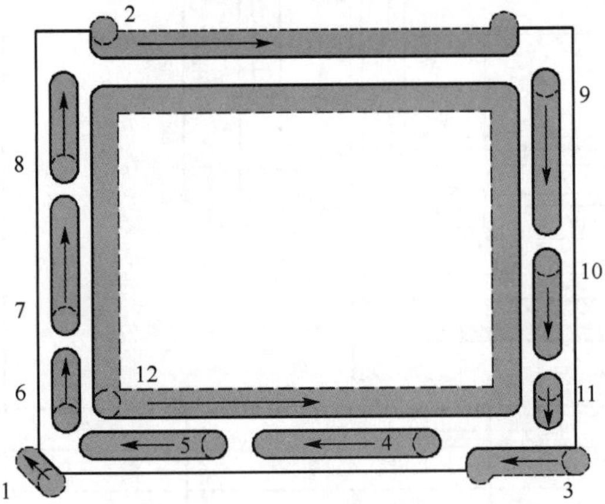

图 5-34 模块零件的加工走刀路线

（3）数学计算

在编程中，相关的坐标点的数值通过计算和 CAD 的标注即可求出，这里不再赘述。关键点如图 5-35 所示。

（4）刀具选择

选用 ϕ10mm 铣刀即可加工本题的所有区域，将所选定的刀具参数填入表 5-13 数控加工刀具卡片中，以便于编程和操作管理。

（5）切削用量选择

将前面分析的各项内容综合成如表 5-14 所示的数控加工工艺卡片，此表是编制加工程序的主要依据和操作人员配合数控程序进行数控加工的指导性文件，主要内容包括：工步顺序、工步内容、各工步所用的刀具及切削用量等。

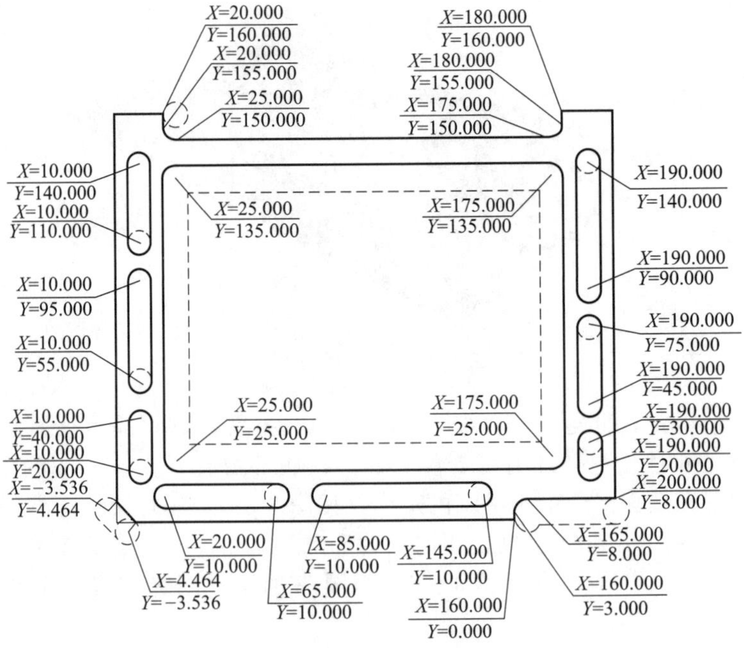

图 5-35 关键点

表 5-13 模块零件数控加工刀具卡片

产品名称或代号		加工中心工艺分析实例		零件名称	模块零件		零件图号	Mill-7
序号	刀具号	刀具规格名称		数量	加工表面		伸出夹头 mm	备注
1	T01	ϕ10mm 铣刀		1	所有待加工区域		16	
编制		×××	审核	×××	批准	×××	共 1 页	第 1 页

表 5-14 模块零件数控加工工序卡

单位名称		××××		产品名称或代号	零件名称		零件图号	
				加工中心工艺分析实例	模块零件		Mill-7	
工序号	程序编号			夹具名称	使用设备		车间	
001	Mill-7			自制工作台面、夹具	Fanuc、Siemens		数控中心	
工步号	工步内容		刀具号	刀具总长伸出(mm)	主轴转速 r/min	进给速度 mm/min	下刀量 mm	备注
1	外围边缘		T01	100(16)	2000	400	≤3	自动
2	键槽		T01	100(16)	2000	400	≤3	自动
3	最后分离的矩形		T01	100(16)	2000	400	≤3	自动
编制	×××	审核	×××	批准	×××	年 月 日	共 1 页	第 1 页

（6）数控程序的编制

【FANUC 数控程序】

子程序:O0067			
倒角 (图 5-34 的 1)	N010	G01 Z-3 F80	下刀至 Z-3 处,速度 80mm/min
	N020	X-3.536 Y4.464 F400	加工倒角的第一层
	N030	Z-6 F80;	下刀至 Z-6 处,速度 80mm/min
	N040	X4.464 Y-3.536 F400	加工倒角的第二层
	N050	Z-9 F80	下刀至 Z-9 处,速度 80mm/min
	N060	X-3.536 Y4.464 F400	加工倒角的第三层
	N070	Z-12 F80	下刀至 Z-12 处,速度 80mm/min
	N080	X4.464 Y-3.536 F400	加工倒角的第四层
	N090	Z-14.5 F80	下刀至 Z-14.5 处,速度 80mm/min
	N100	X-3.536 Y4.464 F400	加工倒角的第五层,留 0.5mm 的余量
	N110	G00 Z2	抬刀
	N120	M99	子程序结束
子程序:O0068			
上边缘 (图 5-34 的 2)	N010	G01 X20 Y155 F400	加工左侧直线
	N020	G03 X25 Y150 R5	加工左侧圆弧
	N030	G01 X175 Y150	加工下边缘直线
	N040	G03 X180 Y155 R5	加工右侧圆弧
	N050	G01 X180 Y160	加工右侧直线
	N060	G00 Z2	抬刀
	N070	G00 X20 Y160	返回加工起点
	N080	M99	子程序结束
子程序:O0069			
右下角 边缘 (图 5-34 的 3)	N010	G01 X165 Y8 F400	加工上边缘直线
	N020	G03 X160 Y3 R5	加工圆弧
	N030	G01 X160 Y0	加工左侧直线
	N040	G00 Z2	抬刀
	N050	G00 X200 Y8	返回加工起点
	N060	M99	子程序结束

续表

子程序:O0070			
中间矩形(图 5-34 的 5)	N010	G01 X175 Y25 F400	加工下边
	N020	X175 Y135	加工右边
	N030	X25 Y135	加工上边
	N040	X25 Y25	加工左边
	N050	M99	子程序结束
主程序:O0009			
开始	N010	G17 G54 G94;	选择平面、坐标系、分钟进给
	N020	T01 M06;	换 01 号刀
	N030	M03 S2000;	主轴正转,2000r/min
倒角(图 5-34 的 1)	N040	G00 X4.464 Y－3.536 Z2	快速定位至倒角加工起点
	N050	M98 P0067	调用子程序,加工倒角
上边缘(图 5-34 的 2)	N060	G41 G00 X20 Y160	左补偿,快速定位至上边缘加工起点
	N070	G01 Z－3 F400	下刀至 Z－3 处,速度 80mm/min
	N080	M98 P0068	调用子程序,加工上边缘的第一层
	N090	G01 Z－6 F80	下刀至 Z－6 处,速度 80mm/min
	N100	M98 P0068	调用子程序,加工上边缘的第二层
	N110	G01 Z－9 F80	下刀至 Z－9 处,速度 80mm/min
	N120	M98 P0068	调用子程序,加工上边缘的第三层
	N130	G01 Z－12 F80	下刀至 Z－12 处,速度 80mm/min
	N140	M98 P0068	调用子程序,加工上边缘的第四层
	N150	G01 Z－14.5 F80	下刀至 Z－14.5 处,速度 80mm/min
	N160	M98 P0068	调用子程序,加工上边缘的第五层
右下角边缘(图 5-34 的 3)	N170	G00 X200 Y8	快速定位至左下角边缘的加工起点
	N180	G01 Z－3 F400	下刀至 Z－3 处,速度 80mm/min
	N190	M98 P0069	调用子程序,加工左下角边缘的第一层
	N200	G01 Z－6 F80	下刀至 Z－6 处,速度 80mm/min
	N210	M98 P0069	调用子程序,加工左下角边缘的第二层
	N220	G01 Z－9 F80	下刀至 Z－9 处,速度 80mm/min
	N230	M98 P0069	调用子程序,加工左下角边缘的第三层
	N240	G01 Z－12 F80	下刀至 Z－12 处,速度 80mm/min
	N250	M98 P0069	调用子程序,加工左下角边缘的第四层
	N260	G01 Z－14.5 F80	下刀至 Z－14.5 处,速度 80mm/min
	N270	M98 P0069	调用子程序,加工左下角边缘的第五层
	N280	G40	取消刀具补偿
键槽(图 5-34 的 4)	N290	G00 X145 Y10	定位键槽的起点
	N300	Z－3 F80	下刀至 Z－3 处,速度 80mm/min
	N310	X85 Y10 F400	加工键槽 4 的第一层
	N320	Z－5 F80	下刀至 Z－6 处,速度 80mm/min
	N330	X145 Y10 F400	加工键槽 4 的第二层
	N340	G00 Z2	抬刀
键槽(图 5-34 的 5)	N350	X65 Y10	定位键槽起点
	N360	G01 Z－3 F80	下刀至 Z－3 处,速度 80mm/min
	N370	X20 Y10 F400	加工键槽 5 的第一层
	N380	Z－6 F80	下刀至 Z－6 处,速度 80mm/min

续表

主程序:O0009			
键槽(图5-34的5)	N390	X65 Y10 F400	加工键槽5的第二层
	N400	Z-9 F80	下刀至Z-9处,速度80mm/min
	N410	X20 Y10 F400	加工键槽5的第三层
	N420	Z-12 F80	下刀至Z-12处,速度80mm/min
	N430	X65 Y10 F400	加工键槽5的第四层
	N440	Z-14.5 F80	下刀至Z-14.5处,速度80mm/min
	N450	X20 Y10 F400	加工键槽5的第五层
	N460	G00 Z2	抬刀
键槽(图5-34的6)	N470	X10 Y20	定位键槽起点
	N480	G01 Z-3 F80	下刀至Z-3处,速度80mm/min
	N490	X10 Y40 F400	加工键槽6的第一层
	N500	Z-6 F80	下刀至Z-6处,速度80mm/min
	N510	X10 Y20 F400	加工键槽6的第二层
	N520	Z-9 F80	下刀至Z-9处,速度80mm/min
	N530	X10 Y40 F400	加工键槽6的第三层
	N540	Z-12 F80	下刀至Z-12处,速度80mm/min
	N550	X10 Y20 F400	加工键槽6的第四层
	N560	Z-14.5 F80	下刀至Z-14.5处,速度80mm/min
	N570	X10 Y40 F400	加工键槽6的第五层
	N580	G00 Z2	抬刀
键槽(图5-34的7)	N590	X10 Y55	定位键槽起点
	N600	G01 Z-3 F80	下刀至Z-3处,速度80mm/min
	N610	X10 Y95 F400	加工键槽7的第一层
	N620	Z-5 F80	下刀至Z-5处,速度80mm/min
	N630	X10 Y55 F400	加工键槽7的第二层
	N640	G00 Z2	抬刀
键槽(图5-34的8)	N650	X10 Y110	定位键槽起点
	N660	G01 Z-3 F80	下刀至Z-3处,速度80mm/min
	N670	X10 Y140 F400	加工键槽8的第一层
	N680	Z-6 F80	下刀至Z-6处,速度80mm/min
	N690	X10 Y110 F400	加工键槽8的第二层
	N700	Z-9 F80	下刀至Z-9处,速度80mm/min
	N710	X10 Y140 F400	加工键槽8的第三层
	N720	Z-12 F80	下刀至Z-12处,速度80mm/min
	N730	X10 Y110 F400	加工键槽8的第四层
	N740	Z-14.5 F80	下刀至Z-14.5处,速度80mm/min
	N750	X10 Y140 F400	加工键槽8的第五层
	N760	G00 Z2	抬刀
键槽(图5-34的9)	N770	X190 Y140	定位键槽起点
	N780	G01 Z-3 F80	下刀至Z-3处,速度80mm/min
	N790	X190 Y90 F400	加工键槽9的第一层
	N800	Z-6 F80	下刀至Z-6处,速度80mm/min
	N810	X190 Y140 F400	加工键槽9的第二层
	N820	Z-9 F80	下刀至Z-9处,速度80mm/min

续表

主程序:O0009			
键槽(图5-34 的 9)	N830	X190 Y90 F400	加工键槽 9 的第三层
	N840	Z-12 F80	下刀至 Z-12 处,速度 80mm/min
	N850	X190 Y140 F400	加工键槽 9 的第四层
	N860	Z-14.5 F80	下刀至 Z-14.5 处,速度 80mm/min
	N870	X190 Y90 F400	加工键槽 9 的第五层
	N880	G00 Z2	抬刀
键槽(图5-34 的 10)	N890	X190 Y75	定位键槽起点
	N900	G01 Z-3 F80	下刀至 Z-3 处,速度 80mm/min
	N910	X190 Y45 F400	加工键槽 10 的第一层
	N920	Z-5 F80	下刀至 Z-6 处,速度 80mm/min
	N930	X190 Y75 F400	加工键槽 10 的第二层
	N940	G00 Z2	抬刀
键槽(图5-34 的 11)	N950	X190 Y30	定位键槽起点
	N960	G01 Z-3 F80	下刀至 Z-3 处,速度 80mm/min
	N970	X190 Y20 F400	加工键槽 11 的第一层
	N980	Z-6 F80	下刀至 Z-6 处,速度 80mm/min
	N990	X190 Y30 F400	加工键槽 11 的第二层
	N1000	Z-9 F80	下刀至 Z-9 处,速度 80mm/min
	N1010	X190 Y20 F400	加工键槽 11 的第三层
	N1020	Z-12 F80	下刀至 Z-12 处,速度 80mm/min
	N1030	X190 Y30 F400	加工键槽 11 的第四层
	N1040	Z-14.5 F80	下刀至 Z-14.5 处,速度 80mm/min
	N1050	X190 Y20 F400	加工键槽 11 的第五层
	N1060	G00 Z2	抬刀
矩形(图5-34 的 12)	N1070	X25 Y25	快速定位至矩形的加工起点
	N1080	G01 Z-3 F80	下刀至 Z-3 处,速度 80mm/min
	N1090	M98 P0070	调用子程序,加工矩形的第一层
	N1100	G01 Z-6 F80	下刀至 Z-6 处,速度 80mm/min
	N1110	M98 P0070	调用子程序,加工矩形的第二层
	N1120	G01 Z-9 F80	下刀至 Z-9 处,速度 80mm/min
	N1130	M98 P0070	调用子程序,加工矩形的第三层
	N1140	G01 Z-12 F80	下刀至 Z-12 处,速度 80mm/min
	N1150	M98 P0070	调用子程序,加工矩形的第四层
	N1160	G01 Z-14.5 F80	下刀至 Z-14.5 处,速度 80mm/min
	N1170	M98 P0070	调用子程序,加工矩形的第五层
结束	N1180	G00 Z200	抬刀
	N1190	M05;	主轴停
	N1200	M02;	程序结束

说明：①由于本题的程序编制采用的是基本程序，FANUC 与 Siemens 的编程代码并无多大差别，因此不对 Siemens 的程序做详细的编写，参照本书 Siemens 相关章节编程即可。②在实际编程时，也需像本例一样，并非一直使用刀具半径补偿。

八、压板零件的加工与工艺分析

压板零件的零件图如图 5-36 所示。

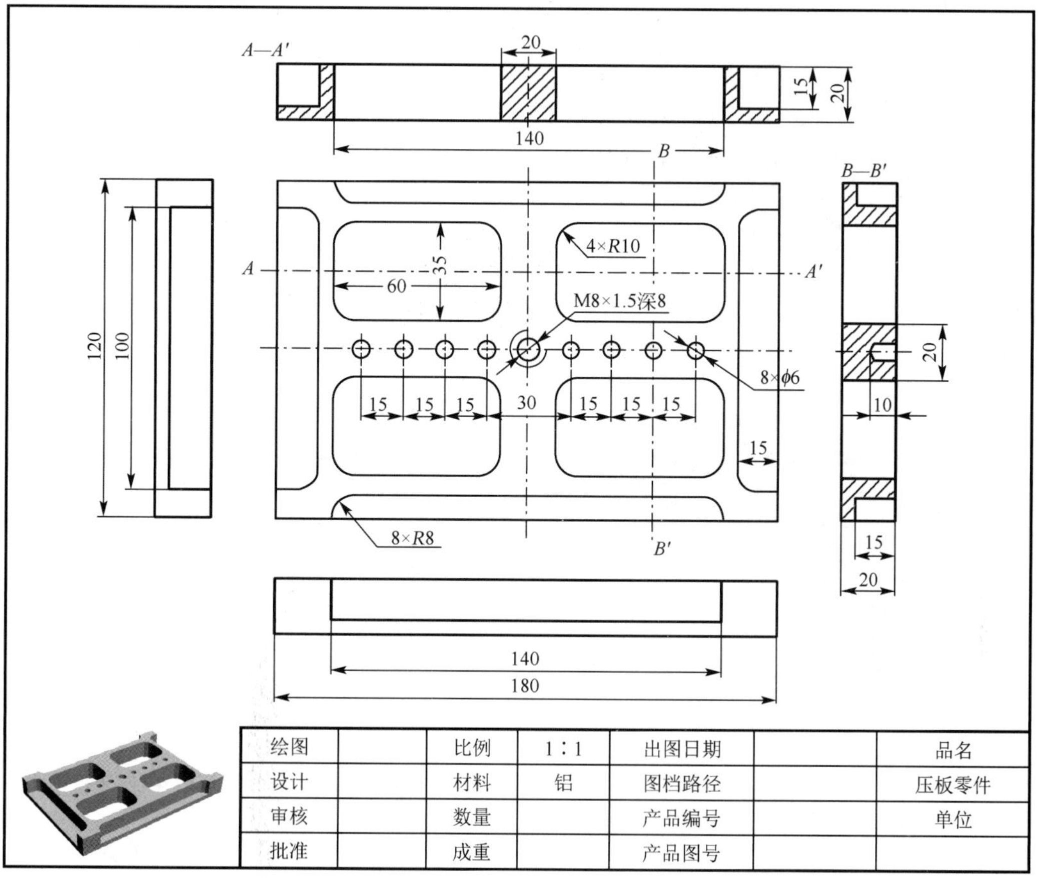

图 5-36　压板零件的零件图

(1) 零件图工艺分析

该零件表面由多个形状、孔和螺纹组成。工件尺寸 180mm×120mm，无尺寸公差要求。尺寸标注完整，轮廓描述清楚。零件材料为已经加工成型的标准铝块，无热处理和硬度要求。

(2) 确定装夹方案

① 在工件圆角矩形部分预先钻好 4 个孔，用螺栓定位，保证其毛坯位置摆正，采用 ϕ10 铣刀加工四周区域，如图 5-37 所示。

根据所使用的数控系统不同，程序应有相应的变化：

- Fanuc 0i 系统分别采用子程序和镜像指令配合综合编程，编写程序；
- Siemens 编程则仅采用子程序编程编写一段程序。

ϕ16mm 铣刀的走刀路线如图 5-38 所示的路径 1～4。

② 完成上步加工，停主轴、退刀，重新装夹零件：先在已加工好的零件四周安装垫块和压块，并用螺栓上紧，每边安装两套夹具。然后去掉零件中间的 4 个螺栓（注意：不能先执行此步，否则会导致零件松动而移位）。由于工件没有移动，故不需要对刀。其装夹如图 5-39 所示。

根据所使用的数控系统不同，程序应有相应的变化：

ϕ20mm 先加工左下角的圆角矩形区域留 0.5mm 的余量，其具体的加工路线如图 5-40 所示的路径 1，然后用子程序，或者镜像加工剩余的圆角矩形 2～4。

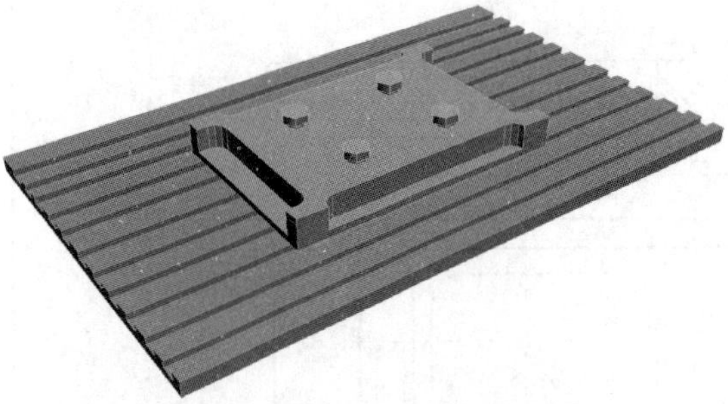

图 5-37 第一次装夹方案

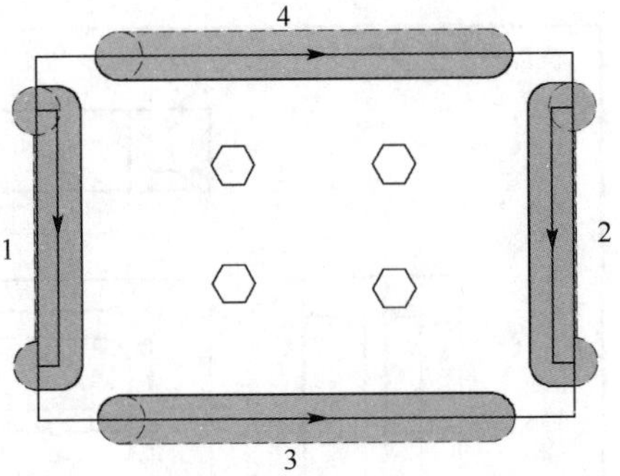

图 5-38 加工四周的走刀路径示意图

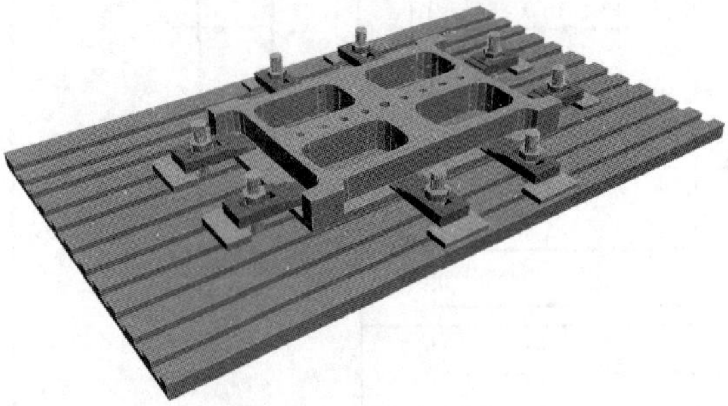

图 5-39 第二次装夹方案

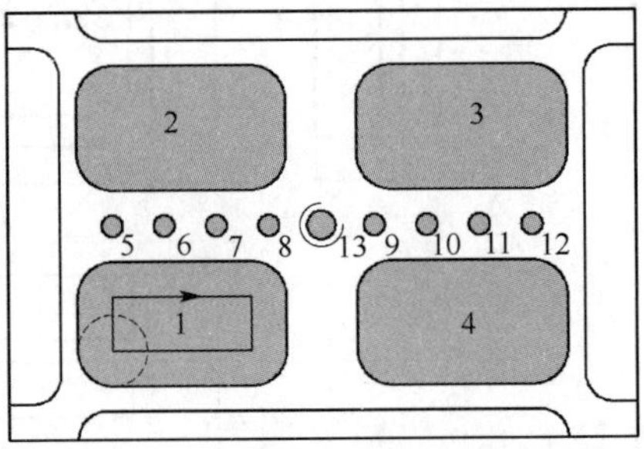

图 5-40 第二次装夹后的走刀路径示意图

用 ϕ6mm 的钻头钻孔。加工顺序如图 5-40 所示的路径 5～12。Fanuc 程序直接采用子程序即可；Siemens 程序可采用排列孔循环来加工。

螺纹加工，先采用 ϕ8mm 的钻头钻孔，如图 5-40 所示的路径 13，再选择螺纹刀攻丝。**实际车间加工中，螺纹的加工多采用人工手动攻丝的方法，**本题不对螺纹加工进行编程。

待工件全部加工完毕后，手工去除 4 个圆角矩形的底部和工件其它部分的毛刺。

（3）数学计算

在编程中，相关的坐标点的数值通过计算和 CAD 的标注即可求出，这里不再赘述。

（4）刀具选择

本题需选用四把刀才能完成所有区域的加工，将所选定的刀具参数填入表 5-15 数控加工刀具卡片中，以便于编程和操作管理。

表 5-15 压板零件数控加工刀具卡片

产品名称或代号		加工中心工艺分析实例		零件名称		压板零件	零件图号	Mill-8
序号	刀具号	刀具规格名称		数量		加工表面	伸出夹头 mm	备注
1	T01	ϕ16mm 铣刀		1		四周边缘	18	
2	T02	ϕ20mm 铣刀		1		4 个圆角矩形	24	
3	T03	ϕ6mm 钻头				8 个孔	12	
4	T04	ϕ8mm 钻头				螺纹的孔	10	
编制		×××	审核	×××	批准	×××	共 1 页	第 1 页

注：此处 ϕ16mm 和 ϕ20mm 的铣刀可减少工件中圆角的编程量，具体使用仔细观察程序。

（5）切削用量选择

将前面分析的各项内容综合成如表 5-16 所示的数控加工工艺卡片，此表是编制加工程序的主要依据和操作人员配合数控程序进行数控加工的指导性文件，主要内容包括：工步顺序、工步内容、各工步所用的刀具及切削用量等。

表 5-16 压板零件数控加工工序卡

单位名称	××××	产品名称或代号		零件名称		零件图号	
		加工中心工艺分析实例		压板零件		Mill-8	
工序号	程序编号	夹具名称		使用设备		车间	
001	Mill-8	自制工作台面、夹具		Fanuc、Siemens		数控中心	
工步号	工步内容	刀具号	刀具总长伸出 mm	主轴转速 r/min	进给速度 mm/min	下刀量 mm	备注
1	零件四周边缘	T01	100(18)	2000	400	<3	自动
重新装夹							
2	4 个圆角矩形	T02	100(24)	2000	400	<3	自动
3	8 个孔	T03	100(12)	2000	80	<3	自动
4	螺纹的孔	T04	100(10)	2000	80		自动
编制	××× 审核	×××	批准	×××	年 月 日	共 1 页	第 1 页

（6）数控程序的编制

【FANUC 数控程序】

子程序：O0071			
左边缘一层铣削（图 5-38 的路径 1）	N010	G01 X7 Y102 F400；	加工上边
	N020	X7 Y18；	加工右边
	N030	X0 Y18；	加工下边
	N040	G00 Z2；	抬刀
	N050	X0 Y102；	返回加工起点
	N060	M99；	子程序结束
子程序：O0072			
左边缘（图 5-38 的路径 1）	N010	G00 X0 Y102 Z2；	定位加工起点
	N020	G01 Z－3 F80；	下刀至 Z－3 处，速度 80mm/min
	N030	M98 P0071；	调用子程序，加工左边缘的第一层
	N040	G01 Z－6 F80；	下刀至 Z－6 处，速度 80mm/min
	N050	M98 P0071；	调用子程序，加工左边缘的第二层
	N060	G01 Z－9 F80；	下刀至 Z－9 处，速度 80mm/min
	N070	M98 P0071；	调用子程序，加工左边缘的第三层
	N080	G01 Z－12 F80；	下刀至 Z－12 处，速度 80mm/min
	N090	M98 P0071；	调用子程序，加工左边缘的第四层
	N100	G01 Z－15 F80；	下刀至 Z－15 处，速度 80mm/min
	N110	M98 P0071；	调用子程序，加工左边缘的第五层
	N120	M99；	子程序结束
子程序：O0073			
下边缘（图 5-38 的路径 3）	N010	G00 X28 Y0 Z2；	定位加工起点
	N020	G01 Z－3 F80；	下刀至 Z－3 处，速度 80mm/min
	N030	X152 F400；	加工下边缘的第一层
	N040	Z－6 F80；	下刀至 Z－6 处，速度 80mm/min
	N050	X28 F400；	加工下边缘的第二层
	N060	Z－9 F80；	下刀至 Z－9 处，速度 80mm/min
	N070	X152 F400；	加工下边缘的第三层
	N080	Z－12 F80；	下刀至 Z－12 处，速度 80mm/min
	N090	X28；F400；	加工下边缘的第四层
	N100	Z－15 F80；	下刀至 Z－15 处，速度 80mm/min
	N110	X152 F400；	加工下边缘的第五层
	N120	G00 Z2；	抬刀
	N130	M99；	子程序结束

续表

子程序:O0074			
圆角矩形一层铣削（图5-40的路径1）	N010	G01 X30 Y40 F400;	加工左边
	N020	X70 Y40;	加工上边
	N030	X70 Y25;	加工右边
	N040	X30 Y25;	加工下边
	N050	M99;	子程序结束
子程序:O0075			
圆角矩形（图5-40的路径1）	N010	G00 X30 Y25 Z2;	
	N020	G01 Z－3 F80;	下刀至Z－3处,速度80mm/min
	N030	M98 P0074;	调用子程序,加工矩形的第一层
	N040	G01 Z－6 F80;	下刀至Z－6处,速度80mm/min
	N050	M98 P0074;	调用子程序,加工矩形的第二层
	N060	G01 Z－9 F80;	下刀至Z－9处,速度80mm/min
	N070	M98 P0074;	调用子程序,加工矩形的第三层
	N080	G01 Z－12 F80;	下刀至Z－12处,速度80mm/min
	N090	M98 P0074;	调用子程序,加工矩形的第四层
	N100	G01 Z－15 F80;	下刀至Z－15处,速度80mm/min
	N110	M98 P0074;	调用子程序,加工矩形的第五层
	N120	G01 Z－18 F80;	下刀至Z－18处,速度80mm/min
	N130	M98 P0074;	调用子程序,加工矩形的第六层
	N140	G01 Z－19.5 F80;	下刀至Z－19.5处,速度80mm/min
	N150	M98 P0074;	调用子程序,加工矩形的第七层
	N160	M99;	子程序结束
子程序:O0076			
孔	N010	G01 Z－10 F80;	钻孔
	N020	G04 P1000;	暂停1s,光孔
	N030	G01 Z2 F800;	抬刀
	N040	M99;	子程序结束
主程序:O0010(第一次装夹方案,如图5-37)			
开始	N010	G17 G54 G94;	选择平面、坐标系、分钟进给
	N020	T01 M06;	换01号刀
	N030	M03 S2000;	主轴正转,2000r/min
左边缘	N040	M98 P0072;	调用子程序,加工左边缘
右边缘	N050	G24 X90;	镜像加工:沿X90轴
	N060	M98 P0072;	调用子程序,加工右边缘
	N070	G25;	取消镜像加工
下边缘	N080	M98 P0073	调用子程序,加工下边缘
上边缘	N090	G24 Y60	镜像加工:沿Y60轴
	N100	M98 P0073	调用子程序,加工上边缘
	N110	G25;	取消镜像加工
结束	N120	G00 Z200	抬刀
	N130	M05;	主轴停
	N140	M02;	程序结束
主程序:O0011(第二次装夹方案,如图5-39)			
开始	N010	G17 G54 G94;	选择平面、坐标系、分钟进给
	N020	T02 M06;	换02号刀
	N030	M03 S2000;	主轴正转,2000r/min

续表

主程序:O0011(第二次装夹方案,如图 5-39)			
圆角矩形	N040	M98 P0075	调用子程序,加工圆角矩形 1
	N050	G24 X90	镜像加工:沿 X90 轴
	N060	M98 P0075	调用子程序,加工圆角矩形 4
	N070	G25;	取消镜像加工
	N080	G24 Y60	镜像加工:沿 Y60 轴
	N090	M98 P0075	调用子程序,加工圆角矩形 2
	N100	G25;	取消镜像加工
	N110	G24 X90 Y60	镜像加工:沿 X60 Y60 的坐标点
	N120	M98 P0075	调用子程序,加工圆角矩形 3
	N130	G25;	取消镜像加工
孔	N140	G00 Z200	抬刀
	N150	T03 M06;	换 03 号刀
	N160	M03 S2000;	主轴正转,2000r/min
	N170	G00 X30 Y60;	定位在图 5-40 的位置 5 的孔上方
	N180	Z2;	接近加工表面
	N190	M98 P0076;	调用子程序,加工左侧 −30°孔
	N200	G00 X45 Y60;	定位在图 5-40 的位置 6 的孔上方
	N210	M98 P0076;	调用子程序,加工孔
	N220	G00 X60 Y60;	定位在图 5-40 的位置 7 的孔上方
	N230	M98 P0076;	调用子程序,加工孔
	N240	G00 X75 Y60;	定位在图 5-40 的位置 8 的孔上方
	N250	M98 P0076;	调用子程序,加工孔
	N260	G00 X105 Y60;	定位在图 5-40 的位置 9 的孔上方
	N270	M98 P0076;	调用子程序,加工孔
	N280	G00 X120 Y60;	定位在图 5-40 的位置 10 的孔上方
	N290	M98 P0076;	调用子程序,加工孔
	N300	G00 X135 Y60;	定位在图 5-40 的位置 11 的孔上方
	N310	M98 P0076;	调用子程序,加工孔
	N320	G00 X150 Y60;	定位在图 5-40 的位置 12 的孔上方
	N330	M98 P0076;	调用子程序,加工孔
螺纹孔	N340	G00 Z200;	抬刀
	N350	T04 M06;	换 04 号刀
	N360	M03 S2000;	主轴正转,2000r/min
	N370	G00 X90 Y60 Z2;	定位在图 5-40 位置 13 的螺纹孔上方
	N380	G01 Z−8 F80;	钻孔
	N390	G04 P1000;	暂停 1s,光孔
	N400	G01 Z2 F800;	退出孔
结束	N410	G00 Z200;	抬刀
	N420	M05;	主轴停
	N430	M02;	程序结束

【Siemens 数控程序】

子程序:NN50			
左边缘一层铣削(图 5-38 的路径 1)	N010	G1 X7 Y102 F400;	加工上边
	N020	X7 Y18;	加工右边
	N030	X0 Y18;	加工下边
	N040	G0 Z2;	抬刀
	N050	X0 Y102;	返回加工起点
	N060	M2;	子程序结束
子程序:NN51			
左边缘(图 5-38 的路径 1)	N010	G0 X0 Y102 Z2;	定位加工起点
	N020	G1 Z-3 F80;	下刀至 Z-3 处,速度 80mm/min
	N030	NN50;	调用子程序,加工左边缘的第一层
	N040	G1 Z-6 F80;	下刀至 Z-6 处,速度 80mm/min
	N050	NN50;	调用子程序,加工左边缘的第二层
	N060	G1 Z-9 F80;	下刀至 Z-9 处,速度 80mm/min
	N070	NN50;	调用子程序,加工左边缘的第三层
	N080	G1 Z-12 F80;	下刀至 Z-12 处,速度 80mm/min
	N090	NN50;	调用子程序,加工左边缘的第四层
	N100	G1 Z-15 F80;	下刀至 Z-15 处,速度 80mm/min
	N110	NN50;	调用子程序,加工左边缘的第五层
	N120	M2;	子程序结束
子程序:NN52			
下边缘(图 5-38 的路径 3)	N010	G0 X28 Y0 Z2;	定位加工起点
	N020	G1 Z-3 F80;	下刀至 Z-3 处,速度 80mm/min
	N030	X152 F400;	加工下边缘的第一层
	N040	Z-6 F80;	下刀至 Z-6 处,速度 80mm/min
	N050	X28 F400;	加工下边缘的第二层
	N060	Z-9 F80;	下刀至 Z-9 处,速度 80mm/min
	N070	X152 F400;	加工下边缘的第三层
	N080	Z-12 F80;	下刀至 Z-12 处,速度 80mm/min
	N090	X28 F400;	加工下边缘的第四层
	N100	Z-15 F80;	下刀至 Z-15 处,速度 80mm/min
	N110	X152 F400;	加工下边缘的第五层
	N120	G0 Z2;	抬刀
	N130	M2;	子程序结束
子程序:NN53			
圆角矩形一层铣削(图 5-40 的路径 1)	N010	G1 X30 Y40 F400	加工左边
	N020	X70 Y40	加工上边
	N030	X70 Y25	加工右边
	N040	X30 Y25	加工下边
	N050	M2	子程序结束
子程序:NN54			
圆角矩形(图 5-40 的路径 1)	N010	G0 X30 Y25 Z2	
	N020	G1 Z-3 F80	下刀至 Z-3 处,速度 80mm/min
	N030	NN53	调用子程序,加工矩形的第一层
	N040	G1 Z-6 F80	下刀至 Z-6 处,速度 80mm/min

续表

子程序:NN54			
圆角矩形（图 5-40 的路径 1）	N050	NN53	调用子程序,加工矩形的第二层
	N060	G1 Z－9 F80	下刀至 Z－9 处,速度 80mm/min
	N070	NN53	调用子程序,加工矩形的第三层
	N080	G1 Z－12 F80	下刀至 Z－12 处,速度 80mm/min
	N090	NN53	调用子程序,加工矩形的第四层
	N100	G1 Z－15 F80	下刀至 Z－15 处,速度 80mm/min
	N110	NN53	调用子程序,加工矩形的第五层
	N120	G1 Z－18 F80	下刀至 Z－18 处,速度 80mm/min
	N130	NN53	调用子程序,加工矩形的第六层
	N140	G1 Z－19.5 F80	下刀至 Z－19.5 处,速度 80mm/min
	N150	NN53	调用子程序,加工矩形的第七层
	N160	M2	子程序结束
主程序:AA60(第一次装夹方案,如图 5-37)			
开始	N010	G17 G54 G94;	选择平面、坐标系、分钟进给
	N020	T1 D1;	换 1 号刀
	N030	M3 S2000;	主轴正转,2000r/min
左边缘	N040	NN51	调用子程序,加工左边缘
右边缘	N050	MIRROR X90	镜像加工:沿 X90 轴
	N060	NN51	调用子程序,加工右边缘
	N070	MIRROR;	取消镜像加工
下边缘	N080	NN52	调用子程序,加工下边缘
	N090	MIRROR Y60	镜像加工:沿 Y60 轴
	N100	NN52	调用子程序,加工上边缘
	N110	MIRROR;	取消镜像加工
结束	N120	G0 Z200	抬刀
	N130	M5;	主轴停
	N140	M2;	程序结束
主程序:AA61(第二次装夹方案,如图 5-39)			
开始	N010	G17 G54 G94;	选择平面、坐标系、分钟进给
	N020	T2 D2;	换 2 号刀
	N030	M3 S2000;	主轴正转,2000r/min
圆角矩形	N040	NN54	调用子程序,加工圆角矩形 1
	N050	MIRROR X90	镜像加工:沿 X90 轴
	N060	NN54	调用子程序,加工圆角矩形 4
	N065	MIRROR	取消镜像加工
	N070	MIRROR Y60	镜像加工:沿 Y60 轴
	N080	NN54	调用子程序,加工圆角矩形 2
	N090	MIRROR X90 Y60	镜像加工:沿 X60 Y60 的坐标点
	N095	MIRROR	取消镜像加工
	N100	NN54	调用子程序,加工圆角矩形 3
	N110	MIRROR;	取消镜像加工
孔	N120	G0 Z200	抬刀
	N130	T3 D3;	换 3 号刀
	N140	M3 S2000;	主轴正转,2000r/min
	N150	G00 X90 Y60 Z2	设定循环初的刀具起始点(回刀点)
	N160	F80	单独设定钻孔速度
	N170	MCALL CYCLE82(2,0,2,－10,,0)	设定钻孔循环参数
	N180	HOLES1(30,60,0,0,15,4)	设定左侧孔排列循环
	N190	HOLES1(105,60,0,0,15,4)	设定右侧孔排列循环
	N200	MCALL	取消调用

续表

子程序:AA61(第二次装夹方案,如图 5-39)			
螺纹孔	N210	G0 Z200	抬刀
	N220	T4D4;	换 04 号刀
	N230	M3 S2000;	主轴正转,2000r/min
	N240	G0 X90 Y60 Z2	快速定位到孔上方
	N250	G1 Z－8 F80	钻孔
	N260	G4 F1	暂停 1s,光孔
	N270	G01 Z2 F800	退出孔
结束	N280	G0 Z200	抬刀
	N290	M5;	主轴停
	N300	M2;	程序结束

九、箱体零件的加工与工艺分析

箱体零件的零件图如图 5-41 所示。

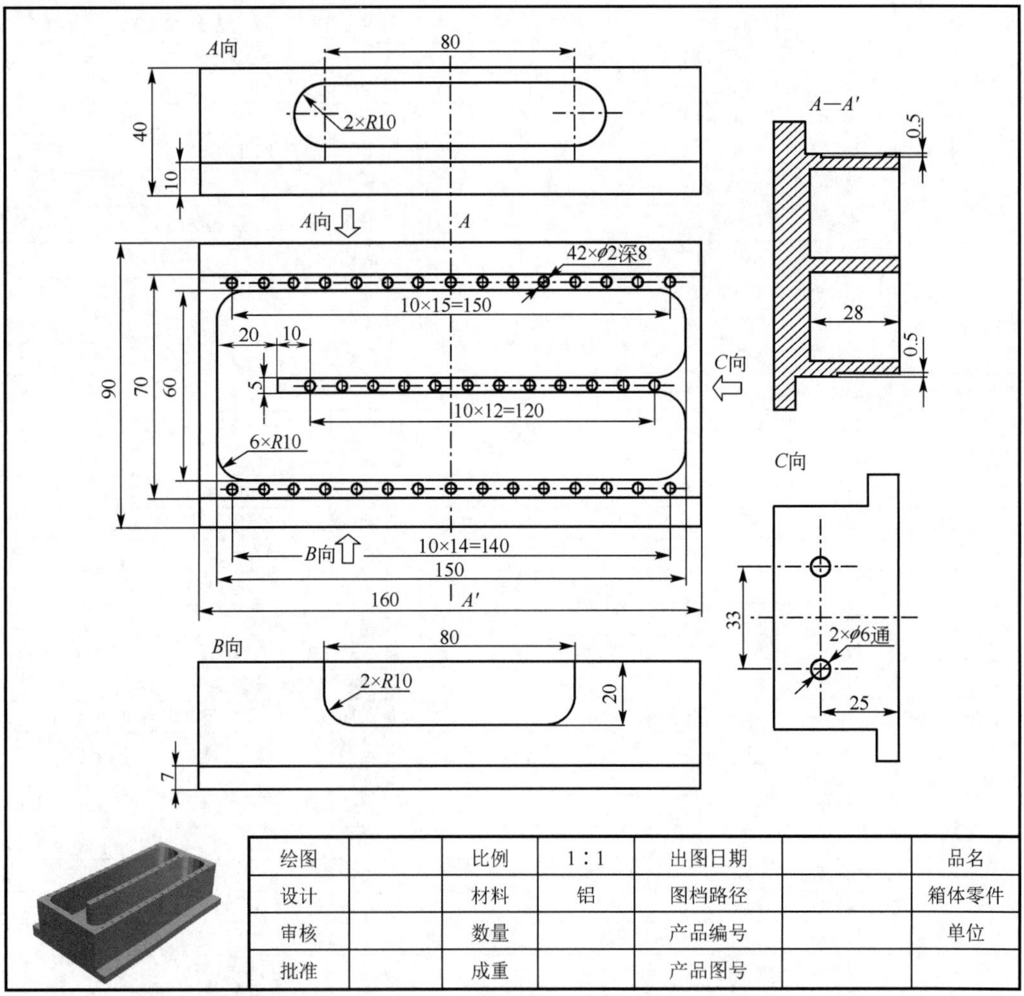

图 5-41 箱体零件的零件图

(1) 零件图工艺分析

该零件表面由 1 个复合型深槽、上下两侧的边缘和多个孔构成。工件尺寸 160mm×

90mm×40mm，无尺寸公差要求。尺寸标注完整，轮廓描述清楚。零件材料为已经加工成型的标准铝块，无热处理和硬度要求。

(2) 确定装夹方案、确定加工顺序（本例题重点掌握不同面加工的装夹方式）及进给路线

① 在工件底部放置 2 块垫块，保证工件高出卡盘 33mm 以上，用虎钳夹紧，左右两侧用粗铝棒顶紧，防止加工时零件的抖动，其装夹方法如图 5-42 所示。

正面的加工只需采用一把 ϕ20mm 的铣刀和 ϕ2mm 的钻头即可：

ϕ20mm 铣刀加工上侧的区域，如图 5-43 所示的路径 1，再用镜像指令加工下侧区域。由于两侧高度不同，最后单独铣削下侧剩余的 3mm 区域。

ϕ20mm 铣刀加工上中间深槽区域，如图 5-43 所示的路径 2。

ϕ2mm 的钻头只在零件上点出 42 个孔的位置，待数控点孔完成后，再手动钻孔。如果用数控加工 42 个孔，由于刀具较小，在加工中磨损后的孔加工容易不到位，也不方便随时地进行调整。

② A 向面的加工，其装夹如图 5-44 所示，在工件底部放置 1 块垫块，两侧分别用图中所示的长垫板（或垫块）夹紧，工件露出待加工平面的位置，紧靠铝棒用台虎钳夹紧。加工的时候采用图中所示的坐标原点对刀。注意：左侧用铝棒顶紧固定，这样在翻转重新装夹的时候就不必重新对刀了。注意坐标原点的选取。

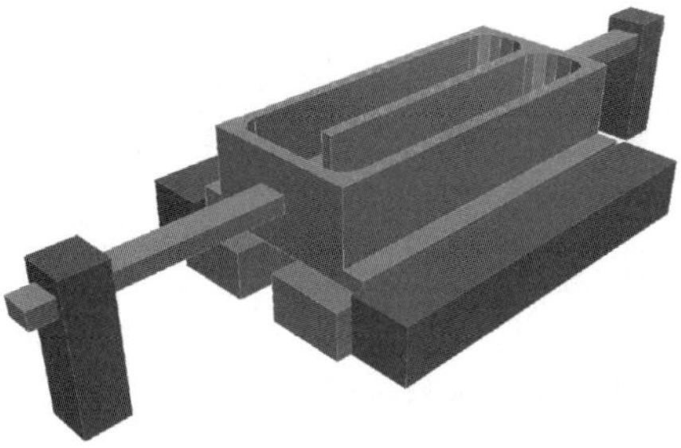

图 5-42　零件正面装夹方案

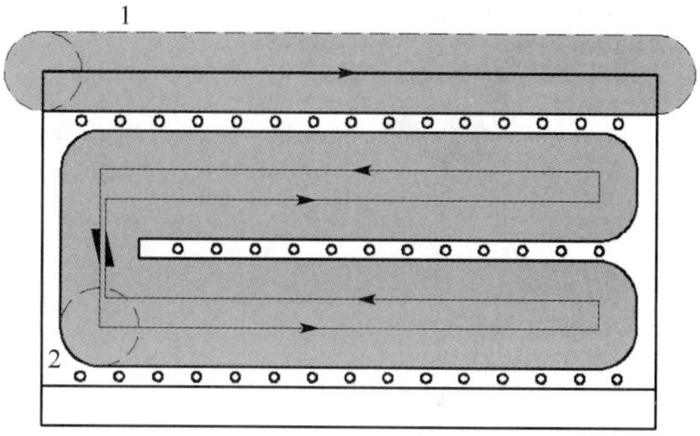

图 5-43　零件正面装夹的走刀路线图

由于铣削区域只有 0.5mm，本面只需 ϕ20mm 的铣刀加工一层即可，如图 5-45 所示的加工路径。

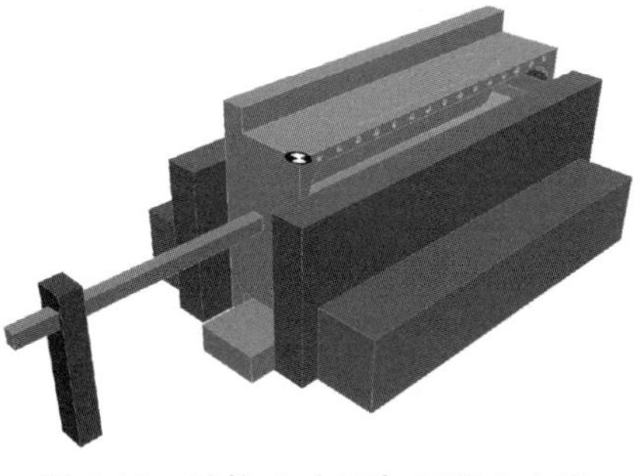

图 5-44　零件 A 向面加工装夹方案

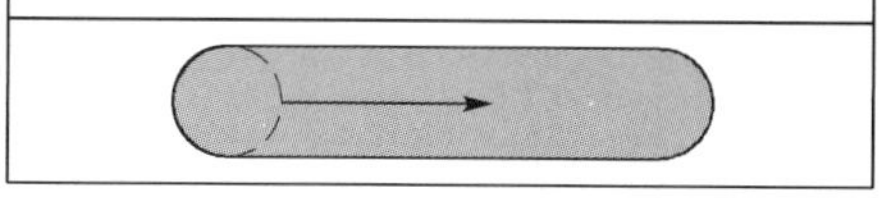

图 5-45　零件 A 向面加工走刀路径

③ B 向面的加工，其装夹如图 5-46 所示，在工件底部放置 1 块垫块，两侧分别用图中所示的长垫板（或垫块）夹紧，工件露出待加工平面的位置，紧靠铝棒，用台虎钳夹紧。加工的原点如图中所示。注意：由于零件的对称，本次装夹就不必重新对刀了。注意坐标原点的选取。

由于铣削区域只有 0.5mm，本面只需 ϕ20mm 的铣刀加工一层即可，如图 5-47 所示的加工路径。

图 5-46 零件 *B* 向面加工装夹方案

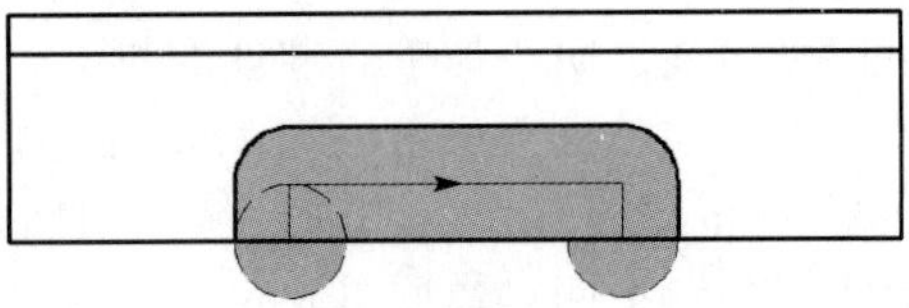

图 5-47 零件 *B* 向面加工走刀路径

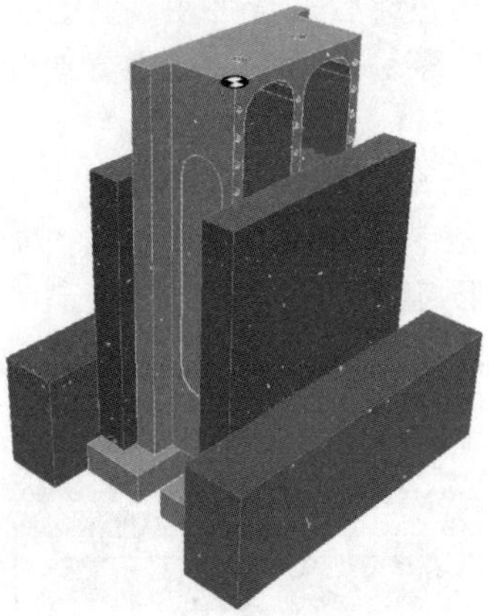

图 5-48 零件 *C* 向面孔加工装夹方案

④ *C* 向面孔的加工，采用 ϕ6mm 的钻头，其装夹如图 5-48 所示，在工件底部放置 2 块垫块，两侧分别用图中所示的长垫板（或垫块）夹紧，工件露出待加工平面的位置，紧靠铝棒，用台虎钳夹紧。注意坐标原点的选取。

螺纹采用手动攻丝，故不在此处编程。

（3）数学计算

在编程中，相关的坐标点的数值通过计算和 CAD 的标注即可求出，这里不再赘述。关键点如图 5-49 所示。

（4）刀具选择

本题选用 ϕ20mm 铣刀、ϕ2mm 钻头和 ϕ6mm 钻头加工本题的所有区域，将所选定的刀具参数填入表 5-17 数控加工刀具卡片中，以便于编程和操作管理。

（5）切削用量选择

将前面分析的各项内容综合成如表 5-18 所示的数控加工工艺卡片，此表是编制加工程序的主要依据和操作人员配合数控程序进行数控加工的指导性文件，主要内容包括：工步顺序、工步内容、各工步所用的刀具及切削用量等。

表 5-17 箱体零件数控加工刀具卡片

产品名称或代号		加工中心工艺分析实例		零件名称	箱体零件		零件图号	Mill-9
序号	刀具号	刀具规格名称		数量	加工表面		伸出夹头 mm	备注
1	T01	ϕ20mm 铣刀		1	加工平面区域		75	
2	T02	ϕ2mm 钻头		1	正面孔点位置		50	
3	T03	ϕ6mm 钻头		1	C 向面钻孔		50	
编制		×××	审核	×××	批准	×××	共 1 页	第 1 页

表 5-18 箱体零件数控加工工序卡

单位名称	××××		产品名称或代号			零件名称		零件图号	
			加工中心工艺分析实例			箱体零件		Mill-9	
工序号	程序编号		夹具名称			使用设备		车间	
001	Mill-3		台虎钳			Fanuc、Siemens		数控中心	
工步号	工步内容		刀具号	刀具总长伸出 mm		主轴转速 r/min	进给速度 mm/min	下刀量 mm	备注
1	上下两侧区域		T01	100（35）		2000	400	≤3	自动
2	中间深槽区域		T01	100（35）		2000	400	≤3	自动
3	42 个孔		T02	100（5）		400	80	0.5	点孔
按图 5-44 方式装夹，重新对刀									
4	键槽区域		T01	100（35）		200	800	0.5	自动
将工件翻转按图 5-46 方式重新装夹，不需对刀									
5	圆角矩形开口区域		T01	100（35）		200	800	0.5	自动
按图 5-48 方式装夹，重新对刀									
6	2 个通孔		T03	100（10）		2000	80	8	自动
编制	×××	审核	×××	批准	×××	年 月 日		共 1 页	第 1 页

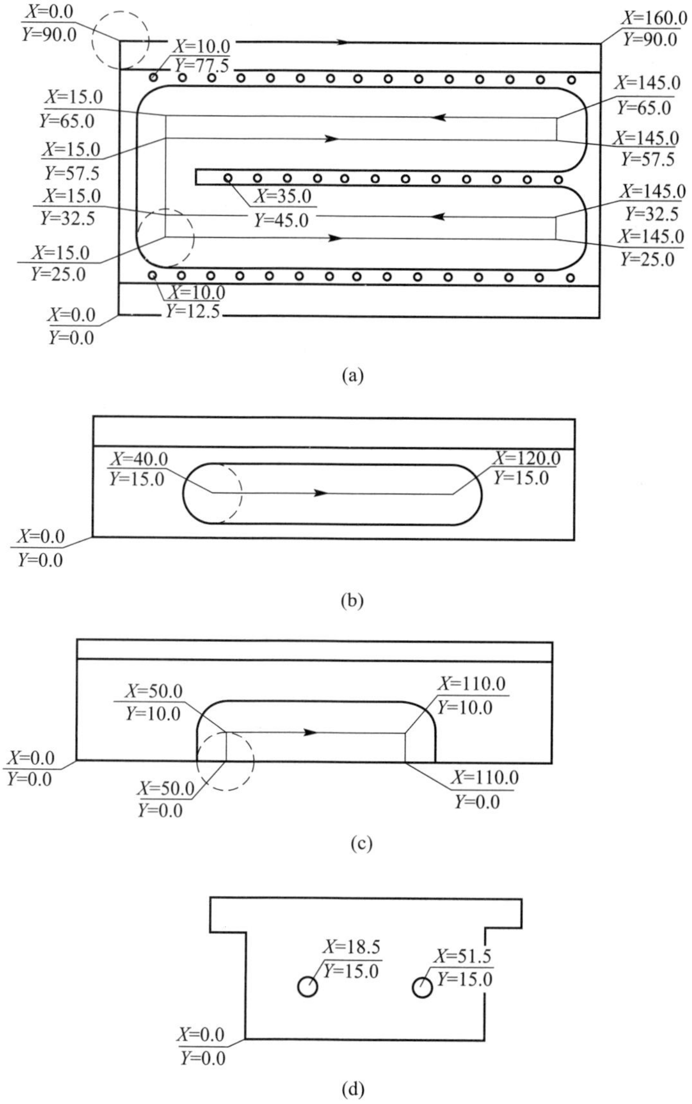

图 5-49　关键点

（6）数控程序的编制

【FANUC 数控程序】

子程序:O0077			
上侧边缘区域（图 5-43 的路径 1）	N010	G00 X0 Y90 Z2;	快速定位至加工起点
	N020	G01 Z－3 F80;	下刀至 Z－3 处,速度 80mm/min
	N030	X160 F400;	加工上侧边缘区域的第一层
	N040	Z－6 F80;	下刀至 Z－6 处,速度 80mm/min
	N050	X0 F400;	加工上侧边缘区域的第二层
	N060	Z－9 F80;	下刀至 Z－9 处,速度 80mm/min
	N070	X160 F400;	加工上侧边缘区域的第三层
	N080	Z－12 F80;	下刀至 Z－12 处,速度 80mm/min
	N090	X0 F400;	加工上侧边缘区域的第四层
	N100	Z－15 F80;	下刀至 Z－15 处,速度 80mm/min

续表

子程序:O0077			
上侧边缘区域（图 5-43 的路径 1）	N110	X160 F400;	加工上侧边缘区域的第五层
	N120	Z-18 F80;	下刀至 Z-18 处,速度 80mm/min
	N130	X0 F400;	加工上侧边缘区域的第六层
	N140	Z-21 F80;	下刀至 Z-21 处,速度 80mm/min
	N150	X160 F400;	加工上侧边缘区域的第七层
	N160	Z-24 F80;	下刀至 Z-24 处,速度 80mm/min
	N170	X0 F400;	加工上侧边缘区域的第八层
	N180	Z-27 F80;	下刀至 Z-27 处,速度 80mm/min
	N190	X160 F400;	加工上侧边缘区域的第九层
	N200	Z-30 F80;	下刀至 Z-30 处,速度 80mm/min
	N210	X0 F400;	加工上侧边缘区域的第十层
	N220	G00 Z2;	抬刀
	N230	M99;	子程序结束
子程序:O0078			
中间深槽区域（图 5-43 的路径 2）	N010	G01 X145 Y25 F400;	加工深槽的下侧
	N020	X145 Y32.5;	加工深槽的右侧
	N030	X15 Y32.5;	加工中间形状的下侧
	N040	X15 Y57.5;	加工中间形状的左侧
	N050	X145 Y57.5;	加工中间形状的上侧
	N060	X145 Y65;	加工深槽的右侧
	N070	X15 Y65;	加工深槽的上侧
	N080	X15 Y25;	加工深槽的左侧
	N090	M99;	子程序结束
子程序:O0079			
点孔	N010	G01 Z-0.5 F80;	点孔,深-0.5mm,速度 80mm/min
	N020	G00 Z2;	抬刀
	N030	M99;	子程序结束
子程序:O0080			
12 个孔	N010	M98 P0079;	点孔 1 子程序
	N020	G00 U10;	向右移动 10mm
	N030	M98 P0079;	点孔 2 子程序
	N040	G00 U10;	向右移动 10mm
	N050	M98 P0079;	点孔 3 子程序
	N060	G00 U10;	向右移动 10mm
	N070	M98 P0079;	点孔 4 子程序
	N080	G00 U10;	向右移动 10mm
	N090	M98 P0079;	点孔 5 子程序
	N100	G00 U10;	向右移动 10mm
	N110	M98 P0079;	点孔 6 子程序
	N120	G00 U10;	向右移动 10mm
	N130	M98 P0079;	点孔 7 子程序
	N140	G00 U10;	向右移动 10mm
	N150	M98 P0079;	点孔 8 子程序
	N160	G00 U10;	向右移动 10mm

续表

子程序:O0080			
12 个孔	N170	M98 P0079;	点孔 9 子程序
	N180	G00 U10;	向右移动 10mm
	N190	M98 P0079;	点孔 10 子程序
	N200	G00 U10;	向右移动 10mm
	N210	M98 P0079;	点孔 11 子程序
	N220	G00 U10;	向右移动 10mm
	N230	M98 P0079;	点孔 12 子程序
	N240	M99;	子程序结束
主程序:O0012(正面装夹方案,如图 5-42)			
开始	N010	G17 G54 G94;	选择平面、坐标系、分钟进给
	N020	T01 M06;	换 01 号刀
	N030	M03 S2000;	主轴正转,2000r/min
上侧区域	N040	M98 P0077;	调用子程序,加工上侧区域
下侧区域	N050	G24 Y45;	镜像加工:沿 Y45 轴
	N060	M98 P0077;	调用子程序,加工上侧区域至 -30mm 处
	N070	G25;	取消镜像
	N075	G00 X0 Y0;	快速定位至下边缘起点处
	N080	G01 Z-33 F80;	下刀至 Z-33 处,速度 80mm/min
	N090	X160 Y0 F400;	加工下侧边缘区域的最后一层
	N100	G00 Z2;	抬刀
中间区域 (图 5-43 的 2)	N110	G00 X15 Y25 Z2;	快速定位至中间区域的加工起点
	N120	G01 Z-3 F80;	下刀至 Z-3 处,速度 80mm/min
	N130	M98 P0078;	调用子程序,加工中间区域的第一层
	N140	G01 Z-6 F80;	下刀至 Z-6 处,速度 80mm/min
	N150	M98 P0078;	调用子程序,加工中间区域的第二层
	N160	G01 Z-9 F80;	下刀至 Z-9 处,速度 80mm/min
	N170	M98 P0078;	调用子程序,加工中间区域的第三层
	N180	G01 Z-12 F80;	下刀至 Z-12 处,速度 80mm/min
	N190	M98 P0078;	调用子程序,加工中间区域的第四层
	N200	G01 Z-15 F80;	下刀至 Z-15 处,速度 80mm/min
	N210	M98 P0078;	调用子程序,加工中间区域的第五层
	N220	G01 Z-18 F80;	下刀至 Z-18 处,速度 80mm/min
	N230	M98 P0078;	调用子程序,加工中间区域的第六层
	N240	G01 Z-21 F80;	下刀至 Z-21 处,速度 80mm/min
	N250	M98 P0078;	调用子程序,加工中间区域的第七层
	N260	G01 Z-24 F80;	下刀至 Z-24 处,速度 80mm/min
	N270	M98 P0078;	调用子程序,加工中间区域的第八层
	N280	G01 Z-26 F80;	下刀至 Z-26 处,速度 80mm/min
	N290	M98 P0078;	调用子程序,加工中间区域的第九层
	N300	G01 Z-28 F80;	下刀至 Z-28 处,速度 80mm/min
	N310	M98 P0078;	调用子程序,加工中间区域的第十层
	N320	G00 Z200;	抬刀
下侧排孔	N330	M05;	主轴停
	N340	T02 M06;	换 02 号刀

续表

主程序:O0012(正面装夹方案,如图 5-42)			
下侧排孔	N350	M03 S400;	主轴正转,400r/min
	N360	G00 X10 Y12.5 Z2;	定位孔加工起点
	N370	M98 P0080;	调用子程序,点下侧的前 12 个排孔
	N380	G00 U10;	向右移动 10mm
	N390	M98 P0079;	点第 13 个孔
	N400	G00 U10;	向右移动 10mm
	N410	M98 P0079;	点第 14 个孔
	N420	G00 U10;	向右移动 10mm
	N430	M98 P0079;	点第 15 个孔
中间排孔	N440	G00 X35 Y45;	定位孔加工起点
	N450	M98 P0080;	调用子程序,点中间 12 个排孔
上侧排孔	N460	G00 X10 Y77.5;	定位孔加工起点
	N470	M98 P0080;	调用子程序,点上侧的前 12 个排孔
	N480	G00 U10;	向右移动 10mm
	N490	M98 P0079;	点第 13 个孔
	N500	G00 U10;	向右移动 10mm
	N510	M98 P0079;	点第 14 个孔
	N520	G00 U10;	向右移动 10mm
	N530	M98 P0079;	点第 15 个孔
结束	N540	G00 Z200;	抬刀
	N550	M05;	主轴停
	N560	M02;	程序结束
主程序:O0013(第二次装夹方案,如图 5-44 零件 *A* 向面加工装夹方案)			
开始	N010	G17 G54 G94;	选择平面、坐标系、分钟进给
	N020	T01 M06;	换 02 号刀
	N030	M03 S2000;	主轴正转,2000r/min
键槽	N040	G00 X40 Y15 Z2;	快速定位至起点
	N050	G01 Z-0.5 F80;	下刀至 *Z*-0.5 处,速度 80mm/min
	N060	X120 Y15 F800;	加工键槽
结束	N070	G00 Z200;	抬刀
	N080	M05;	主轴停
	N090	M02;	程序结束
主程序:O0014(第三次装夹方案,如图 5-46 零件 *B* 向面加工装夹方案)			
开始	N010	G17 G54 G94;	选择平面、坐标系、分钟进给
	N020	T01 M06;	换 01 号刀
	N030	M03 S2000;	主轴正转,2000r/min
圆角矩形开口区域	N040	G00 X50 Y0 Z2;	快速定位至起点
	N050	G01 Z-0.5 F80;	下刀至 *Z*-0.5 处,速度 80mm/min
	N060	X50 Y10 F800;	加工左边
	N070	X110 Y10;	加工上边
	N080	X110 Y0;	加工下边
结束	N090	G00 Z200;	抬刀
	N100	M05;	主轴停
	N110	M02;	程序结束

续表

主程序:O0014(第四次装夹方案,如图 5-48 零件 C 向面孔加工装夹方案)			
开始	N010	G17 G54 G94;	选择平面、坐标系、分钟进给
	N020	T03 M06;	换 03 号刀
	N030	M03 S2000;	主轴正转,2000r/min
第一个孔	N040	G00 X18.5 Y15 Z2;	定位在第一个孔的上方
	N050	G01 Z-8 F80;	钻孔
	N060	Z2 F800;	退刀
第二个孔	N070	G00 X51.5 Y15;	定位在第二个孔的上方
	N080	G01 Z-8 F80;	钻孔
	N090	Z2 F800;	退刀
结束	N100	G00 Z200;	抬刀
	N110	M05;	主轴停
	N120	M02;	程序结束

【Siemens 数控程序】

子程序:NN10			
上侧边缘区域	N010	G0 X0 Y90 Z2;	快速定位至加工起点
	N020	G1 Z-3 F80	下刀至 Z-3 处,速度 80mm/min
	N030	X160 F400	加工上侧边缘区域的第一层
	N040	Z-6 F80	下刀至 Z-6 处,速度 80mm/min
	N050	X0 F400	加工上侧边缘区域的第二层
上侧边缘区域(图 5-43 的路径 1)	N060	Z-9 F80	下刀至 Z-9 处,速度 80mm/min
	N070	X160 F400	加工上侧边缘区域的第三层
	N080	Z-12 F80	下刀至 Z-12 处,速度 80mm/min
	N090	X0 F400	加工上侧边缘区域的第四层
	N100	Z-15 F80	下刀至 Z-15 处,速度 80mm/min
	N110	X160 F400	加工上侧边缘区域的第五层
	N120	Z-18 F80	下刀至 Z-18 处,速度 80mm/min
	N130	X0 F400	加工上侧边缘区域的第六层
	N140	Z-21 F80	下刀至 Z-21 处,速度 80mm/min
	N150	X160 F400	加工上侧边缘区域的第七层
	N160	Z-24 F80	下刀至 Z-24 处,速度 80mm/min
	N170	X0 F400	加工上侧边缘区域的第八层
	N180	Z-27 F80	下刀至 Z-27 处,速度 80mm/min
	N190	X160 F400	加工上侧边缘区域的第九层
	N200	Z-30 F80	下刀至 Z-30 处,速度 80mm/min
	N210	X0 F400	加工上侧边缘区域的第十层
	N220	G0 Z2	抬刀
	N230	M2	子程序结束
子程序:NN11			
中间深槽区域(图 5-43 的路径 2)	N010	G1 X145 Y25 F400;	加工深槽的下侧
	N020	X145 Y32.5	加工深槽的右侧
	N030	X15 Y32.5	加工中间形状的下侧
	N040	X15 Y57.5	加工中间形状的左侧

续表

子程序:NN11			
中间深槽区域（图 5-43 的路径 2）	N050	X145 Y57.5	加工中间形状的上侧
	N060	X145 Y65	加工深槽的右侧
	N070	X15 Y65	加工深槽的上侧
	N080	X15 Y25	加工深槽的左侧
	N090	M2	子程序结束
主程序:AA62(正面装夹方案,如图 5-42)			
开始	N010	G17 G54 G94;	选择平面、坐标系、分钟进给
	N020	T1 D1;	换 1 号刀
	N030	M03 S2000;	主轴正转,2000r/min
上侧区域	N040	NN10	调用子程序,加工上侧区域
下侧区域	N050	MIRROR Y45	镜像加工:沿 Y45 轴
	N060	NN10	调用子程序,加工上侧区域至 −30mm 处
	N070	MIRROR;	取消镜像
	N075	G0 X0 Y0;	快速定位至下边缘起点处
	N080	G1 Z−33 F80	下刀至 Z−33 处,速度 80mm/min
	N090	X160 Y0 F400	加工下侧边缘区域的最后一层
	N100	G0 Z2	抬刀
中间区域（图 5-43 的 2）	N110	G0 X15 Y25 Z2	快速定位至中间区域的加工起点
	N120	G1 Z−3 F80	下刀至 Z−3 处,速度 80mm/min
	N130	NN11	调用子程序,加工中间区域的第一层
	N140	G1 Z−6 F80	下刀至 Z−6 处,速度 80mm/min
	N150	N211	调用子程序,加工中间区域的第二层
	N160	G1 Z−9 F80	下刀至 Z−9 处,速度 80mm/min
	N170	NN11	调用子程序,加工中间区域的第三层
	N180	G1 Z−12 F80	下刀至 Z−12 处,速度 80mm/min
	N190	NN11	调用子程序,加工中间区域的第四层
	N200	G1 Z−15 F80	下刀至 Z−15 处,速度 80mm/min
	N210	NN11	调用子程序,加工中间区域的第五层
	N220	G1 Z−18 F80	下刀至 Z−18 处,速度 80mm/min
	N230	NN11	调用子程序,加工中间区域的第六层
	N240	G1 Z−21 F80	下刀至 Z−21 处,速度 80mm/min
	N250	NN11	调用子程序,加工中间区域的第七层
	N260	G1 Z−24 F80	下刀至 Z−24 处,速度 80mm/min
	N270	NN11	调用子程序,加工中间区域的第八层
	N280	G1 Z−26 F80	下刀至 Z−26 处,速度 80mm/min
	N290	NN11	调用子程序,加工中间区域的第九层
	N300	G1 Z−28 F80	下刀至 Z−28 处,速度 80mm/min
	N310	NN11	调用子程序,加工中间区域的第十层
	N320	G0 Z200	抬刀
排孔	N330	M5	主轴停
	N340	T2 D2;	换 2 号刀
	N350	M3 S400;	主轴正转,400r/min
	N360	G0 X0 Y0 Z2	设定循环初的刀具起始点(回刀点)
	N370	F80	单独设定钻孔速度

续表

主程序:AA62(正面装夹方案,如图 5-42)			
排孔	N380	MCALL CYCLE82(2,0,2,-0.5,,0)	设定钻孔循环参数
	N390	HOLES1(10,12.5,0,0,10,15)	设定下侧孔排列循环
	N400	HOLES1(35,45,0,0,10,12)	设定中间孔排列循环
	N410	HOLES1(10,77.5,0,0,10,15)	设定上侧孔排列循环
	N420	MCALL	取消调用
结束	N430	G0 Z200	抬刀
	N440	M05;	主轴停
	N450	M02;	程序结束
主程序:AA63(第二次装夹方案,如图 5-44 零件 *A* 向面加工装夹方案)			
开始	N010	G17 G54 G94;	选择平面,坐标系、分钟进给
	N020	T1 D1;	换 1 号刀
	N030	M3 S2000;	主轴正转,2000r/min
键槽	N040	G0 X40 Y15 Z2	快速定位至起点
	N050	G1 Z-0.5 F80	下刀至 Z-0.5 处,速度 80mm/min
	N060	X120 Y15 F800	加工键槽
结束	N070	G0 Z200	抬刀
	N080	M5;	主轴停
	N090	M2;	程序结束
主程序:AA64(第三次装夹方案,如图 5-46 零件 *B* 向面加工装夹方案)			
开始	N010	G17 G54 G94;	选择平面、坐标系、分钟进给
	N020	T1 D1;	换 1 号刀
	N030	M3 S2000;	主轴正转,2000r/min
圆角矩形开口区域	N040	G0 X50 Y0 Z2	快速定位至起点
	N050	G1 Z-0.5 F80	下刀至 Z-0.5 处,速度 80mm/min
	N060	X50 Y10 F800	加工左边
	N070	X110 Y10	加工上边
	N080	X110 Y0	加工下边
结束	N090	G0 Z200	抬刀
	N100	M5;	主轴停
	N110	M2;	程序结束
主程序:AA65(第四次装夹方案,如图 5-48 零件 *C* 向面孔加工装夹方案)			
开始	N010	G17 G54 G94;	选择平面、坐标系、分钟进给
	N020	T3 D3;	换 03 号刀
	N030	M3 S2000;	主轴正转,2000r/min
第一个孔	N040	G0 X18.5 Y15 Z2	定位在第一个孔的上方
	N050	G1 Z-8 F80	钻孔
	N060	Z2 F800	退刀
第二个孔	N070	G0 X-51.5 Y15	定位在第二个孔的上方
	N080	G1 Z-8 F80	钻孔
	N090	Z2 F800	退刀
结束	N100	G0 Z200	抬刀
	N110	M5;	主轴停
	N120	M2;	程序结束

十、折板零件的加工与工艺分析

折板零件的零件图如图 5-50 所示。

（1）零件图工艺分析

该零件表面由多种形状构成，加工较复杂。工件尺寸 200mm×160mm×30mm，无尺寸公差要求。尺寸标注完整，轮廓描述清楚。零件材料为已经加工成型的标准铝块，无热处理和硬度要求。

（2）确定装夹方案、加工顺序及进给路线

① 在工件放置在自制的工作台面上，保证工件摆正，在通孔的位置手动钻 3 个孔，用螺栓等工具夹紧，用于定位加工零件的左右两侧形状，其装夹方式如图 5-51 所示。

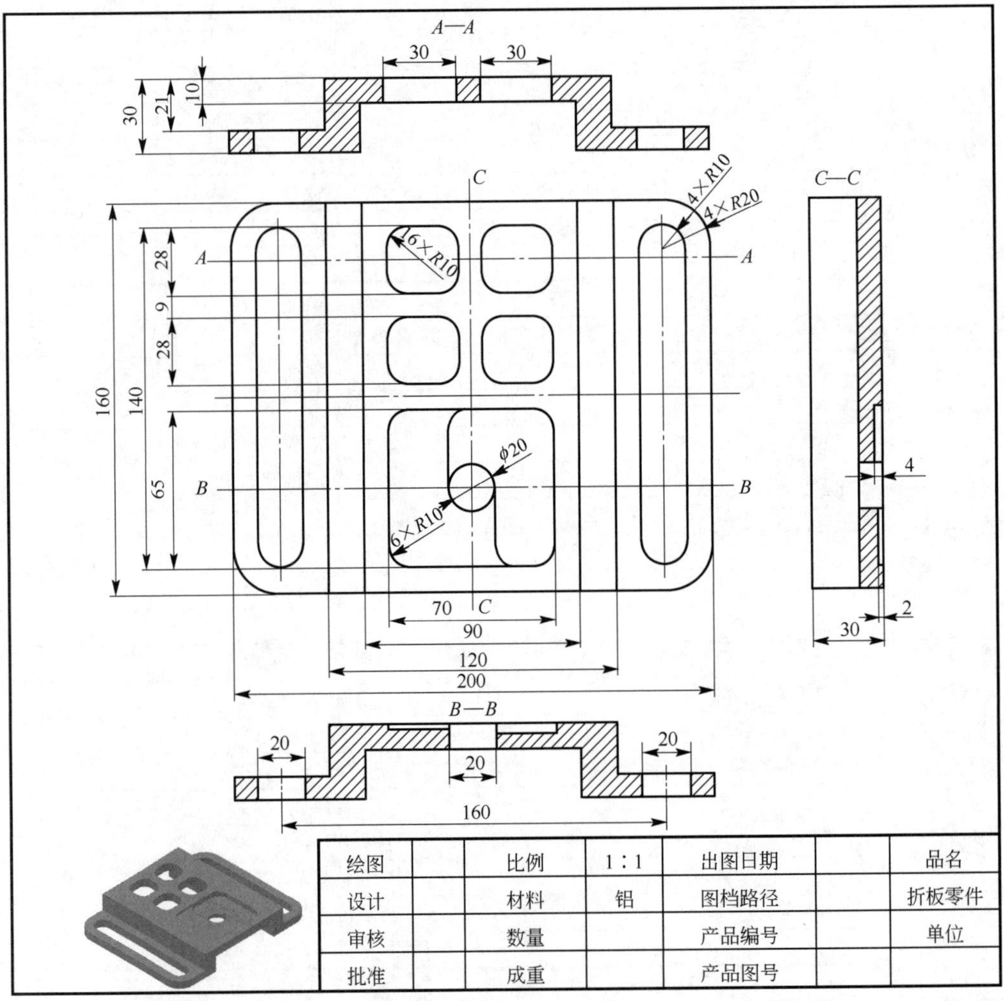

绘图		比例	1∶1	出图日期		品名
设计		材料	铝	图档路径		折板零件
审核		数量		产品编号		单位
批准		成重		产品图号		

图 5-50　折板零件的零件图

ϕ20mm 的铣刀加工左侧的台阶部分，其走刀路径如图 5-52 所示，右侧部分由镜像指令完成。

同样采用 ϕ20mm 的铣刀，铣削圆弧外角和键槽，底部留 0.5mm 的余量，其走刀路径如图 5-53 所示。其中虚线为快速走刀，由于紧靠工件，采用 G01 指令。

② 中间区域多个形状的加工，其装夹如图 5-54 所示，先在工件左右两侧的键槽区域，

分别用图中所示的垫块压紧，再取出中间的螺栓等工具，这样在重新装夹的时候工件不会产生位移，就不必重新对刀了。

图 5-51　加工两侧的工件装夹方案

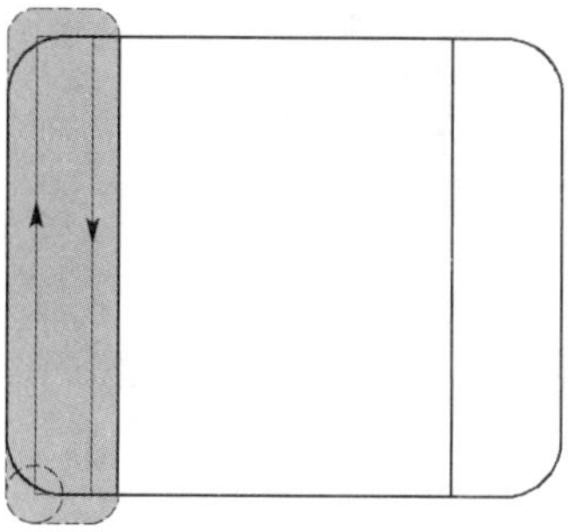

图 5-52　铣削台阶的走刀路径

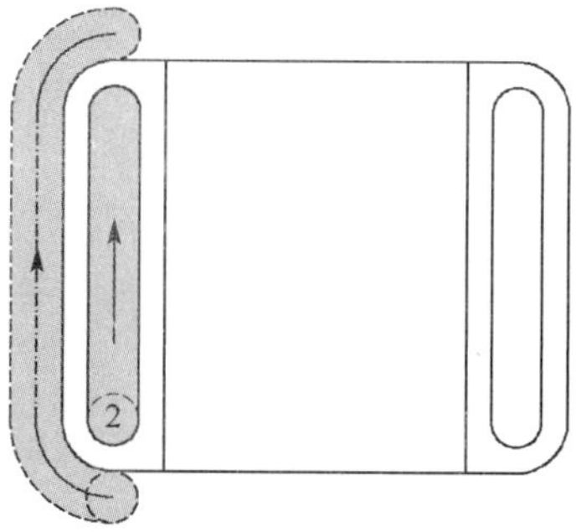

图 5-53　铣削圆弧和键槽的走刀路径

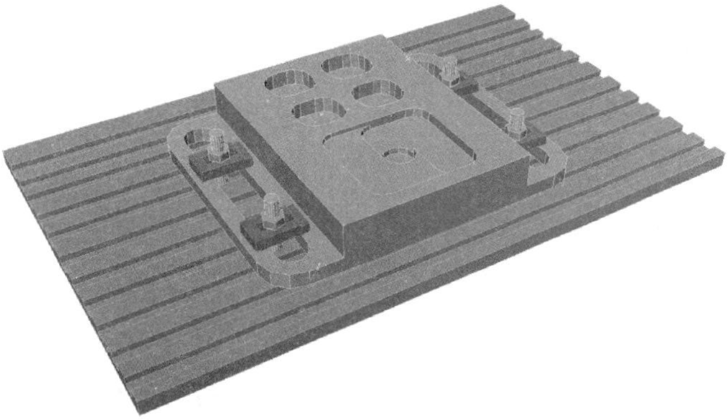

图 5-54　加工中间区域的工件装夹方案

采用 ϕ20mm 的铣刀加工左下角的小圆角矩形，加工深度为 10mm，其走刀路径如图 5-55 的 1 所示。其他 3 个圆角矩形通过镜像或子程序即可加工。

ϕ20mm 的铣刀加工下侧大圆角矩形，加工深度为 2mm，只铣一层即可，其走刀路径如图 5-55 的 2 所示。

ϕ20mm 的铣刀加工大圆角矩形的右边形状，加工深度为圆角矩形以下 2mm，只铣一层即可，其走刀路径如图 5-56 的 3 所示。

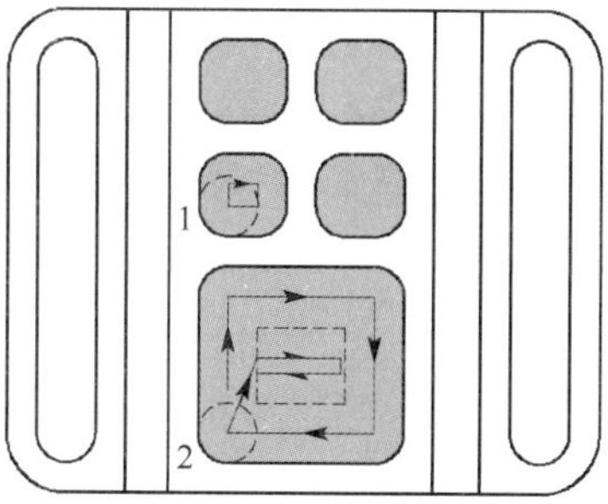

图 5-55　中间区域走刀路径（一）

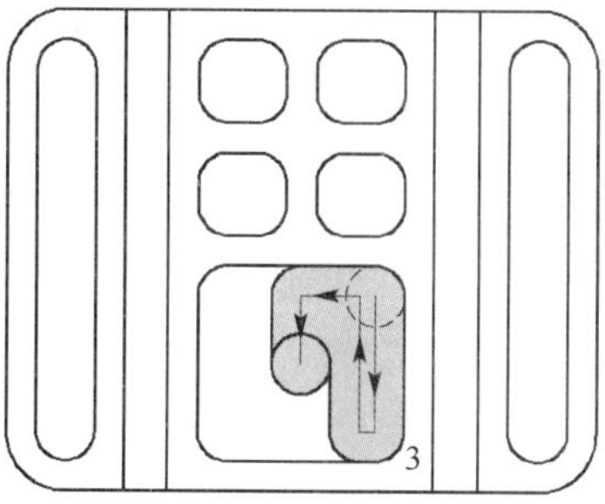

图 5-56　中间区域走刀路径（二）

以上操作做完以后，还是采用 ϕ20mm 的铣刀的铣孔。深度为 10mm 即可。

③ 将工件翻转，底部垫两块垫块，两侧用台虎钳夹紧，如图 5-57 所示。加工时，只需加工到尺寸，即 20mm 深处时，便可完成。之后，需手动完成修边、去毛刺等步骤。

用 ϕ20mm 的铣刀如图 5-58 的走刀路径，铣深 20mm，即可完成本题的最后一道加工工序。

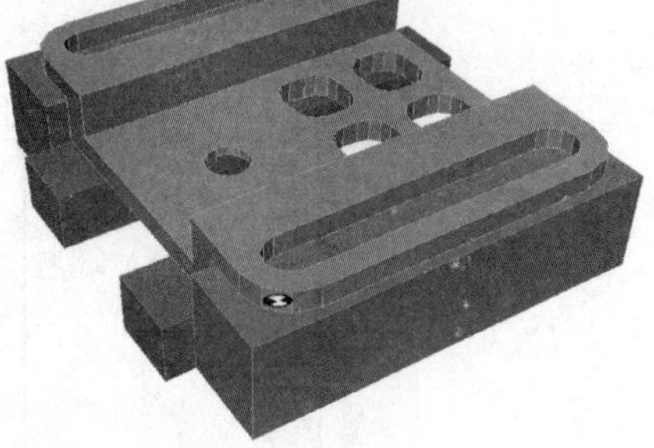

图 5-57 加工底面区域的工件装夹方案

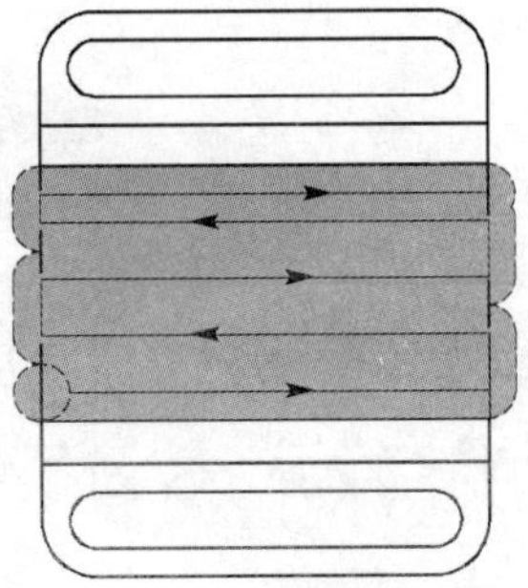

图 5-58 加工底面区域的工件走刀路径

（3）数学计算

在编程中，相关的坐标点的数值通过计算和 CAD 的标注即可求出，这里不再赘述。关键点如图 5-59 所示。

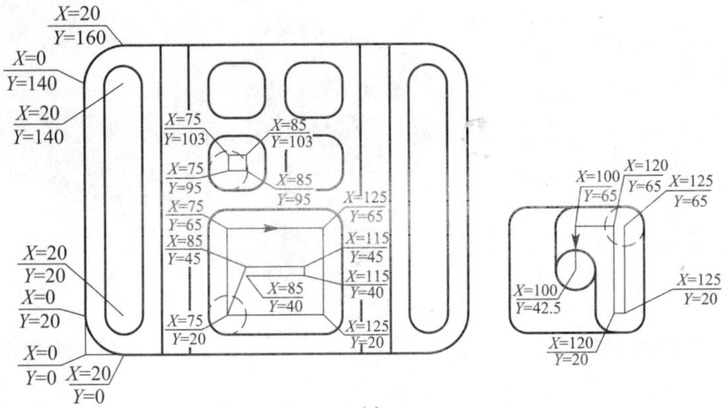

(a)

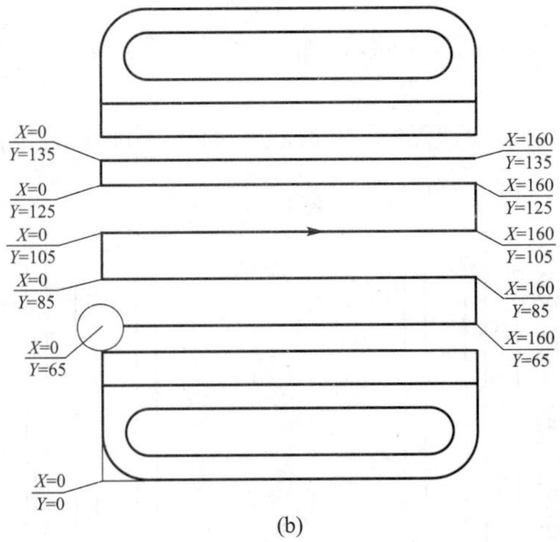

(b)

图 5-59 关键点

（4）刀具选择

选用 ϕ20mm 铣刀即可加工本题的所有区域，将所选定的刀具参数填入表 5-19 数控加工刀具卡片中，以便于编程和操作管理。

表 5-19 螺纹特型轴数控加工刀具卡片

产品名称或代号		加工中心工艺分析实例	零件名称		折板零件	零件图号	Mill-10
序号	刀具号	刀具规格名称	数量	加工表面		伸出夹头 mm	备注
1	T01	ϕ20mm 铣刀	1	所有待加工区域		23	
编制	×××	审核	×××	批准	×××	共 1 页	第 1 页

(5) 切削用量选择

将前面分析的各项内容综合成如表 5-20 所示的数控加工工艺卡片，此表是编制加工程序的主要依据和操作人员配合数控程序进行数控加工的指导性文件，主要内容包括：工步顺序、工步内容、各工步所用的刀具及切削用量等。

表 5-20 螺纹特型轴数控加工工序卡

单位名称	××××	产品名称或代号		零件名称		零件图号	
		加工中心工艺分析实例		折板零件		Mill-10	
工序号	程序编号	夹具名称		使用设备		车间	
001	Mill-10	自制夹具，台虎钳		Fanuc、Siemens		数控中心	
工步号	工步内容	刀具号	刀具总长伸出 mm	主轴转速 r/min	进给速度 mm/min	下刀量 mm	备注
1	工件左右两侧台阶	T01	100（23）	2000	400	≤3	自动
按图 5-54 方式装夹，不需对刀							
2	4 个小圆角矩形	T01	100（23）	2000	400	≤3	自动
3	1 个大圆角矩形	T01	100（23）	2000	400	≤3	自动
4	圆角矩形右侧区域	T01	100（23）	2000	400	≤3	自动
5	孔槽	T01	100（23）	2000	80		自动
将工件翻转按图 5-57 方式重新装夹							
6	底面剩余区域	T01	100（35）	1500	200	<3	自动
编制 ×××	审核 ×××	批准	×××	年 月 日		共 1 页	第 1 页

(6) 数控程序的编制

【FANUC 数控程序】

子程序：O0080			
左侧区域的一层（图 5-52）	N010	G01 X10 Y160 F400;	加工左边
	N020	X30 Y160	加工上边
	N030	X30 Y0;	加工右边
	N040	X10 Y0;	加工下边
	N050	M99;	子程序结束
子程序：O0081			
左侧台阶	N010	G00 X10 Y0 Z2;	快速定位至加工起点
	N020	G01 Z−3 F80;	下刀至 Z−3 处，速度 80mm/min
	N030	M98 P0080;	调用子程序，加工左侧台阶区域的第一层
	N040	G01 Z−6 F80;	下刀至 Z−6 处，速度 80mm/min
	N050	M98 P0080;	调用子程序，加工左侧台阶区域的第二层
	N060	G01 Z−9 F80;	下刀至 Z−9 处，速度 80mm/min
	N070	M98 P0080;	调用子程序，加工左侧台阶区域的第三层
	N080	G01 Z−12 F80;	下刀至 Z−12 处，速度 80mm/min
	N090	M98 P0080;	调用子程序，加工左侧台阶区域的第四层
	N100	G01 Z−15 F80;	下刀至 Z−15 处，速度 80mm/min
	N110	M98 P0080;	调用子程序，加工左侧台阶区域的第五层
	N120	G01 Z−18 F80;	下刀至 Z−18 处，速度 80mm/min
	N130	M98 P0080;	调用子程序，加工左侧台阶区域的第六层

续表

子程序:O0081			
左侧台阶	N140	G01 Z－21 F80;	下刀至 Z－21 处，速度 80mm/min
	N150	M98 P0080;	调用子程序，加工左侧台阶区域的第七层
	N160	G00 Z2;	抬刀
	N170	M99;	子程序结束
子程序:O0082			
圆弧区域的一层（图 5-53 的路径 1）	N010	G02 X0 Y20 R20 F400;	加工下边圆弧
	N020	G01 X0 Y140 F1000;	左侧快速走刀
	N030	G02 X20 Y160 R20 F400;	加工上边圆弧
	N040	G00 Z－19;	抬刀
	N050	X20 Y0;	返回加工起点
	N060	M99;	子程序结束
子程序:O0083			
圆弧区域（图 5-53 的路径 1）	N010	G41 G00 X20 Y0;	设置刀具左补偿，快速定位至加工起点
	N020	G00 Z－19;	接近工件
	N030	G01 Z－24 F80;	下刀至 Z－23 处，速度 80mm/min
	N040	M98 P0082;	调用子程序，加工圆弧区域的第一层
	N050	G01 Z－26 F80;	下刀至 Z－26 处，速度 80mm/min
	N060	M98 P0082;	调用子程序，加工圆弧区域的第二层
	N070	G01 Z－29.5 F80;	下刀至 Z－29.5 处，速度 80mm/min
	N080	M98 P0082;	调用子程序，加工圆弧区域的第三层
	N090	G00 Z2;	抬刀
	N100	G40;	取消刀具补偿
	N110	M99;	子程序结束
子程序:O0084			
键槽（图 5-53 的路径 2）	N010	G00 X20 Y20;	定位键槽起点上方
	N020	Z－19;	接近加工平面
	N030	G01 Z－24 F80;	下刀至 Z－24 处，速度 80mm/min
	N040	X20 Y140 F400;	加工键槽区域的第一层
	N050	Z－26 F80;	下刀至 Z－26 处，速度 80mm/min
	N060	X20 Y20 F400;	加工键槽区域的第二层
	N070	Z－29.5 F80;	下刀至 Z－29.5 处，速度 80mm/min
	N080	X20 Y140 F400;	加工键槽区域的第三层
	N090	G00 Z2;	抬刀
	N100	M99;	子程序结束
子程序:O0085			
小矩形的一层（图 5-55 的路径 1）	N010	G01 X75 Y103 F400;	加工左边
	N020	X85 Y103;	加工上边
	N030	X85 Y95;	加工右边
	N040	X75 Y95;	加工下边
	N050	M99;	子程序结束
子程序:O0086			
小矩形（图 5-55 的路径 1）	N010	G00 X75 Y95 Z2;	快速定位至加工起点
	N020	G01 Z－3 F80;	下刀至 Z－3 处，速度 80mm/min
	N030	M98 P0085;	调用子程序，加工小矩形的第一层

续表

子程序:O0086			
小矩形(图 5-55 的路径 1)	N040	G01 Z－6 F80;	下刀至 Z－6 处,速度 80mm/min
	N050	M98 P0085;	调用子程序,加工小矩形的第二层
	N060	G01 Z－8 F80;	下刀至 Z－8 处,速度 80mm/min
	N070	M98 P0085;	调用子程序,加工小矩形的第三层
	N080	G01 Z－10 F80;	下刀至 Z－10 处,速度 80mm/min
	N090	M98 P0085;	调用子程序,加工小矩形的第四层
	N100	G00 Z2;	抬刀
	N110	M99;	子程序结束
子程序:O0087			
底面矩形的一层(图 5-58)	N010	G01 X160 Y65 F400;	从左向右加工
	N020	X160 Y85;	向上加工一个刀位
	N030	X0 Y85;	从右向左加工
	N040	X0 Y105;	向上加工一个刀位
	N050	X160 Y105;	从左向右加工
	N060	X160 Y125;	向上加工一个刀位
	N070	X0 Y125;	从右向左加工
	N080	X0 Y135;	向上加工一个刀位
	N090	X160 Y135;	从左向右加工
	N100	G00 Z2;	抬刀
	N110	X0 Y65;	返回加工起点
	N120	M99;	子程序结束
主程序:O0015(正面装夹方案 1,如图 5-51)			
开始	N010	G17 G54 G94;	选择平面、坐标系、分钟进给
	N020	T01 M06;	换 01 号刀
	N030	M03 S2000;	主轴正转,2000r/min
左侧台阶	N040	M98 P0081;	调用子程序,加工左侧区域
	N050	G00 Z200;	抬刀
右侧台阶	N060	G24 X100;	镜像加工:沿 X100 轴
	N070	M98 P0081;	调用子程序,加工右侧区域
	N080	G25;	取消镜像
	N090	G00 Z2;	抬刀
左侧圆弧	N100	M98 P0083;	调用子程序,加工左侧圆弧
	N110	G00 Z2;	抬刀
右侧圆弧	N120	G24 X100;	镜像加工:沿 X100 轴
	N130	M98 P0083;	调用子程序,加工右侧圆弧
	N140	G25;	取消镜像
	N150	G00 Z2;	抬刀
左侧键槽	N160	M98 P0084;	调用子程序,加工左侧键槽
	N170	G00 Z2;	抬刀
右侧键槽	N180	G24 X100;	镜像加工:沿 X100 轴
	N190	M98 P0083;	调用子程序,加工右侧键槽
	N200	G25;	取消镜像
结束	N210	G00 Z200;	抬刀
	N220	M05;	主轴停

续表

主程序:O0015(正面装夹方案1,如图5-51)			
结束	N230	M02;	程序结束
主程序:O0016(正面装夹方案2,如图5-54)			
开始	N010	G17 G54 G94;	选择平面、坐标系、分钟进给
	N020	T01 M06;	换01号刀
	N030	M03 S2000;	主轴正转,2000r/min
4个小矩形	N040	M98 P0086;	调用子程序,加工左下小矩形
	N050	G24 X100;	镜像加工:沿X100轴
	N060	M98 P0086;	调用子程序,加工右下小矩形
	N070	G25;	取消镜像
	N080	G24 Y117.5;	镜像加工:沿Y117.5轴
	N090	M98 P0086;	调用子程序,加工左上小矩形
	N100	G25;	取消镜像
	N110	G24 X100 Y117.5;	镜像加工:沿X100 Y117.5的点
	N120	M98 P0086;	调用子程序,加工左上小矩形
	N130	G25;	取消镜像
大矩形	N140	G00 X75 Y20 Z2;	快速定位至加工起点
	N150	G01 Z-2 F80;	下刀至Z-2处,速度80mm/min
	N160	G01 X75 Y65 F400;	加工左边
	N170	X125 Y65;	加工上边
	N180	X125 Y20;	加工右边
	N190	X75 Y20;	加工下边
	N200	X85 Y45;	斜线移动
	N210	X115 Y45;	加工内侧上边
	N220	X115 Y40;	加工内侧右边
	N230	X85 Y40;	加工内侧下边
	N240	G00 Z2;	抬刀
大矩形右侧区域	N250	X125 Y65;	快速定位至加工起点
	N260	G01 Z-4 F80;	下刀至Z-4处,速度80mm/min
	N270	X125 Y20 F400;	加工下面区域右边
	N280	X120 Y20;	加工下面区域下边
	N290	X120 Y65;	加工下面区域左边
	N300	X100 Y65;	加工上边
	N310	X100 Y42.5;	加工左边(定位孔槽位置)
孔槽	N320	Z-10 F80;	铣孔槽,深10mm
结束	N330	G00 Z200;	抬刀
	N340	M05;	主轴停
	N350	M02;	程序结束
主程序:O0017(底面装夹方案,如图5-57所示)			
开始	N010	G17 G54 G94;	选择平面、坐标系、分钟进给
	N020	T01 M06;	换01号刀
	N030	M03 S2000;	主轴正转,2000r/min
底面矩形	N040	G00 X0 Y65 Z2;	快速定位至加工起点
	N050	G01 Z-3 F80;	下刀至Z-3处,速度80mm/min
	N060	M98 P0087;	调用子程序,加工底面矩形的第一层

续表

主程序:O0017(底面装夹方案,如图 5-57 所示)			
底面矩形	N070	G01 Z-6 F80;	下刀至 Z-6 处,速度 80mm/min
	N080	M98 P0087;	调用子程序,加工底面矩形的第二层
	N090	G01 Z-9 F80;	下刀至 Z-9 处,速度 80mm/min
	N100	M98 P0087;	调用子程序,加工底面矩形的第三层
	N110	G01 Z-12 F80;	下刀至 Z-12 处,速度 80mm/min
	N120	M98 P0087;	调用子程序,加工底面矩形的第四层
	N130	G01 Z-15 F80;	下刀至 Z-15,速度 80mm/min
	N140	M98 P0087;	调用子程序,加工底面矩形的第五层
	N150	G01 Z-18 F80;	下刀至 Z-18 处,速度 80mm/min
	N160	M98 P0087;	调用子程序,加工底面矩形的第六层
	N170	G01 Z-20 F80;	下刀至 Z-20 处,速度 80mm/min
	N180	M98 P0087;	调用子程序,加工底面矩形的第七层
结束	N190	G00 X200;	抬刀
	N200	M05;	主轴停
	N210	M02;	程序结束

【Siemens 802D 数控程序】

子程序:NN65			
左侧台阶(图 5-52)	N010	POCKET3 (2,0,0.5,-21,40,180,0,20,80,0,3,0,,400,80,0,11,8,,,,,);	矩形槽循环调用,增加槽长,保证铣削到位
	N020	M2;	子程序结束
子程序:NN67			
圆弧区域的一层(图 5-53 的路径 1)	N010	G2 X0 Y20 R20 F400;	加工下边圆弧
	N020	G1 X0 Y140 F1000;	快速移动
	N030	G2 X20 Y160 R20 F400;	加工上边圆弧
	N040	G0 Z-19;	抬刀
	N050	X20 Y0;	返回加工起点
	N060	M2;	子程序结束
子程序:NN68			
圆弧区域(图 5-53 的路径 1)	N010	G41 G0 X20 Y0;	设置刀具左补偿,快速定位至加工起点
	N020	G0 Z-19;	接近工件
	N030	G1 Z-24 F80;	下刀至 Z-23 处,速度 80mm/min
	N040	NN67;	调用子程序,加工圆弧区域的第一层
	N050	G1 Z-26 F80;	下刀至 Z-26 处,速度 80mm/min
	N060	NN67;	调用子程序,加工圆弧区域的第二层
	N070	G1 Z-29.5 F80;	下刀至 Z-29.5 处,速度 80mm/min
	N080	NN67;	调用子程序,加工圆弧区域的第三层
	N090	G0 Z2;	抬刀
	N100	G40;	取消刀具补偿
	N110	M2;	子程序结束
圆弧区域(图 5-53 的路径 2)	N010	G0 X0 Y0 Z2;	定义到起始位置
	N020	Z-18	下刀至待加工区域上方

续表

子程序:NN69			
左侧键槽（图 5-53 的路径 2）	N030	POCKET3(－18,－21,0.5,－29.5,20,140,10,20,80,0,3,0, 0,400,80,0,11,8,,,,,);	矩形槽循环调用
	N040	G0 Z2	抬刀
	N050	M2;	子程序结束
子程序:NN70			
小矩形（图 5-55 的路径 1）	N010	G17 G54 G94;	选择平面、坐标系、分钟进给
	N020	T1 D1;	换 1 号刀
	N030	G0 X75 Y90 Z2;	定义到起始位置
	N040	POCKET3 (2,0,0.5,－10,30,28,10,80,99,0,3,0,0,400,80,0,11,8,,,,,);	矩形槽循环调用
	N050	M2;	子程序结束
子程序:NN71			
底面矩形（图 5-58）	N010	G17 G54 G94;	选择平面、坐标系、分钟进给
	N020	T1 D1;	换 1 号刀
	N030	G0 X0 Y60 Z2;	定义到起始位置
	N040	POCKET3 (2,0,0.5,－20,180,90,0,80,100,0,3,0,,400,80,0,11,8,,,,,);	矩形槽循环调用，增加槽长，保证铣削到位
	N120	M2;	子程序结束
主程序:AA60(正面装夹方案 1,如图 5-51)			
开始	N010	G17 G54 G94;	选择平面、坐标系、分钟进给
	N020	T1 D1;	换 01 号刀
	N030	M3 S2000;	主轴正转，2000r/min
左侧台阶	N040	NN65;	调用子程序，加工左侧区域
	N050	G0 Z2;	抬刀
右侧台阶	N060	MIRROR X100;	镜像加工:沿 X100 轴
	N070	NN65;	调用子程序，加工上侧区域至－30mm 处
	N080	MIRROR;	取消镜像
	N090	G0 Z2;	抬刀
左侧圆弧	N100	NN68;	调用子程序，加工左侧圆弧
	N110	G0 Z200;	抬刀
右侧圆弧	N120	MIRROR X100;	镜像加工:沿 X100 轴
	N130	NN68;	调用子程序，加工右侧圆弧
	N140	MIRROR;	取消镜像
	N150	G0 Z2;	抬刀
左侧键槽	N160	NN69;	调用子程序，加工左侧键槽
	N170	G0 Z2;	抬刀
右侧键槽	N180	MIRROR X100;	镜像加工:沿 X100 轴
	N190	NN69;	调用子程序，加工右侧键槽
	N200	MIRROR;	取消镜像
结束	N210	G0 Z200;	抬刀
	N220	M5;	主轴停
	N230	M2;	程序结束
开始	N010	G17 G54 G94;	选择平面、坐标系、分钟进给
	N020	T01 M06;	换 1 号刀
	N030	M3 S2000;	主轴正转，2000r/min

续表

主程序:AA61(正面装夹方案 2,如图 5-54)			
4 个小矩形	N040	NN70;	调用子程序,加工左下小矩形
	N050	MIRROR X100;	镜像加工:沿 X100 轴
	N060	NN70;	调用子程序,加工右下小矩形
	N070	MIRROR;	取消镜像
	N080	MIRROR Y117.5;	镜像加工:沿 Y117.5 轴
	N090	NN70;	调用子程序,加工左上小矩形
	N100	MIRROR;	取消镜像
	N110	MIRROR X100 Y117.5;	镜像加工:沿 X100 Y117.5 的点
	N120	NN70;	调用子程序,加工左上小矩形
	N130	MIRROR;	取消镜像
大矩形	N140	G0 X90 Y25 Z2;	快速定位至加工起点
	N150	POCKET3 (2,0,0.5,-2,70,65,10,100,43,0,2,0,,400,80,0,11,8,,,,,);	矩形槽循环调用
大矩形右侧区域	N250	G0 X125 Y65;	快速定位至加工起点
	N260	G1 Z-4 F80;	下刀至 Z-4 处,速度 80mm/min
	N270	X125 Y20;	加工下面区域右边
	N280	X120 Y20;	加工下面区域下边
	N290	X120 Y65;	加工下面区域左边
	N300	X100 Y65;	加工上边
	N310	X100 Y42.5;	加工左边(定位孔槽位置)
孔槽	N320	Z-10 F80;	铣孔槽,深 10mm
结束	N330	G0 Z200;	抬刀
	N340	M5;	主轴停
	N350	M2;	程序结束
主程序:AA62(底面装夹方案,如图 5-57 所示)			
开始	N010	G17 G54 G94;	选择平面、坐标系、分钟进给
	N020	T01 M06;	换 1 号刀
	N030	M3 S2000;	主轴正转,2000r/min
底面矩形	N040	NN71;	调用子程序,加工底面矩形
结束	N190	G0 X200;	抬刀
	N200	M5;	主轴停
	N210	M2;	程序结束

十一、薄板矩形阵列孔零件的加工与工艺分析

薄板矩形阵列孔零件的零件图如图 5-60 所示。

(1) 零件图工艺分析

该零件表面由 473 个 $\phi4$ 的通孔构成，根据机床系统不同，可采用固定循环或宏程序编程。工件尺寸 240mm×120mm×12mm，无尺寸公差要求。尺寸标注完整，轮廓描述清楚。零件材料为已经加工成形的标准铝块，无热处理和硬度要求。

(2) 确定装夹方案、加工顺序及进给路线

① 将工件安装在处理过的工作台板上，四周用垫块配合卡块，并用螺栓固定，注意压紧工件的同时，让出边缘孔的加工位置，加工原点为顶面左下角点。装夹如图 5-61 所示。

② 加工顺序如图 5-62 所示，先采用 $\phi4$mm 的钻头加工矩形阵列孔组 1（深色区域），再用 $\phi4$mm 的钻头加工矩形阵列孔组 2（浅色区域）。

③ 加工时，适当计算钻头伸出工件尺寸，如图 5-63 所示，当钻头为 $\phi4$mm 时，通过三角函数可算出钻头尖角尺寸 $h=1.202$mm，在此直接取 1.5mm，即钻孔深度为 -13.5mm，

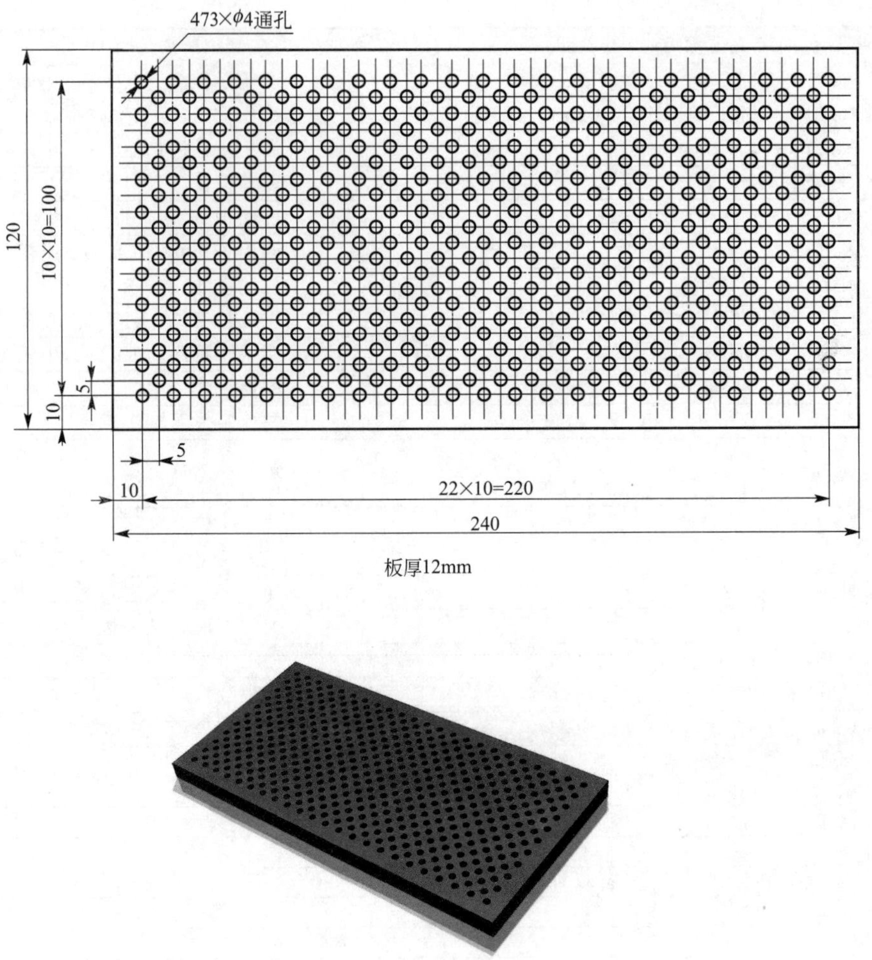

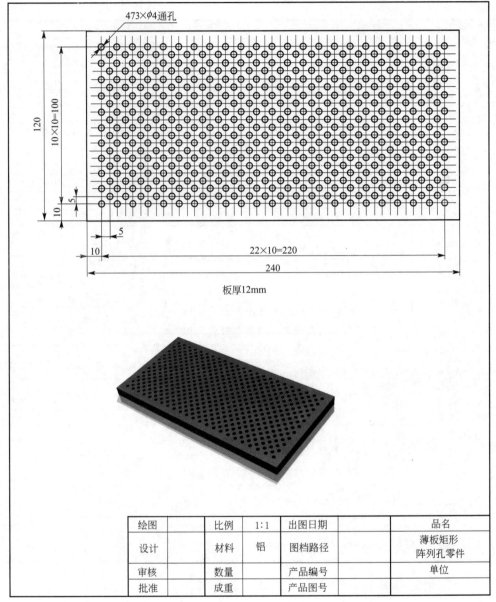

绘图		比例	1:1	出图日期		品名
设计		材料	铝	图档路径		薄板矩形 阵列孔零件
审核		数量		产品编号		单位
批准		成重		产品图号		

图 5-60 折板零件的零件图

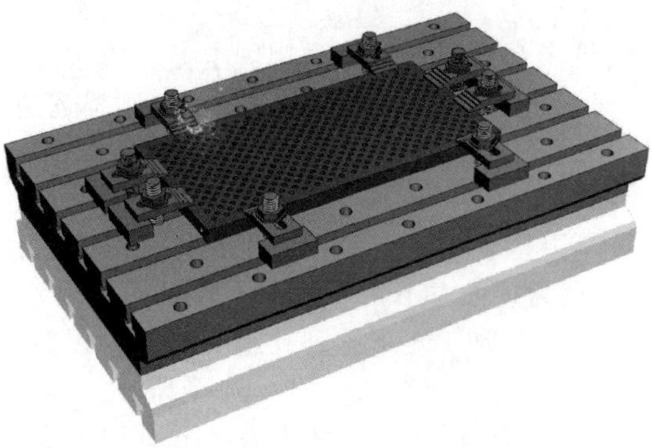

图 5-61 工件装夹方案

避免孔钻不到位的情况发生。

(3) 数学计算

在本题中除了钻头需要简单计算外，无需其他数学方面运算。

(4) 刀具选择

选用 ϕ4mm 钻头即可加工本例的所有区域，将所选定的刀具参数填入表 5-21 数控加工刀具卡片中，以便于编程和操作管理。

(5) 切削用量选择

将前面分析的各项内容综合成如表

5-22 所示的数控加工工艺卡片，此表是编制加工程序的主要依据和操作人员配合数控程序进行数控加工的指导性文件，主要内容包括：工步顺序、工步内容、各工步所用的刀具及切削用量等。

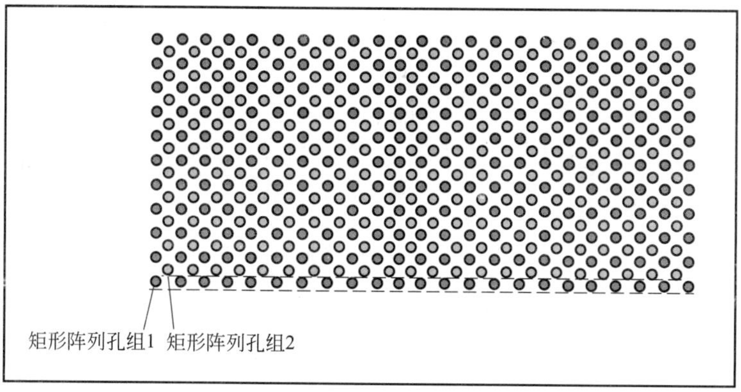

图 5-62　加工顺序

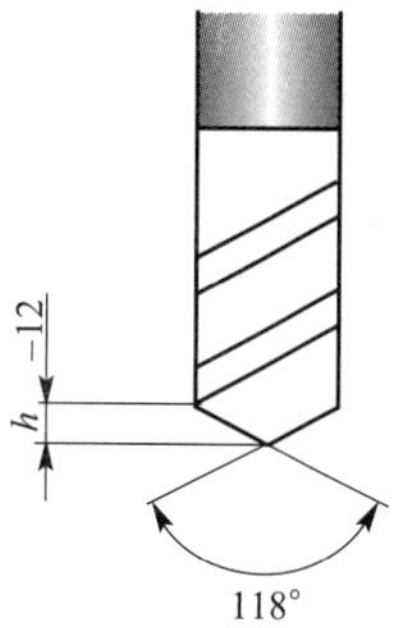

图 5-63　计算钻头伸出工件尺寸

表 5-21　螺纹特型轴数控加工刀具卡片

产品名称或代号		加工中心工艺分析实例	零件名称	薄板矩形阵列孔零件		零件图号	Mill-11
序号	刀具号	刀具规格名称	数量	加工表面		伸出夹头 mm	备注
1	T01	ϕ4mm 钻头	1	所有待加工区域		50	
编制	×××	审核	×××	批准	×××	共 1 页	第 1 页

表 5-22　螺纹特型轴数控加工工序卡

单位名称		××××		产品名称或代号		零件名称		零件图号	
				加工中心工艺分析实例		薄板矩形阵列孔零件		Mill-11	
工序号		程序编号		夹具名称		使用设备		车间	
001		Mill-11		自制夹具		Fanuc、Siemens		数控加工中心	
工步号	工步内容			刀具号	刀具总长伸出 mm	主轴转速 r/min	进给速度 mm/min	下刀量 mm	备注
1	加工 23×11=253 个孔			T01	75 (50)	2000	20	−13.5	自动
2	加工 22×10=220 个孔			T01	75 (50)	2000	20	−13.5	自动
编制	×××	审核	×××	批准	×××	年　月　日		共 1 页	第 1 页

（6）数控程序的编制：

【FANUC 数控程序】

子程序：O0088			
钻单孔子程序	N010	G98 G82 Z−13.5 R1 P1000 F20；	钻孔循环：离工件表面 1mm 处开始进给，孔底暂停 1s，修整孔壁，速度 20mm/min
	N020	G80；	取消固定循环
	N030	M99；	子程序结束
子程序：O0089			
钻 22 孔子程序	N010	M98 P0088	钻第 1 个孔
	N020	G00 U10	向右移动 10mm，定位至第 2 个孔上方
	N030	M98 P0088	钻第 2 个孔

续表

子程序:O0089			
钻 22 孔子程序	N040	G00 U10	向右移动 10mm,定位至第 3 个孔上方
	N050	M98 P0088	钻第 3 个孔
	N060	G00 U10	向右移动 10mm,定位至第 4 个孔上方
	N070	M98 P0088	钻第 4 个孔
	N080	G00 U10	向右移动 10mm,定位至第 5 个孔上方
	N090	M98 P0088	钻第 5 个孔
	N100	G00 U10	向右移动 10mm,定位至第 6 个孔上方
	N110	M98 P0088	钻第 6 个孔
	N120	G00 U10	向右移动 10mm,定位至第 7 个孔上方
	N130	M98 P0088	钻第 7 个孔
	N140	G00 U10	向右移动 10mm,定位至第 8 个孔上方
	N150	M98 P0088	钻 8 个孔
	N160	G00 U10	向右移动 10mm,定位至第 9 个孔上方
	N170	M98 P0088	钻第 9 个孔
	N180	G00 U10	向右移动 10mm,定位至第 10 个孔上方
	N190	M98 P0088	钻第 10 个孔
	N200	G00 U10	向右移动 10mm,定位至第 11 个孔上方
	N210	M98 P0088	钻第 11 个孔
	N220	G00 U10	向右移动 10mm,定位至第 12 个孔上方
	N230	M98 P0088	钻第 12 个孔
	N240	G00 U10	向右移动 10mm,定位至第 13 个孔上方
	N250	M98 P0088	钻第 13 个孔
	N260	G00 U10	向右移动 10mm,定位至第 14 个孔上方
	N270	M98 P0088	钻第 14 个孔
	N280	G00 U10	向右移动 10mm,定位至第 15 个孔上方
	N290	M98 P0088	钻第 15 个孔
	N300	G00 U10	向右移动 10mm,定位至第 16 个孔上方
	N310	M98 P0088	钻第 16 个孔
	N320	G00 U10	向右移动 10mm,定位至第 17 个孔上方
	N330	M98 P0088	钻第 17 个孔
	N340	G00 U10	向右移动 10mm,定位至第 18 个孔上方
	N350	M98 P0088	钻第 18 个孔
	N360	G00 U10	向右移动 10mm,定位至第 19 个孔上方
	N370	M98 P0088	钻第 19 个孔
	N380	G00 U10	向右移动 10mm,定位至第 20 个孔上方
	N390	M98 P0088	钻第 20 个孔
	N400	G00 U10	向右移动 10mm,定位至第 21 个孔上方
	N410	M98 P0088	钻第 21 个孔
	N420	G00 U10	向右移动 10mm,定位至第 22 个孔上方
	N430	M98 P0088	钻第 22 个孔
子程序:O0090			
钻 23 孔子程序	N010	M98 P0089	连续钻 22 个孔
	N020	G00 U10	向右移动 10mm,定位至第 23 个孔上方
	N030	M98 P0088	钻第 23 个孔

续表

主程序:O0019(正面装夹方案,如图 5-61)			
开始	N010	G17 G54 G94;	选择平面、坐标系、分钟进给
	N020	T01 M06;	换 01 号钻头
	N030	M03 S2000;	主轴正转、2000r/min
	N040	G00 X10 Y10;	定位在矩形阵列孔组 1 的第 1 行处
	N050	G43 H01 Z3;	设定长度补偿,*Z* 向初始点高度
矩形阵列孔组 1	N050	M98 P0090	矩形阵列孔组 1 的第 1 行
	N060	G00 X10 Y20;	定位在矩形阵列孔组 1 的第 2 行处
	N070	M98 P0090	矩形阵列孔组 1 的第 2 行
	N080	G00 X10 Y30;	定位在矩形阵列孔组 1 的第 3 行处
	N090	M98 P0090	矩形阵列孔组 1 的第 2 行
	N100	G00 X10 Y40;	定位在矩形阵列孔组 1 的第 4 行处
	N110	M98 P0090	矩形阵列孔组 1 的第 2 行
	N120	G00 X10 Y50;	定位在矩形阵列孔组 1 的第 5 行处
	N130	M98 P0090	矩形阵列孔组 1 的第 2 行
	N140	G00 X10 Y60;	定位在矩形阵列孔组 1 的第 6 行处
	N150	M98 P0090	矩形阵列孔组 1 的第 2 行
	N160	G00 X10 Y70;	定位在矩形阵列孔组 1 的第 7 行处
	N170	M98 P0090	矩形阵列孔组 1 的第 2 行
	N180	G00 X10 Y80;	定位在矩形阵列孔组 1 的第 8 行处
	N190	M98 P0090	矩形阵列孔组 1 的第 9 行
	N200	G00 X10 Y90;	定位在矩形阵列孔组 1 的第 9 行处
	N210	M98 P0090	矩形阵列孔组 1 的第 2 行
	N220	G00 X10 Y100;	定位在矩形阵列孔组 1 的第 10 行处
	N230	M98 P0090	矩形阵列孔组 1 的第 2 行
	N240	G00 X10 Y110;	定位在矩形阵列孔组 1 的第 11 行处
	N250	M98 P0090	矩形阵列孔组 1 的第 2 行
矩形阵列孔组 2	N260	G00 X15 Y15;	定位在矩形阵列孔组 2 的第 1 行处
	N270	M98 P0089	矩形阵列孔组 2 的第 1 行
	N280	G00 X15 Y25;	定位在矩形阵列孔组 2 的第 2 行处
	N290	M98 P0089	矩形阵列孔组 2 的第 2 行
	N300	G00 X15 Y35;	定位在矩形阵列孔组 2 的第 3 行处
	N310	M98 P0089	矩形阵列孔组 2 的第 3 行
	N320	G00 X15 Y45;	定位在矩形阵列孔组 2 的第 4 行处
	N330	M98 P0089	矩形阵列孔组 2 的第 4 行
	N340	G00 X15 Y55;	定位在矩形阵列孔组 2 的第 5 行处
	N350	M98 P0089	矩形阵列孔组 2 的第 5 行
	N360	G00 X15 Y65;	定位在矩形阵列孔组 6 的第 6 行处
	N370	M98 P0089	矩形阵列孔组 2 的第 1 行
	N380	G00 X15 Y75;	定位在矩形阵列孔组 2 的第 7 行处
	N390	M98 P0089	矩形阵列孔组 2 的第 7 行
	N400	G00 X15 Y85;	定位在矩形阵列孔组 2 的第 8 行处
	N410	M98 P0089	矩形阵列孔组 2 的第 8 行
	N420	G00 X15 Y95;	定位在矩形阵列孔组 2 的第 9 行处
	N430	M98 P0089	矩形阵列孔组 2 的第 9 行

续表

主程序:O0019(正面装夹方案,如图 5-61)			
矩形阵列孔组 2	N440	G00 X15 Y105;	定位在矩形阵列孔组 2 的第 10 行处
	N450	M98 P0089	矩形阵列孔组 2 的第 10 行
结束	N460	G00 Z200;	抬刀
	N470	M05;	主轴停
	N480	M02;	程序结束

注：子程序嵌套不得超过四层。

【SIEMENS 数控程序】

采用子程序和钻孔样式循环方式

子程序:NN72			
矩形阵列孔组 1 的第 1 行	N010	G0 X10 Y10 Z50	快速定位矩形阵列孔起点上方
	N020	MCALL CYCLE82 (2,0,2,－13.5,,1)	设定钻孔循环参数
	N030	HOLES1(10,10,0,0,10,23)	设定排列孔循环参数
	N050	MCALL	取消循环调用
子程序:NN73			
矩形阵列孔组 2 的第 2 行	N010	G0 X15 Y15 Z50	快速定位矩形阵列孔起点上方
	N020	MCALL CYCLE82 (2,0,2,－13.5,,1)	设定钻孔循环参数
	N030	HOLES1(15,15,0,0,10,22)	设定排列孔循环参数
	N050	MCALL	取消循环调用
主程序:AA64(正面装夹方案,如图 5-61)			
开始	N010	G17 G54 G94;	选择平面、坐标系、分钟进给
	N020	T1 D1;	换 01 号刀
	N030	M3 S2000;	主轴正转、2000r/min
	N040	F40;	预先设定以 40mm/min 的速度钻孔
矩形阵列孔组 1 和矩形阵列孔组 2	N050	NN72	矩形阵列孔组 1 的第 1 行
	N060	NN73	矩形阵列孔组 2 的第 1 行
	N070	TRANS X0 Y20;	零点偏移,向上偏移至 Y20 处
	N080	NN72	矩形阵列孔组 1 的第 2 行
	N090	NN73	矩形阵列孔组 2 的第 2 行
	N100	TRANS;	删除零点偏移
	N110	TRANS X0 Y30;	零点偏移,向上偏移至 Y30 处
	N120	NN72	矩形阵列孔组 1 的第 3 行
	N130	NN73	矩形阵列孔组 2 的第 3 行
	N140	TRANS;	删除零点偏移
	N150	TRANS X0 Y40;	零点偏移,向上偏移至 Y40 处
	N160	NN72	矩形阵列孔组 1 的第 4 行
	N170	NN73	矩形阵列孔组 2 的第 4 行
	N180	TRANS;	删除零点偏移
	N190	TRANS X0 Y50;	零点偏移,向上偏移至 Y50 处
	N200	NN72	矩形阵列孔组 1 的第 5 行
	N210	NN73	矩形阵列孔组 2 的第 5 行
	N220	TRANS;	删除零点偏移
	N230	TRANS X0 Y60;	零点偏移,向上偏移至 Y60 处
	N240	NN72	矩形阵列孔组 1 的第 6 行

续表

主程序:AA64(正面装夹方案,如图 5-61)			
矩形阵列孔组 1 和矩形阵列孔组 2	N250	NN73	矩形阵列孔组 2 的第 6 行
	N260	TRANS;	删除零点偏移
	N270	TRANS X0 Y70;	零点偏移,向上偏移至 Y70 处
	N280	NN72	矩形阵列孔组 1 的第 7 行
	N290	NN73	矩形阵列孔组 2 的第 7 行
	N300	TRANS;	删除零点偏移
	N310	TRANS X0 Y80;	零点偏移,向上偏移至 Y80 处
	N320	NN72	矩形阵列孔组 1 的第 8 行
	N330	NN73	矩形阵列孔组 2 的第 8 行
	N340	TRANS;	删除零点偏移
	N350	TRANS X0 Y90;	零点偏移,向上偏移至 Y90 处
	N360	NN72	矩形阵列孔组 1 的第 9 行
	N370	NN73	矩形阵列孔组 2 的第 9 行
	N380	TRANS;	删除零点偏移
	N390	TRANS X0 Y100;	零点偏移,向上偏移至 Y100 处
	N400	NN72	矩形阵列孔组 1 的第 10 行
	N410	NN73	矩形阵列孔组 2 的第 10 行
	N420	TRANS;	删除零点偏移
	N430	TRANS X0 Y110;	零点偏移,向上偏移至 Y110 处
	N440	NN72	矩形阵列孔组 1 的第 11 行
	N450	TRANS;	删除零点偏移
结束	N460	G0 Z200;	抬刀
	N470	M5;	主轴停
	N480	M2;	程序结束

十二、圆柱形圆形阵列孔零件的加工与工艺分析

圆柱形圆形阵列孔零件的零件图如图 5-64 所示。

(1) 零件图工艺分析

该零件表面由 48 个 $\phi8$ 的通孔和一个 $\phi18$ 的中心孔个构成，根据机床系统不同，可采用固定循环编程。工件尺寸 $\phi160\text{mm}\times50\text{mm}$ 的圆柱形铝件，无尺寸公差要求。尺寸标注完整，轮廓描述清楚。零件材料为已经加工成形的标准铝件，无热处理和硬度要求。

(2) 确定装夹方案、加工顺序及进给路线

① 将工件安装在铣床用的卡盘上，注意压紧工件的同时，让出边缘孔的加工位置，加工原点为顶部的圆心。装夹总图如图 5-65 所示，装夹的工装部分如图 5-66 所示。

② 加工顺序如图 5-67 和 5-68 所示，有两种方法加工阵列孔，

a. 图 5-67 所示，先采用 $\phi8\text{mm}$ 的钻头按顺序加工同一角度的孔组，再用极坐标指令或旋转指令调用该孔组的子程序加工。中心孔依然先用 $\phi8\text{mm}$ 的钻头钻孔，再用镗孔刀加工。加工原点为圆形的圆心。

b. 如图 5-68 所示，先采用 $\phi8\text{mm}$ 的钻头按顺序加工圆形阵列孔组 1～圆形阵列孔组 4，中心孔先用 $\phi8\text{mm}$ 的钻头钻孔，再用镗孔刀加工。加工原点为圆形的圆心。

③ 加工时，适当计算钻头伸出工件尺寸，如图 5-69 所示，当钻头为 $\phi8\text{mm}$ 时，通过三角函数可算出钻头尖角尺寸 $h=2.91\text{mm}$，在此直接取 3mm，即钻孔深度为 -53mm，避免孔钻不到位的情况发生。

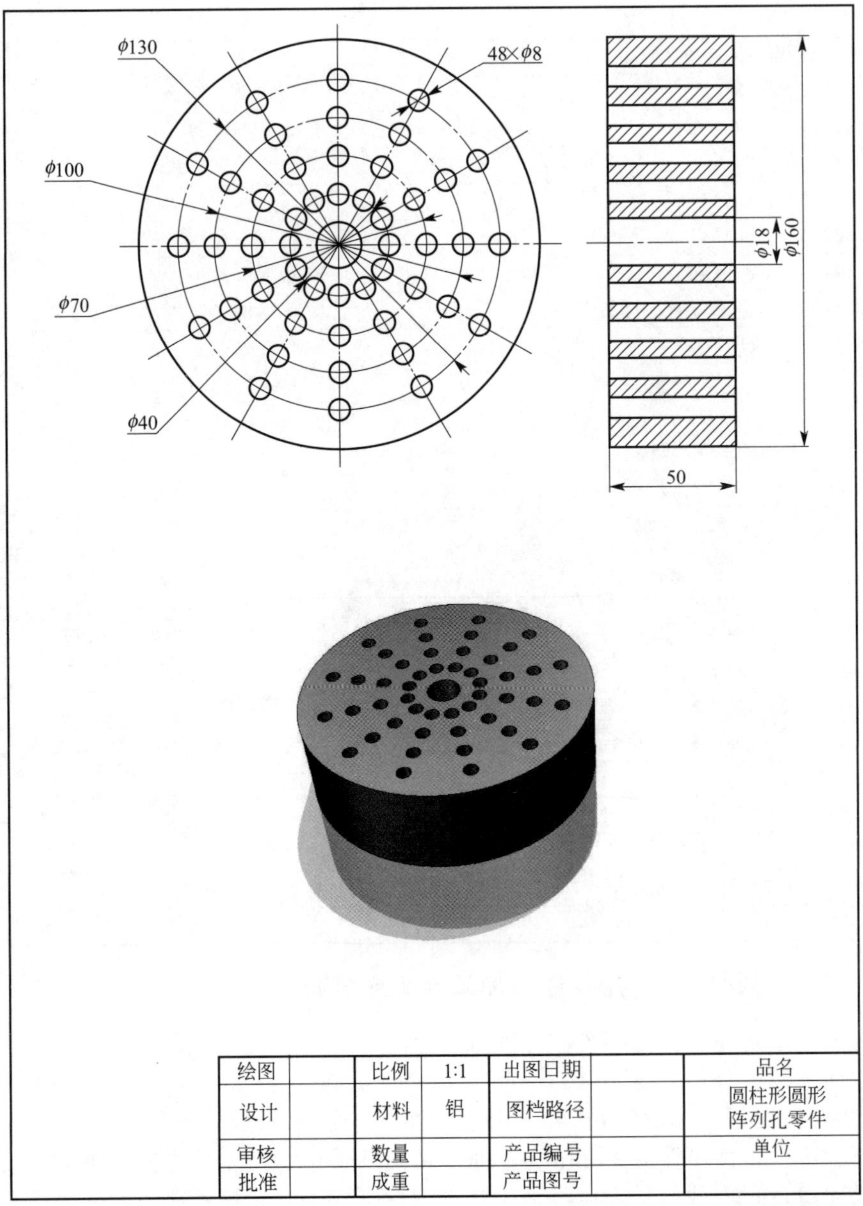

绘图		比例	1:1	出图日期		品名
设计		材料	铝	图档路径		圆柱形圆形阵列孔零件
审核		数量		产品编号		单位
批准		成重		产品图号		

图 5-64　折板零件的零件图

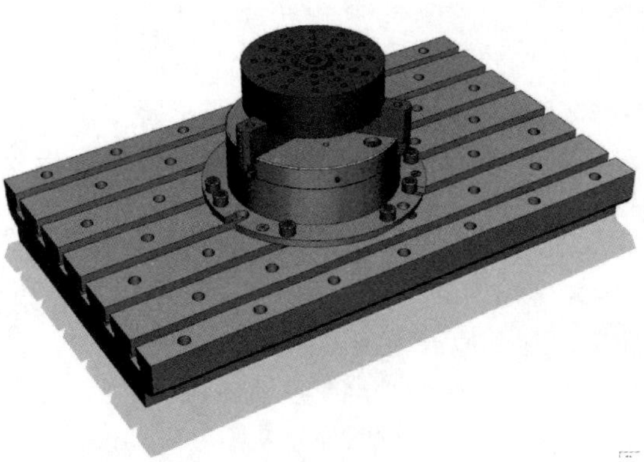

图 5-65　装夹总图

图 5-66　工件装夹方案

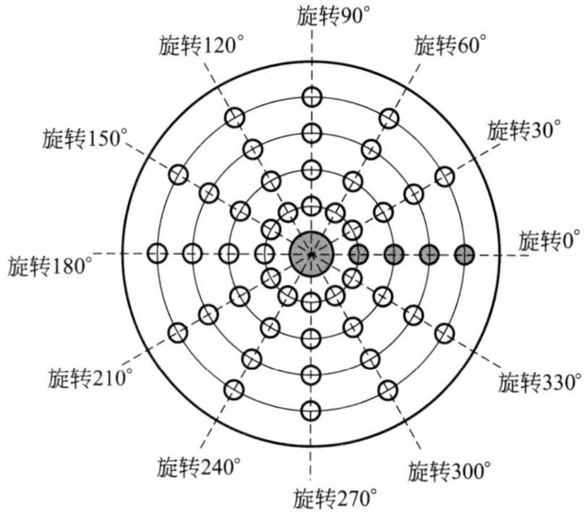

图 5-67 旋转方式加工孔的方案

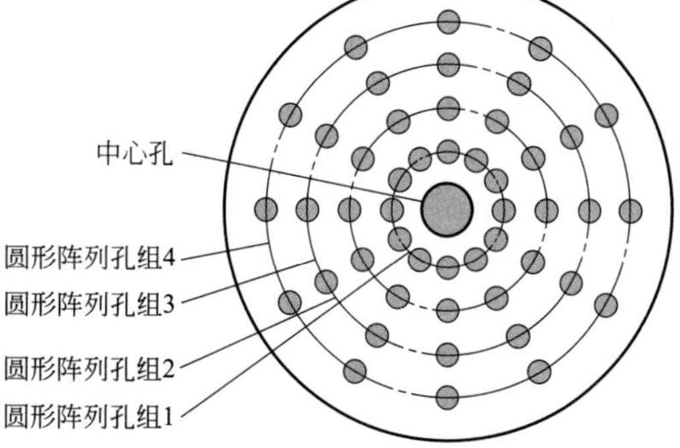

图 5-68 阵列方式加工孔的方案

(3) 数学计算

在本例中除了钻头需要简单计算外，无需其他数学方面运算。

(4) 刀具选择

将所选定的刀具参数填入表 5-23 数控加工刀具卡片中，以便于编程和操作管理。

(5) 切削用量选择

将前面分析的各项内容综合成如表 5-24 所示的数控加工工艺卡片，此表是编制加工程序的主要依据和操作人员配合数控程序进行数控加工的指导性文件，主要内容包括：工步顺序、工步内容、各工步所用的刀具及切削用量等。

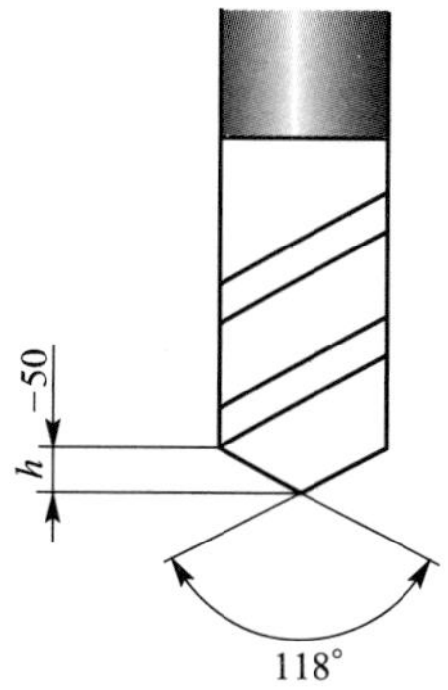

图 5-69 计算钻头伸出工件尺寸

表 5-23 圆柱形圆形阵列孔零件数控加工刀具卡片

产品名称或代号		加工中心艺分析实例	零件名称	圆柱形圆形阵列孔零件		零件图号	Mill-12
序号	刀具号	刀具规格名称		数量	加工表面	伸出夹头 mm	备注
1	T01	ϕ8mm 钻头		1	所有待加工区域	50	
2	T02	ϕ18mm 镗孔刀		1	中心孔	50	
编制	×××	审核	×××	批准	×××	共 1 页	第 1 页

表 5-24 圆柱形圆形阵列孔零件数控加工工序卡

单位名称	××××	产品名称或代号		零件名称		零件图号	
		加工中心工艺分析实例		圆柱形圆形阵列孔零件		Mill-12	
工序号	程序编号	夹具名称		使用设备		车间	
001	Mill-12	铣床卡盘		Fanuc、Siemens		数控加工中心	
工步号	工步内容	刀具号	刀具总长伸出 mm	主轴转速 r/min	进给速度 mm/min	下刀量 mm	备注
1	圆形阵列孔组 1	T01	75 (50)	2000	20	−53	自动
2	圆形阵列孔组 2	T01	75 (50)	2000	20	−53	自动
3	圆形阵列孔组 3	T01	75 (50)	2000	20	−53	自动
4	圆形阵列孔组 4	T01	75 (50)	2000	40	−53	自动
5	中心孔钻孔	T01	75 (50)	2000	40	−53	自动
6	中心孔镗孔	T02	75 (50)	2000	40	−49	自动
编制 ×××	审核 ×××	批准 ×××		年 月 日		共 1 页	第 1 页

（6）数控程序的编制：

【FANUC 数控程序】

如图 5-67 所示方案。

子程序：O0091				
钻单孔子程序	N010	G98 G82 Z－53 R1 P1000 F20；	钻孔循环： 离工件表面 1mm 处开始进给，孔底暂停 1s，修整孔壁，速度 20mm/min	
	N020	G80；	取消固定循环	
	N030	M99；	子程序结束	
子程序：O0092				
旋转 0°的孔组	N010	G00 X20 Y0；	定位在 ϕ40 的孔处	
	N020	M98 P0091；	加工第 1 个孔	
	N030	G00 X35 Y0；	定位在 ϕ70 的孔处	
	N040	M98 P0091；	加工第 2 个孔	
	N050	G00 X50 Y0；	定位在 ϕ100 的孔处	
	N060	M98 P0091；	加工第 3 个孔	
	N010	G00 X65 Y0；	定位在 ϕ130 的孔处	
	N020	M98 P0091；	加工第 4 个孔	
主程序：O0019（正面装夹方案，如图 5-66）				
开始	N010	G17 G54 G94；	选择平面、坐标系、分钟进给	
	N020	T01 M06；	换 01 号钻头	
	N030	M03 S2000；	主轴正转、2000r/min	
	N040	G00 X0 Y0；	取合适位置，定位在工件上方	
	N050	G43 H01 Z5；	设定长度补偿，Z 向初始点高度	
阵列孔的加工	N040	M98 P0092；	调用子程序，加工 0°阵列孔	0°阵列孔
	N050	G68 X0 Y0 R30；	图形旋转，沿 X0Y0 旋转 30°	30°阵列孔
	N060	M98 P0092；	调用子程序，加工 30°阵列孔	
	N070	G69；	图形旋转撤销	
	N080	G68 X0 Y0 R60；	图形旋转，沿 X0Y0 旋转 60°	60°阵列孔
	N090	M98 P0092；	调用子程序，加工 60°阵列孔	
	N100	G69；	图形旋转撤销	
	N110	G68 X0 Y0 R90；	图形旋转，沿 X0Y0 旋转 90°	90°阵列孔
	N120	M98 P0092；	调用子程序，加工 90°阵列孔	
	N130	G69；	图形旋转撤销	
	N140	G68 X0 Y0 R120；	图形旋转，沿 X0Y0 旋转 120°	120°阵列孔
	N150	M98 P0092；	调用子程序，加工 120°阵列孔	
	N160	G69；	图形旋转撤销	
	N170	G68 X0 Y0 R150；	图形旋转，沿 X0Y0 旋转 150°	150°阵列孔
	N180	M98 P0092；	调用子程序，加工 150°阵列孔	
	N190	G69；	图形旋转撤销	
	N200	G68 X0 Y0 R180；	图形旋转，沿 X0Y0 旋转 180°	180°阵列孔
	N210	M98 P0092；	调用子程序，加工 180°阵列孔	
	N220	G69；	图形旋转撤销	
	N230	G68 X0 Y0 R210；	图形旋转，沿 X0Y0 旋转 210°	210°阵列孔
	N240	M98 P0092；	调用子程序，加工 210°阵列孔	
	N250	G69；	图形旋转撤销	

续表

主程序:O0019(正面装夹方案,如图 5-66)				
阵列孔的加工	N260	G68 X0 Y0 R240;	图形旋转,沿 X0Y0 旋转 240°	240°阵列孔
	N270	M98 P0092;	调用子程序,加工 240°阵列孔	
	N280	G69;	图形旋转撤销	
	N290	G68 X0 Y0 R270;	图形旋转,沿 X0Y0 旋转 270°	270°阵列孔
	N300	M98 P0092;	调用子程序,加工 270°阵列孔	
	N310	G69;	图形旋转撤销	
	N320	G68 X0 Y0 R300;	图形旋转,沿 X0Y0 旋转 300°	300°阵列孔
	N330	M98 P0092;	调用子程序,加工 300°阵列孔	
	N340	G69;	图形旋转撤销	
	N350	G68 X0 Y0 R330;	图形旋转,沿 X0Y0 旋转 330°	330°阵列孔
	N360	M98 P0092;	调用子程序,加工 330°阵列孔	
	N370	G69;	图形旋转撤销	
中心孔	N380	G00 X0 Y0;	定位在中心孔上方	
	N390	G98 G81 Z-51.7 R2 F20;	孔加工循环:离工件表面 2mm 处开始进给,速度 20mm/min	
	N400	G80	取消固定循环	
	N410	G00 Z200	抬刀	
	N420	T02 M06;	换 02 号镗孔刀	
	N430	M03 S2000;	主轴正转、2000r/min	
	N440	G00 X0 Y0;	定位在中心孔上方	
	N450	G43 H02 Z5;	设定长度补偿,Z 向初始点高度	
	N460	G98 G85 Z-49 R2 F20;	镗孔加工循环,底部让出 1mm,避免损伤夹具	
	N470	G80	取消固定循环	
结束	N480	G00 Z200;	抬刀	
	N490	M05;	主轴停	
	N500	M02;	程序结束	

【SIEMENS 数控程序】

如图 5-68 所示方案。

主程序:AA66(正面装夹方案,如图 5-66)				
开始	N010	G17 G54 G94;	选择平面、坐标系、分钟进给	
	N020	T1 D1;	换 1 号钻头	
	N030	M3 S2000;	主轴正转、2000r/min	
	N040	F20;	预先设定以 20mm/min 的速度钻孔	
圆形阵列孔组 4	N050	G0 X0 Y0 Z50	快速定位右上角圆周孔位置	ϕ130 圆形阵列孔
	N060	MCALL CYCLE82(10,0,2,-53,,1)	设定钻孔循环循环参数	
	N070	HOLES2(0,0,130,0,30,12)	设定圆周孔循环参数	
	N080	MCALL	取消循环调用	
圆形阵列孔组 3	N090	MCALL CYCLE82(10,0,2,-53,,1)	设定钻孔循环循环参数	ϕ100 圆形阵列孔
	N100	HOLES2(0,0,100,0,30,12)	设定圆周孔循环参数	
	N110	MCALL	取消循环调用	

续表

主程序:AA66(正面装夹方案,如图 5-66)				
圆形阵列孔组 2	N120	MCALL CYCLE82(10,0,2,－53,,1)	设定钻孔循环循环参数	ϕ70 圆形阵列孔
	N130	HOLES2(0,0,70,0,30,12)	设定圆周孔循环参数	
	N140	MCALL	取消循环调用	
圆形阵列孔组 1	N150	MCALL CYCLE82(10,0,2,－53,,1)	设定钻孔循环循环参数	ϕ40 圆形阵列孔
	N160	HOLES2(0,0,40,0,30,12)	设定圆周孔循环参数	
	N170	MCALL	取消循环调用	
中心孔	N180	G0 X0 Y0 Z50	定位在中心孔上方(可省略)	
	N190	CYCLE81(50,0,2,－53,)	孔加工循环	
	N200	G0 Z200	抬刀	
	N210	T2 D2;	换 02 号镗孔刀	
	N220	G0 X0 Y0 Z50	定位在中心孔上方	
	N230	CYCLE85(50,0,2,－49,,1,40,500)	镗孔加工循环,底部让出 1mm	
结束	N240	G0 Z200;	抬刀	
	N250	M5;	主轴停	
	N260	M2;	程序结束	

十三、圆柱形配合体零件的加工与工艺分析

圆柱形配合体零件的零件图如图 5-70 所示。

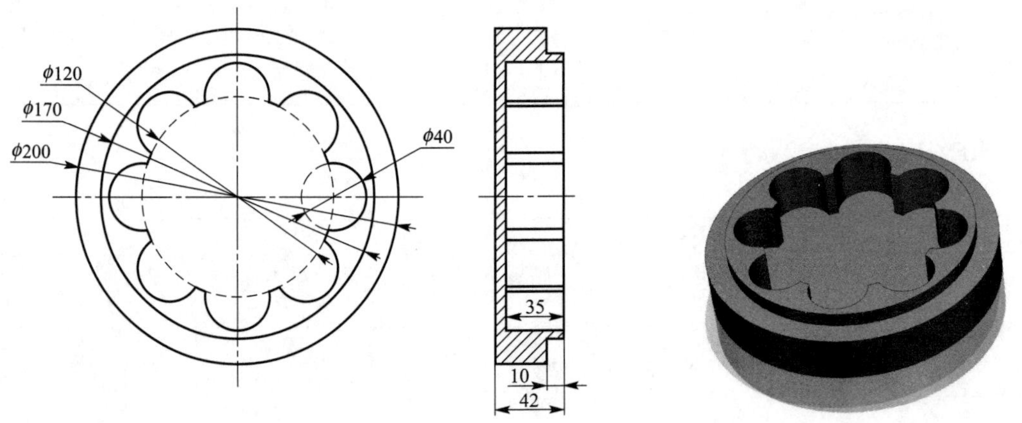

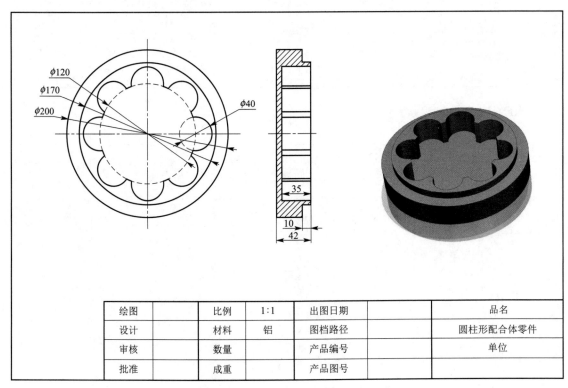

绘图		比例	1:1	出图日期		品名
设计		材料	铝	图档路径		圆柱形配合体零件
审核		数量		产品编号		单位
批准		成重		产品图号		

图 5-70 圆柱形配合体零件的零件图

(1) 零件图工艺分析

该零件表面由一个圆形台阶和花瓣形状的槽构成，根据机床系统不同，可采用固定循环程序编程。工件尺寸 ϕ200mm×42mm 的圆柱形铝件，无尺寸公差要求。尺寸标注完整，轮廓描述清楚。零件材料为已经加工成型的标准铝件，无热处理和硬度要求。

(2) 确定装夹方案、加工顺序及进给路线

① 将工件安装在铣床用的卡盘上，加工原点为顶部的圆心。装夹总图如图 5-71 所示，装夹的工装部分如图 5-72 所示。

② 加工顺序如图 5-73 所示，先采用 ϕ20mm 的铣刀加工外部的圆形台阶，再加工内部的圆形槽，最后加工圆形阵列的圆弧区域。加工原点为圆形的圆心。

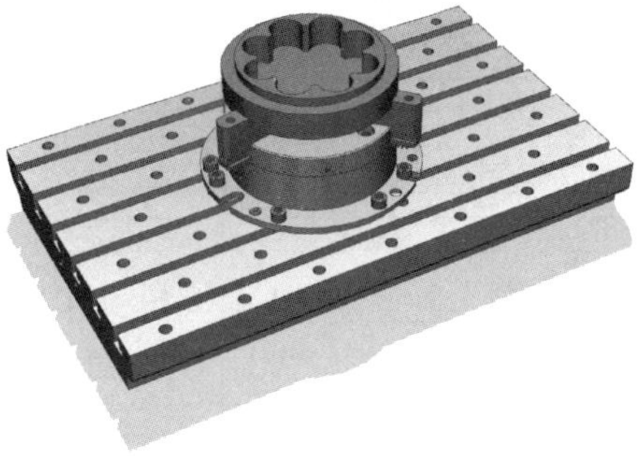

图 5-71 装夹总图

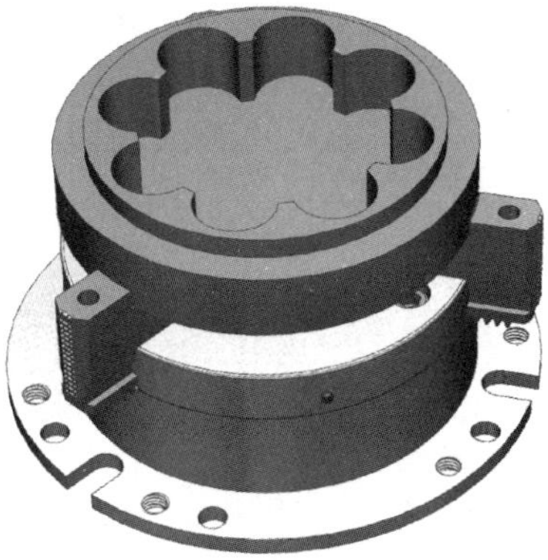

图 5-72 装夹的工装部分

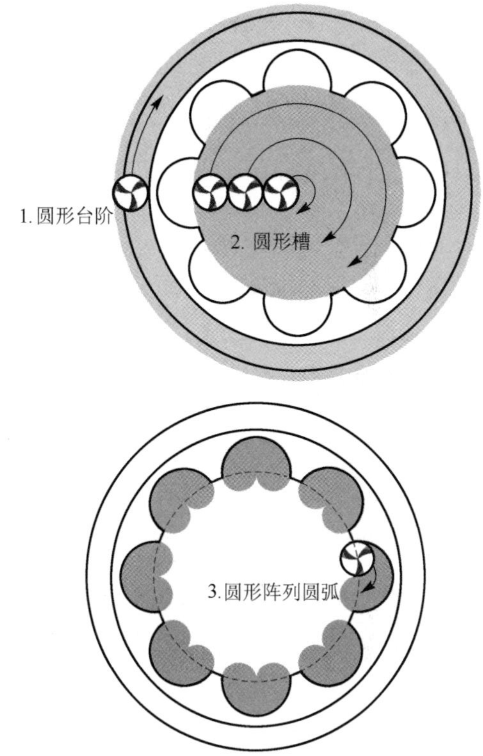

图 5-73 加工顺序

(3) 数学计算

本例根据所选择的机床和指令不同，程序编制方法也有差别，因此需计算出相应的坐标点位信息，需运用到相似三角新、三角函数等知识，也可通过 CAD 制图求得，图 5-74 列出了本题当中的关键点的信息及部分计算的条件。

(4) 刀具选择

选用 ϕ20mm 的铣刀即可加工本题的所有区域，将所选定的刀具参数填入表 5-25 数控加工刀具卡片中，以便于编程和操作管理。

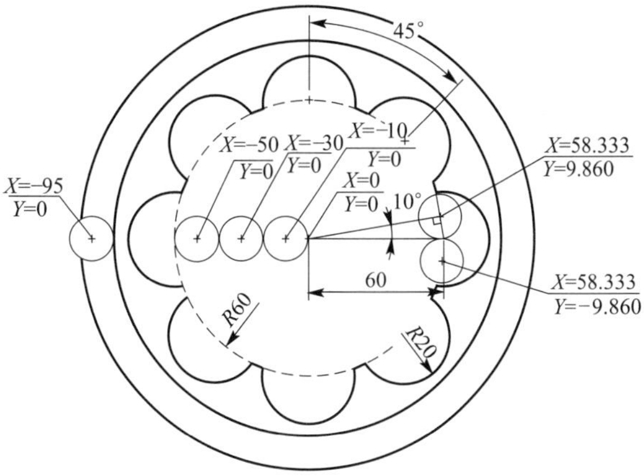

图 5-74 数学计算

表 5-25 圆柱形圆形阵列孔零件数控加工刀具卡片

产品名称或代号		加工中心艺分析实例	零件名称	圆柱形配合体零件		零件图号	Mill-13
序号	刀具号	刀具规格名称	数量	加工表面		伸出夹头 mm	备注
1	T01	ϕ20mm 铣刀	1	所有待加工区域		50	
编制	×××	审核	×××	批准	×××	共 1 页	第 1 页

（5）切削用量选择

将前面分析的各项内容综合成如表 5-26 所示的数控加工工艺卡片，此表是编制加工程序的主要依据和操作人员配合数控程序进行数控加工的指导性文件，主要内容包括：工步顺序、工步内容、各工步所用的刀具及切削用量等。

表 5-26 圆柱形圆形阵列孔零件数控加工工序卡

单位名称	××××	产品名称或代号		零件名称		零件图号	
		加工中心工艺分析实例		圆柱形配合体零件		Mill-13	
工序号	程序编号	夹具名称		使用设备		车间	
001	Mill-13	铣床卡盘		Fanuc、Siemens		数控加工中心	
工步号	工步内容	刀具号	刀具总长伸出 mm	主轴转速 r/min	进给速度 mm/min	下刀量 mm	备注
1	圆形台阶	T01	75（50）	2000	350	−10	自动
2	圆形槽	T01	75（50）	2000	350	−35	自动
3	圆形阵列的圆弧	T01	75（50）	2000	350	−35	自动
编制 ×××	审核 ×××	批准	×××	年 月 日		共 1 页	第 1 页

（6）数控程序的编制

【FANUC 数控程序】

子程序:O0088			
圆形台阶	N010	G00 X－95 Y0	定位在圆形台阶左侧起点上方
	N020	G01 Z－3 F80	下刀至 Z－3 处，速度 80mm/min
	N030	G02 X－95 Y0 I95 J0 F350;	加工第 1 层圆形台阶
	N040	G01 Z－6 F80	下刀至 Z－6 处，速度 80mm/min
	N050	G02 X－95 Y0 I95 J0 F350;	加工第 2 层圆形台阶
	N060	G01 Z－9 F80	下刀至 Z－9 处，速度 80mm/min
	N070	G02 X－95 Y0 I95 J0 F350;	加工第 3 层圆形台阶
	N080	G01 Z－10 F80	下刀至 Z－10 处，速度 80mm/min
	N090	M03 S4000	提高主轴转速
	N100	G02 X－95 Y0 I95 J0 F150;	加工第 4 层圆形台阶，做精加工
	N110	G00 Z2	抬刀
	N120	M03 S2000	恢复主轴转速
	N130	M99	子程序结束
子程序:O0089			
圆形槽第 1 层	N010	G02 X－50 Y0 I50 J0 F350;	加工第 1 圈整圆
	N020	G01 X－30 Y0	移动至第 2 圈整圆起点
	N030	G02 X－30 Y0 I50 J0 F350;	加工第 2 圈整圆
	N040	G01 X－10 Y0	移动至第 3 圈整圆起点
	N050	G02 X－10 Y0 I10 J0 F350;	加工第 3 圈整圆
	N060	G00 W2	增量抬刀 2mm
	N070	G01 X－50 Y0 F800	返回第 1 圈整圆起点 注意此时侧壁没有加工，不能用 G00 快速移动
	N080	M99	子程序结束

续表

子程序:O0090			
圆形阵列的 0°圆弧的(深度 -35)	N010	G00 X58.333 Y9.860	定位圆弧的起点
	N020	G01 Z-3 F80	下刀至 Z-3 处,速度 80mm/min
	N030	G02 X58.333 Y-9.860 R-10 F350;	加工圆形阵列 0°圆弧的第 1 层
	N040	G01 X58.333 Y9.860 F800	移动至圆弧起点
	N050	G01 Z-6 F80	下刀至 Z-6 处,速度 80mm/min
	N060	G02 X58.333 Y-9.860 R-10 F350;	加工圆形阵列 0°圆弧的第 2 层
	N070	G01 X58.333 Y9.860 F800	移动至圆弧起点
	N080	G01 Z-9 F80	下刀至 Z-9 处,速度 80mm/min
	N090	G02 X58.333 Y-9.860 R-10 F350;	加工圆形阵列 0°圆弧的第 3 层
	N100	G01 X58.333 Y9.860 F800	移动至圆弧起点
	N110	G01 Z-12 F80	下刀至 Z-12 处,速度 80mm/min
	N120	G02 X58.333 Y-9.860 R-10 F350;	加工圆形阵列 0°圆弧的第 4 层
	N130	G01 X58.333 Y9.860 F800	移动至圆弧起点
	N140	G01 Z-15 F80	下刀至 Z-15 处,速度 80mm/min
	N150	G02 X58.333 Y-9.860 R-10 F350;	加工圆形阵列 0°圆弧的第 5 层
	N160	G01 X58.333 Y9.860 F800	移动至圆弧起点
	N170	G01 Z-18 F80	下刀至 Z-18 处,速度 80mm/min
	N180	G02 X58.333 Y-9.860 R-10 F350;	加工圆形阵列 0°圆弧的第 6 层
	N190	G01 X58.333 Y9.860 F800	移动至圆弧起点
	N200	G01 Z-21 F80	下刀至 Z-21 处,速度 80mm/min
	N210	G02 X58.333 Y-9.860 R-10 F350;	加工圆形阵列 0°圆弧的第 7 层
	N220	G01 X58.333 Y9.860 F800	移动至圆弧起点
	N230	G01 Z-24 F80	下刀至 Z-24 处,速度 80mm/min
	N240	G02 X58.333 Y-9.860 R-10 F350;	加工圆形阵列 0°圆弧的第 8 层
	N250	G01 X58.333 Y9.860 F800	移动至圆弧起点
	N260	G01 Z-27 F80	下刀至 Z-27 处,速度 80mm/min
	N270	G02 X58.333 Y-9.860 R-10 F350;	加工圆形阵列 0°圆弧的第 9 层
	N280	G01 X58.333 Y9.860 F800	移动至圆弧起点
	N290	G01 Z-30 F80	下刀至 Z-30 处,速度 80mm/min
	N300	G02 X58.333 Y-9.860 R-10 F350;	加工圆形阵列 0°圆弧的第 10 层
	N310	G01 X58.333 Y9.860 F800	移动至圆弧起点
	N320	G01 Z-33 F80	下刀至 Z-33 处,速度 80mm/min
	N330	G02 X58.333 Y-9.860 R-10 F350;	加工圆形阵列 0°圆弧的第 11 层
	N340	G01 X58.333 Y9.860 F800	移动至圆弧起点
	N350	G01 Z-35 F80	下刀至 Z-35 处,速度 80mm/min
	N360	M03 S4000	提高主轴转速
	N370	G02 X58.333 Y-9.860 R-20 F150;	加工圆形阵列 0°圆弧的第 12 层,做精加工
	N380	G00 Z2	抬刀
	N390	M99	子程序结束
主程序:O0020(装夹方案,如图 5-71)			
开始	N010	G17 G54 G94;	选择平面、坐标系、分钟进给
	N020	T01 M06;	换 01 号刀
	N030	M03 S2000;	主轴正转、2000r/min
	N040	G43 H01 Z10;	设定长度补偿,Z 向初始点高度

续表

主程序：O0020(装夹方案，如图 5-71)			
圆形台阶	N050	M98 P0088；	子程序圆形台阶
圆形槽	N060	G00 X－50 Y0	定位在圆形槽第 1 圈整圆起点
	N070	G01 Z－3 F80	下刀至 Z－3 处，速度 80mm/min
	N080	M98 P0089；	子程序，加工圆形槽第 1 层
	N090	G01 Z－6 F80	下刀至 Z－6 处，速度 80mm/min
	N100	M98 P0089；	子程序，加工圆形槽第 2 层
	N110	G01 Z－9 F80	下刀至 Z－9 处，速度 80mm/min
	N120	M98 P0089；	子程序，加工圆形槽第 3 层
	N130	G01 Z－12F80	下刀至 Z－12 处，速度 80mm/min
	N140	M98 P0089；	子程序，加工圆形槽第 4 层
	N150	G01 Z－15 F80	下刀至 Z－15 处，速度 80mm/min
	N160	M98 P0089；	子程序，加工圆形槽第 5 层
	N170	G01 Z－18 F80	下刀至 Z－18 处，速度 80mm/min
	N180	M98 P0089；	子程序，加工圆形槽第 6 层
	N190	G01 Z－21 F80	下刀至 Z－21 处，速度 80mm/min
	N200	M98 P0089；	子程序，加工圆形槽第 7 层
	N210	G01 Z－24 F80	下刀至 Z－24 处，速度 80mm/min
	N220	M98 P0089；	子程序，加工圆形槽第 8 层
	N230	G01 Z－27F80	下刀至 Z－27 处，速度 80mm/min
	N240	M98 P0089；	子程序，加工圆形槽第 9 层
	N250	G01 Z－30F80	下刀至 Z－30 处，速度 80mm/min
	N260	M98 P0089；	子程序，加工圆形槽第 10 层
	N270	G01 Z－33 F80	下刀至 Z－33 处，速度 80mm/min
	N280	M98 P0089；	子程序，加工圆形槽第 11 层
	N290	G01 Z－35 F80	下刀至 Z－35 处，速度 80mm/min
	N300	M98 P0089；	子程序，加工圆形槽第 12 层
	N310	G00 Z10；	抬刀
圆形阵列圆弧	N320	M98 P0090；	子程序，加工圆形阵列 0°圆弧
	N330	G68 X0 Y0 R45；	图形旋转，沿 X0Y0 旋转 45°
	N340	M98 P0090；	子程序，加工圆形阵列 45°圆弧
	N350	G69；	图形旋转撤销
	N360	G68 X0 Y0 R90；	图形旋转，沿 X0Y0 旋转 90°
	N370	M98 P0090；	子程序，加工圆形阵列 90°圆弧
	N380	G69；	图形旋转撤销
	N390	G68 X0 Y0 R135；	图形旋转，沿 X0Y0 旋转 135°
	N400	M98 P0090；	子程序，加工圆形阵列 135°圆弧
	N420	G69；	图形旋转撤销
	N430	G68 X0 Y0 R180；	图形旋转，沿 X0Y0 旋转 180°
	N440	M98 P0090；	子程序，加工圆形阵列 180°圆弧
	N450	G69；	图形旋转撤销
	N460	G68 X0 Y0 R225；	图形旋转，沿 X0Y0 旋转 225°
	N470	M98 P0090；	子程序，加工圆形阵列 225°圆弧
	N480	G69；	图形旋转撤销
	N490	G68 X0 Y0 R270；	图形旋转，沿 X0Y0 旋转 270°

续表

主程序:O0020(装夹方案,如图 5-71)			
圆形阵列圆弧	N420	M98 P0090;	子程序,加工圆形阵列 270°圆弧
	N430	G69;	图形旋转撤销
	N440	G68 X0 Y0 R315;	图形旋转,沿 *X*0*Y*0 旋转 315°
	N450	M98 P0090;	子程序,加工圆形阵列 315°圆弧
	N460	G69;	图形旋转撤销
	N470	G00 Z2	抬刀 2mm
	N480	M99	子程序结束
结束	N490	G00 Z200;	抬刀
	N500	M05;	主轴停
	N510	M02;	程序结束

注：1. 此处的主程序、子程序可根据实际加工状况和编程略作调整改变。
2. 如出现刀具移动的刀痕，则需要减小刀具的平移量。

【SIEMENS 数控程序】

采用固定式循环方式：

主程序:AA67(正面装夹方案 2,如图 5-71)			
开始	N010	G17 G54 G94;	选择平面、坐标系、分钟进给
	N020	T1 D1;	换 1 号钻头
	N030	M03 S2000;	主轴正转、2000r/min
圆形台阶	N040	G0 X-95 Y0 Z2	定位在圆形台阶左侧起点上方
	N050	G1 Z-3 F80	下刀至 *Z*-3 处,速度 80mm/min
	N060	G2 X-95 Y0 I95 J0 F350;	加工第 1 层圆形台阶
	N070	G1 Z-6 F80	下刀至 *Z*-6 处,速度 80mm/min
	N080	G2 X-95 Y0 I95 J0 F350;	加工第 2 层圆形台阶
	N090	G1 Z-9 F80	下刀至 *Z*-9 处,速度 80mm/min
	N100	G2 X-95 Y0 I95 J0 F350;	加工第 3 层圆形台阶
	N110	G1 Z-10 F80	下刀至 *Z*-10 处,速度 80mm/min
	N120	M3 S4000	提高主轴转速
	N130	G2 X-95 Y0 I95 J0 F150;	加工第 4 层圆形台阶,做精加工
	N140	G0 Z2	抬刀
圆形槽	N150	M03 S2000;	主轴正转,2000r/min
	N160	G0 X0 Y0 Z50	快速定位
	N170	POCKET4 (50,0,2,-35,60,0,0,3,0,0.3,350,80,0,11,0,0,0,2,3)	圆形槽粗加工循环调用,详细说明如下: 返回平面高度:50 参考平面高度:0 安全高度:2 槽深(绝对值):-35 槽半径:60 槽中心点(绝对值)*X* 轴坐标:0 槽中心点(绝对值)*Y* 轴坐标:0 最大进给深度(每层切深):3 槽边缘的精加工余量:0 槽底的精加工余量:0.3 端面加工进给率:350

续表

主程序:AA67(正面装夹方案 2,如图 5-71)			
圆形槽	N170	POCKET4 (50,0,2,－35, 60, 0, 0,3,0,0.3,350,80,0,11,0, 0,0,2,3)	深度进给进给率:80 铣削方向:2(G2 圆弧,此处要对应刀具补偿方向) 加工类型:1 粗加工,1 使用 G1 垂直于槽中心 在平面的连续加工中最大进给宽度:0 槽半径的空白尺寸:0 距离参考平面的空白槽深尺寸:0 插入时螺旋路径的半径:2 沿螺旋路径插入时每转(360°)的插入深度:3
	N180	M3 S4000	提高主轴转速
	N190	POCKET4 (50,0,2,－35, 60, 0, 0,3,0,0,350,80,0,21,0,0, 0,2,3)	圆形槽精加工循环调用,详细说明如下: 返回平面高度:50 参考平面高度:0 安全间隙:2 槽深(绝对值):－35 槽半径:60 槽中心点(绝对值)*X* 轴坐标:0 槽中心点(绝对值)*Y* 轴坐标:0 最大进给深度(每层切深):3 槽边缘的精加工余量:0 槽底的精加工余量:0 端面加工进给率:150 深度进给进给率:80 铣削方向:2(G2 圆弧,此处要对应刀具补偿方向) 加工类型:2 精加工,1 使用 G1 垂直于槽中心 在平面的连续加工中最大进给宽度:0 槽半径的空白尺寸:0 距离参考平面的空白槽深尺寸:0 插入时螺旋路径的半径:2 沿螺旋路径插入时每转(360°)的插入深度:3
	N200	G0 Z2	抬刀
圆形阵列圆弧	N210	NN74	子程序,加工圆形阵列 0°圆弧
	N220	AROT RPL＝45;	附加旋转 45°
	N230	NN74	子程序,加工圆形阵列 45°圆弧
	N240	AROT RPL＝45;	附加旋转 45°
	N250	NN74	子程序,加工圆形阵列 90°圆弧
	N260	AROT RPL＝45;	附加旋转 45°
	N270	NN74	子程序,加工圆形阵列 135°圆弧
	N280	AROT RPL＝45;	附加旋转 45°
	N290	NN74	子程序,加工圆形阵列 180°圆弧
	N300	AROT RPL＝45;	附加旋转 45°
	N310	NN74	子程序,加工圆形阵列 225°圆弧
	N320	AROT RPL＝45;	附加旋转 45°
	N330	NN74	子程序,加工圆形阵列 270°圆弧

续表

主程序:AA67(正面装夹方案2,如图5-71)			
圆形阵列圆弧	N340	AROT RPL=45;	附加旋转45°
	N350	NN74	子程序,加工圆形阵列315°圆弧
结束	N360	G00 X200;	抬刀
	N370	M05;	主轴停
	N380	M02;	程序结束
子程序:NN74			
圆形阵列的0°圆弧(深度-35)	N010	G0 X60 Y0 Z50	快速定位
	N020	POCKET4 (60,0,2,-35,20,60,0,3,0,0.3,350,40,2,11,0,0,0,2,3)	圆形槽粗加工循环调用,详细说明如下: 返回平面高度:50 参考平面高度:0 安全高度:2 槽深(绝对值):-35 槽半径:20 槽中心点(绝对值)*X*轴坐标:60 槽中心点(绝对值)*Y*轴坐标:0 最大进给深度(每层切深):3 槽边缘的精加工余量:0 槽底的精加工余量:0.3 端面加工进给率:350 深度进给进给率:40 铣削方向:2(G2圆弧,此处要对应刀具补偿方向) 加工类型:1粗加工,1使用G1垂直于槽中心 在平面的连续加工中作为数值的最大进给宽度:0 槽半径的空白尺寸:0 距离参考平面的空白槽深尺寸:0 插入时螺旋路径的半径:3 沿螺旋路径插入时每转(360°)的插入深度:3
	N030	M3 S4000	提高主轴转速
	N040	POCKET4 (50,0,2,-35,20,60,0,3,0,0,150,40,0,21,0,0,0,2,3)	圆形槽精加工循环调用,详细说明如下: 返回平面高度:50 参考平面高度:0 安全间隙:2 槽深(绝对值):-35 槽半径:20 槽中心点(绝对值)*X*轴坐标:60 槽中心点(绝对值)*Y*轴坐标:0 最大进给深度(每层切深):3 槽边缘的精加工余量:0 槽底的精加工余量:0 端面加工进给率:150 深度进给进给率:40 铣削方向:2(G2圆弧,此处要对应刀具补偿方向) 加工类型:2精加工,1使用G1垂直于槽中心 在平面的连续加工中作为数值的最大进给宽度 槽半径的空白尺寸:0 距离参考平面的空白槽深尺寸:0 插入时螺旋路径的半径:3 沿螺旋路径插入时每转(360°)的插入深度:3

续表

子程序:NN74			
圆形阵列的0°圆弧(深度－35)	N050	G0 Z2	抬刀
	N060	G40	取消刀具补偿

注意：1. 子程序可以写在主程序前面，也可以写在后面。

2. 此处附加旋转指令 AROT RPL=如果无法执行，则可采用零点偏移附加旋转的指令强制执行。

3. 在圆弧槽指令 POCKET4 前一般不需设置 G41 或 G42 刀具补偿，特殊情况下根据实际机床而定。

十四、圆柱薄底板零件的加工与工艺分析

圆柱薄底板零件的零件图如图 5-75 所示。

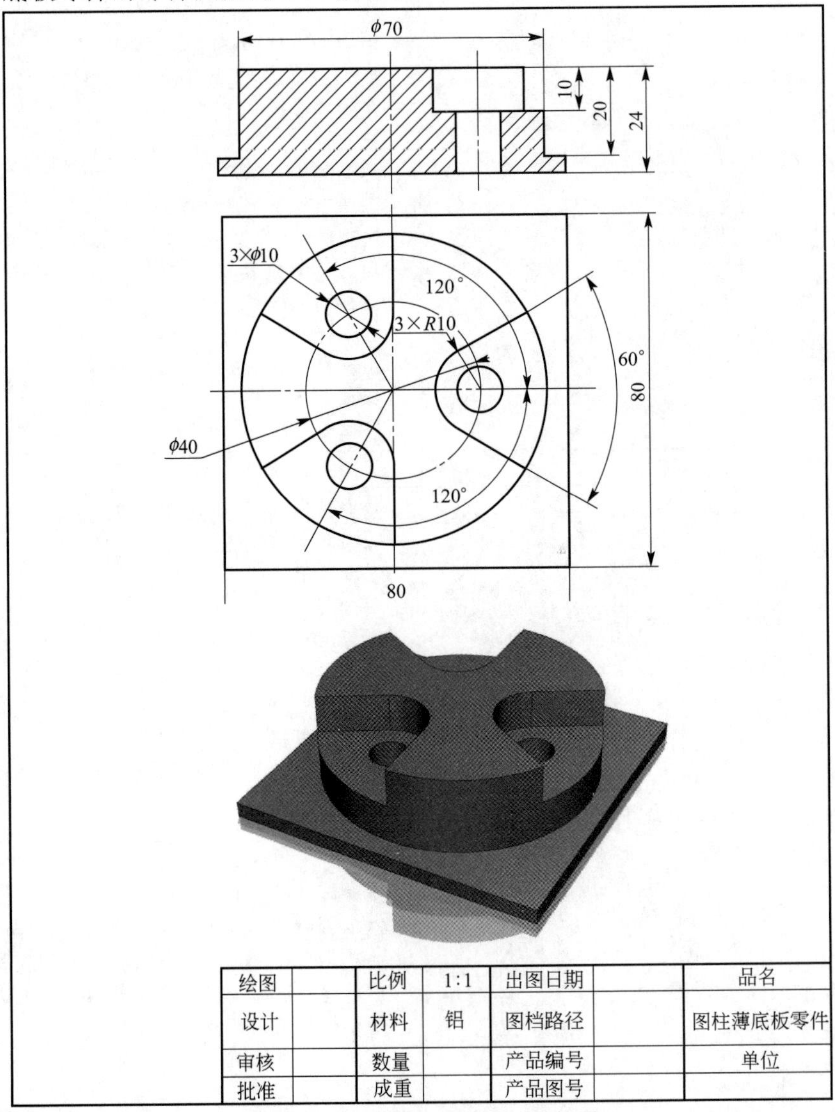

绘图		比例	1:1	出图日期		品名
设计		材料	铝	图档路径		图柱薄底板零件
审核		数量		产品编号		单位
批准		成重		产品图号		

图 5-75 圆柱薄底板零件的零件图

1. 零件图工艺分析

该零件表面由 1 个圆柱形和 3 个台阶形状及通孔组成，根据机床系统不同，采用旋转指令和子程序编程。工件尺寸 80mm×80mm×24mm 的长方体铝件，无尺寸公差要求。尺寸标注完整，轮廓描述清楚。零件材料为已经加工成型的标准铝件，无热处理和硬度要求。

2. 确定装夹方案、加工顺序及进给路线

(1) 安装定位挡铁

首先将 90°定位直角挡铁安装在工作台上，做定位使用，如图 5-76 所示。

(2) 第一次装夹，加工台阶区域

将工件靠紧定位挡铁，用垫块、压块、螺栓等辅助夹具安装在铣床工作台上，加工原点为顶部的中心，加工出台阶区域和通孔。装夹总图如图 5-77 所示。加工原点选取毛坯中间点，采用分中对刀法进行对刀。

图 5-76 安装 90°定位直角挡铁

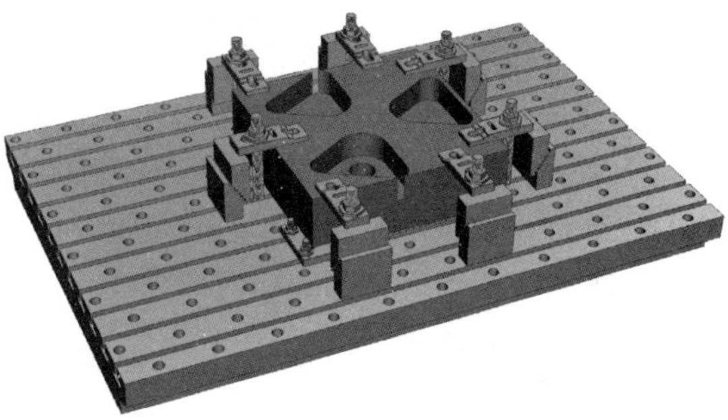

图 5-77 第一次装夹的装夹总图

加工顺序如图 5-78 所示：

① 先采用 ϕ10mm 的铣刀加工外圈的三角形台阶和中间剩余区域，采用中心点坐标编程，不实使用刀具半径补偿；

② 加工通孔。

根据加工顺序得出的相关的坐标点信息如图 5-79 所示。

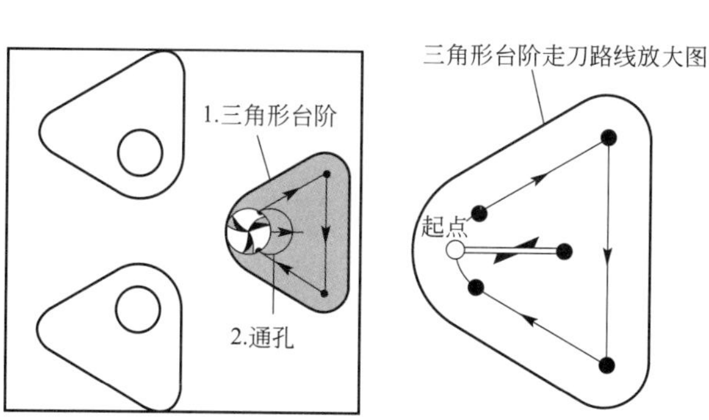

图 5-78 第一次装夹的加工顺序

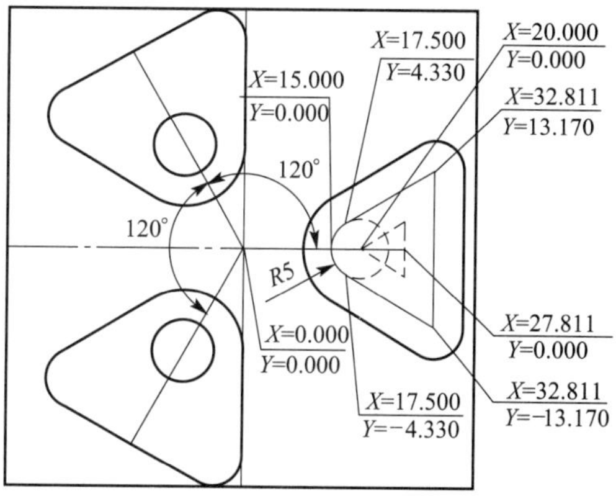

图 5-79 相关的坐标点信息

（3）第二次装夹，加工圆形区域

加工出中间的三个台阶区域后，先用垫片、螺栓螺帽等辅助夹具将工件拧紧，再撤除四周的压板等夹具，即可加工出最后的形状。装夹总图如图 5-80 所示。

为了再次加工不需要重新对刀，定位挡铁保留，加工时注意避让凸出的螺栓位置即可，如图 5-81 所示。

图 5-80 第二次装夹的装夹总图

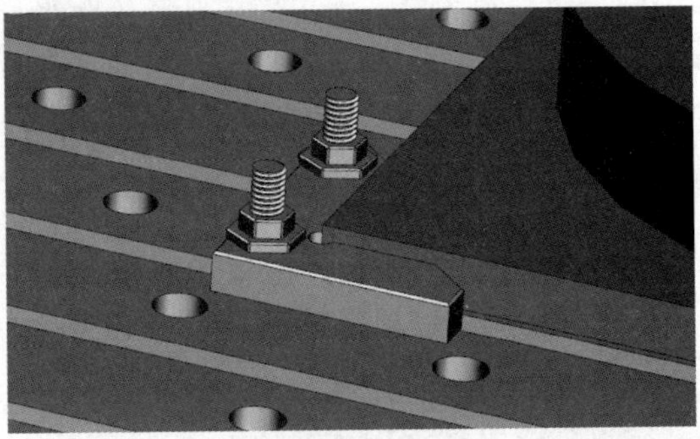

图 5-81 定位挡铁的位置

加工顺序如图 5-82 所示：

① 先采用 ϕ10mm 的铣刀加工外圆，不采用刀具半径补偿；

② 加工四个角落的区域，注意不要有遗漏的区域，做完一个以后用旋转指令加工其余三个。

根据加工顺序得出的相关的坐标点信息如图 5-83 所示。

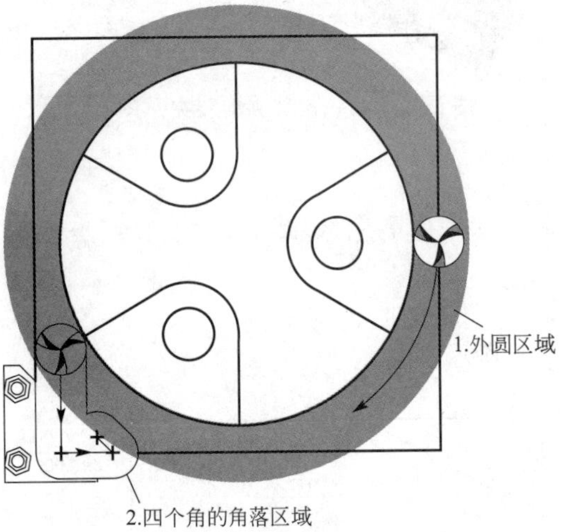

图 5-82 第二次装夹的加工顺序

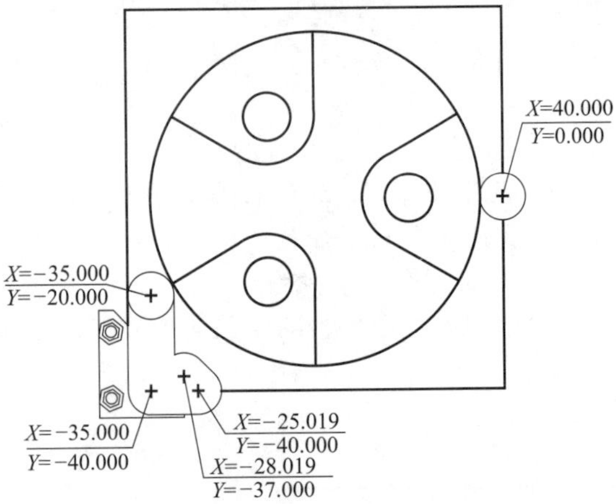

图 5-83 第二次装夹的相关的坐标点信息

（4）刀具选择

选用 ϕ20mm 的铣刀即可加工本例的所有区域，将所选定的刀具参数填入表 5-27 数控加工刀具卡片中，以便于编程和操作管理。

表 5-27 圆柱形圆形阵列孔零件数控加工刀具卡片

产品名称或代号		加工中心艺分析实例		零件名称	圆柱薄底板零件		零件图号	Mill-14
序号	刀具号	刀具规格名称		数量	加工表面		伸出夹头 mm	备注
1	T01	ϕ10mm 铣刀		1	所有待加工区域		50	
编制		×××	审核	×××	批准	×××	共 1 页	第 1 页

（5）切削用量选择

将前面分析的各项内容综合成如表 5-28 所示的数控加工工艺卡片，此表是编制加工程序的主要依据和操作人员配合数控程序进行数控加工的指导性文件，主要内容包括工步顺序、工步内容、各工步所用的刀具及切削用量等。

表 5-28　圆柱形圆形阵列孔零件数控加工工序卡

单位名称	××××	产品名称或代号		零件名称		零件图号	
		加工中心工艺分析实例		圆柱薄底板零件		Mill-14	
工序号	程序编号	夹具名称		使用设备		车间	
001	Mill-14	铣床卡盘		Fanuc、Siemens		数控加工中心	
工步号	工步内容	刀具号	刀具总长伸出 mm	主轴转速 r/min	进给速度 mm/min	下刀量 mm	备注
第一次装夹							
1	三角形台阶	T01	75（50）	2000	350	−10	自动
2	通孔	T01	75（50）	2000	20	−23.5	自动
第二次装夹							
3	圆形	T01	75（50）	2000	350	−20	自动
4	角落区域	T01	75（50）	2000	350	−20	自动
编制	××× 审核	×××	批准 ×××	年　月　日		共 1 页	第 1 页

（6）数控程序的编制

【FANUC 数控程序】

① 第一次装夹的程序（加工顺序见图 5-78）

子程序:O0090			
三角形第 1 层	N010	G02 X17.5 Y4.33 R5 F350	加工 $R5$ 上半段圆弧
	N020	G01 X32.811 Y13.170	加工至三角形右上角
	N030	X32.811 Y−13.170	加工至三角形右下角
	N040	X17.5 Y−4.33	加工至 $R5$ 圆弧起点
	N050	G02 X15 Y0 R5	加工 $R5$ 下半段圆弧
	N060	G01 X27.811 Y0	加工中间剩余区域
	N070	X15 Y0 F800	快速返回三角形起点
	N080	M99	子程序结束

子程序:O0091			
三角形和通孔	N010	G00 X15 Y0	定位在三角形起点正上方
	N020	Z2	快速下刀至工件上方 2mm 处
	N030	G01 Z−3 F80	下刀至 $Z-3$ 处，速度 80mm/min
	N040	M98 P0090	加工三角形第 1 层
	N050	G01 Z−6 F80	下刀至 $Z-6$ 处，速度 80mm/min
	N060	M98 P0090	加工三角形第 2 层
	N070	G01 Z−8 F80	下刀至 $Z-8$ 处，速度 80mm/min
	N080	M98 P0090	加工三角形第 3 层
	N090	G01 Z−10 F80	下刀至 $Z-10$ 处，速度 80mm/min
	N100	M98 P0090	加工三角形第 4 层
	N110	G01 X20 Y0	移至通孔上方
	N120	G01 Z−23.5 F20	铣削通孔
	N130	G04 P1000	孔底暂停 1s，修整孔壁
	N140	G00 Z2	抬刀
	N150	M99	子程序结束

续表

主程序:O0018			
开始	N010	G17 G54 G94;	选择平面、坐标系、分钟进给
	N020	M03 S2000;	主轴正转、2000r/min
	N030	T01 M06;	换01号刀
0°的三角形和通孔	N040	M98 P0091	调用子程序,加工0°的三角形和通孔
120°的三角形和通孔	N050	G68 X0 Y0 R120;	图形旋转,沿 XOY0 旋转120°
	N060	M98 P0091;	调用子程序,加工120°的三角形和通孔
	N070	G69;	图形旋转撤销
240°的三角形和通孔	N080	G68 X0 Y0 R240;	图形旋转,沿 XOY0 旋转240°
	N090	M98 P0091;	调用子程序,加工240°的三角形和通孔
	N100	G69;	图形旋转撤销
结束	N110	G00 Z200;	抬刀
	N120	M05;	主轴停
	N130	M02;	程序结束

注：此处的主程序、子程序可根据实际加工状况和编程略作调整改变。

② 第二次装夹的程序（加工顺序见图5-82）

子程序:O0092			
圆形	N010	G00 X40 Y0	定位在圆形的右侧起点正上方
	N020	Z2	快速下刀至工件上方2mm处
	N030	G01 Z-3 F80	下刀至 Z-3 处,速度80mm/min
	N040	G02 X40 Y0 I-40 J0 F350	加工第1层整圆
	N050	G01 Z-6 F80	下刀至 Z-6 处,速度80mm/min
	N060	G02 X40 Y0 I-40 J0 F350	加工第2层整圆
	N070	G01 Z-9 F80	下刀至 Z-9 处,速度80mm/min
	N080	G02 X40 Y0 I-40 J0 F350	加工第3层整圆
	N090	G01 Z-12 F80	下刀至 Z-12 处,速度80mm/min
	N100	G02 X40 Y0 I-40 J0 F350	加工第4层整圆
	N110	G01 Z-15 F80	下刀至 Z-15 处,速度80mm/min
	N120	G02 X40 Y0 I-40 J0 F350	加工第5层整圆
	N130	G01 Z-18F80	下刀至 Z-18 处,速度80mm/min
	N140	G02 X40 Y0 I-40 J0 F350	加工第6层整圆
	N150	G01 Z-20 F80	下刀至 Z-20 处,速度80mm/min
	N160	G02 X40 Y0 I-40 J0 F350	加工第7层整圆
	N170	G00 Z2	抬刀
	N180	M99	子程序结束
子程序:O0093			
左下角1层	N010	G01 X-35 Y-40 F350	竖向加工
	N020	X-25.019 Y-40	横向加工
	N030	X-28.019 Y-37	清除剩余区域
	N040	W2	Z 向相对抬刀2mm
	N050	X-35 Y-20	返回起点
	N060	M99	子程序结束

续表

子程序:O0094			
左下角区域	N010	G00 X-35 Y-20	定位在三角形左下角的孔正上方
	N020	G01 Z-3 F80	下刀至 Z-3 处,速度 80mm/min
	N030	M98 P0094	加工左下角区域第 1 层
	N040	G01 Z-6 F80	下刀至 Z-6 处,速度 80mm/min
	N050	M98 P0094	加工左下角区域第 2 层
	N060	G01 Z-9 F80	下刀至 Z-9 处,速度 80mm/min
	N070	M98 P0094	加工左下角区域第 3 层
	N080	G01 Z-12 F80	下刀至 Z-12 处,速度 80mm/min
	N090	M98 P0094	加工左下角区域第 4 层
	N100	G01 Z-15 F80	下刀至 Z-15 处,速度 80mm/min
	N110	M98 P0094	加工左下角区域第 5 层
	N120	G01 Z-18 F80	下刀至 Z-18 处,速度 80mm/min
	N130	M98 P0094	加工左下角区域第 6 层
	N140	G01 Z-20 F80	下刀至 Z-20 处,速度 80mm/min
	N150	M98 P0094	加工左下角区域第 7 层
	N160	G00 Z2	抬刀
	N170	M99	子程序结束
主程序:O0020			
开始	N010	G17 G54 G94;	选择平面、坐标系、分钟进给
	N020	M03 S2000;	主轴正转、2000r/min
	N030	T01 M06;	换 01 号刀
圆形	N040	M98 P0092	调用子程序,加工圆形区域
左下角区域	N050	M98 P0094	调用子程序,加工左下角区域
右下角区域	N060	G68 X0 Y0 R90;	图形旋转,沿 X0 Y0 旋转 90°
	N070	M98 P0094;	调用子程序,加工右下角区域
	N080	G69;	图形旋转撤销
右上角区域	N090	G68 X0 Y0 R180;	图形旋转,沿 X0 Y0 旋转 180°
	N100	M98 P0094;	调用子程序,加工右上角区域
	N110	G69;	图形旋转撤销
左上角区域	N120	G68 X0 Y0 R270;	图形旋转,沿 X0 Y0 旋转 270°
	N130	M98 P0094;	调用子程序,加工左上角区域
	N140	G69;	图形旋转撤销
结束	N150	G00 Z200;	抬刀
	N160	M05;	主轴停
	N170	M02;	程序结束

注:此处的主程序、子程序可根据实际加工状况和编程略作调整改变。

【SIEMENS 数控程序】

① 第一次装夹的程序(加工顺序见图 5-78)

子程序:NN80			
三角形第 1 层	N010	G2 X17.5 Y4.33 CR=5 F350	加工 R5 上半段圆弧
	N020	G1 X32.811 Y13.170	加工至三角形右上角
	N030	X32.811 Y-13.170	加工至三角形右下角
	N040	X17.5 Y-4.33	加工至 R5 圆弧起点
	N050	G2 X15 Y0 CR=5	加工 R5 下半段圆弧
	N060	G1 X27.811 Y0	加工中间剩余区域
	N070	X15 Y0 F800	快速返回三角形起点
	N080	M2	子程序结束

续表

子程序:NN81			
三角形和通孔	N010	G0 X15 Y0	定位在三角形起点正上方
	N020	Z2	快速下刀至工件上方 2mm 处
	N030	G1 Z－3 F80	下刀至 Z－3 处，速度 80mm/min
	N040	NN80	加工三角形第 1 层
	N050	G1 Z－6 F80	下刀至 Z－6 处，速度 80mm/min
	N060	NN80	加工三角形第 2 层
	N070	G1 Z－8 F80	下刀至 Z－8 处，速度 80mm/min
	N080	NN80	加工三角形第 3 层
	N090	G1 Z－10 F80	下刀至 Z－10 处，速度 80mm/min
	N100	NN80	加工三角形第 4 层
	N110	G1 X20 Y0	移至通孔上方
	N120	G1 Z－23.5 F20	铣削通孔
	N130	G4 F1	孔底暂停 1s，修整孔壁
	N140	G0 Z2	抬刀
	N150	M2	子程序结束
主程序:O0018			
开始	N010	G17 G54 G94	选择平面、坐标系、分钟进给
	N020	M3 S2000	主轴正转、2000r/min
	N030	T01 D1	换 1 号刀
0°的三角形和通孔	N040	NN81	调用子程序，加工 0°的三角形和通孔
120°的三角形和通孔	N050	TRANS X0 Y0	零点偏移至 X0 Y0
	N060	AROT RPL＝120	附加旋转 120°
	N070	NN81	调用子程序，加工 120°的三角形和通孔
	N080	TRANS	删除偏移和旋转
240°的三角形和通孔	N090	TRANS X0 Y0	零点偏移至 X0 Y0
	N100	AROT RPL＝240	附加旋转 240°
	N110	NN81	调用子程序，加工 240°的三角形和通孔
	N120	TRANS	删除偏移和旋转
结束	N130	G00 Z200	抬刀
	N140	M05	主轴停
	N150	M02	程序结束

注：如果原点位置不发生变化，理论上可直接使用旋转指令；但是如果机床并非自己单独使用，其参数可能已发生变化或修改，建议使用零点偏移附加旋转更加安全。

② 第二次装夹的程序（加工顺序见图 5-82）

子程序:NN85			
圆形	N010	G0 X40 Y0	定位在圆形的右侧起点正上方
	N020	Z2	快速下刀至工件上方 2mm 处
	N030	G1 Z－3 F80	下刀至 Z－3 处，速度 80mm/min
	N040	G2 X40 Y0 I－40 J0 F350	加工第 1 层整圆
	N050	G1 Z－6 F80	下刀至 Z－6 处，速度 80mm/min
	N060	G2 X40 Y0 I－40 J0 F350	加工第 2 层整圆
	N070	G1 Z－9 F80	下刀至 Z－9 处，速度 80mm/min

续表

子程序:NN85			
圆形	N080	G2 X40 Y0 I－40 J0 F350	加工第3层整圆
	N090	G1 Z－12 F80	下刀至 $Z-12$ 处,速度80mm/min
	N100	G2 X40 Y0 I－40 J0 F350	加工第4层整圆
	N110	G1 Z－15 F80	下刀至 $Z-15$ 处,速度80mm/min
	N120	G2 X40 Y0 I－40 J0 F350	加工第5层整圆
	N130	G1 Z－18 F80	下刀至 $Z-18$ 处,速度80mm/min
	N140	G2 X40 Y0 I－40 J0 F350	加工第6层整圆
	N150	G1 Z－20 F80	下刀至 $Z-20$ 处,速度80mm/min
	N160	G2 X40 Y0 I－40 J0 F350	加工第7层整圆
	N170	G0 Z2	抬刀
	N180	M2	子程序结束
子程序:NN86			
左下角1层	N010	G1 X－35 Y－40 F350	竖向加工
	N020	X－25.019 Y－40	横向加工
	N030	X－28.019 Y－37	清除剩余区域
	N040	W2	Z 向相对抬刀2mm
	N050	X－35 Y－20	返回起点
	N060	M2	子程序结束
子程序:NN87			
左下角区域	N010	G0 X－35 Y－20	定位在三角形左下角的孔正上方
	N020	G1 Z－3 F80	下刀至 $Z-3$ 处,速度80mm/min
	N030	M98 P0094	加工左下角区域第1层
	N040	G1 Z－6 F80	下刀至 $Z-6$ 处,速度80mm/min
	N050	M98 P0094	加工左下角区域第2层
	N060	G1 Z－9 F80	下刀至 $Z-9$ 处,速度80mm/min
	N070	M98 P0094	加工左下角区域第3层
	N080	G1 Z－12 F80	下刀至 $Z-12$ 处,速度80mm/min
	N090	M98 P0094	加工左下角区域第4层
	N100	G1 Z－15 F80	下刀至 $Z-15$ 处,速度80mm/min
	N110	M98 P0094	加工左下角区域第5层
	N120	G1 Z－18 F80	下刀至 $Z-18$ 处,速度80mm/min
	N130	M98 P0094	加工左下角区域第6层
	N140	G1 Z－20 F80	下刀至 $Z-20$ 处,速度80mm/min
	N150	M98 P0094	加工左下角区域第7层
	N160	G0 Z2	抬刀
	N170	M2	子程序结束
主程序:AA40			
开始	N010	G17 G54 G94;	选择平面、坐标系、分钟进给
	N020	M3 S2000;	主轴正转、2000r/min
	N030	T01 D1;	换01号刀
圆形	N040	NN85	调用子程序,加工圆形区域
左下角区域	N050	NN87	调用子程序,加工左下角区域
右下角区域	N060	TRANS X0 Y0	零点偏移至 $X0$ $Y0$
	N070	AROT RPL＝90	附加旋转90°
	N080	NN87	调用子程序,加工上方的孔
	N090	TRANS	删除偏移和旋转
右上角区域	N100	TRANS X0 Y0	零点偏移至 $X0$ $Y0$
	N110	AROT RPL＝180	附加旋转180°
	N120	NN87	调用子程序,加工上方的孔
	N130	TRANS	删除偏移和旋转
左上角区域	N140	TRANS X0 Y0	零点偏移至 $X0$ $Y0$
	N150	AROT RPL＝270	附加旋转270°

续表

主程序:AA40			
左上角区域	N160	NN87	调用子程序,加工上方的孔
	N170	TRANS	删除偏移和旋转
结束	N180	G00 Z200;	抬刀
	N190	M05;	主轴停
	N200	M02;	程序结束

注：如果原点位置不发生变化，理论上可直接使用旋转指令；但是如果机床并非自己单独使用，其参数可能已发生变化或修改，建议使用零点偏移附加旋转更加安全。

十五、异形薄板零件的加工与工艺分析

异形薄板零件的零件图如图 5-84 所示。

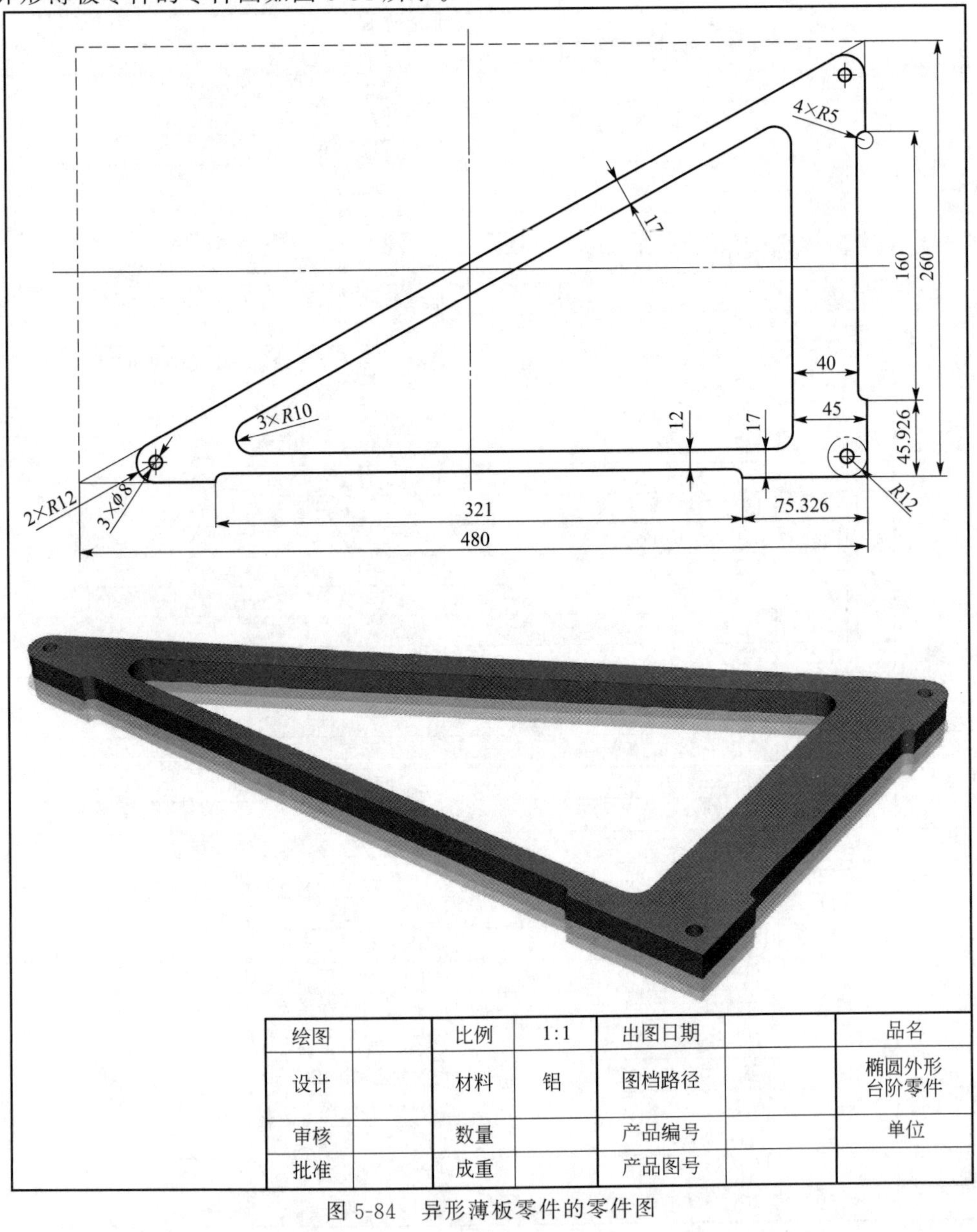

图 5-84　异形薄板零件的零件图

1. 零件图工艺分析

该零件表面由 1 个三角形区域组成，根据机床系统不同，可使用旋转指令和子程序编程。

注意，工艺分析应考虑加工成本和批量加工的要求，故取毛坯材料时采用两件取一块毛坯料的方法，如图 5-85 所示，虚线部分为单件的尺寸测量及标注范围，阴影部分为实际的毛坯取料范围，其毛坯尺寸 444.651mm×290.52mm×14mm 的长方体薄板铝件，无尺寸公差要求。尺寸标注完整，轮廓描述清楚。零件材料为已经加工成型的标准铝件，无热处理和硬度要求。

2. 确定装夹方案、加工顺序及进给路线

(1) 安装定位挡铁

首先将三块定位挡铁安装在工作台上，用百分表校正，做定位使用，在毛坯料上钻孔，用以固定使用，挡铁和钻孔如图 5-86 所示。加工原点选择毛坯左下角的上表面点。

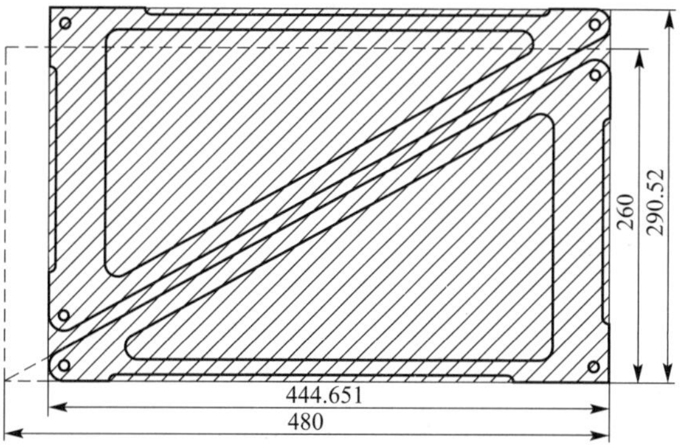

图 5-85　毛坯取料尺寸图

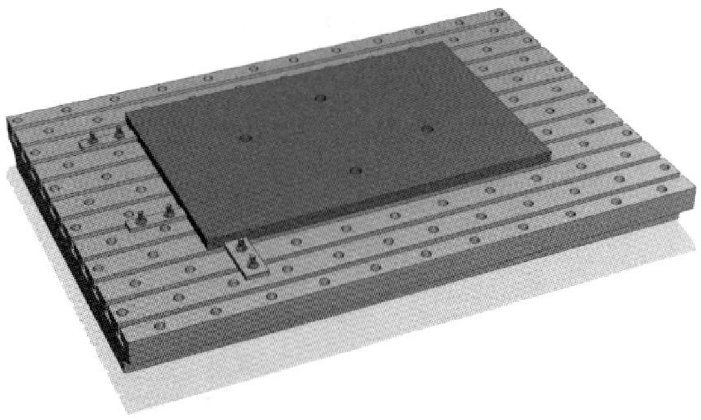

图 5-86　安装 90°定位直角挡铁和预先钻孔示意图

(2) 第一次装夹，加工四周凹槽区域和中间大斜线区域

将工件靠紧定位挡铁，用垫块、压块、螺栓等辅助夹具安装在铣床工作台上，加工原点为顶部的左下角，加工出四周凹槽区域和中间大斜线区域。装夹总图如图 5-87 所示，浅色区域为加工区域。

图 5-87　第一次装夹总图

加工顺序如图 5-88 所示：

① 采用 ϕ10mm 的铣刀子程序加工左侧凹槽；

② 采用 ϕ10mm 的铣刀子程序加工右侧凹槽；

③ 采用 ϕ10mm 的铣刀子程序加工下侧凹槽；

④ 采用 ϕ10mm 的铣刀子程序加工上侧凹槽；

⑤ 加工中间的大斜线区域；

⑥ 加工左下角小圆弧；

⑦ 加工右上角小圆弧。

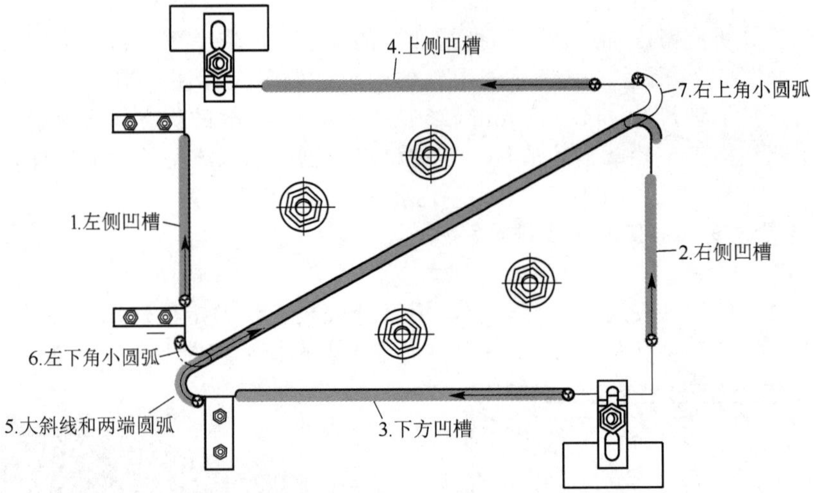

图 5-88　第一次装夹的加工顺序

根据加工顺序得出的相关的坐标点信息如图 5-89 所示。

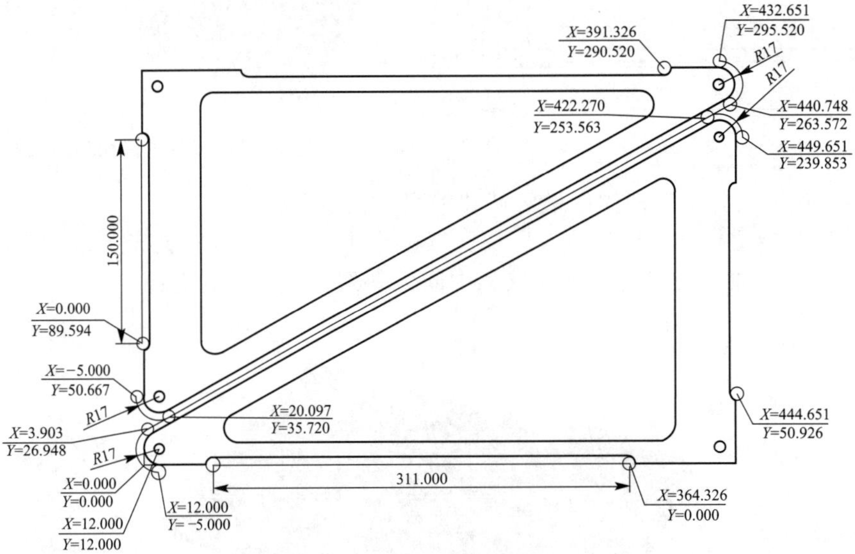

图 5-89　第一次装夹相关的坐标点信息

（3）第二次装夹，切断中间区域和钻孔

加工出周围的区域后，四周必须增加压块固定，中间斜线区域也必须增加压块固定，具体增加多少，根据实际情况来确定，以确保切断时三角形边缘不发生变形（切忌此处不要将三角形作为挖槽加工而铣削干净，一则挖槽将所有三角形区域量加工费时费力，二则切下来的三角形在实际生产中亦可以另作他用）。

四周的孔可采用 ϕ8mm 铣刀加工，注意加工用量和速度即可。装夹总图如图 5-90 所示，浅色区域为加工区域。

再次加工不需要重新对刀，只需靠紧定位挡铁即可。

加工顺序如图 5-91 所示。

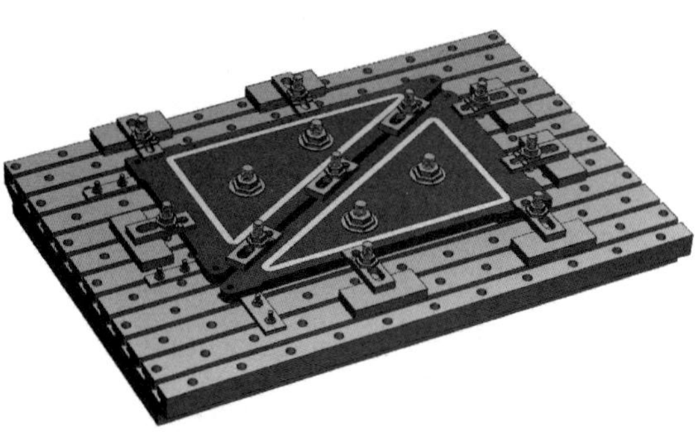

图 5-90　第二次装夹总图

① 先采用 ϕ10mm 的铣刀加工下方的三角形区域，用于切断，不采用刀具半径补偿；

② 用偏移和旋转指令加工上方的三角形区域；

③ ϕ8mm 的铣刀铣削加工四个角落的孔。

根据加工顺序得出的相关的坐标点信息如图 5-92 所示。

（4）刀具选择

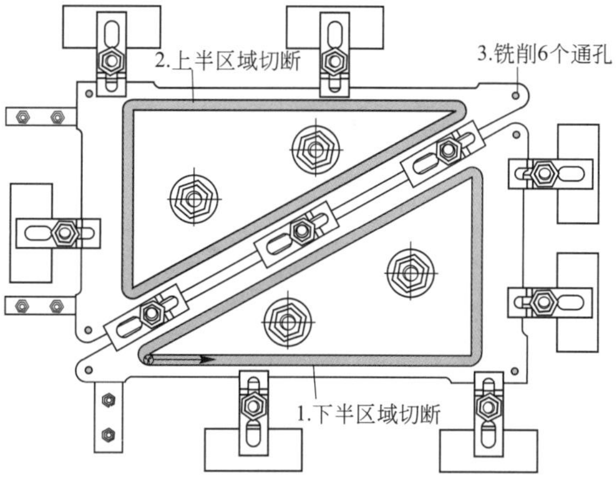

图 5-91　第二次装夹的加工顺序

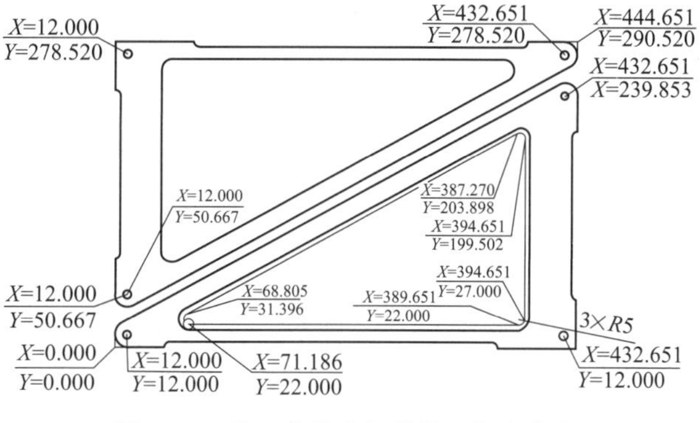

图 5-92　第二次装夹相关的坐标点信息

将所选定的刀具参数填入表 5-29 数控加工刀具卡片中，以便于编程和操作管理。

表 5-29　圆柱形圆形阵列孔零件数控加工刀具卡片

<table>
<tr><td colspan="2">产品名称或代号</td><td>加工中心艺分析实例</td><td colspan="2">零件名称</td><td>异形薄板零件</td><td>零件图号</td><td>Mill-14</td></tr>
<tr><td>序号</td><td>刀具号</td><td>刀具规格名称</td><td>数量</td><td colspan="2">加工表面</td><td>伸出夹头
mm</td><td>备注</td></tr>
<tr><td>1</td><td>T01</td><td>ϕ10mm 铣刀</td><td>1</td><td colspan="2">出孔外所有待加工区域</td><td>50</td><td></td></tr>
<tr><td></td><td>T02</td><td>ϕ8mm 铣刀</td><td>1</td><td colspan="2">所有待加工孔</td><td>50</td><td></td></tr>
<tr><td colspan="2">编制</td><td>×××　审核　×××</td><td>批准</td><td colspan="2">×××</td><td>共 1 页</td><td>第 1 页</td></tr>
</table>

（5）切削用量选择

将前面分析的各项内容综合成如表 5-30 所示的数控加工工艺卡片，此表是编制加工程序的主要依据和操作人员配合数控程序进行数控加工的指导性文件，主要内容包括工步顺序、工步内容、各工步所用的刀具及切削用量等。

表 5-30 圆柱形圆形阵列孔零件数控加工工序卡

单位名称	××××		产品名称或代号		零件名称		零件图号	
			加工中心工艺分析实例		异形薄板零件		Mill-15	
工序号	程序编号		夹具名称		使用设备		车间	
001	Mill-15		自制夹具		Fanuc、Siemens		数控加工中心	
工步号	工步内容		刀具号	刀具总长伸出 mm	主轴转速 r/min	进给速度 mm/min	下刀量 mm	备注
第一次装夹								
1	外部的凹槽区域		T01	75(50)	2000	350	−13.5	自动
2	中间大斜线区域		T01	75(50)	2000	350	−13.5	自动
3	左下角和右上角圆弧		T01	75(50)	2000	350	−13.5	自动
第二次装夹								
1	内部三角形内边缘区域		T01	75(50)	2000	350	−13.5	自动
2	四周的孔		T02	75(50)	800	20	−13.5	自动
编制	×××	审核	×××	批准 ×××	年 月 日		共 1 页	第 1 页

（6）数控程序的编制

【FANUC 数控程序】

① 第一次装夹的程序（加工顺序见图 5-88）

子程序:O0096			
左右凹槽子程序	N010	G01 Z−3 F80	下刀至 Z−3 处,速度 80mm/min
	N020	V150 F350	+Y 方向加工 150mm,加工第 1 层
	N030	Z−6 F80	下刀至 Z−6 处,速度 80mm/min
	N040	V−150 F350	−Y 方向加工 150mm,加工第 2 层
	N050	Z−9 F80	下刀至 Z−9 处,速度 80mm/min
	N060	V150 F350	+Y 方向加工 150mm,加工第 3 层
	N070	Z−12 F80	下刀至 Z−12 处,速度 80mm/min
	N080	V−150 F350	−Y 方向加工 150mm,加工第 4 层
	N090	Z−13.5 F80	下刀至 Z−13.5 处,速度 80mm/min
	N100	V150 F350	+Y 方向加工 150mm,加工第 5 层
	N110	G00 Z2	抬刀
	N120	M99	子程序结束
子程序:O0097			
上下凹槽子程序	N010	G01 Z−3 F80	下刀至 Z−3 处,速度 80mm/min
	N020	U−311 F350	−X 方向加工 311mm,加工第 1 层
	N030	Z−6 F80	下刀至 Z−6 处,速度 80mm/min
	N040	U311 F350	+X 方向加工 311mm,加工第 2 层
	N050	Z−9 F80	下刀至 Z−9 处,速度 80mm/min
	N060	U−311 F350	−X 方向加工 311mm,加工第 3 层
	N070	Z−12 F80	下刀至 Z−12 处,速度 80mm/min
	N080	U311 F350	+X 方向加工 311mm,加工第 4 层
	N090	Z−13.5 F80	下刀至 Z−13.5 处,速度 80mm/min
	N100	U−311 F350	−X 方向加工 311mm,加工第 5 层
	N110	G00 Z2	抬刀
	N120	M99	子程序结束

续表

子程序：O0098			
大斜线第 1 层	N010	G02 X3.903 Y26.948 R17 F350	加工大斜线左下角圆弧
	N020	G01 X422.270 Y253.563	加工大斜线
	N030	G02 X449.651 Y239.853 R17	加工大斜线右上角圆弧
	N040	G00 Z2	抬刀
	N050	X12 Y15	定位在大斜线起点上方
	N060	M99	子程序结束
主程序：O0020			
开始	N010	G17 G54 G94;	选择平面、坐标系、分钟进给
	N020	M03 S2000;	主轴正转、2000r/min
	N030	T01 M06;	换 01 号刀
左侧凹槽	N040	G00 X0 Y89.594	定位在左侧凹槽起点上方
(图 5-88 的 1)	N050	M98 P0096	加工左侧凹槽
右侧凹槽	N060	G00 X444.651 Y50.926	定位在右侧凹槽起点上方
(图 5-88 的 2)	N070	M98 P0096	加工右侧凹槽
下侧凹槽	N080	G00 X364.326 Y0	定位在下侧凹槽起点上方
(图 5-88 的 3)	N090	M98 P0097	加工下侧凹槽
上侧凹槽	N100	GC0 X391.326 Y290.520	定位在下侧凹槽起点上方
(图 5-88 的 4)	N110	M98 P0097	加工下侧凹槽
大斜线区域 (图 5-88 的 5)	N120	G00 X12 Y15	定位在大斜线起点上方
	N130	G01 Z-3 F80	下刀至 Z-3 处，速度 80mm/min
	N140	M98 P0098	加工大斜线第 1 层
	N150	G01 Z-6 F80	下刀至 Z-6 处，速度 80mm/min
	N160	M98 P0098	加工大斜线第 2 层
	N170	G01 Z-9 F80	下刀至 Z-9 处，速度 80mm/min
	N180	M98 P0098	加工大斜线第 3 层
	N190	G01 Z-12 F80	下刀至 Z-12 处，速度 80mm/min
	N200	M98 P0098	加工大斜线第 4 层
	N210	G01 Z-13.5 F80	下刀至 Z-13.5 处，速度 80mm/min
	N220	M98 P0098	加工大斜线第 5 层
左下角小圆弧 (图 5-88 的 6)	N230	G00 X-5 Y50.667	定位在左下角圆弧左侧起点
	N240	G01 Z-3 F80	下刀至 Z-3 处，速度 80mm/min
	N250	G03 X20.097 Y35.720 R17 F350	逆时针加工圆弧至终点，第 1 层
	N260	G01 Z-6 F80	下刀至 Z-6 处，速度 80mm/min
	N270	G02 X-5 Y50.667 R17 F350	顺时针加工圆弧至起点，第 2 层
	N280	G01 Z-9 F80	下刀至 Z-9 处，速度 80mm/min
	N290	G03 X20.097 Y35.720 R17 F350	逆时针加工圆弧至终点，第 3 层
	N300	G01 Z-12 F80	下刀至 Z-12 处，速度 80mm/min
	N310	G02 X-5 Y50.667 R17 F350	顺时针加工圆弧至起点，第 4 层
	N320	G01 Z-13.5 F80	下刀至 Z-3 处，速度 80mm/min
	N330	G03 X20.097 Y35.720 R17 F350	逆时针加工圆弧至终点，第 5 层
	N340	G00 Z2	抬刀
右上角小圆弧 (图 5-88 的 7)	N350	G00 X432.651 Y295.520	定位在右上角圆弧上侧起点
	N360	G01 Z-3 F80	下刀至 Z-3 处，速度 80mm/min
	N370	G02 X440.748 Y263.572 R17 F350	顺时针加工圆弧至终点，第 1 层

续表

主程序:O0020			
右上角小圆弧(图 5-88 的 7)	N380	G01 X422.270 Y253.563	加工至直线终点
	N390	G01 Z－6 F80	下刀至 Z－6 处,速度 80mm/min
	N400	G01 X440.748 Y263.572 F350	加工至圆弧下侧终点,第 2 层
	N420	G03 X432.651 Y295.520 R17	顺时针加工圆弧至起点
	N430	G01 Z－9 F80	下刀至 Z－9 处,速度 80mm/min
	N440	G02 X440.748 Y263.572 R17 F350	顺时针加工圆弧至终点,第 3 层
	N450	G01 X422.270 Y253.563	加工至直线终点
	N460	G01 Z－12 F80	下刀至 Z－12 处,速度 80mm/min
	N470	G01 X440.748 Y263.572 F350	加工至圆弧下侧终点,第 4 层
	N480	G03 X432.651 Y295.520 R17	顺时针加工圆弧至起点
	N490	G01 Z－13.5 F80	下刀至 Z－13.5 处,速度 80mm/min
	N500	G02 X440.748 Y263.572 R17 F350	顺时针加工圆弧至终点,第 5 层
	N510	G01 X422.270 Y253.563	加工至直线终点
结束	N520	G00 Z200;	抬刀
	N530	M05;	主轴停
	N540	M02;	程序结束

注：此处的主程序、子程序可根据实际加工状况和编程略作调整改变。

② 第二次装夹的程序（加工顺序见图 5-91）

子程序:O0099			
三角形的第 1 层	N010	G01 X389.651 Y22 F350	加工三角形下方直线,加工第 1 层
	N020	G03 X394.651 Y27 R5	加工三角形右下角圆弧(注意:此处半径是刀具路径的半径)
	N030	G01 X394.651 Y199.502	加工三角形右侧直线
	N040	G03 X387.270 Y203.898 R5	加工三角形右上角圆弧
	N050	G01 X68.805 Y31.396	加工三角形上方斜线
	N060	G03 X71.186 Y22 R5	加工三角形左下角圆弧
	N070	M99	子程序结束
子程序:O0100			
三角形子程序	N010	G00 X71.186 Y22	定位在三角形起点上方
	N020	Z2	接近工件表面
	N030	G01 Z－3 F80	下刀至 Z－3 处,速度 80mm/min
	N040	M98 P0099	加工三角形的第 1 层
	N050	G01 Z－6 F80	下刀至 Z－6 处,速度 80mm/min
	N060	M98 P0099	加工三角形的第 2 层
	N070	G01 Z－9 F80	下刀至 Z－9 处,速度 80mm/min
	N080	M98 P0099	加工三角形的第 3 层
	N090	G01 Z－12 F80	下刀至 Z－12 处,速度 80mm/min
	N100	M98 P0099	加工三角形的第 4 层
	N110	G01 Z－13.5 F80	下刀至 Z－13.5 处,速度 80mm/min
	N120	M98 P0099	加工三角形的第 5 层
	N130	G00 Z2	抬刀
	N140	M99	子程序结束
子程序:O0101			
铣孔	N010	G00 X12 Y12	定位在三角形左下角的孔正上方
	N020	Z2	快速下刀至工件上方 2mm 处

续表

子程序:O0101			
铣孔	N030	G01 Z－13.5 F80	铣孔
	N040	G04 P1000	孔底暂停 1s,修整孔壁
	N050	G00 Z2	抬刀
	N060	G00 X432.651 Y12	定位在三角形右下角的孔正上方
	N070	G01 Z－13.5 F80	铣孔
	N080	G04 P1000	孔底暂停 1s,修整孔壁
	N090	G00 Z2	抬刀
	N100	G00 X432.651 Y239.853	定位在三角形右上角的孔正上方
	N110	G01 Z－13.5 F80	铣孔
	N120	G04 P1000	孔底暂停 1s,修整孔壁
	N130	G00 Z2	抬刀
	N140	M99	子程序结束
主程序:O0020			
开始	N010	G17 G54 G94;	选择平面、坐标系、分钟进给
	N020	M03 S2000;	主轴正转、2000r/min
	N030	T01 M06;	换 01 号刀
下方三角形	N040	M98 P0100	调用子程序,加工下方的三角形
上方三角形	N050	G68 X444.651 Y290.520 R180;	图形旋转,沿 X444.651 Y290.520 旋转 180°
	N060	M98 P0100;	调用子程序,加工上方的三角形
	N070	G69;	图形旋转撤销
	N080	G00 Z200	抬刀,远离工件
下方的孔	N090	T02 M06;	换 02 号刀
	N100	M98 P0101	调用子程序,加工下方的孔
上方的孔	N110	G68 X444.651 Y290.520 R180;	图形旋转,沿 X444.651 Y290.520 旋转 180°
	N120	M98 P0101	调用子程序,加工上方的孔
	N130	G69;	图形旋转撤销
结束	N140	G00 Z200;	抬刀
	N150	M05;	主轴停
	N160	M02;	程序结束

注：此处的主程序、子程序可根据实际加工状况和编程略作调整改变。

【SIEMENS 数控程序】

① 第一次装夹的程序（加工顺序见图 5-88）

子程序:NN90			
左右凹槽子程序	N010	G1 Z－3 F80	下刀至 Z－3 处,速度 80mm/min
	N020	V150 F350	＋Y 方向加工 150mm,加工第 1 层
	N030	Z－6 F80	下刀至 Z－6 处,速度 80mm/min
	N040	V－150 F350	－Y 方向加工 150mm,加工第 2 层
	N050	Z－9 F80	下刀至 Z－9 处,速度 80mm/min
	N060	V150 F350	＋Y 方向加工 150mm,加工第 3 层
	N070	Z－12 F80	下刀至 Z－12 处,速度 80mm/min
	N080	V－150 F350	－Y 方向加工 150mm,加工第 4 层
	N090	Z－13.5 F80	下刀至 Z－13.5 处,速度 80mm/min
	N100	V150 F350	＋Y 方向加工 150mm,加工第 5 层
	N110	G0 Z2	抬刀
	N120	M2	子程序结束

续表

子程序:NN91			
上下凹槽子程序	N010	G1 Z−3 F80	下刀至 Z−3 处,速度 80mm/min
	N020	U−311 F350	−X 方向加工 311mm,加工第 1 层
	N030	Z−6 F80	下刀至 Z−6 处,速度 80mm/min
	N040	U311 F350	+X 方向加工 311mm,加工第 2 层
	N050	Z−9 F80	下刀至 Z−9 处,速度 80mm/min
	N060	U−311 F350	−X 方向加工 311mm,加工第 3 层
	N070	Z−12 F80	下刀至 Z−12 处,速度 80mm/min
	N080	U311 F350	+X 方向加工 311mm,加工第 4 层
	N090	Z−13.5 F80	下刀至 Z−13.5 处,速度 80mm/min
	N100	U−311 F350	−X 方向加工 311mm,加工第 5 层
	N110	G0 Z2	抬刀
	N120	M2	子程序结束
子程序:NN92			
大斜线第 1 层	N010	G2 X3.903 Y26.948 CR=17 F350	加工大斜线左下角圆弧
	N020	G1 X422.270 Y253.563	加工大斜线
	N030	G2 X449.651 Y239.853 CR=17	加工大斜线右上角圆弧
	N040	G0 Z2	抬刀
	N050	G0 X12 Y15	定位在大斜线起点上方
	N060	M2	子程序结束
主程序:AA49			
开始	N010	G17 G54 G94;	选择平面、坐标系、分钟进给
	N020	M3 S2000;	主轴正转、2000r/min
	N030	T1 D1;	换 1 号刀
左侧凹槽(图 5-88 的 1)	N040	G0 X0 Y89.594	定位在左侧凹槽起点上方
	N050	NN90	加工左侧凹槽
右侧凹槽(图 5-88 的 2)	N060	G0 X444.651 Y50.926	定位在右侧凹槽起点上方
	N070	NN90	加工右侧凹槽
下侧凹槽(图 5-88 的 3)	N080	G0 X364.326 Y0	定位在下侧凹槽起点上方
	N090	NN91	加工下侧凹槽
上侧凹槽(图 5-88 的 4)	N100	G0 X391.326 Y290.520	定位在下侧凹槽起点上方
	N110	NN91	加工下侧凹槽
大斜线区域(图 5-88 的 5)	N120	G0 X12 Y15	定位在大斜线起点上方
	N130	G1 Z−3 F80	下刀至 Z−3 处,速度 80mm/min
	N140	NN92	加工大斜线第 1 层
	N150	G1 Z−6 F80	下刀至 Z−6 处,速度 80mm/min
	N160	NN92	加工大斜线第 2 层
	N170	G1 Z−9 F80	下刀至 Z−9 处,速度 80mm/min
	N180	NN92	加工大斜线第 3 层
	N190	G1 Z−12 F80	下刀至 Z−12 处,速度 80mm/min
	N200	NN92	加工大斜线第 4 层
	N210	G1 Z−13.5 F80	下刀至 Z−13.5 处,速度 80mm/min
	N220	NN92	加工大斜线第 5 层
左下角小圆弧(图 5-88 的 6)	N230	G0 X−5 Y50.667	定位在左下角圆弧左侧起点
	N240	G1 Z−3 F80	下刀至 Z−3 处,速度 80mm/min

续表

主程序:AA49			
左下角小圆弧(图 5-88 的 6)	N250	G3 X20.097 Y35.720 CR=17 F350	逆时针加工圆弧至终点,第 1 层
	N260	G1 Z-6 F80	下刀至 Z-6 处,速度 80mm/min
	N270	G2 X-5 Y50.667 CR=17 F350	顺时针加工圆弧至起点,第 2 层
	N280	G1 Z-9 F80	下刀至 Z-9 处,速度 80mm/min
	N290	G3 X20.097 Y35.720 CR=17 F350	逆时针加工圆弧至终点,第 3 层
	N300	G1 Z-12 F80	下刀至 Z-12 处,速度 80mm/min
	N310	G2 X-5 Y50.667 CR=17 F350	顺时针加工圆弧至起点,第 4 层
	N320	G1 Z-13.5 F80	下刀至 Z-3 处,速度 80mm/min
	N330	G3 X20.097 Y35.720 CR=17 F350	逆时针加工圆弧至终点,第 5 层
	N340	G0 Z2	抬刀
右上角小圆弧(图 5-88 的 7)	N350	G0 X432.651 Y295.520	定位在右上角圆弧上侧起点
	N360	G1 Z-3 F80	下刀至 Z-3 处,速度 80mm/min
	N370	G2 X440. 748 Y263. 572 CR = 17 F350	顺时针加工圆弧至终点,第 1 层
	N380	G1 X422.270 Y253.563	加工至直线终点
	N390	G1 Z-6 F80	下刀至 Z-6 处,速度 80mm/min
	N400	G1 X440.748 Y263.572 F350	加工至圆弧下侧终点,第 1 层
	N420	G3 X432.651 Y295.520 CR=17	顺时针加工圆弧至起点
	N430	G1 Z-9 F80	下刀至 Z-9 处,速度 80mm/min
	N440	G2 X440. 748 Y263. 572 CR = 17 F350	顺时针加工圆弧至终点,第 1 层
	N450	G1 X422.270 Y253.563	加工至直线终点
	N460	G1 Z-12 F80	下刀至 Z-12 处,速度 80mm/min
	N470	G1 X440.748 Y263.572 F350	加工至圆弧下侧终点,第 1 层
	N480	G3 X432.651 Y295.520 CR=17	顺时针加工圆弧至起点
	N490	G1 Z-13.5 F80	下刀至 Z-13.5 处,速度 80mm/min
	N500	G2 X440.748 Y263.572 CR = 17 F350	顺时针加工圆弧至终点,第 1 层
	N510	G1 X422.270 Y253.563	加工至直线终点
结束	N520	G0 Z200;	抬刀
	N530	M5;	主轴停
	N540	M2;	程序结束

注:此处的主程序、子程序可根据实际加工状况和编程略作调整改变。

② 第二次装夹的程序(加工顺序见图 5-91)

子程序:NN93			
三角形的第 1 层	N010	G1 X389.651 Y22 F350	加工三角形下方直线,加工第 1 层
	N020	G3 X394.651 Y27 CR=5	加工三角形右下角圆弧(注意:此处半径是刀具路径的半径)
	N030	G1 X394.651 Y199.502	加工三角形右侧直线
	N040	G3 X387.270 Y203.898 CR=5	加工三角形右上角圆弧
	N050	G1 X68.805 Y31.396	加工三角形上方斜线
	N060	G3 X71.186 Y22 CR=5	加工三角形左下角圆弧
	N070	M2	子程序结束
子程序:NN94			
三角形子程序	N010	G00 X71.186 Y22	定位在三角形起点上方
	N020	Z2	接近工件表面

续表

子程序:NN94			
三角形子程序	N030	G1 Z-3 F80	下刀至 Z-3 处,速度 80mm/min
	N040	NN93	加工三角形的第 1 层
	N050	G1 Z-6 F80	下刀至 Z-6 处,速度 80mm/min
	N060	NN93	加工三角形的第 2 层
	N070	G1 Z-9 F80	下刀至 Z-9 处,速度 80mm/min
	N080	NN93	加工三角形的第 3 层
	N090	G1 Z-12 F80	下刀至 Z-12 处,速度 80mm/min
	N100	NN93	加工三角形的第 4 层
	N110	G1 Z-13.5 F80	下刀至 Z-13.5 处,速度 80mm/min
	N120	NN93	加工三角形的第 5 层
	N130	G0 Z2	抬刀
	N140	M2	子程序结束
子程序:NN95			
铣孔	N010	G0 X12 Y12	定位在三角形左下角的孔正上方
	N020	Z2	快速下刀至工件上方 2mm 处
	N030	G1 Z-13.5 F20	铣孔
	N040	G4 F1	孔底暂停 1s,修整孔壁
	N050	G0 Z2	抬刀
	N060	G0 X432.651 Y12	定位在三角形右下角的孔正上方
	N070	G1 Z-13.5 F20	铣孔
	N080	G4 F1	孔底暂停 1s,修整孔壁
	N090	G0 Z2	抬刀
	N100	G0 X432.651 Y239.853	定位在三角形右上角的孔正上方
	N110	G1 Z-13.5 F20	铣孔
	N120	G4 F1	孔底暂停 1s,修整孔壁
	N130	G0 Z2	抬刀
	N140	M2	子程序结束
主程序:AA50			
开始	N010	G17 G54 G94;	选择平面、坐标系、分钟进给
	N020	M3 S2000;	主轴正转、2000r/min
	N030	T1 D1;	换 1 号刀
下方三角形	N040	M98 P0100	调用子程序,加工下方的三角形
上方三角形	N050	TRANS X444.651 Y290.520	零点偏移至 X444.651 Y290.520
	N060	AROT RPL=180	附加旋转 180°
	N070	NN94	调用子程序,加工下方的三角形上方
	N080	TRANS	删除偏移和旋转
	N090	G0 Z200	抬到,远离工件
下方的孔	N100	T02 D2;	换 2 号刀
	N110	NN95	调用子程序,加工下方的孔
上方的孔	N120	TRANS X444.651 Y290.520	零点偏移至 X444.651 Y290.520
	N130	AROT RPL=180	附加旋转 180°
	N140	NN95	调用子程序,加工上方的孔
	N150	TRANS	删除偏移和旋转
结束	N160	G0 Z200;	抬刀
	N170	M5;	主轴停
	N180	M2;	程序结束

注：此处的主程序、子程序可根据实际加工状况和编程略作调整改变。

【综合练习】如图 5-93～图 5-96 所示零件，编制加工程序。

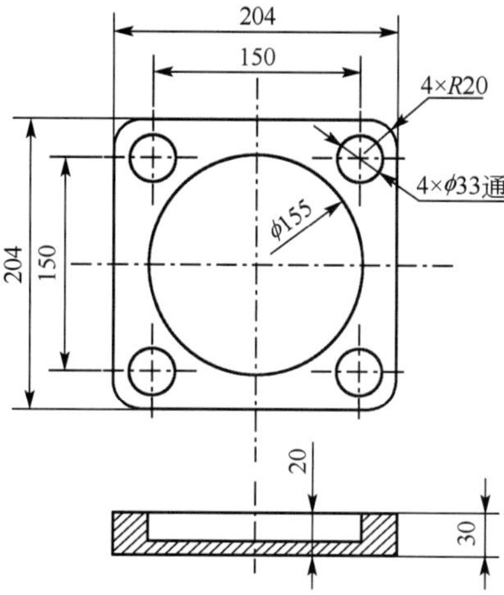

图 5-93　综合练习①

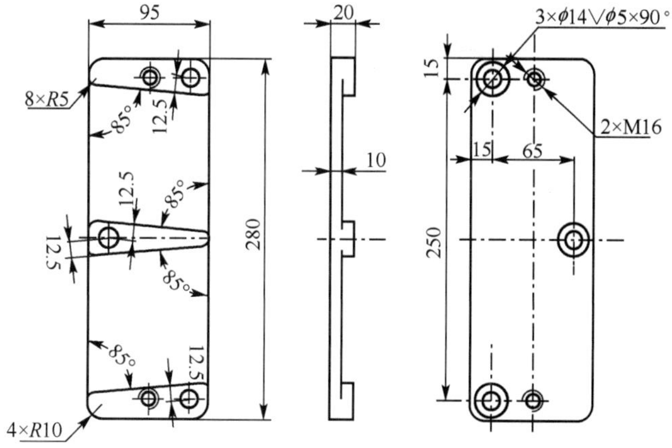

图 5-94　综合练习②

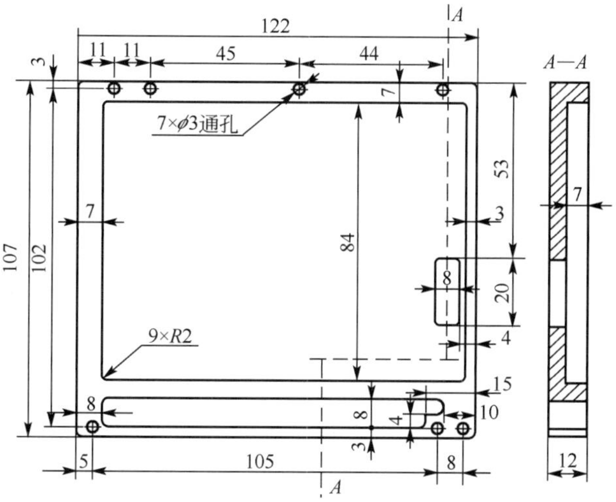

图 5-95　综合练习③

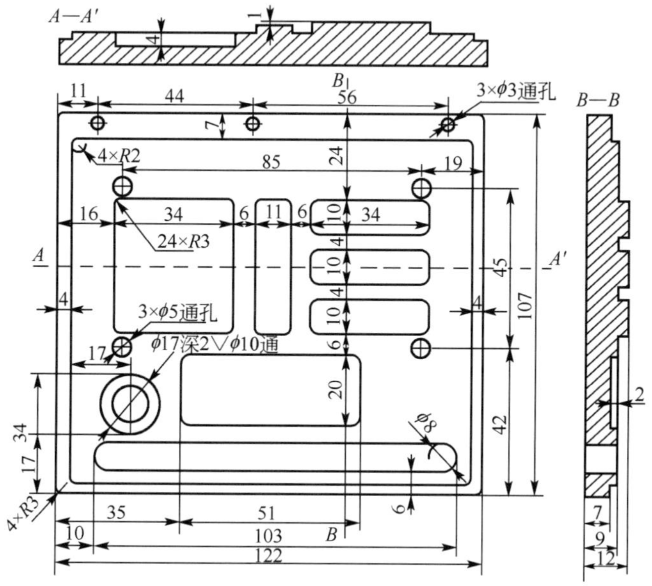

图 5-96　综合练习④

下篇　数控铣床（加工中心）操作

第六章 数控系统操作

第一节 FANUC 0i 系列标准数控系统

一、操作界面简介

1. 设定（输入面板）与显示器（见图6-1）

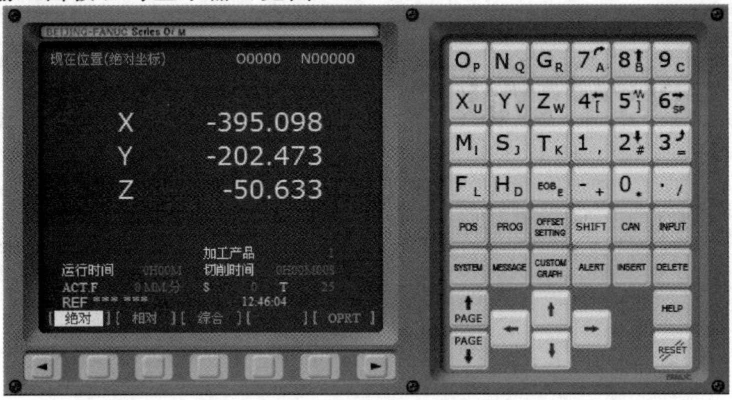

图 6-1　设定（输入面板）与显示器

地址和数字键		
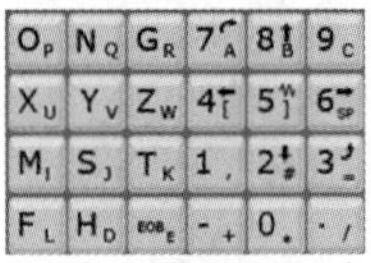	地址和数字键	按这些键可输入字母，数字以及其它字符
	回车换行键	结束一行程序的输入并且换行
	换档键	在有些键的顶部有两个字符。按<SHIFT>键来选择字符。如一个特殊字符在屏幕上显示时，表示键面右下角的字符可以输入

续表

编辑区		
CAN	取消键	按此键可删除当前输入位置的最后一个字符后或符号 当显示键入位置数据为：N001 X10Z_时， 按CAN键，则字符Z被取消，并显示：N001 X10
INPUT	输入键	当按了地址键或数字键后，数据被输入到缓冲器，并在CRT屏幕上显示出来。为了把键入到输入缓冲器中的数据拷贝到寄存器，按＜INPUT＞键。这个键相当于软键的[INPUT]键，按此二键的结果是一样的
ALERT	替换	把输入域的内容替代光标所在的代码
INSERT	插入	把输入域的内容插入到光标所在代码后面
DELETE	删除	删除光标所在的代码
光标区		
↑ PAGE	翻页键	这个键用于在屏幕上朝后翻一页
PAGE ↓	翻页键	这个键用于在屏幕上朝前翻一页
← ↑ ↓ →	光标键	这些键用于将光标朝各个方向移动
功能键与软键 功能键用于选择要显示的屏幕(功能画面)类型。按了功能键之后，再按软键(选择软键)，与已选功能相对应的屏幕(画面)就被选中(显示)。		
POS	位置显示页面	按此键显示位置页面，即不同坐标显示方式
PROG	程序显示与编辑页面	按此键进入程序页面
OFFSET SETTING	参数输入页面	按此键显示刀偏/设定(SETTING)页面即其它参数设置
SYSTEM	系统参数页面	按此键显示刀偏/设定(SETTING)画面
MESSAGE	信息页面	按此键显示信息页面
CUSTOM GRAPH	图形参数设置页面	按此键显示用户宏页面(会话式宏画面)或图形显示画面
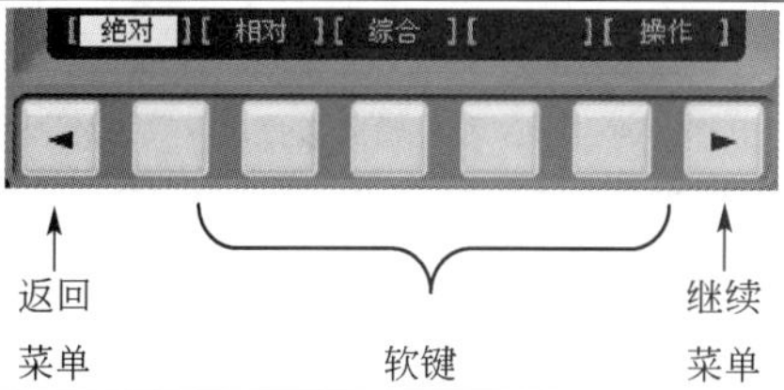		软键的一般操作： ①在MDI面板上按功能键。属于选择功能的软键出现； ②按其中一个选择软键。与所选的相对应的页面出现。如果目标的软键未显示，则按继续菜单键(下一个菜单键)； ③为了重新显示章选择软键，按返回菜单键

2. FANUC 0i机床面板操作

机床操作面板位于窗口的下侧，如图6-2所示，主要用于控制机床运行状态，由模式选择按钮、运行控制开关等多个部分组成，每一部分的详细说明如下。

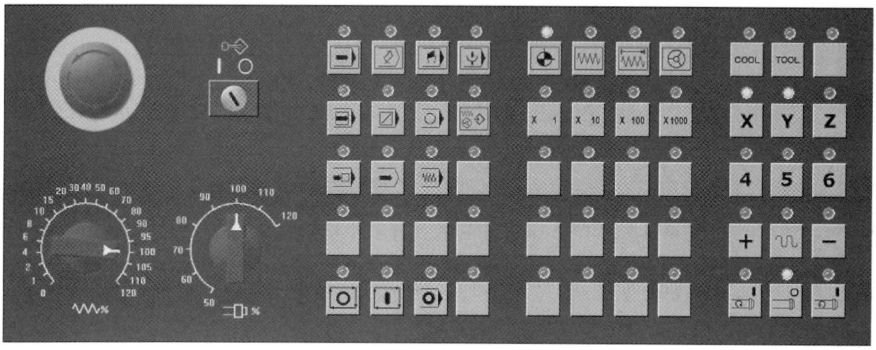

图6-2 机床操作面板

基本操作		
	急停	紧急停止旋钮
	程序编辑锁开关	只有置于位置，才可编辑或修改程序（需使用钥匙开启）
	进给速度(F)调节旋钮	调节程序运行中的进给速度，调节范围从 0～120%
	主轴转速度调节旋钮	调节主轴转速，调节范围从 0～120%
	冷却液开关	
	刀具选择按钮	
	手动开机床主轴正转	
	手动开机床主轴反转	
	手动停止主轴	
模式切换		
	AUTO	自动加工模式
	EDIT	编辑模式，用于直接通过操作面板输入数控程序和编辑程序
	MDI	手动数据输入
	DNC	用 232 电缆线连接 PC 机和数控机床，选择程序传输加工
	REF	回参考点
	JOG	手动模式，手动连续移动台面和刀具
	INC	增量进给
	HND	手轮模式移动台面或刀具
机床运行控制		
	单步运行	每按次执行一条数控指令
	程序段跳读	自动方式按下次键，跳过程序段开头带有“/”程序
	选择性停止	自动方式下，遇有 M00 程序停止
	手动示教	

续表

机床运行控制		
	程序重启动	由于刀具破损等原因自动停止后，程序可以从指定的程序段重新启动
	机床锁定开关	按下此键，机床各轴被锁住，只能程序运行
	机床空转	按下此键，各轴以固定的速度运动
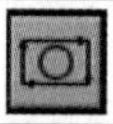	程序运行停止	在程序运行中，按下此按钮停止程序运行
	程序运行开始	模式选择旋钮在“AUTO”和“MDI”位置时按下有效，其余时间按下无效
	程序暂停	
主轴手动控制开关		
	手动开机床主轴正转	
	手动开机床主轴反转	
	手动停止主轴	
工作台移动		
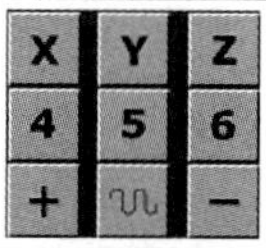	手动移动机床台面	用于自动方式下移动工作台面，或手动方式下为手轮指示移动方向＋4 和－4 是微调，即微量移动 是快速移动
	单步进给倍率选择按钮	选择移动机床轴时，每一步的距离：×1 为 0.001mm，×10 为 0.01mm，×100 为 0.1mm，×1000 为 1mm

二、FANUC 0i 标准系统的操作

1. 程序的新建和输入

① 接通电源，打开电源开关，旋起急停按钮，打开程序保护锁；

② 控制面板中，选择 EDIT（编辑）模式；

③ 输入面板中，选择程序，选择软键中的［DIR］打开程序列表，输入一个新的程序名称，如 O0010，再按输入面板中的插入键，这样就新建了一个名称为“O0010”的新程序；（注：如果要删除一个程序，只需在输入程序名称后，按输入面板中的删除键即可）

④ 输入程序。输入过程略，程序在输入的过程中自动保存，正常关机后不会丢失。

2. 零件的加工

程序的加工遵循：对刀→对刀检验→图形检验→加工的步骤。

（1）对刀的操作

对刀的原点位置如图 6-3 所示。

① 在刀架上安装刀具：T1 的 ϕ4 铣刀，T2ϕ8 铣刀，T3ϕ10 钻头；

② 控制面板中，选择 MDI（数据输入）模式；

③ 输入面板中，选择程序，在显示器中输入程序，如图 6-4 所示，使主轴开启（注意：结尾有分号，即换行）。

按操作面板上的，运行程序，主轴启动。

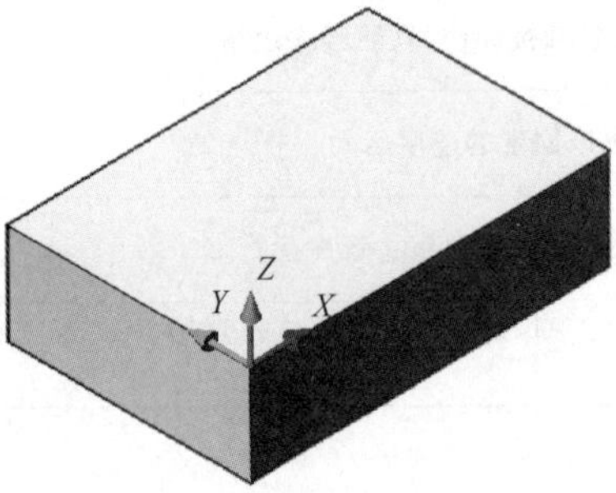

图 6-3 对刀的原点位置

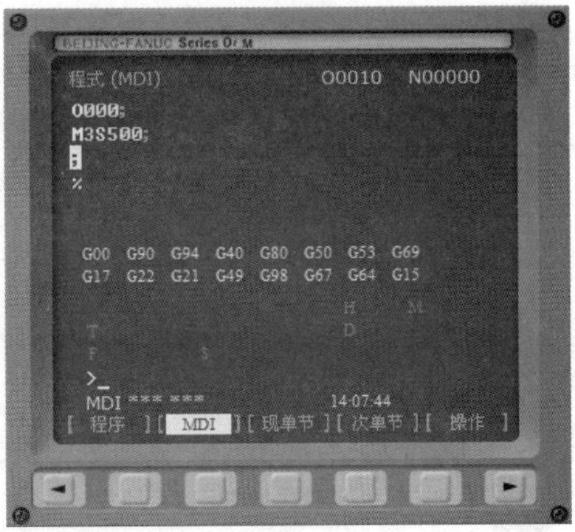

图 6-4 数据输入页面

④ 试切对刀。

按操作面板上的 TOOL，选择第一把 T1 的 $\phi4$ 铣刀，准备试切对刀；

a. 对 X 向：使用手轮配合 X Y Z、+ ∿ − 进行试切。

将 T1 铣刀沿图 6-5 箭头方向移动，并使其刚好接触侧面，即 $X0$ 平面。

在输入面板中，选择参数设置程序 OFFSET SETTING，选择软键［坐标系］，进入“工件坐标系设定”界面（见图 6-6），选择程序中对应的坐标系，这里选择 G54，在相应的位置输入机床原点坐标值，按下软键［测量］，得到新的对完刀后的 X 值，完成 T1 的 $\phi4$ 铣刀 X 向对刀。

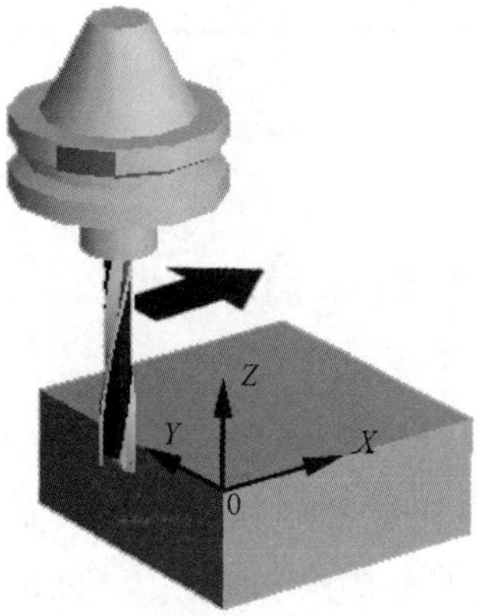

图 6-5 X 向对刀

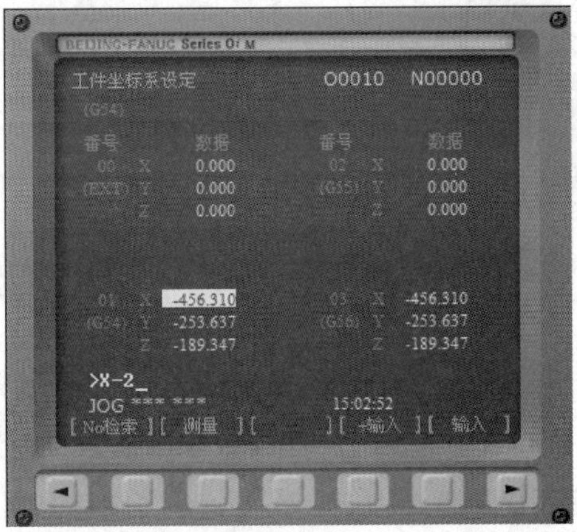

图 6-6 坐标系中 X 向对刀值输入

（注意：原点坐标值应减去刀具半径，这样才能以工件的顶点为原点加工。此处刀具为 T1 的 $\phi4$ 铣刀，则应输入 $X-2$，而不是 $X0$。）

测量完毕后，安全退刀准备对 Y 向。

b. 对 Y 向：使用手轮配合 X Y Z、+ ∿ − 进行试切。

将 T1 铣刀沿图 6-7 箭头方向移动，并使其刚好接触侧面，即 $Y0$ 平面。

在输入面板中，选择参数设置程序 OFFSET SETTING，选择软键［坐标系］，进入“工件坐标系设定”界面（见图 6-8），选择程序中对应的坐标系，同样选择 G54，在相应的位置输入机床原点坐标值，按下软键［测量］，得到新的对完刀后的 Y 值，完成 T1 的 $\phi4$ 铣刀 Y 向对刀。

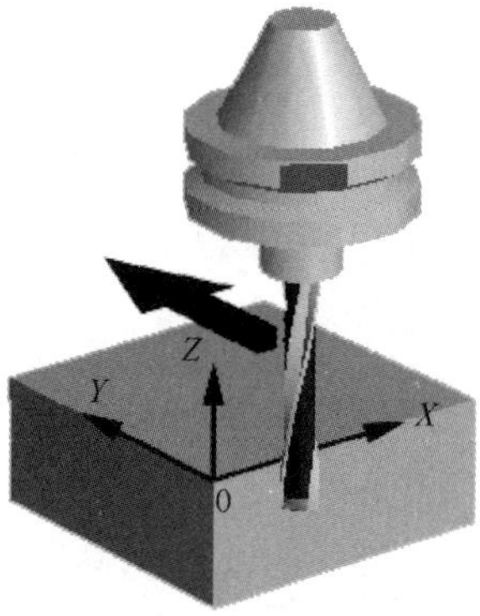

图 6-7　*Y* 向对刀

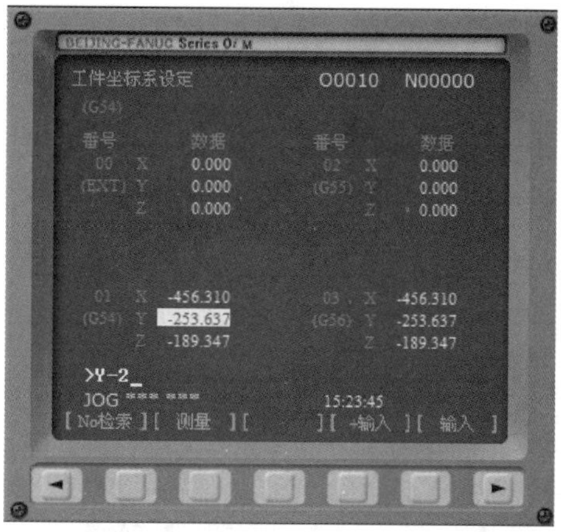

图 6-8　坐标系中 *Y* 向对刀值输入

注意：原点坐标值应减去刀具半径，这样才能以工件的顶点为原点加工。此处刀具为 T1 的 $\phi 4$ 铣刀，则应输入 Y−2，而不是 Y0。

测量完毕后，安全退刀准备对 *Z* 向。

c. 对 *Z* 向：使用手轮配合 X Y Z、+ ∿ − 进行试切。

将 T1 铣刀沿图 6-9 箭头方向移动，并使其刚好接触侧面，即 Z0 平面。

在输入面板中，选择参数设置程序 OFFSET SETTING，选择软键［坐标系］，进入“工件坐标系设定”界面（见图 6-10），选择程序中对应的坐标系，同样选择 G54，在相应的位置输入 0 值，按下软键［测量］，得到新的对完刀后的 Z 值，完成 T1 的 $\phi 4$ 铣刀 *Z* 向对刀。

测量完毕后，安全退刀准备进行其它刀具的对刀。

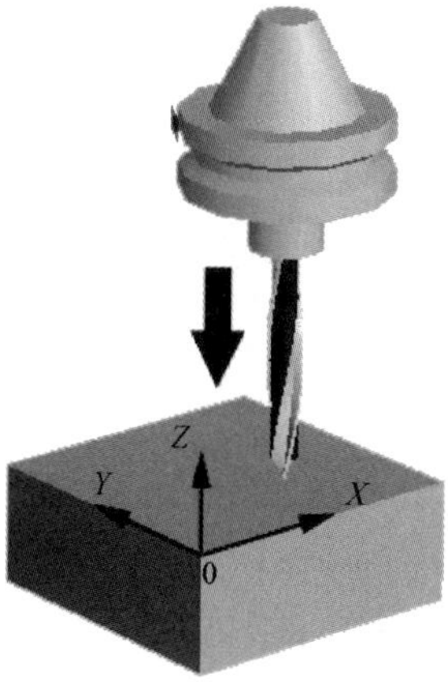

图 6-9　*Z* 向对刀

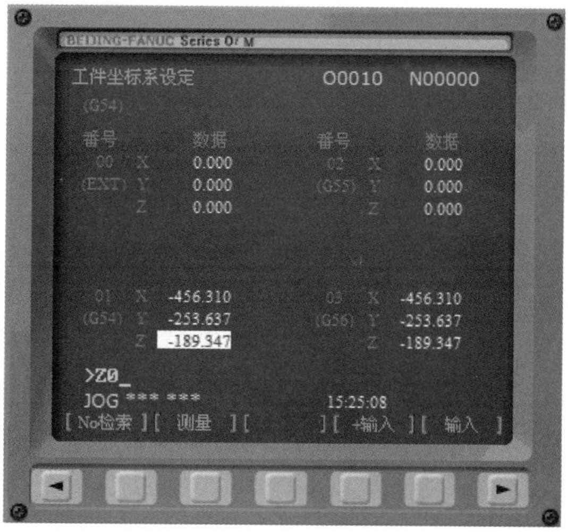

图 6-10　坐标系中 *Z* 向对刀值输入

一般铣刀的对刀与上述类似，注意在设置加工原点的时候，考虑到刀具半径即可。在钻头对刀的时候，可先对 *Z* 向，然后，*X*、*Y* 向对刀应选用同样直径的对刀棒或铣刀进行对刀，方法同上述。

(2) 对刀的检测

① 返回参考点。

控制面板中，选择 REF（回参考点）模式，并按下 X Y Z，工作台和主轴会自动回退到刀架参考点，待不动时即可。此时可打开，选择软键［综合］，查看机械坐标 *X*、*Y*、*Z* 均显示为 0 即退到位，如图 6-11 所示。

② 程序检测。

控制面板中，选择 MDI（数据输入）模式，输入面板中，选择程序，在显示器中输入程序（注意：结尾有分号，即换行），如图 6-12 所示，启动该段程序。

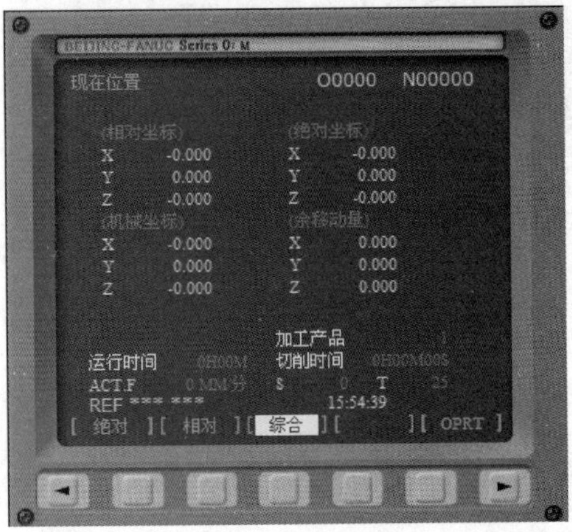

图 6-11 位置页面

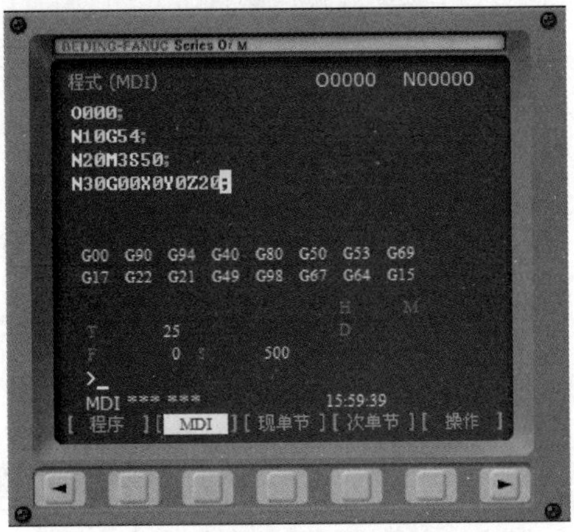

图 6-12 程序输入页面

此时用手控制进给速度倍率旋钮，观测刀具的运行情况，待刀具停止运行时，按操作面板上的，主轴停转。用测量工具测量当前刀具位置，与程序中的 *X*、*Y*、*Z* 的值相同则表示对刀成功。测量完毕，控制面板中，选择 REF（回参考点）模式，返回参考点。

（3）图形检验

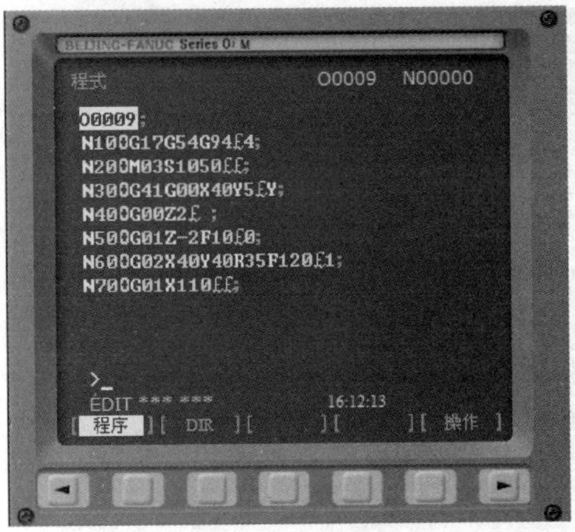

图 6-13 程序页面

① 控制面板，选择 EDIT（编辑）模式；

② 输入面板中，选择程序，选择软键中的［DIR］打开程序列表，输入一个已有的程序名称，如 O0009，再按输入面板中的下箭头，这样就打开了一个名称为“O0009”的新程序，如图 6-13 所示。

按下机床锁定开关，机床各轴被锁住。选择 AUTO（自动运行）模式，按下空运行准备进行快速走刀，按下开始按钮，运行程序，此时程序运行刀架不动，但可以换刀。

③ 选择输入面板上的，设置相应的参数如图 6-14 所示。

按下软键［图形］在图形区域内，观察图形检验的零件加工形状，如图 6-15 显示。

此时，观察图形模拟是否与工件要求一致，待确认程序正确时进入下一步操作。

（4）加工零件

输入面板中，选择程序，返回到程序中，打开机床锁定开关，保持 AUTO（自动运行）模式，取消空运行准备按实际进给速度加工，按下开始按钮，运行程序，注

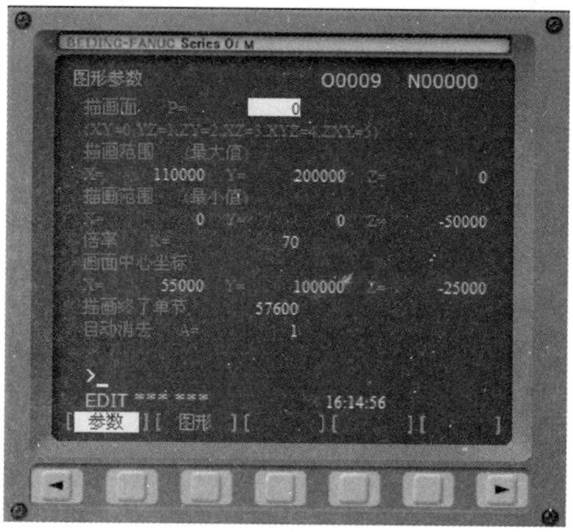

图 6-14　图形参数页面

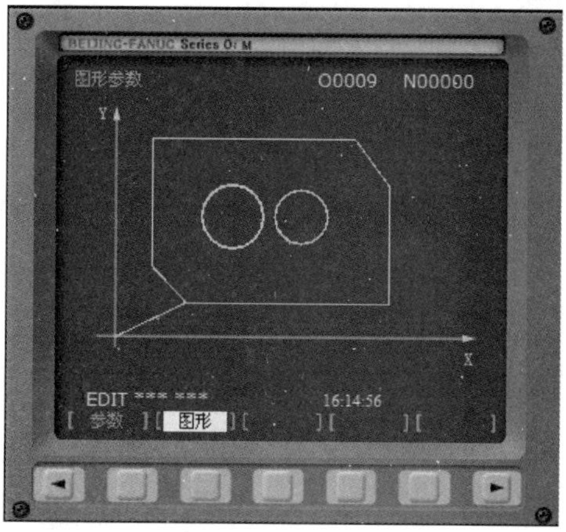

图 6-15　图形页面

意观察零件加工的情况。

第二节　SIEMENS 802D 系列标准数控系统

一、操作界面简介

设定（输入面板）、显示器与操作面板（见图 6-16）。

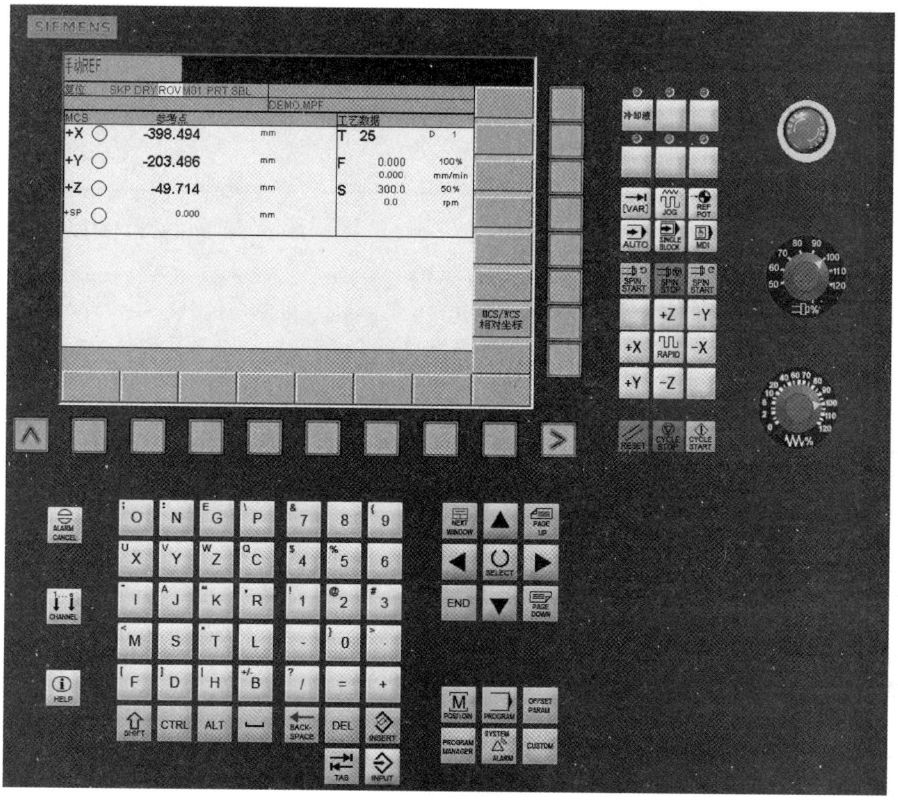

图 6-16　设定（输入面板）、显示器与操作面板

地址和数字键		
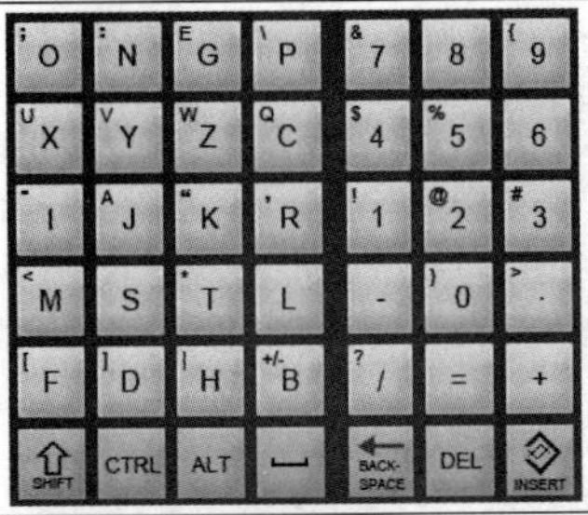	地址和数字键	按这些键可输入字母,数字以及其它字符
编辑区		
	回退键(删除键)	删除当前输入位置的前一个字符或符号
	删除键	删除当前输入位置的后一个字符或符号
	插入键	
	换档键	
	控制键	
	ALT 键	
	空格键	插入一个空格
	制表键	
	回车/插入	把输入域的内容插入到光标所在代码后面
	报警应答键	进入报警和系统参数设置
	通道转换键	
	信息键	
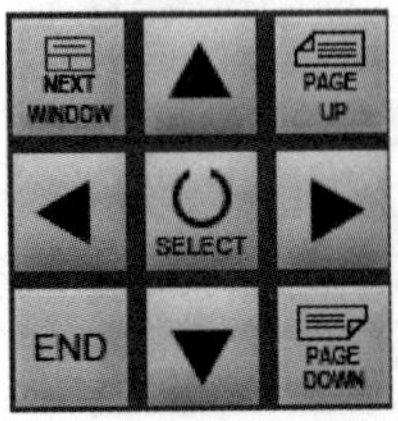	光标键	键用于将光标朝各个方向移动  配合换档键可进行向下翻页的操作 下一个界面

续表

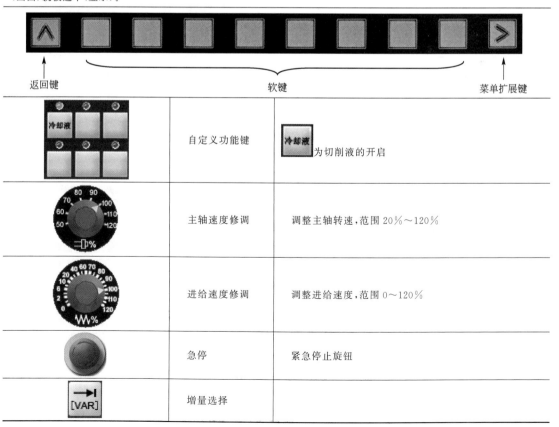

编辑区		
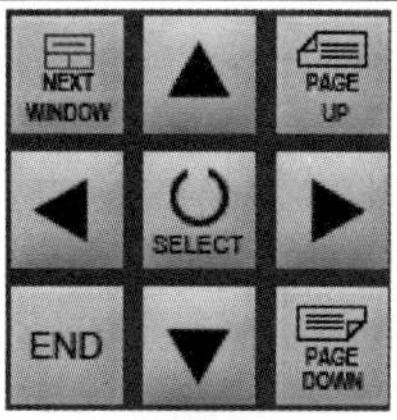	光标键	翻到程序尾部 为选择/转换键一般在参数设置内使用
	加工操作区域键	
	程序操作区域键	在任何状态下，点击此键即可返回程序界面
	参数操作区域键	
	程序管理键	用于程序的新建、编辑等操作
	报警/系统操作区域键	
	自定义键	
功能键与软键 功能键用于选择要显示的屏幕(功能画面)类型。按下功能键之后，再按软键(选择软键)，与已选功能相对应的屏幕(画面)就被选中(显示)。		
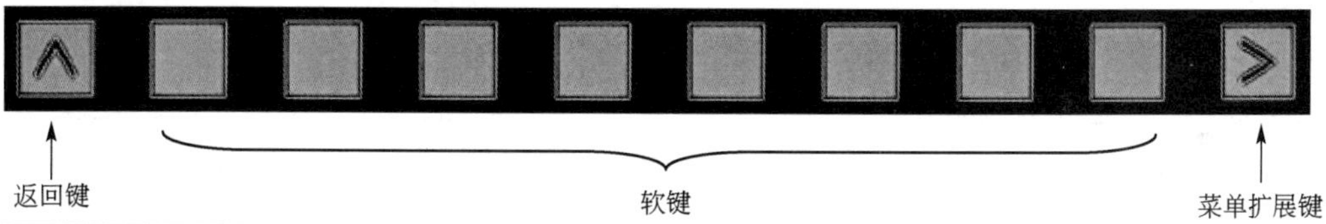		
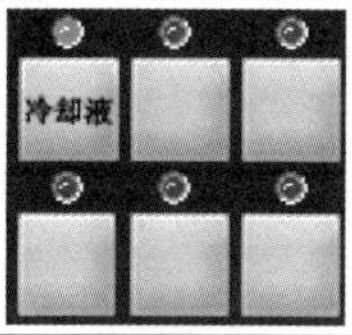	自定义功能键	为切削液的开启
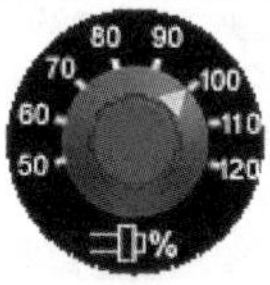	主轴速度修调	调整主轴转速，范围20%～120%
	进给速度修调	调整进给速度，范围0～120%
	急停	紧急停止旋钮
	增量选择	

续表

编辑区		
	手动方式	手动连续移动台面或者刀具
	手动方式回参考点	按此键显示刀偏/设定(SETTING)页面即其它参数设置
功能键与软键 功能键用于选择要显示的屏幕(功能画面)类型。按下功能键之后，再按软键(选择软键)，与已选功能相对应的屏幕(画面)就被选中(显示)。		
	自动加工模式	用于程序的运行加工
	单步运行	自动加工模式中单步运行控制
	手动数据输入	用于直接通过操作面板输入数控程序和编辑程序
	主轴正转	手动开机床主轴正转
	主轴停止	手动停止主轴
	主轴反转	手动开机床主轴反转
	复位键	
	循环停止	在程序运行中，按下此按钮停止程序运行
	循环启动	模式选择旋钮在 AUTO 和 MDI 位置时按下有效，其余状态按下无效
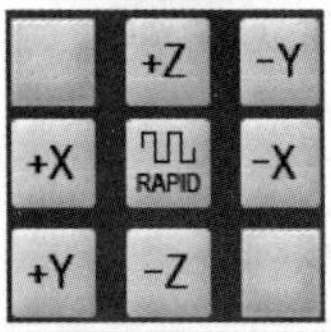	方向键	是快速移动

二、SIEMENS 802D 标准系统的操作

1. 程序的新建和输入

① 接通电源，打开电源开关，旋起急停按钮。

② 选择编辑区的程序管理键，选择软键中的［新程序］，在对话框中输入新程序名，如 KK25，再按［确认］，这样就新建了一个名称为“KK25”的新程序。

③ 输入程序。输入过程略，程序在输入的过程中自动保存，正常关机后不会丢失。

2. 零件的加工

程序的加工遵循：对刀→对刀检验→加工的步骤。

(1) 对刀的操作

① 在刀架上安装刀具：T1ϕ4 铣刀，T2ϕ8 铣刀，T3ϕ10 钻头。

② 控制面板中，选择，主轴正转。

③ 试切对刀。

a. 对 X 向：使用手轮配合、、进行试切。

将 T1 铣刀沿图 6-17 箭头方向移动，并使其刚好接触侧面，即 $X0$ 平面。

在手动 JOG 方式下，在软键中，选择软键［测量工件］，进入对刀参数设置页面，如图 6-18 所示，右侧软件中选择［X］轴，［工件测量］中［存储在］表示对刀选择的坐标系（G54～G59），按光标键中选择键选择；［方向］表示刀具与工件的相对方向，其值有“＋”和“－”，也是通过光标键中选择键进行选择；［设置位置到］中输入刀具的半径值，再按下软键［计算］，得到新的对完刀后的［偏置值］，完成 T1 的 ϕ4 铣刀 X 向对刀。

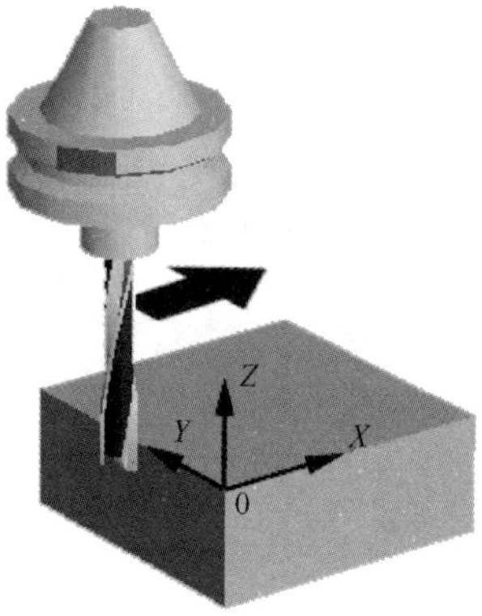

图 6-17　X 向对刀

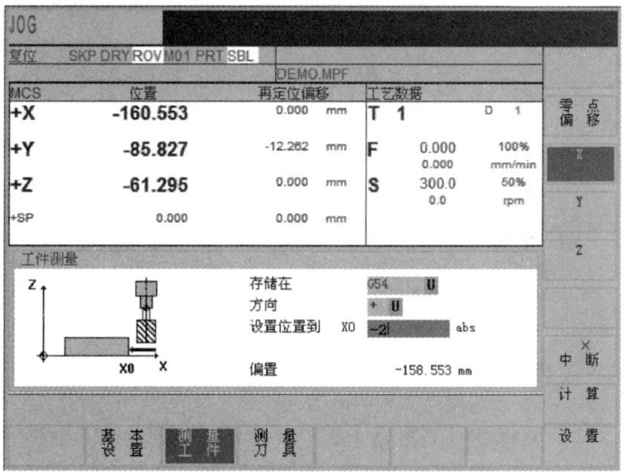

图 6-18　坐标系中 X 向对刀值输入

测量完毕后，安全退刀准备对 Y 向。

b. 对 Y 向：使用手轮配合、进行试切。

将 T1 铣刀沿图 6-19 箭头方向移动，并使其刚好接触侧面，即 $Y0$ 平面。

在手动 JOG 方式下，在软键中，选择软键［测量工件］，进入对刀参数设置页面，如图 6-20 所示，右侧软件中选择［Y］轴，［工件测量］中［存储在］由光标键中选择键选择则坐标系；［方向］也通过光标键中选择键进行选择；［设置位置到］中输入刀具的半径值，再按下软键［计算］，得到新的对完刀后的［偏置值］，完成 T1 的 ϕ4 铣刀 Y 向对刀。

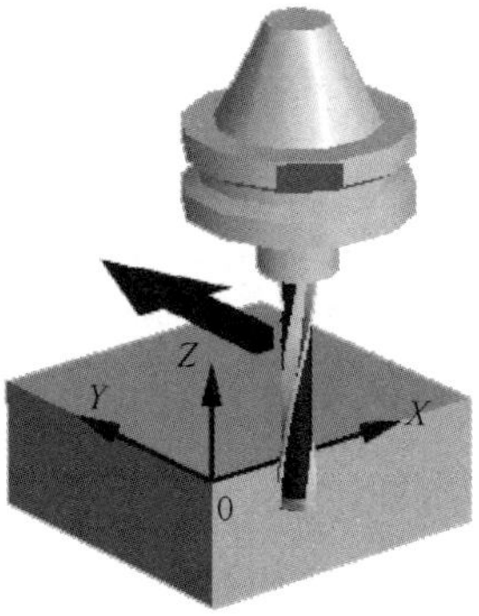

图 6-19　Y 向对刀

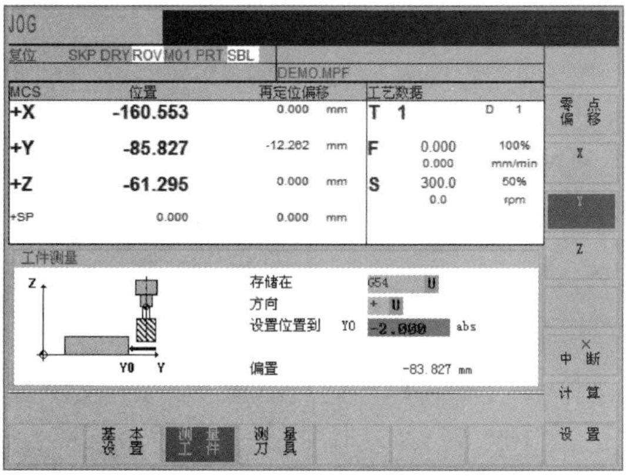

图 6-20　坐标系中 Y 向对刀值输入

测量完毕后，安全退刀准备对 Z 向。

c. 对 Z 向：使用手轮配合 +X +Y +Z -X -Y -Z、RAPID 进行试切。

将 T1 铣刀沿图 6-21 箭头方向移动，并使其刚好接触侧面，即 Z0 平面。

在手动 JOG 方式 JOG 下，在软键中，选择软键［测量工件］，进入对刀参数设置页面，如图 6-22 所示，右侧软件中选择［Z］轴，［工件测量］中［存储在］由光标键中选择键 SELECT 选择坐标系；［设置位置到］中输入 0 值，再按下软键［计算］，得到新的对完刀后的［偏置值］，完成 T1 的 $\phi 4$ 铣刀 Z 向对刀。

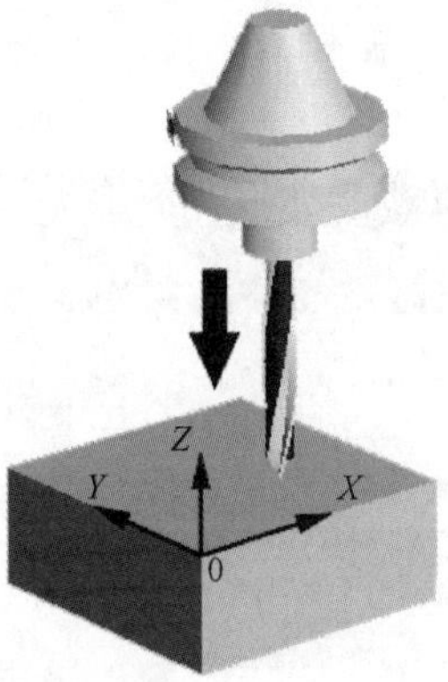

图 6-21　Z 向对刀

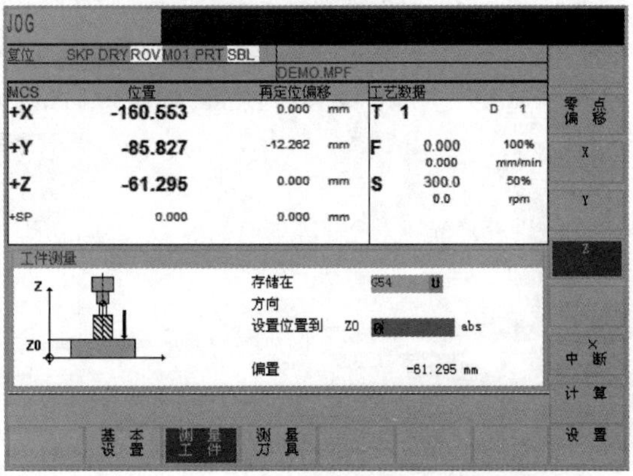

图 6-22　坐标系中 Z 向对刀值输入

测量完毕后，安全退刀准备进行其它刀具的对刀。

一般铣刀的对刀与上述类似，注意在设置加工原点的时候，考虑到零偏中设置刀具半径和刀具位置即可。在钻头对刀的时候，可先对 Z 向，然后，X、Y 向对刀应选用同样直径的对刀棒或铣刀进行对刀，方法同上述。

（2）对刀的检测

① 返回参考点。

控制面板中，选择 REF（回参考点）模式 REF POT，并按下 +X +Y +Z，工作台和主轴会自动回退到刀架参考点，待不动时即可。机械坐标 X、Y、Z 均显示为 0 即退到位，如图 6-23 所示。

② 程序检测。

控制面板中，选择 MDI（数据输入）模式 MDI，在显示器中直接输入一段运行程序，如图 6-24 所示，启动该段程序 CYCLE START。

此时用手控制进给速度倍率旋钮，观测刀具的运行情况，待刀具停止运行时，按操作面板上的 SPIN STOP，主轴停转。用测量工具测量当前刀具位置，与程序中的 X、Y、Z 的值相同则表示对刀成功。测量完毕，控制面板中，选择 REF（回参考点）模式，返回参考点。

（3）加工零件

选择编辑区的程序管理键 PROGRAM MANAGER，出现程序列表，按方向键▲和▼选择程序，按右侧软键［打开］，打开程序，此时，按下循环启动键 CYCLE START，即可启动程序，对零件进行加工。按下加工显示键 M POSITION 可以观察加工的路径和主轴转速等信息。加工过程中运行程序，注意观察刀具和零件加工的情况。

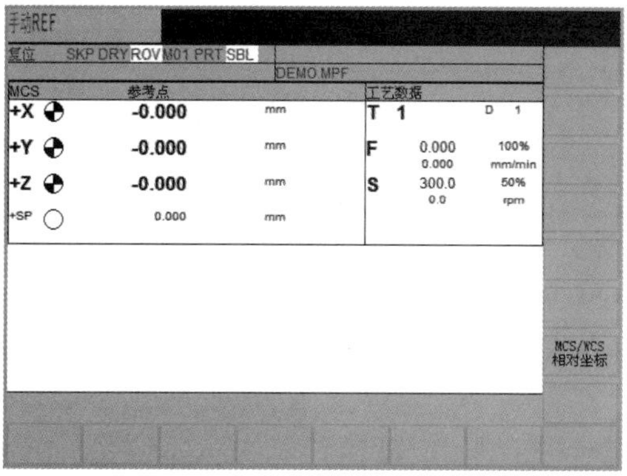

图 6-23 位置页面

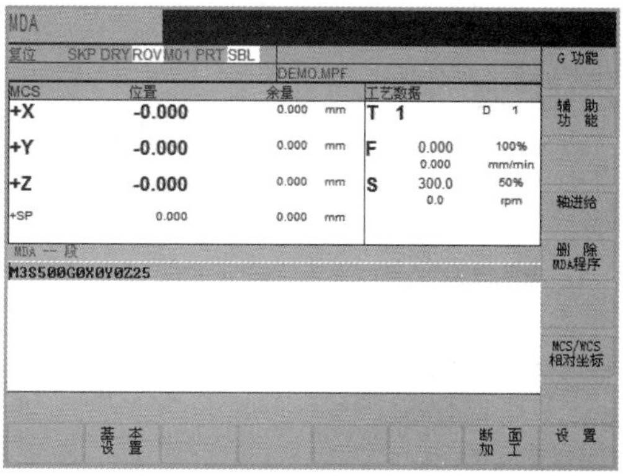

图 6-24 程序输入页面

第三节 SIEMENS 828D 系列标准数控系统

一、操作界面简介

设定（输入面板）、显示器与操作面板（见图 6-25）。

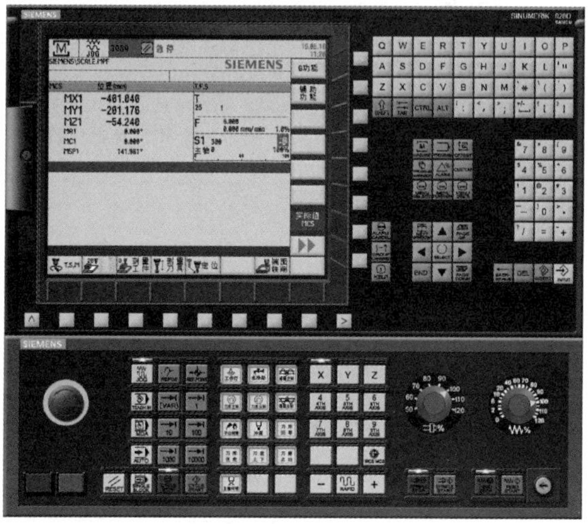

图 6-25 设定（输入面板）、显示器与操作面板

地址和数字键		
 	地址和数字键	用于输入数据到输入区，系统自动判别取字母还是取数字

续表

编辑区		
SHIFT	换档键	
CTRL	控制键	
ALT	ALT 键	
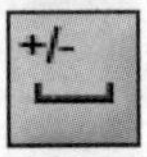+/-	空格键	插入一个空格
TAB	制表键	
BACK-SPACE	回退键(删除键)	删除当前输入位置的前一个字符或符号
DEL	删除键	删除当前输入位置的后一个字符或符号
INSERT	插入键	
INPUT	回车/插入	把输入域的内容插入到光标所在代码后面
ALARM CANCEL	报警应答键	进入报警和系统参数设置
GROUP CHANNEL	通道转换键	
HELP	信息键	
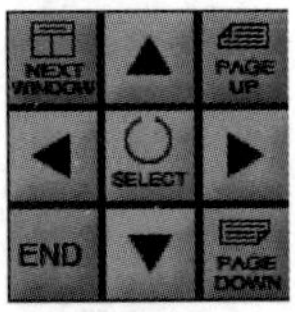NEXT WINDOW PAGE UP SELECT END PAGE DOWN	光标键	键用于将光标朝各个方向移动
		PAGE UP
		PAGE DOWN 配合换挡键可进行向下翻页的操作
		NEXT WINDOW 下一个界面
		END 翻到程序尾部
		SELECT 为选择/转换键一般在参数设置内使用
M MACHINE	加工操作区域键	
PROGRAM	程序操作区域键	在任何状态下，点击此键即可返回程序界面

续表

编辑区		
	参数操作区域键	
	程序管理键	用于程序的新建、编辑等操作
	报警/系统操作区域键	
	屏幕操作按钮键	可将自动、手动等操作按钮显示屏幕上，用软件直接调用
	自定义键	

功能键与软键

功能键用于选择要显示的屏幕（功能画面）类型。按了功能键之后，再按软键（选择软键），与已选功能相对应的屏幕（画面）就被选中（显示）。

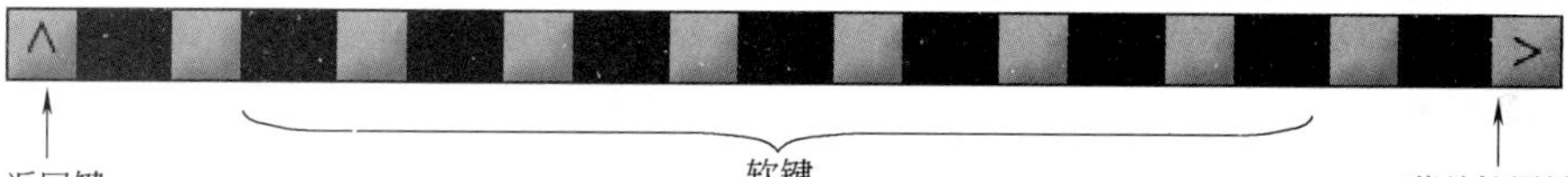

	切削液开启	
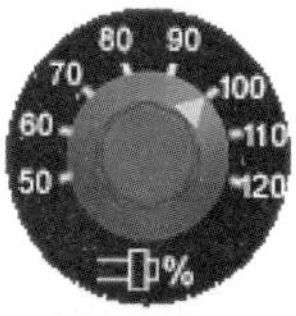	主轴速度修调	调整主轴转速，范围 20%～120%
	进给速度修调	调整进给速度，范围 0%～120%
	急停	紧急停止旋钮
	增量选择	
	手动方式	手动连续移动台面或者刀具
	手动方式回参考点	按此键显示刀偏/设定（SETTING）页面即其他参数设置
	自动加工模式	用于程序的运行加工
	单步运行	自动加工模式中单步运行控制

续表

编辑区		
	手动数据输入	用于直接通过操作面板输入数控程序和编辑程序
	主轴正转	手动开机床主轴正转
	主轴停止	手动停止主轴
	主轴反转	手动开机床主轴反转
	复位键	
	循环停止	在程序运行中，按下此按钮停止程序运行
	循环启动	模式选择旋钮在 AUTO 和 MDI 位置时按下有效，其余状态按下无效
	方向键	是快速移动

二、Siemens 828D 标准系统的操作

1. 程序的新建和输入

① 接通电源，打开电源开关，旋起急停按钮。

②之后打开主轴启动、进给启动。

③ 选择编辑区的程序管理键，选择软键中的【新程序】，在对话框中输入新程序名，如 KK25，再按【确认】，这样就新建了一个名称为“KK25”的新程序。

④ 输入程序。输入过程略，程序在输入的过程中自动保存，正常关机后不会丢失。

2. 零件的加工

程序的加工遵循：对刀→对刀检验→加工的步骤。

（1）对刀的操作

① 在刀架上安装刀具：T1 的 $\phi 10$ 铣刀，T2$\phi 8$ 铣刀，T3$\phi 10$ 钻头。

按键，然后按“新刀具”菜单，建立一个新刀具。出现输入窗口，显示所有给定的刀具号。选择新的 T-号，并选择刀具具体类型，铣刀（100—199）、钻头（200—299）、特种刀具（700—800）。按确定菜单输入。接着用方向键选择项目，并且用键确认输入的内容。如图 6-26 所示。

② 控制面板中，选择 MDI（数据输入）模式，在显示器中直接输入一段运行程序，如图 6-27 所示，启动该段程序。

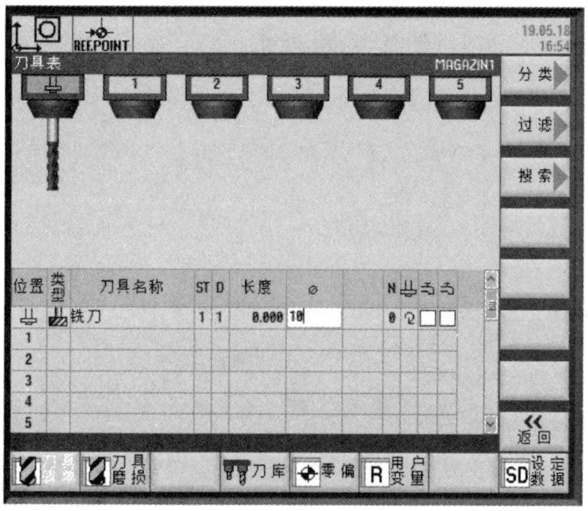

图 6-26　建立刀具

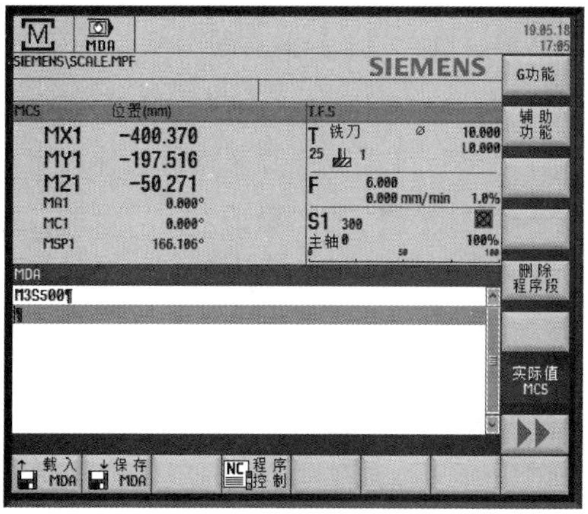

图 6-27　输入并启动程序

④ 试切对刀。

a. 对 X 向：使用手轮配合、进行试切。

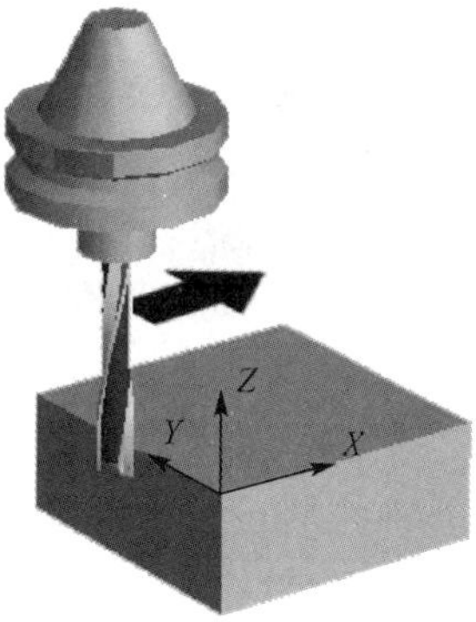

图 6-28　X 向对刀

将 T1 铣刀沿图 6-28 箭头方向移动，并使其刚好接触侧面，即 $X0$ 平面。

在手动 JOG 方式下，在软键中，选择软键【测量工件】，进入对刀参数设置页面，如图 6-29 所示，并在右上角选择软键盘进行边角方式对刀。

在系统返回进入对刀参数设置页面，如图 6-30 所示，可以发现界面发生了变化。软键盘选择【X】轴，【测量：边沿】中【零偏置】表示对刀选择的坐标系（G54～G59），按光标键中选择键选择；【测量方向】表示刀具与工件的相对方向，其值有“＋”和“－”，也是通过光标键中选择键进行选择；【X0】中输入刀具的半径值，再按下软键，得到新的对完刀后的【偏置值】，完成 T1 的 $\phi10$ 铣刀 X 向对刀。

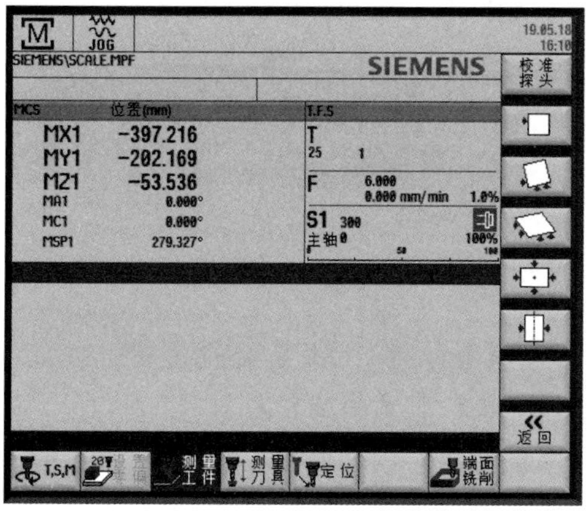

图 6-29　进入对刀参数设置页面

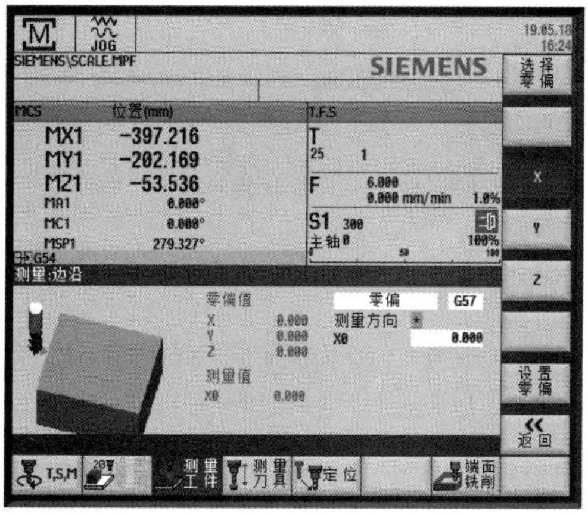

图 6-30　坐标系中 X 向对刀值输入

测量完毕后，安全退刀准备对 Y 向。

b. 对 Y 向：使用手轮配合 +X +Y +Z -X -Y -Z、RAPID 进行试切。

将 T1 铣刀沿图 6-31 箭头方向移动，并使其刚好接触侧面，即 Y0 平面。

软键盘选择【Y】轴，如图 6-32 所示，【测量：边沿】中【零偏置】表示对刀选择的坐标系（G54～G59），按光标键中选择键 SELECT 选择；【测量方向】表示刀具与工件的相对方向，其值有“＋”和“－”，也是通过光标键中选择键 SELECT 进行选择；【Y0】中输入刀具的半径值，再按下软键 设置零偏，得到新的对完刀后的【偏置值】，完成 T1 的 $\phi10$ 铣刀 Y 向对刀。

测量完毕后，安全退刀准备对 Z 向。

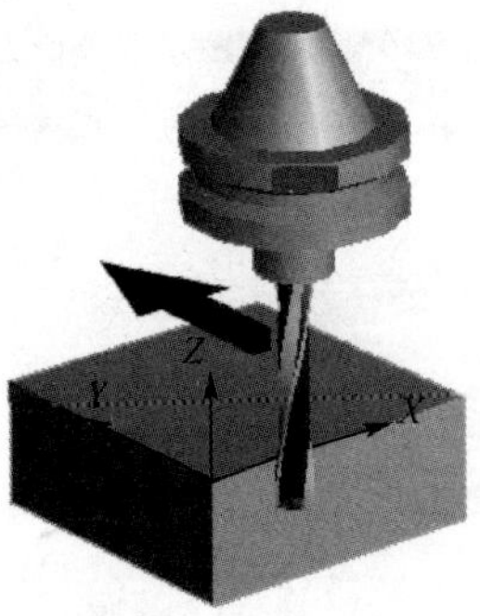

图 6-31　Y 向对刀

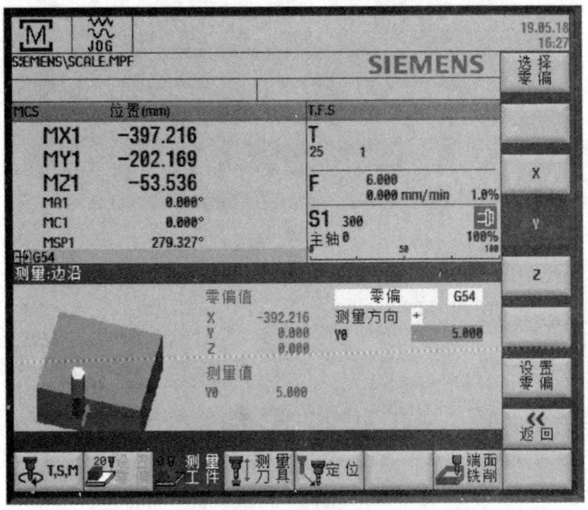

图 6-32　坐标系中 Y 向对刀值输入

c. Z 向：使用手轮配 +X +Y +Z -X -Y -Z、RAPID 进行试切。

将 T1 铣刀沿图 6-33 箭头方向移动，并使其刚好接触侧面，即 Z0 平面。

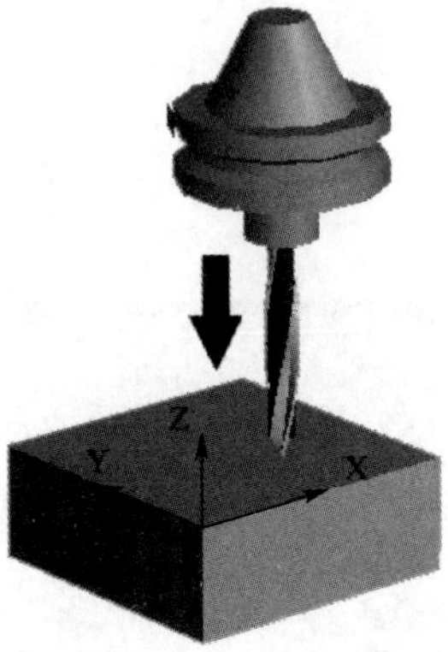

图 6-33　Z 向对刀

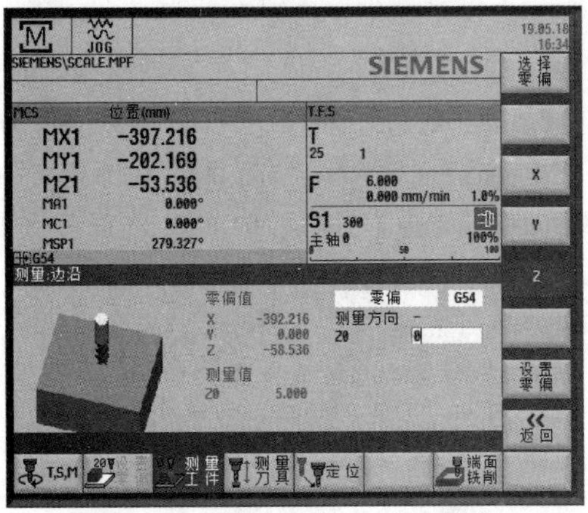

图 6-34　坐标系中 Z 向对刀值输入

在手动 JOG 方式 JOG 下，在软键中，选择软键【测量工件】，进入对刀参数设置页面，如图 6-34 所示，右侧软件中选择【Z】轴，【测量：边沿】中【零偏置】表示对刀选择的坐标系（G54～G59），按光标键中选择键 SELECT 选择；【测量方向】不要修改；【Z0】中输入 0 值，再按下软键 设置零偏，得到新的对完刀后的【偏置值】，完成 T1 的 $\phi10$ 铣刀 Z 向对刀。

测量完毕后，安全退刀准备进行其他刀具的对刀。

一般铣刀的对刀与上述类似，注意在设置加工原点的时候，考虑到零偏中设置刀具半径和刀具位置即可。在钻头对刀的时候，可先对 Z 向，然后，X、Y 向对刀应选用同样直径的对刀棒或铣刀进行对刀，方法同上述。

（2）对刀的检测

① 返回参考点　控制面板中，选择 REF（回参考点）模式，并按下 +X +Y +Z，工作台和主轴会自动回退到刀架参考点，待不动时即可。机械坐标 X、Y、Z 均显示为 0 即退到位，如图 6-35 所示。

② 程序检测　控制面板中，选择 MDI（数据输入）模式，在显示器中直接输入一段运行程序，如图 6-36 所示，启动该段程序。

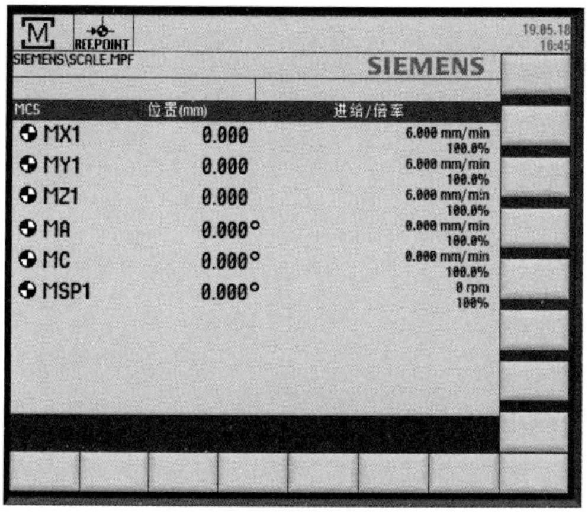

图 6-35　位置页面

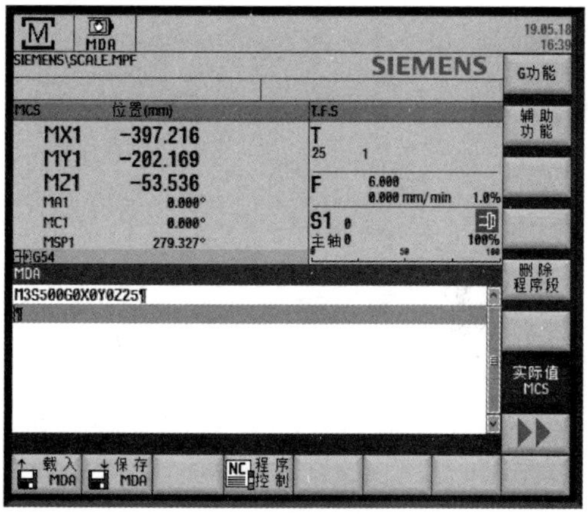

图 6-36　程序输入页面

此时用手控制进给速度倍率旋钮，观测刀具的运行情况，待刀具停止运行时，按操作面板上的，主轴停转。用测量工具测量当前刀具位置，与程序中的 X、Y、Z 的值相同则表示对刀成功。测量完毕，控制面板中，选择（回参考点）模式，返回参考点。

（3）加工零件

选择编辑区的程序管理键，出现程序列表，按方向键▲和▼选择程序，按右侧软键【打开】，打开程序，此时，按下循环启动键，即可启动程序，对零件进行加工。按下加工显示键可以观察加工的路径和主轴转速等信息。加工过程中运行程序，注意观察刀具和零件加工的情况。

参考文献

[1] 李家杰. 数控机床编程与操作实用教程. 南京：东南大学出版社，2005.
[2] 王宝成. 数控机床编程实用教程. 天津：天津大学出版社，2004.
[3] 张思弟. 贺曙新. 数控编程加工技术. 北京：化学工业出版社，2005.
[4] 任国兴. 数控铣床华中系统编程与操作实训. 北京：中国劳动社会保障出版社，2007.
[5] 邓爱国. 零件造型与加工. 北京：中国劳动社会保障出版社，2007.
[6] 汪红，李荣兵. 数控铣床/加工中心操作工技能鉴定培训教程. 北京：化学工业出版社，2009.
[7] 刘武发，刘德平. 机床数控技术. 北京：化学工业出版社，2007.
[8] 徐宏海. 数控机床刀具及其应用. 北京：化学工业出版社，2005.
[9] 徐衡. 数控铣床和加工中心工艺与编程诀窍. 北京：化学工业出版社，2013.